高等技术应用型人才计算机类专业系列教材：项目/任务驱动模式

网络操作系统
Windows Server 2022 系统管理

王 伟 主 编

電子工業出版社
Publishing House of Electronics Industry
北京 · BEIJING

内 容 简 介

本书全面、详细地介绍了 Windows Server 2022 系统的平台管理、网络服务与维护技能等知识，主要内容包括系统安装与基本管理、本地用户和组的管理、文件系统管理、系统磁盘管理、活动目录服务与域模式账户管理、共享资源的管理、域名解析服务管理、动态主机配置协议（DHCP）服务管理、Internet 信息服务（IIS）管理、路由和远程访问服务（RRAS）管理、系统安全管理技术、系统监视与性能优化、系统备份与恢复。

本书内容的讲解基于 VMware Workstation 虚拟工具实验环境，突出实用性和可操作性，并且语言精练、通俗易懂，配有大量演示性图例，从工程实践与系统管理的角度深入介绍 Windows Server 2022 系统的应用。

本书既可以作为计算机应用技术、计算机网络及计算机软件技术等应用型高等院校学生的操作系统实用技术课程教材，也可以作为从事计算机系统管理、网络管理与维护等系统工程技术人员的参考书。

图书在版编目（CIP）数据

网络操作系统 Windows Server 2022 系统管理 / 王伟主编. -- 北京 : 电子工业出版社, 2025. 8. -- ISBN 978-7-121-50792-2

Ⅰ. TP316.86

中国国家版本馆 CIP 数据核字第 2025CL9372 号

责任编辑：康　静
印　　刷：大厂回族自治县聚鑫印刷有限责任公司
装　　订：大厂回族自治县聚鑫印刷有限责任公司
出版发行：电子工业出版社
　　　　　北京市海淀区万寿路 173 信箱　　　邮编：100036
开　　本：787×1092　1/16　印张：19　字数：475 千字
版　　次：2025 年 8 月第 1 版
印　　次：2025 年 8 月第 1 次印刷
定　　价：56.00 元

凡所购买电子工业出版社图书有缺损问题，请向购买书店调换。若书店售缺，请与本社发行部联系，联系及邮购电话：（010）88254888，88258888。

质量投诉请发邮件至 zlts@phei.com.cn，盗版侵权举报请发邮件至 dbqq@phei.com.cn。

本书咨询联系方式：（010）88254609，hzh@phei.com.cn。

前　言

当前应用于企业级的服务器操作系统主要包括 UNIX、Windows Server 和 Linux 三类：UNIX 服务器操作系统大多应用于大、中型计算机的大数据计算领域，其应用范围较广、专业性要求较高；Linux 操作系统以开源文化为背景，近些年发展得如火如荼，特别是以此为内核开发的操作系统发展迅猛（如移动终端设备应用），但作为企业级应用，Linux 操作系统的稳定性和可靠性还有待提高。因此，我们选择性能较为先进、稳定的 Windows Server 2022 操作系统对企业计算机信息应用环境的系统维护、管理进行介绍。Windows Server 2022 是 Microsoft 公司继 Windows Server 2016 版本之后推出的操作系统，在硬件支持、服务器部署、Web 应用、网络安全和云计算等方面具有强大功能。

“纸上得来终觉浅，绝知此事要躬行。”本书的突出特点是以知识技能的项目化及系统管理任务的完整与细化，推动理论和实践课堂教学，遵循操作系统维护的系统性与连贯性原则，对内容体系结构进行了适当调整与重构，以适应教学课程安排。本书重视对信息系统管理员这一工作岗位需要具备的系统维护能力的培养，完全从读者使用和学习的角度出发，以项目案例及其任务实现为驱动力，通过翔实的操作步骤和准确的说明，帮助读者迅速掌握 Windows Server 2022 的使用方法，并且充分考虑读者操作时可能遇到的问题，提供了一些操作方案，突出技能实训的作用，更加贴近读者的需求。与传统教材相比，本书的结构与知识部署有了较大改变，每章都从教学重点开始，以实训、习题作为结束。另外，在全书的学习、实验过程中，利用主流虚拟机软件 VMware Workstation，方便、容易和高效地为读者提供了一种操作系统学习的新方法和新手段。

本书内容分为三部分（共 13 章），具体内容介绍如下。

第一部分（第 1～4 章），为 Windows Server 2022 的系统管理技能，主要介绍 Windows Server 2022 系统的安装与基本管理，系统的本地用户、组账户管理，NTFS 文件系统管理，以及系统磁盘的维护和管理。通过这部分知识的学习和技能训练，读者能够较快地掌握 Windows Server 2022 的系统基本应用和系统管理。

第二部分（第 5～10 章），详细介绍 Windows Server 2022 提供的主要网络服务功能，包括活动目录服务与域模式账户管理、共享资源的管理、域名解析服务管理、动态主机配置协议（DHCP）服务管理、Internet 信息服务（IIS）管理、路由和远程访问服务（RRAS）管理。通过这部分知识的学习和技能训练，读者可以掌握 Windows Server 2022 系统环境下支持的重要且常用的网络服务功能的实现和管理。

第三部分（第 11～13 章），详细介绍系统安全管理技术、系统监视与性能优化、系统备份与恢复。这部分内容通过大量操作实例，介绍了实现系统安全管理的技术（包括安全审核、组策略及本地安全组策略、软件限制策略等）、系统运行状态的监视工具及性能优化手段、系统数据的备份和故障还原。通过这部分知识的学习和技能训练，读者不仅能在理论方面有进一步提高，还能获得更多 Windows Server 2022 实践性经验知识，从而掌握许多高级系统管理技能。

本书编写工作分工为：第 1～2 章、第 7～12 章由王伟编写，第 4～6 章由王昕源编写，第 3 章、第 13 章由魏黎明编写，实训部分由王昕源、魏黎明共同编写。本书得到电子工业出版社的大力指导和帮助，在此表示衷心的感谢！在编写本书的过程中，编者参阅了国内外同行的相关著作和文献，谨向他们致以深深的谢意！

由于编者水平有限，书中难免存在疏漏之处，恳请广大读者及使用本书的师生批评、指正。

编　者

目　录

第 1 章

系统安装与基本管理

教学重点

- 利用虚拟机软件安装 Windows Server 2022 系统。
- MMC 和服务器管理器应用。
- Windows Server 2022 系统环境基本配置。

许多单位或组织为了适应、满足自身业务的发展需求、突出其文化特色，开发和应用网络化计算机信息系统（如企业用于宣传品牌形象、增强业务经营的门户网站，各种教育教学机构所提供丰富教学资源的校园网络应用系统等），实现信息资源共享、信息交流和协同工作，能显著降低经营成本，提高工作效率。那么，如何构建网络应用系统，提供高效的系统管理，并方便、快捷地实现各种网络管理功能呢？计算机软件的选择就显得尤为重要。

Windows Server 2022 企业级服务器操作系统与 Microsoft 公司以往发布的 PC 桌面操作系统相比，有许多突出优点，彻底摆脱了 Windows 昔日的桌面操作、升级方式、应用模式，成为 Microsoft 公司发展史上性能优秀、网络功能丰富的一款操作系统，为用户提供了性能稳定、运行可靠的 Windows 系统平台，满足企业级用户所有的业务负载和应用程序需求。Windows Server 2022 具有强大的网络应用及服务平台，提供了更加丰富的网络应用，如 Web、文件共享、流媒体等应用；成熟的虚拟化技术有助于降低企业的 IT 运营成本，加强网络的集中管理，增强网络安全，减少软件维护，并且节约服务器资源；完善的安全方案，带有高级安全的 Windows 防火墙是基于主机的防火墙，运行时能保护计算机免受恶意用户、网络程序的攻击。

1.1 Windows Server 2022 系统概述

20 世纪 80 年代初，Microsoft 公司的 MS-DOS 是计算机普及、使用较为广泛的操作系统。1985 年，Microsoft 公司正式发布了第一个基于图形用户界面（Graphical User Interface，GUI）窗口式多任务操作系统——Windows 1.0，打破了以往用命令行来接收用户指令的方式，单击鼠标就可以执行命令。1990 年，Microsoft 公司推出了 Windows 3.X，1995 年，Microsoft 公司又推出了 Windows 95。到 1998 年，Windows 98 发布上市，Windows 已经占据了个人计算机系统 90%以上的市场份额。目前，Microsoft 公司的操作系统可以分为两大类：一类是面向普通用户的 PC 桌面操作系统，如 Windows 95、Windows 98、Windows 2000 Professional、Windows XP、Windows Vista、Windows 7、Windows 8 和 Windows 10 等；另一类是定位在高性能工作站、台式机、服务器，以及政府机关、大型企业网络等多种应用环境的企业级服务器操作系统，如 Windows NT Server、Windows 2000 Server、Windows Server 2003、Windows Server 2008、Windows Server 2012、Windows Server 2016、Windows Server 2019 和 Windows Server 2022 等。

从 Windows 3.X 到用户量较大的 Windows 10，以及针对企业用户开发的 Windows NT 3.1 到 Windows Server 2022，每一款操作系统在界面外观和功能上基本相同，特别是对企业用户来说，步入互联网时代后，对操作系统功能的实现提出了更高的应用要求。例如，如何适应虚拟化、云计算和大数据等新的信息化应用。Windows Server 2022 借助新技术以全新的界面、强大的功能，为用户提供了性能稳定、安全可靠的系统环境，从而更好地满足用户的业务负载和应用程序需求。

1. Window Server 2022 的主要新增功能

（1）先进的多层安全性。

安全性一直是 Windows Server 的基石。在 Windows Server 2022 中，用户可以通过安全核心服务器和安全连接来利用多层安全性。安全核心服务器意味着 Microsoft 公司的硬件合作伙伴提供了硬件及其驱动程序，以帮助用户加强其关键系统的安全性。它允许 IT 和 SecOps 团队在其环境中广泛应用全面的安全性，并跨硬件和虚拟化层提供安全核心服务器的高级保护和预防性防御。Windows Server 2022 中的安全连接在传输过程中增加了一层安全性，即更快、更安全的超文本传输安全协议（HTTPS）和行业标准 AES-256 加密，并支持服务器消息块（SMB）协议。

（2）Azure 的混合功能。

如果用户正在选择混合和多云方法来实现业务数字化转型，则可以通过连接 Azure Arc 来利用本地 Windows Server 2022 的云服务。此外，在 Windows Server 2022 中，用户可以利用文件服务器增强功能，如 SMB 压缩。SMB 压缩技术通过在网络传输数据过程中对文件进行压缩，从而减少带宽消耗，加快文件传输速度。另外，Windows Admin Center 是系统管理员喜爱的工具，它带来了新式服务器管理体验，如对 Azure 连接方案的新事件查看器和网关代理支持。

（3）灵活的应用平台。

升级到 Windows Server 2022 的用户可以利用可扩展性实现改进，如支持 48TB 内存和 2048 个逻辑内核，这些内核在 64 个物理插槽上运行，适用于要求苛刻的 Tier1 应用程序。在此版本中，用户还可以利用 Windows 容器的改进。例如，Windows Server 2022 改进了 Windows 容器的应用程序兼容性，包括用于节点配置的 HostProcess 容器，支持 IPv6 和双

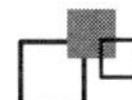

栈，并使用 Calico 实现一致的网络策略。此外，Microsoft 公司将继续与 Kubernetes 社区合作，以启用 Windows Server 2022 容器支持，并将新功能引入 Azure Kubernetes 服务（AKS）和 Azure Stack HCI 上的 AKS。

2．Windows Server 2022 版本种类

在 Windows Server 2022 系列中，由于所支持功能、服务器角色等方面的不同，各版本在硬件支持、性能、网络服务的提供等方面均有差别，因此用户可以根据自己的实际情况进行选择。Windows Server 2022 主要包括 Windows Server 2022 Standard、Windows Server 2022 Datacenter 和 Windows Server 2022 Datacenter：Azure Edition 共 3 个版本。下面以列表的形式主要介绍 Windows Server 2022 3 个版本的功能和作用（见表 1-1），具体版本详细信息可参考 Microsoft Learn。

表 1-1　Windows Server 2022 不同版本的功能和作用

通常可用的功能		Windows Server 2022 Standard	Windows Server 2022 Datacenter	Windows Server 2022 Datacenter：Azure Edition
Azure 扩展网络		否	否	是
最佳做法分析器		是	是	是
容器		是	是	是
直接访问		是	是	是
动态内存（虚拟化）		是	是	是
热添加/替换 RAM		是	是	是
热修补		否	否	是
MMC		是	是	是
最小服务器界面		是	是	是
网络加载平衡		是	是	是
Windows PowerShell		是	是	是
服务器核心安装选项		是	是	是
服务器管理器		是	是	是
SMB 压缩		是	是	是
基于 QUIC 的 SMB		否	否	是
软件定义的网络		否	是	是
存储副本		是	是，无限制	是，无限制
存储副本压缩		否	否	是
Storage Spaces Direct		是	是	是
批量激活服务		否	是	是
VSS（卷影复制服务）集成		是	是	是
Windows Server Update Services		是	是	是
服务器许可证日志记录		是	是	是
激活	自动虚拟机激活	托管在使用 Datacenter 版本激活的虚拟化主机上	支持	支持
	密钥管理服务	支持	支持	Azure 激活，不能配置为 KMS 主机

1.2 项目 1：利用虚拟机软件安装 Windows Server 2022 系统

操作系统是所有硬件设备、软件运行的平台，虽然 Windows Server 2022 具有良好的安装界面、近乎全自动的安装过程并支持大多数最新的设备，但是要想顺利完成安装，必须在安装 Windows Server 2022 之前，收集所有必要的信息，做好准备工作，以便安装过程顺利进行。在安装之前，除了要对系统需求有基本的了解，还要规划好以后的使用环境。表 1-2 列出了安装 Windows Server 2022 的系统需求。

表 1-2 安装 Windows Server 2022 的系统需求

系统组件	要　求
处理器	最小速度：1.4GHz，64 位处理器（与 X64 指令集兼容）
内存	最小空间：RAM 512MB（具有 Desktop Experience 安装选项的服务器为 2GB）
	建议：RAM 4GB 以上
可用磁盘空间	最小空间：32GB
	建议：100GB（带 GUI 完全安装）以上
	注意：RAM 大于 16GB 的计算机将需要更多的磁盘空间，以用来分页、休眠和转储文件
驱动器	DVD-ROM 驱动器
显示器和外围设备	Super VGA 或更高分辨率的显示器、键盘、鼠标或兼容的指针设备、以太网适配器等

注意：建议使用 Coreinfo 应用工具，用于确认安装的主机 CPU 硬件参数指标。

1.2.1 任务 1：创建虚拟机并配置管理

1. 虚拟机简介

虚拟机（Virtual Machine）是虚拟出来的、独立的操作系统，并可以仿真模拟各种计算机功能。虚拟机可以像真正的物理计算机一样进行工作，如安装操作系统、安装应用程序、服务网络资源等。

下面介绍虚拟机中的常见术语。

- 物理计算机（Physical Computer）：指运行虚拟机软件（如 VMware Workstation、Virtual PC 等）的物理计算机硬件系统，又被称为宿主机。
- 虚拟机（Virtual Machine）：指提供软件模拟的、具有完整硬件系统功能的、运行在一个完全隔离环境中的完整计算机系统。这台虚拟的计算机符合 X86 PC 标准，拥有自己的 CPU、内存、硬盘、光驱、软驱、声卡和网卡等一系列设备。这些设备是由虚拟机软件工具“虚拟”出来的。但是在操作系统看来，这些“虚拟”出来的设备也是标准的计算机硬件，并将它们当作真正的硬件来使用。虚拟机在虚拟机软件工具的窗口中运行，可以在虚拟机中安装能在标准 PC 上运行的操作系统及软件，如 UNIX、Linux、Windows 和 Netware、MS-DOS 等。
- 主机操作系统（Host OS）：指在物理计算机（宿主机）上运行的操作系统，在它之上

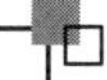

运行虚拟机软件（如 VMware Workstation 和 Virtual PC）。

- 客户操作系统（Guest OS）：指运行在虚拟机中的操作系统。需要注意的是，它不等于桌面操作系统（Desktop Operating System）和客户端操作系统（Client Operating System），因为虚拟机中的客户操作系统可以是服务器操作系统，如在虚拟机上安装 Windows Server 2022。
- 虚拟硬件（Virtual Hardware）：指虚拟机通过软件模拟出来的硬件系统，如 CPU、HDD、RAM 等。

2. 使用 VMware Workstation 创建、配置虚拟机

目前，虚拟机软件有 VMware 公司和 Microsoft 公司的虚拟机系列产品，其中根据应用平台的不同又分为服务器版本和 PC 桌面版本。这里将介绍功能较为强大、应用更为广泛的 VMware Workstation。VMware Workstation 支持多个标准的操作系统，并因其可靠安全、性能优越而著称。本书主要介绍 VMware Workstation 17 的使用，而用户可以从官方网站下载其试用版。

VMware Workstation 17 的安装程序是 Windows 环境的标准安装程序，安装系统环境符合该软件的运行要求，其安装程序为 VMware-workstation-full-17.0.0-20800274 .exe。VMware Workstation 17 的安装过程不再详述，安装完后，窗口如图 1-1 所示。

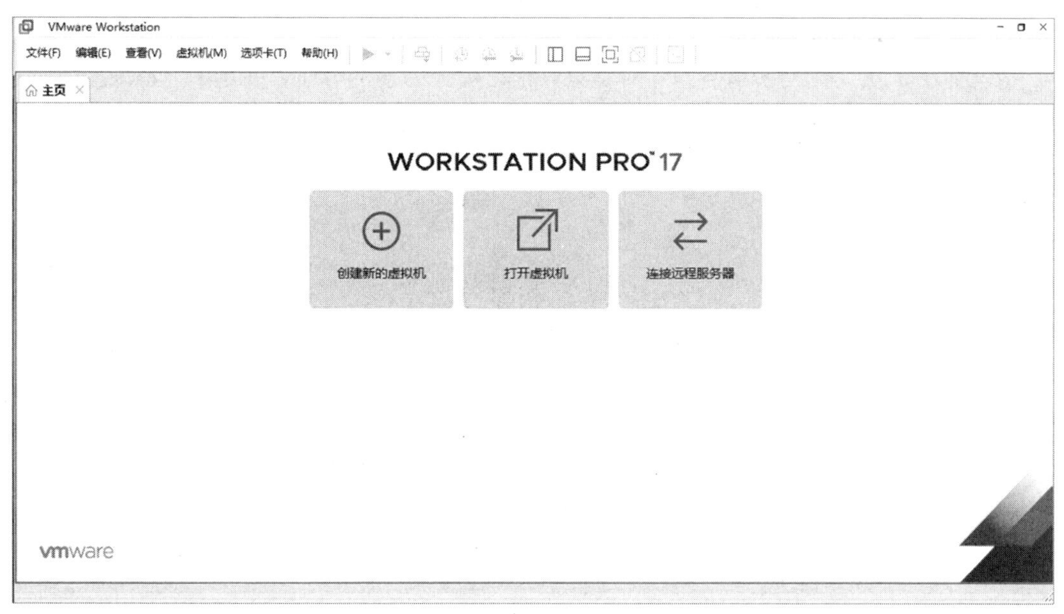

图 1-1　VMware Workstation 窗口

步骤 1：单击 VMware Workstation 窗口中的“创建新的虚拟机”按钮，打开“欢迎使用新建虚拟机向导”对话框，如图 1-2 所示。虚拟机的创建方式有典型、自定义两种。“典型”方式可以使用较为通用的设备创建、配置选项创建虚拟机；“自定义”方式可以使用户以更多选项创建虚拟机。这里选择“典型”方式，单击“下一步”按钮，打开“安装客户机操作系统”对话框，表示如何安装客户机操作系统，这里选中“稍后安装操作系统”单选按钮，先创建一台包括空白硬盘的虚拟机。单击“下一步”按钮，打开“选择客户机操作

系统”对话框，可以在这里配置客户机操作系统的类型。

步骤 2：选中“Microsoft Windows”单选按钮，在“版本”下拉列表中选择“Windows Server 2022”选项，单击“下一步”按钮，如图 1-3 所示。

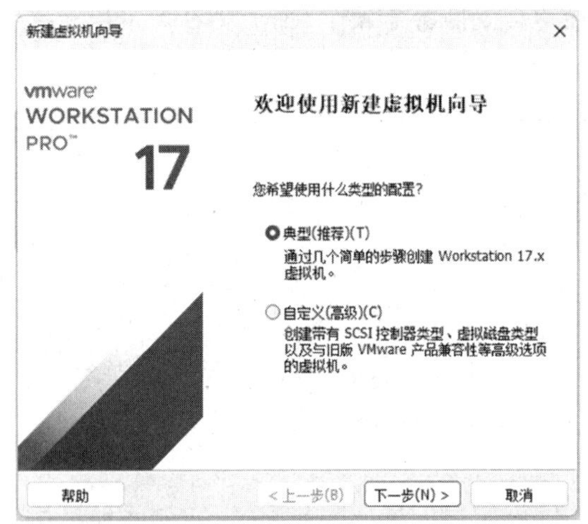

图 1-2 “欢迎使用新建虚拟机向导”对话框

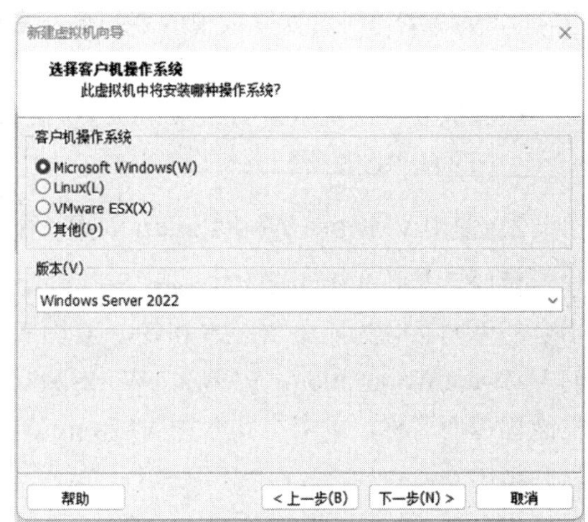

图 1-3 选择客户机操作系统的类型

步骤 3：打开“命名虚拟机”对话框，可以对虚拟机进行命名，并指定该虚拟机在主操作系统上的存储位置，单击“下一步”按钮，如图 1-4 所示。

步骤 4：打开“指定磁盘容量”对话框，指定虚拟磁盘的容量，并选中“将虚拟磁盘存储为单个文件”单选按钮，单击“下一步”按钮，如图 1-5 所示。

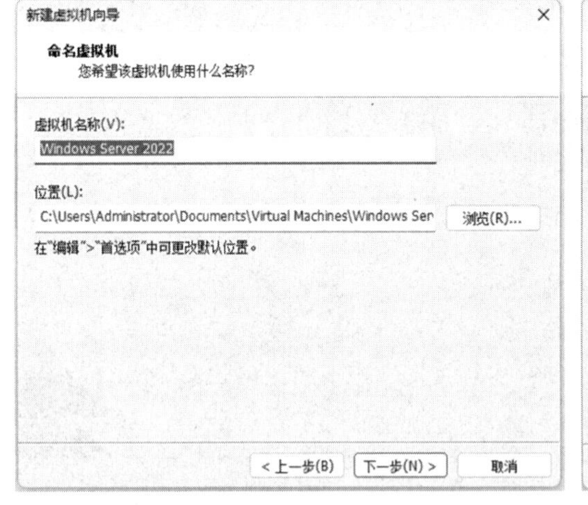

图 1-4 指定虚拟机的名称和存储位置

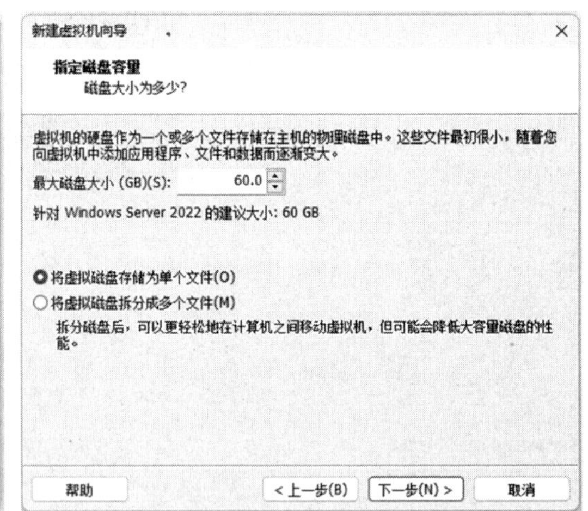

图 1-5 指定虚拟磁盘的容量

步骤 5：打开“已准备好创建虚拟机”对话框，显示创建的虚拟机信息，如图 1-6 所示。

步骤 6：单击“自定义硬件”按钮来修改网络适配器的网络连接模式。打开“硬件”对话框，选择左侧列表框中的“网络适配器”选项，在“网络连接”选项区中选中“桥接模式”单选按钮，设置虚拟机与主机连接的网络类型（即网络连接模式），单击“关闭”按钮，如图 1-7 所示。

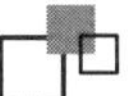

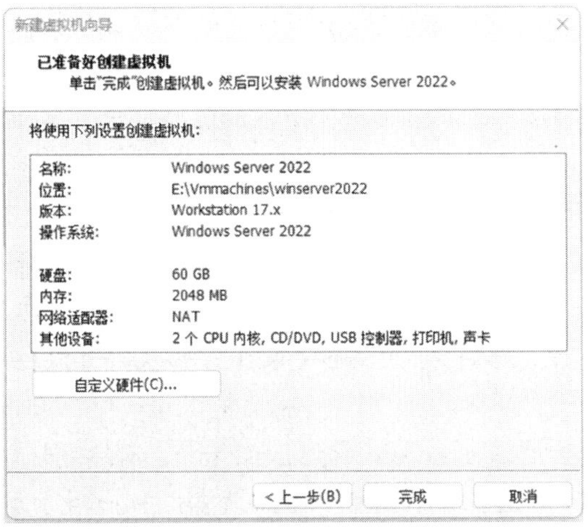

图 1-6　显示创建的虚拟机信息

图 1-7　修改网络适配器的网络连接模式

提示：VMware Workstation 虚拟机主要有 3 种网络连接模式：桥接模式（B）、NAT 模式（N）和仅主机模式（H）。其中，网络连接模式中的 B 指 Bridge 网络，N 指 NAT 网络，H 指 Host-only 网络。在介绍 VMware Workstation 虚拟机的网络连接模式之前，首先有几个 VMware 虚拟网络设备的概念需要解释清楚。VMnet0 是 VMware 虚拟 Bridge 网络下的虚拟交换机；VMnet1 是 VMware 虚拟 Host-only 网络下的虚拟交换机；VMnet8 是 VMware 虚拟 NAT 网络下的虚拟交换机；VMware Network Adapter VMnet1 是主机与 Host-only 虚拟网络进行通信的虚拟网卡；VMware Network Adapter VMnet8 是主机与 NAT 虚拟网络进行通信的虚拟网卡。

- Bridge 网络。Bridge（桥接）网络是较为容易实现的、最常用的一种虚拟网络。Host 主机的物理网卡和 Guest 客户机的网卡在 VMnet0 上通过虚拟网桥进行连接。也就是说，Host 主机的物理网卡和 Guest 客户机的虚拟网卡处于同等地位，此时 Guest 客户机就像 Host 主机所在的一个网段上的另一台计算机。如果 Host 主机网络存在 DHCP 服务器，则 Host 主机和 Guest 客户机都可以把 IP 地址的获取方式设置为 DHCP 方式。
- NAT 网络。NAT（Network Address Translation，网络地址转换）网络可以使虚拟机通过 Host 主机系统连接到互联网。也就是说，Host 主机能够访问互联网资源，同时在该网络连接模式下的 Guest 客户机也可以访问互联网。Guest 客户机是不能自己连接互联网的，必须对所有进出网络的 Guest 客户机系统收发的数据包进行地址转换。在这种方式下，Guest 客户机对外是不可见的。在 NAT 网络中，使用 VMnet8 虚拟交换机，将 Host 主机上的 VMware Network Adapter VMnet8 虚拟网卡连接到 VMnet8 交换机上，与 Guest 客户机进行通信，但是 VMware Network Adapter VMnet8 虚拟网卡仅用于与 VMnet8 网段通信，并不为 VMnet8 网段提供路由功能，处于虚拟 NAT 网络下的 Guest 客户机是使用虚拟 NAT 服务器连接到互联网上的。
- Host-only 网络。Host-only 网络被设计成一个与外界隔绝的网络。其实 Host-only 网络和 NAT 网络非常相似，唯一不同的是在 Host-only 网络中，没有用到 NAT 服务，没有服务器为 VMnet1 网络做路由。如果此时 Host 主机要和 Guest 客户机通信，该怎么办呢？这就要用到 VMware Network Adapter VMnet1 虚拟网卡。

步骤 7：返回“已准备好创建虚拟机”对话框，查看网络适配器的网络连接模式。硬件参数信息也可以在创建完成后的 VMware Workstation 窗口中修改。单击“完成”按钮，成功创建虚拟机，如图 1-8 所示。

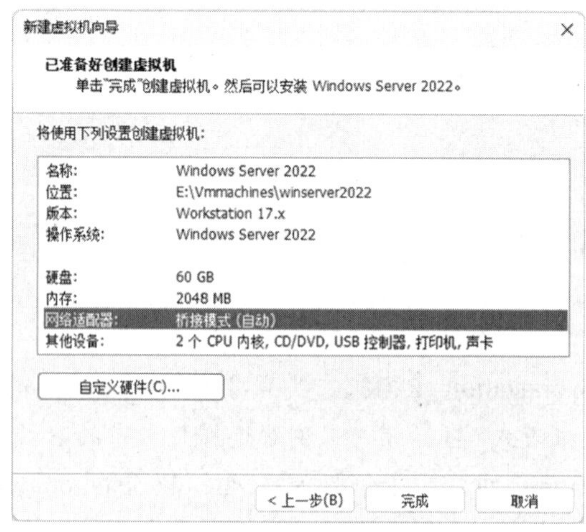

图 1-8　成功创建虚拟机

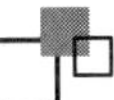

1.2.2　任务 2：安装 Windows Server 2022 系统

Windows Server 2022 的安装有两种模式：带有 GUI 的服务器模式和服务器核心安装模式。带有 GUI 的服务器模式，Windows Server 2022 拥有友好的图形用户界面及图形管理工具；服务器核心安装模式，Windows Server 2022 仅提供最小化的操作系统环境，只能使用命令提示符、Windows PowerShell 或远程方式管理此服务器。下面以 Windows Server 2022 的安装过程为例介绍其安装步骤。

> **注意：**可在 Microsoft 官方网站下载 Windows Server 2022，文件名为 20348.1787.230607-0640.fe_release_svc_refresh_SERVER_EVAL_x64FRE_zh-cn.ISO。

步骤 1：准备好 Windows Server 2022 的 ISO 安装文件，把该 ISO 文件刻录成安装光盘，使用光驱进行安装；也可直接在虚拟机中，加载该镜像文件并读取其中的内容进行安装。在 VMware Workstation 的虚拟机中加载镜像文件，需在该虚拟机窗口中选择“虚拟机设置”选项，打开“虚拟机设置”对话框，如图 1-9 所示，在“硬件”选项卡中选择“CD/DVD”选项，在“连接”选项区中选中“使用 ISO 映像文件”单选按钮，即可完成镜像文件的加载。

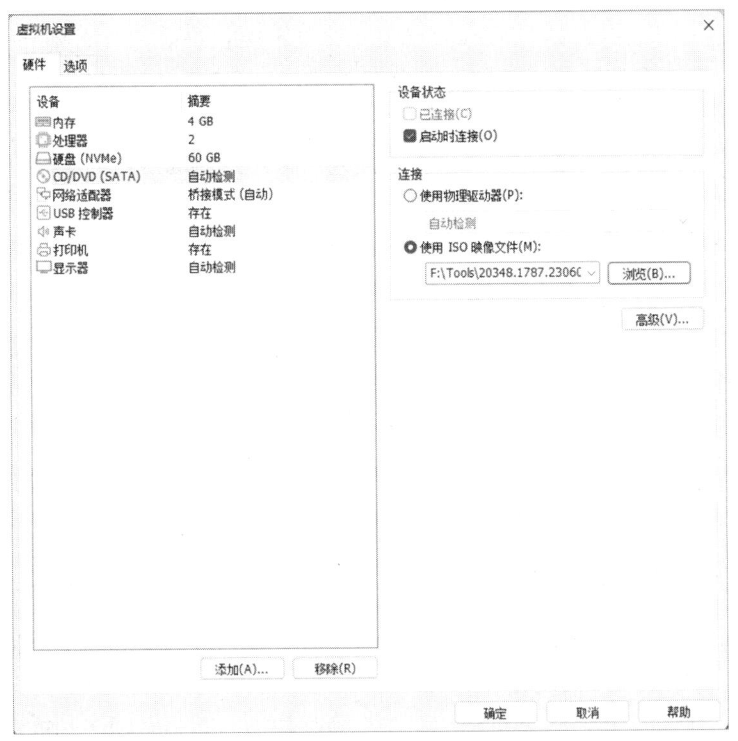

图 1-9　“虚拟机设置”对话框

步骤 2：启动新建的虚拟机，选择“开启此虚拟机”选项（该操作类似打开硬件电源启动计算机），开始装载安装文件，进行操作系统的安装。当打开如图 1-10 所示的对话框时，在“要安装的语言”下拉列表、“时间和货币格式”下拉列表和“键盘和输入方法”下拉列表中选择相关选项，也可保持默认选项，单击“下一页”按钮，打开如图 1-11 所示的“现在安装”对话框。

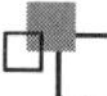

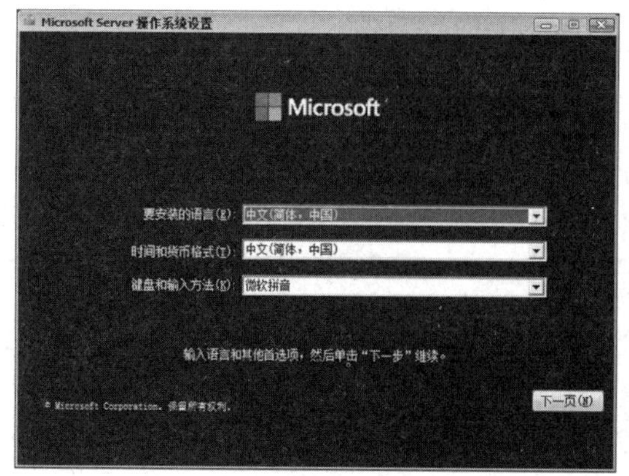

图 1-10　Windows Server 2022 安装对话框

图 1-11　“现在安装”对话框

步骤 3：单击“现在安装”按钮，在打开的对话框中输入产品序列号，单击“下一页”按钮，打开如图 1-12 所示的“选择要安装的操作系统”对话框。这里演示采用的是 Windows Server 2022 的评估版，不需要输入序列号。选择“Windows Server 2022 Datacenter Evaluation（Desktop Experience）”选项，单击“下一页”按钮。

步骤 4：在如图 1-13 所示的“适用的声明和许可条款”对话框中，勾选“我接受 Microsoft 软件许可条款。如果某组织授予许可，则我有权绑定该组织。”复选框，单击“下一页”按钮。在选择安装类型时，选择“自定义”选项进行安装。

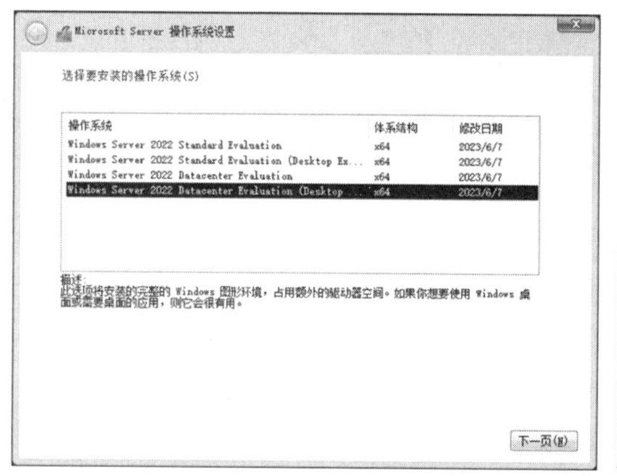

图 1-12　“选择要安装的操作系统”对话框

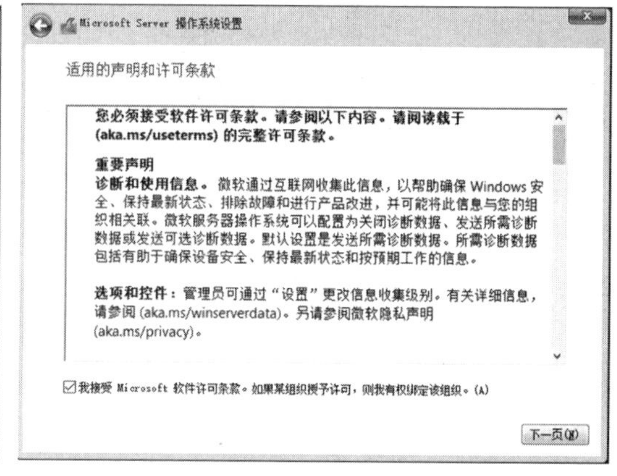

图 1-13　“适用的声明和许可条款”对话框

步骤 5：如图 1-14 所示，在“操作系统的安装位置”对话框中，选择将操作系统安装在硬盘的位置（需要注意的是，硬盘要有足够的安装空间，并将自动格式化为 NTFS 类型文件系统）。如果直接单击“下一页”按钮，则安装程序会将整个硬盘创建成一个分区，用来安装操作系统。如果单击“新建”按钮，则先创建磁盘分区，再选择安装操作系统的位置。

步骤 6：在“安装 Microsoft Server 操作系统”对话框中显示安装进度，如图 1-15 所示。在安装过程中，计算机可能重新启动数次（不需人工干预），自动完成“复制 Microsoft Server 操作系统文件”、“正在准备要安装的文件”、“正在安装功能”、“正在安装更新”与“正在完成”的过程。在此期间，将会简化 Windows Server 2022 的安装过程，不像其他版本在安装时必须完成输入计算机名字、设置系统管理员密码和网络基本配置等操作。

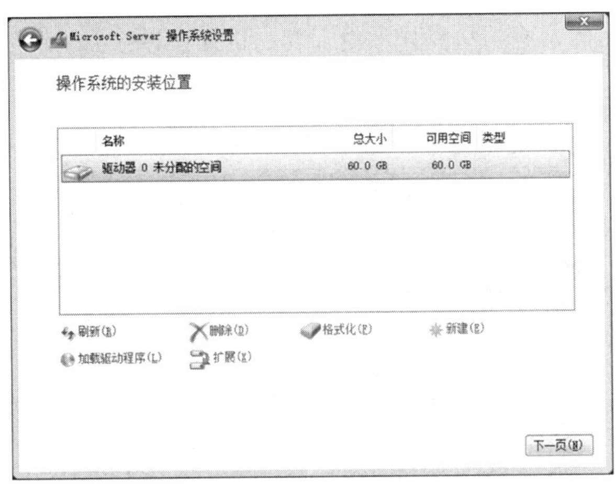

图 1-14　“操作系统的安装位置”对话框

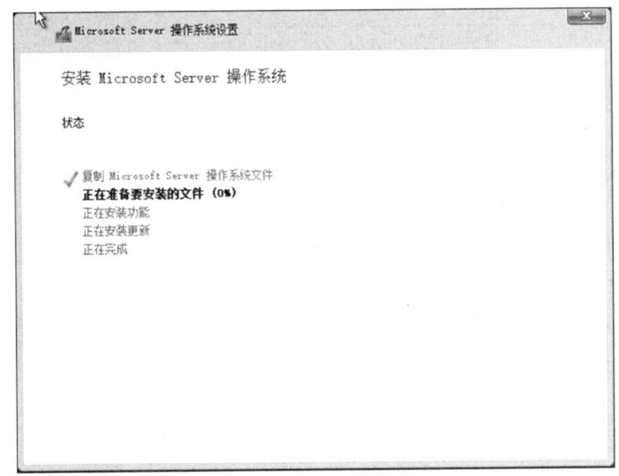

图 1-15　“安装 Microsoft Server 操作系统”对话框

1.2.3　任务 3：系统安装完成后的初始化

在 VMware 虚拟软件支持的环境中，安装完 Windows Server 2022 后，首次登录时会进入虚拟机对话框中，如果想要将光标从 Windows Server 2022 虚拟机中释放出来，则需要按 Ctrl+Alt 组合键来完成，这是因为 Windows Server 2022 虚拟机中没有安装 VMware Tools 工具。

当用户首次登录刚安装完的 Windows Server 2022 时，必须更改密码（设置系统管理员的用户名与密码），如图 1-16 所示。

Administrator 的密码必须满足系统的复杂性要求，即密码中要包括 7 位以上的字符、数字和特殊符号。这样的密码才能满足 Windows Server 2022 默认的密码策略要求，如果是单纯的字符或数字，则无论设置的密码多么长都不会达到系统要求（即密码设置失败）。

为了在 VMware 虚拟机中更加方便地使用 Windows Server 2022，则可以安装 VMware Tools 工具。其安装步骤是，选择“虚拟机|安装 VMware Tools”命令，注意安装该工具必须启动并运行虚拟操作系统，打开“应用程序工具”窗口。在驱动器中运行 setup64.exe（见

图 1-17），安装完成后重启虚拟机操作系统（客户机操作系统）。

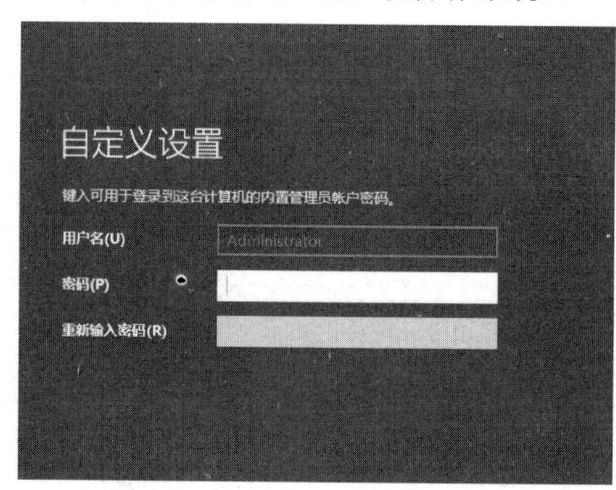

图 1-16　设置系统管理员的用户名与密码

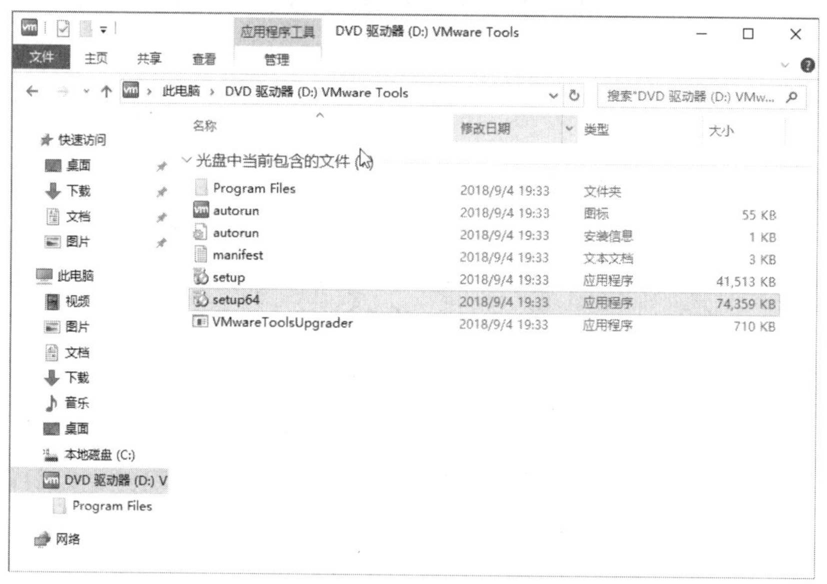

图 1-17　运行 setup64.exe

正确安装 VMware Tools 工具后就会出现许多增强的功能。例如，在主机和客户机之间同步时间、自动捕获和释放光标、在主机和客户机之间或虚拟机之间进行文件的复制和粘贴操作等。

1.3　项目 2：MMC 和服务器管理器操作应用

1.3.1　任务 1：使用 MMC

Windows Server 2022 具有完善的集成管理工具特性，这种特性允许系统管理员为本地和远程计算机创建自定义的管理工具。这个管理工具就是微软管理控制台（Microsoft Management Console，简称 MMC），它提供了管理 Windows 的网络、计算机、服务器，以

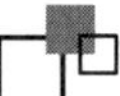

及其他系统组件的管理平台。

MMC 不是执行具体管理功能的程序，只是一个集成管理平台工具。MMC 集成了一些管理单元的管理性程序，这些管理单元也就是 MMC 提供的用于创建、保存和打开管理工具的标准方法。

1．启动 MMC

Windows Server 2022 使用的管理控制台是 MMC 3.0 版本，可以通过命令行启动 MMC。在“Windows PowerShell”命令提示符下输入“mmc”命令，按 Enter 键，打开 MMC 窗口，如图 1-18 所示。

图 1-18　MMC 窗口

管理单元是用户直接执行管理任务的应用程序，可作为 MMC 的基本组件。Windows Server 2022 在 MMC 中实现了两种类型的管理单元：独立管理单元、扩展管理单元。独立管理单元（常称为管理单元），可以直接添加到 MMC 根节点下，每个独立管理单元提供一个相关功能。扩展管理单元是为独立管理单元提供额外管理功能的管理单元，一般添加到已有独立管理单元的节点下，用来实现、丰富其管理功能。

2．添加或删除管理单元

“添加或删除管理单元”对话框如图 1-19 所示，其主要操作步骤如下。

步骤 1：打开 MMC 窗口，在“文件”菜单中选择“添加/删除管理单元”命令，打开“添加或删除管理单元”对话框。

步骤 2：在“可用的管理单元”列表框中突出显示需要添加的管理单元，单击“添加”按钮，将该管理单元添加到“所选管理单元”列表框中。

步骤 3：通过单击管理单元，阅读“描述”选项区中的内容来查看任意管理单元的简短描述（某些管理单元可能没有提供描述）。

步骤 4：先通过在“所选管理单元”列表框中单击某个管理单元，再单击“上移”按钮或“下移”按钮，来更改管理单元控制台中管理单元的顺序。

步骤 5：先通过在“所选管理单元”列表框中单击某个管理单元，再单击“删除”按钮来删除管理单元。

步骤 6：完成添加或删除管理单元之后，单击“确定”按钮。

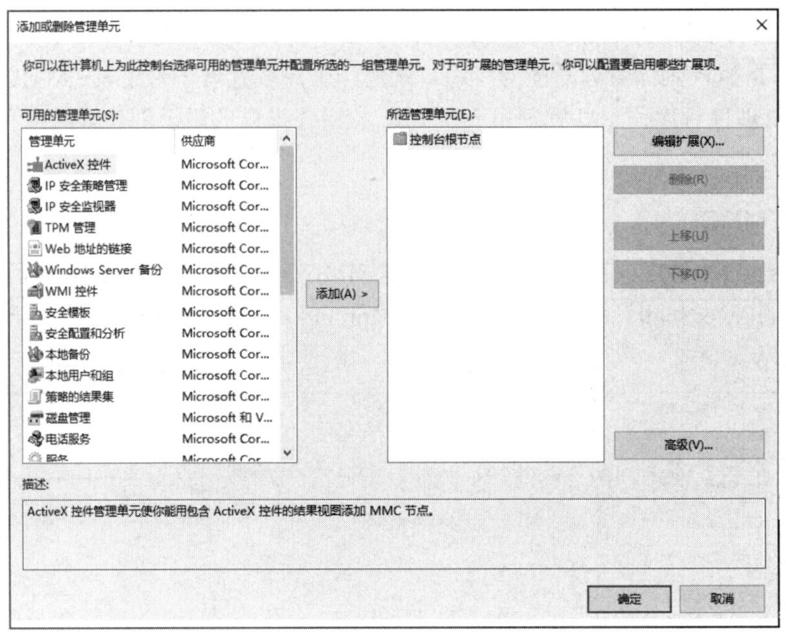

图 1-19 “添加或删除管理单元”对话框

要保存创建的 MMC，可以选择“文件|保存”命令，控制台文件以.msc 扩展名进行存储。

1.3.2 任务 2：初识服务器管理器

服务器管理器是 Windows Server 2022 中的管理控制台，用于帮助 IT 专业人员从其他桌面配置和管理基于 Windows 的本地和远程服务器。服务器管理器是 Windows Server 2022 扩展的微软管理控制台，允许查看和管理影响服务器工作效率的主要信息，用于管理服务器的标志和系统信息、显示服务器状态、通过服务器角色配置来识别问题，以及管理服务器上已安装的所有角色。服务器管理器缓解了企业对多个服务器角色进行管理和安全保护的任务压力。

在 Windows Server 2022 系统管理中有两个重要的概念：角色和功能。它们相当于 Windows Server 中的 Windows 组件，重要的组件被划分到 Windows Server 2022 角色，而其他服务和服务器功能的实现被划分到 Windows Server 2022 功能。

角色是 Windows Server 2022 中的一个新概念，主要是指服务器角色，也就是运行某个特定服务的服务器角色。当一台硬件服务器安装了某个服务后，这台服务器就被赋予了某个角色，这个角色的任务是为应用程序、计算机或整个网络环境提供相应的服务。

功能是一些软件程序，它们不直接构成角色，但可以支持或增强角色的应用，甚至增强整个服务器的功能应用。例如，“Telnet 客户端”功能允许通过网络与 Telnet 服务器进行远程通信，从而全面实现服务器的通信应用。

“服务器管理器”窗口如图 1-20 所示，主要包含“仪表板”、“本地服务器”、“所有服务器”与“文件和存储服务”等选项。

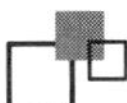

图 1-20　“服务器管理器”窗口

1.4　项目 3：Windows Server 2022 系统环境基本配置

1.4.1　任务 1：网络配置——计算机名与 TCP/IP 地址

计算机名和 TCP/IP 的 IP 地址都是计算机的识别信息，是网络中计算机之间相互通信所需的设置。

1. 设置计算机名和工作组名

网络中每台计算机的名称必须是唯一的，不应该与其他计算机的名称重复。虽然系统安装过程中会自动设置此计算机的名称，但是系统管理员事先都会为此服务器计算机命名。另外，系统管理员往往将同一部门或工作性质相似的计算机划分到同一个工作组中，可以使这些计算机之间的网络通信更加便捷，系统默认的工作组名为“WORKGROUP”。设置计算机名或工作组名的操作步骤如下。

步骤 1：在“服务器管理器”窗口中选择“本地服务器”选项，在“属性”列表框中显示其相关信息，如图 1-21 所示。

图 1-21　显示本地服务器相关信息

步骤 2：单击“计算机名”，打开“系统属性”对话框，如图 1-22 所示，在该对话框可进行计算机名设置。完成后必须按照提示重新启动计算机，这些更改才会生效。

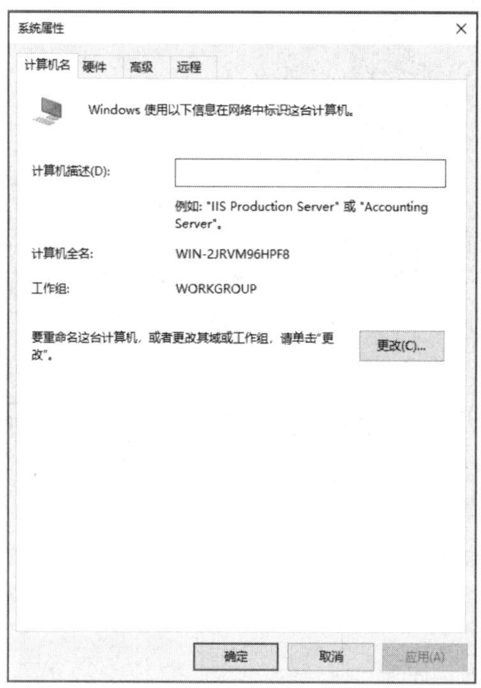

图 1-22 “系统属性”对话框

2. TCP/IP 的设置与测试

如果一台计算机连入网络，并与其他计算机进行通信，则必须有适当的 TCP/IP 设置值，即正确的 IP 地址。设置 IP 地址的操作步骤如下。

步骤 1：在“服务器管理器”窗口中选择“本地服务器”选项，在“属性”列表框中选择以太网（Ethernet0），如图 1-23 所示。

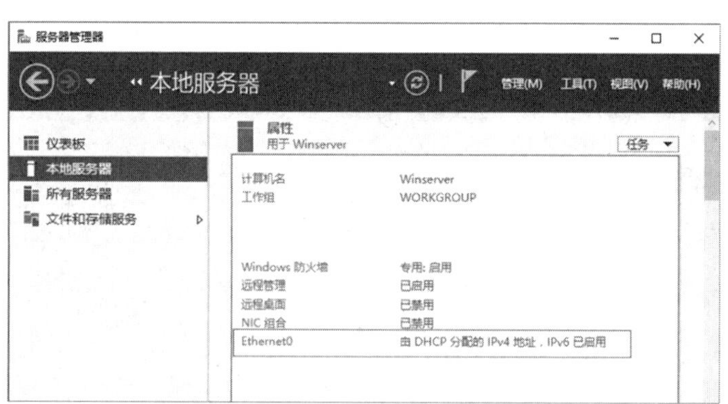

图 1-23 选择以太网（Ethernet0）

步骤 2：双击“Internet 协议版本 4（TCP/IPv4）”，打开“Internet 协议版本 4（TCP/IPv4）属性”对话框，如图 1-24 所示，手动配置静态 IP 地址。静态 IP 地址是由系统管理员指定的固定计算机 IP 地址。在网络规模不大，且网络中的计算机较为固定时，可使用静态 IP 地

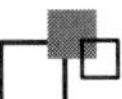

址。如果是服务器计算机，则必须手动配置静态 IP 地址，以便为网络中其他计算机提供稳定的网络服务功能。

图 1-24　“Internet 协议版本 4（TCP/IPv4）属性”对话框

其中，按照系统管理员事先分配的所在网络环境地址设置 IP 地址、子网掩码、默认网关及 DNS 服务器等相关网络配置参数。单击“高级”按钮，可以给计算机输入多个 IP 地址和网关（网关就是路由器的接口地址），如果该计算机所在网络到其他网段有多个出口，则可以添加多个网关；如果该网络只有一个出口，则指定一个默认网关。

在设置完 TCP/IP 地址后，往往还需要运行一些检测命令来查看这些网络参数是否正确配置和正常使用。利用“ipconfig /all”命令可查看全部网络连接及这些连接端口的详细配置信息；可以利用“ping”命令来检测网络配置问题。在“Windows PowerShell”命令提示符下输入“ping 127.0.0.1”命令，能检测本地计算机的网卡硬件与 TCP/IP 驱动程序是否可以正常接收、发送 TCP/IP 数据包；使用本地网络中的 IP 地址运行“ping”命令，能检测本地计算机与同一网段中其他计算机的通信情况。

1.4.2　任务 2：更改用户、系统环境变量

对于计算机的应用，各种类型用户所使用的环境是有差异的，这是因为各自配置文件的组成内容不同，即配置文件中各用户的环境变量的设置不同。系统环境变量是操作系统或应用程序所使用的数据，通过环境变量可以使操作系统或应用程序获得该运行平台的重要信息。系统环境变量的值对于登录到系统中的不同用户来说都是相同的；而用户环境变量则定义了每个登录用户的不同信息，当用户使用不同的账户名登录操作系统时，用户环境变量值是不同的。配置环境变量能使系统管理员更好地管理不同用户的登录情况。

步骤 1：右击“开始”，在弹出的快捷菜单中选择“系统”命令，打开“系统”窗口，

选择“高级系统设置”选项，打开“系统属性”对话框，如图 1-25 所示。

图 1-25 “系统属性”对话框

步骤 2：在“高级”选项卡中单击“环境变量”按钮。

步骤 3：打开“环境变量”对话框，如图 1-26 所示，其中上部区域是系统中已有的用户变量编辑窗口，下部区域为系统变量的编辑窗口。

图 1-26 “环境变量”对话框

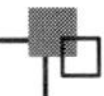

1.4.3　任务 3：应用“系统配置”功能排除系统故障

“系统配置”是一种高级工具，用来帮助系统管理员查找 Windows 非正常启动的问题；在禁用常用服务等启动程序情况下，先启动操作系统，再逐一启动所需服务程序。

> **提示：** 可使用二分法快速查找导致发生问题的服务或程序，即先禁用一般服务程序，观察操作系统是否正常运行；如果正常，再禁用其余服务程序，这样很快就能找到引起问题的服务或程序。

启动系统配置工具，在命令提示符下输入“msconfig”命令，即可打开如图 1-27 所示的“系统配置”对话框。

图 1-27　“系统配置”对话框

下面介绍“系统配置”对话框中可用的选项卡及其作用。

（1）“常规”选项卡，列出了启动配置模式选项。

- 正常启动：以正常方式启动操作系统，使用其他两种模式解决问题后，要使用此模式启动操作系统。
- 诊断启动：在使用基本服务和驱动程序的情况下启动操作系统，此模式可以帮助系统管理员排除基本 Windows 文件造成的问题。
- 有选择的启动：在使用基本服务、驱动程序和选择其他应用服务程序情况下，启动操作系统。

（2）“引导”选项卡，主要包括操作系统的配置选项和高级调试设置，部分选项说明如下。

- 最小：仅在运行关键操作系统服务的安全模式下，启动 Windows 图形用户界面。

- 其他外壳：仅在运行关键操作系统服务的安全模式下，启动 Windows 命令提示符（图形界面和网络已禁用）。
- 无 GUI 启动：启动时不显示 Windows 初始屏幕。
- 引导日志：将所有启动进程中的信息都存储在%SystemRoot%Ntbtlog.txt 日志文件中。
- 基本视频：在最小 VGA 模式下启动图形用户界面。
- OS 启动信息：显示启动过程中加载的驱动程序名称。

（3）“服务”选项卡，列出了当前计算机中启动并运行的所有服务程序及其状态（“正在运行”与“已停止”）。通过使用该选项卡，可以查找引起启动问题的服务。如果勾选“隐藏所有 Microsoft 服务”复选框，则在服务列表中仅显示第三方应用程序。

（4）“启动”选项卡，列出计算机启动时运行的应用程序及其发行者的名称、可执行文件的路径、注册表项的位置或运行此应用程序的快捷方式。如果系统管理员怀疑某个应用程序不安全，则可以利用“命令”列表获取其存放的路径。

（5）“工具”选项卡，提供了可以运行的诊断工具，以及其他高级工具列表。

实训 1

1．实训目的

掌握虚拟机软件 VMware Workstation 的使用，学会在 VMware Workstation 中安装 Windows Server 2022，熟练配置 Windows Server 2022 系统环境。

2．实训环境

局域网，VMware Workstation 工具，在虚拟机中安装 ISO 文件。

3．实训内容

（1）在 VMware Workstation 中创建新的虚拟机，准备安装 Windows Server 2022 Standard。

（2）在虚拟机中，安装 Windows Server 2022。

（3）在 Windows Server 2022 中配置网络环境参数，并与主机系统之间进行网络连接测试。

习题 1

1．填空题

（1）Microsoft 公司的操作系统可以分为两大类：一类是面向普通用户的 PC 桌面操作系统；另一类是定位在高性能工作站、台式机、服务器等多种应用环境的企业级________。

（2）VMware Workstation 虚拟机主要有 3 种网络连接模式：________、NAT 模式（N）和仅主机模式（H）。

（3）安装 Windows Server 2022 所需要的最小内存是________。

（4）Windows Server 2022 已经安装完成，系统中内置的管理员用户名是________。

（5）Windows Server 2022 中“Administrator”用户的密码必须满足系统的复杂性要求，即密码中要包括________。

（6）MMC 不是执行具体管理功能的程序，而是一个________。

（7）在 Windows Server 2022 系统管理中有两个重要的概念：________和功能。

2. 简答题

（1）Windows Server 2022 系列操作系统有哪些主要版本？它们的区别是什么？

（2）Windows Server 2022 的新特性主要有哪些？

（3）简述 Windows Server 2022 系统环境变量的含义及作用。

第 2 章

本地用户和组的管理

教学重点

- 管理本地用户账户。
- 管理本地组账户。
- 与本地用户相关安全管理操作。

你是否了解并维护管理由一台计算机服务器为成百上千（或成千上万）个用户同时提供信息共享的系统维护环境？如果该计算机的所有物理系统资源为实现共享而提供了一定的系统硬件基础，那么由于其运行了不合适（或是缺乏用户安全管理功能）的操作系统软件，结果将是无法统筹管理系统资源而造成用户的低效甚至无法正常使用。Windows Server 2022 提供的用户账户管理功能机制可以安全解决该问题。作为多用户、多任务的操作系统，Windows Server 2022 拥有一个完备的系统账户和安全、稳定的工作环境，所提供的账户类型主要包括用户账户和组账户。用户只有先登录计算机，才能够使用系统所提供的资源。系统管理员根据不同用户的具体使用情况，设立不同的用户账户，并指派不同的权限。用户只有通过某个账户才能登录计算机，并且只能拥有系统管理员分配给该账户的资源使用权。

2.1 项目 1：管理本地用户账户

用户账户是用来登录计算机或通过网络访问计算机及网络资源的凭证，它是用户在 Windows Server 2022 中的唯一标志。如果用户要登录 Windows Server 2022 的计算机系统或 Windows Server 2022 所支持的网络资源环境，就必须拥有一个合法的用户账户。Windows Server 2022 通过创建账户（包括用户账户和组账户），并赋予账户合适的权限来保证使用网络和计算机资源的合法性，以确保数据访问、存储的安全需要。

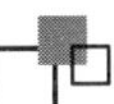

2.1.1　任务 1：理解用户账户管理原理

用户账户是计算机实现其安全机制的一种重要技术手段，操作系统通过用户账户来辨别其身份，让具有一定使用权限的人登录计算机，访问本地计算机资源或从网络访问这台计算机的共享资源。系统管理员根据不同用户的具体工作情景，指派不同用户的应用权限，从而使用户执行并完成不同的管理任务。因此，运行 Windows Server 2022 的计算机都需要拥有用户账户才能登录计算机，用户账户是 Windows Server 2022 系统环境中用户唯一的标识符。在启动运行或登录已运行的 Windows Server 2022 系统的过程中，都要求用户输入指定的用户名和密码，只有输入的账户标识符和密码与本地安装数据库中的相关信息一致，才允许该用户登录本地计算机或从网络上获取对资源的访问权限。

当用户登录计算机时，本地系统验证用户账户的有效性的基本原理为：如果用户提供正确的用户名和密码，则本地系统分配给用户一个访问令牌（Access Token），该令牌定义了用户在本地计算机系统的访问权限，资源所在的计算机系统负责对该令牌进行鉴别，以保证用户只能在系统管理员定义的权限范围内使用本地计算机上的资源。对访问令牌的分配和鉴别是由本地计算机的安全权限功能负责的。

Windows Server 2022 支持两种用户账户：本地用户账户和域用户账户。

- 本地用户账户是指安装了 Windows Server 2022 的计算机在本地安全目录数据库中建立的账户。使用本地账户只能登录建立该账户的计算机，并访问该计算机的系统资源。此类账户通常在工作组网络中使用，其显著特点是基于本机。
- 域用户账户是指建立在域控制器的活动目录数据库中的账户。此类账户具有全局性，可以登录域网络环境模式中的任何一台计算机，并获得访问该网络的权限。这需要系统管理员在域控制器中，为每个登录到域的用户创建一个用户账户。本章主要介绍本地用户和组的管理。

另外，Windows Server 2022 还提供了内置用户账户（即系统用户账户），用于执行特定的管理任务或使用户能够访问网络资源。Windows Server 2022 常用的两个内置账户是 Administrator 和 Guest。

- Administrator 是指系统管理员，拥有最高的资源使用权限，可以对该计算机或域配置进行管理，如创建或修改用户账户和组、管理安全策略、创建打印机、分配允许用户访问资源的权限等。Administrator 账户是在安装 Windows Server 2022 过程中创建的，系统默认的名称是 Administrator，用户无法删除它。
- Guest 是指为临时访问计算机的用户提供的账户。Guest 账户也是在系统安装中自动创建的，并且不能删除它。在默认情况下，为了保证系统的安全，Guest 账户是禁用的，但在安全性要求不高的网络环境中，可以使用该账户。Guest 账户只拥有很少的权限，系统管理员可以改变使用系统的权限。

2.1.2 任务 2：创建用户账户

1. 用户账户创建前的规划

在创建用户账户之前，制定一个创建用户账户所遵循的规则或约定，这样可以方便、统一管理账户，提供高效、稳定的系统应用环境。

（1）用户账户命名规则。

① 用户账户命名注意事项。一个良好的用户账户命名规则有助于系统账户的管理，要注意以下用户账户命名规则。

- 用户名必须唯一：本地用户名必须在本地计算机系统中唯一。
- 用户名不能包含的字符：“?”、“+”、“*”、“∧”、“[ ]”、“=”、“<” 与 “>” 等。
- 用户名最长只能包含 20 个字符。用户可以输入超过 20 个字符，但系统只识别前 20 个字符。
- 用户名不区分大小写字母。

② 用户账户命名推荐策略。为了加强用户管理，在企业应用环境中通常采用下列命名规则。

- 用户全名：建议用户全名以企业员工的真实姓名命名，便于系统管理员查找、管理用户账户。例如，张玉婷，系统管理员创建用户账户将其姓指定为“张”，名指定为“玉婷”，当用户在打开“活动目录用户和计算机”时可以方便地查找到该用户账户。
- 用户登录名：用户登录名一般要符合方便记忆和具有安全性的特点。用户登录名一般采用姓的拼音加名的首字母，如将张玉婷登录名命名为 Zhangyt。

（2）用户账户密码的规则。

① 用户账户密码设置注意事项。

- Administrator 账户必须指定一个密码，并且除系统管理员外的用户不能随便使用该账户。
- 系统管理员在创建用户账户时，可给每个用户账户指定一个唯一的密码，要防止其他用户对其进行更改，最好使该用户在第一次登录时修改自己的密码。

② 用户账户密码设置推荐策略。

- 采用长密码：Windows Server 2022 用户账户密码最长可以包含 127 个字符，理论上来说，用户账户密码越长，安全性就越高。
- 采用大小写字母、数字和特殊字符组合密码：Windows Server 2022 用户账户密码严格区分大小写字母，采用大小写字母、数字和特殊字符组合密码，使用户账户密码更加安全。

2. 创建本地用户账户

用户必须拥有系统管理员权限才可以进行创建本地用户账户的操作，可以通过“计算机管理”中的“本地用户和组”管理单元来创建本地用户账户，创建的步骤如下。

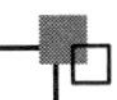

步骤 1：选择“开始|Windows 管理工具|计算机管理”命令，打开如图 2-1 所示的“计算机管理”窗口。

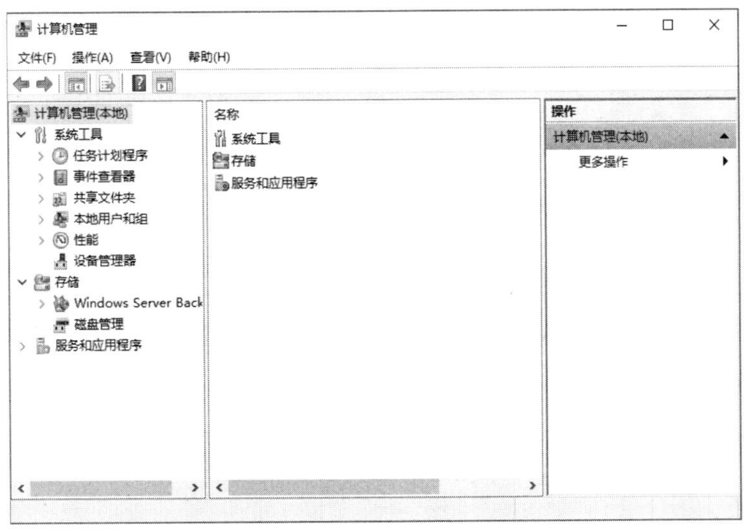

图 2-1　“计算机管理”窗口

步骤 2：在“计算机管理”窗口中，展开“本地用户和组”节点，在“用户”文件夹上右击，在弹出的快捷菜单中选择“新用户”命令，打开如图 2-2 所示的“新用户”对话框。

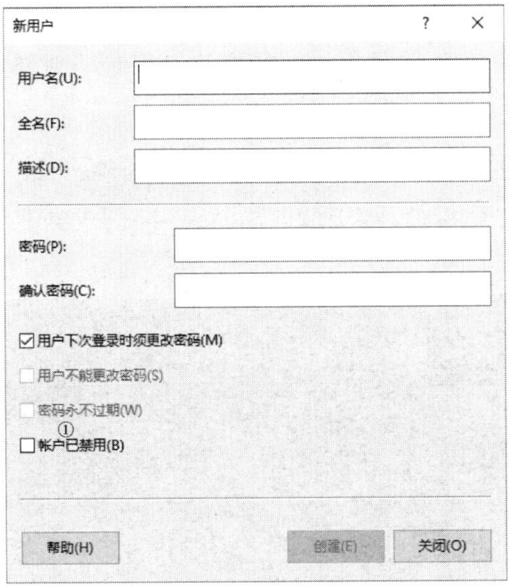

图 2-2　“新用户”对话框

步骤 3：在“新用户”对话框中输入用户名、全名、描述和密码，单击“创建”按钮，新增用户账户。创建完用户账户后，单击“关闭”按钮返回“计算机管理”窗口。

表 2-1 详细介绍了各用户密码选项的说明。

① 软件图中的“帐户”的正确写法为“账户”。

表 2-1　用户密码选项说明

选　　项	说　　明
用户下次登录时须更改密码	用户第一次登录计算机会弹出修改密码的对话框，要求用户更改密码
用户不能更改密码	系统不允许用户修改密码，只有系统管理员才能修改用户密码。通常用于多个用户共用一个用户账户，如 Guest 等
密码永不过期	在默认情况下，Windows Server 2022 用户密码最长可以使用 42 天，选择该选项后，用户密码可以突破时间限制继续使用。通常用于 Windows Server 2022 的服务账户或应用程序所使用的用户账户
账户已禁用	禁用用户账户，使用户账户不能再登录，想要登录用户账户必须清除对该选项的选择

> **注意：** 用户密码选项中的“用户下次登录时须更改密码”、“用户不能更改密码”与“密码永不过期”互相排斥，不能同时选择。

本地用户账户仅允许用户登录并访问创建该账户的计算机。当创建本地用户账户时，Windows Server 2022 使用的数据库是位于“%Systemroot%\system32\config”文件夹下的安全数据库（SAM）。

在 Windows Server 2022 中创建的用户账户不允许相同，且系统内部通过安全标识符（Security Identifier，SID）来识别每个用户账户。每个用户账户都对应一个唯一的安全标识符，它在创建时由系统自动产生。系统指派权限、授权资源访问权限等都需要使用这个安全标识符。

> **注意：** 当删除一个用户账户后，重新创建名称相同的账户并不能获得先前账户的权利。

用户登录后，可以在 Windows PowerShell 命令提示符下输入“whoami /logonid”命令查询当前用户账户的安全标识符，如图 2-3 所示。

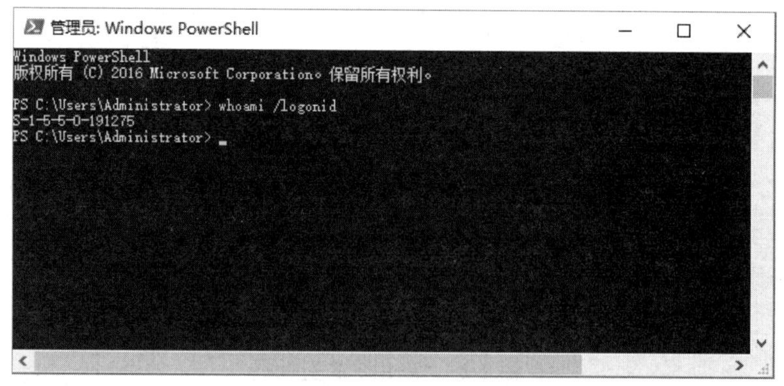

图 2-3　查询当前用户账户的安全标识符

2.1.3　任务 3：设置用户账户属性

为了管理和使用的方便，一个用户账户不仅包括用户名和密码，还包括一些属性，如用户隶属的用户组、用户配置文件、用户的拨入权限、终端用户设置等。我们可以根据需

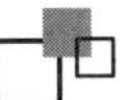

要对用户账户的属性进行设置。在“本地用户和组”窗口的右侧栏中，双击一个用户，将显示该用户的“用户属性”对话框。图 2-4 所示为“Administrator 属性”对话框。下面介绍该对话框中常见的选项卡。

1. “常规”选项卡

在“常规”选项卡中，可以设置与账户有关的一些描述信息，包括全名、描述、账户及密码选项等。系统管理员可以设置密码选项、禁用账户，如果账户已经被系统锁定，则系统管理员可以解除锁定。

2. “隶属于”选项卡

在“隶属于”选项卡中，可以设置该账户和组之间的隶属关系，把账户加入合适的本地组，或者将用户从组中删除，如图 2-5 所示。

为了方便管理，通常把用户加入组中，通过设置组的权限来统一管理用户的权限。根据需要对用户组进行权限的分配与设置，用户属于哪个组，就具有该组的权限。新增的用户账户默认加入 Users 组中，Users 组中的用户通常不具备一些特殊权限（如安装应用程序、修改系统设置等）。因此当要分配给用户某些特殊权限时，可以将该用户账户加入拥有这些权限的组。如果想要从一个或几个组中删除用户，则单击“删除”按钮。

图 2-4　“Administrator 属性”对话框

图 2-5　“隶属于”选项卡

下面以将本地用户账户“userA”添加到管理员组为例，介绍将用户添加到组的操作步骤。

步骤 1：在“隶属于”选项卡中，单击“添加”按钮。

步骤 2：在打开的如图 2-6 所示的“选择组”对话框中输入需要加入的组的名称，如输入管理员组的名称“Administrators”。单击“检查名称”按钮，检查该名称是否正确，如果输入了错误的组名称，则系统将提示找不到该名称。如果没有错误，则该名称会变为本地计算机名称\组名称。这里单击“检查名称”按钮后，名称会变为“ABC\Administrators”。

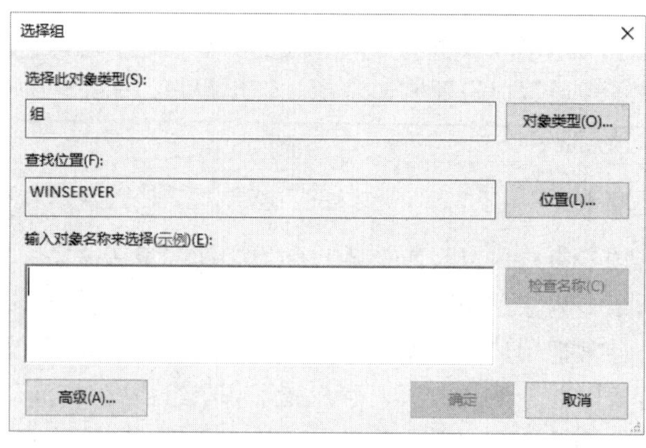

图 2-6 “选择组”对话框

也可以找出可用的组的列表，从中选择需要的组，这样可以不用再手动输入组名称。单击“选择组”对话框中的“高级”按钮，展开对话框后单击“立即查找”按钮，出现可用的组列表，如图 2-7 所示，从列表中选择需要的组即可。

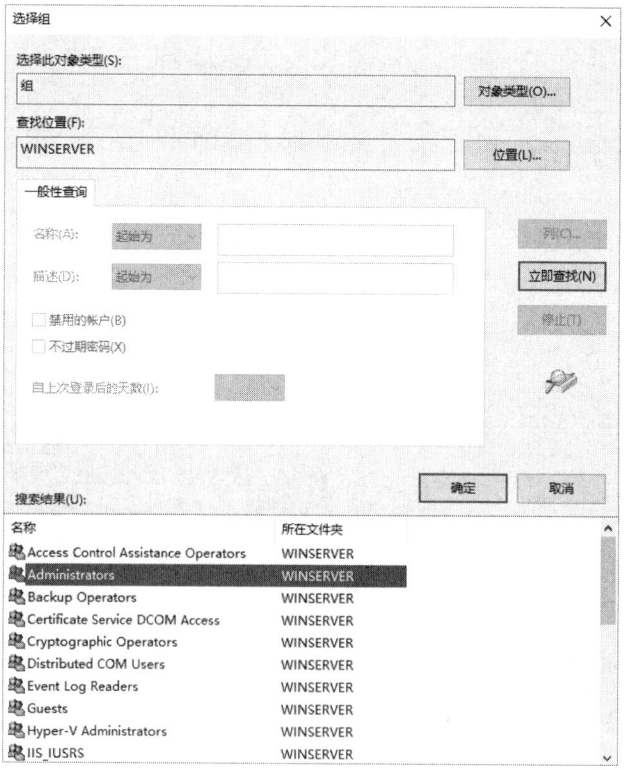

图 2-7 选择需要的组

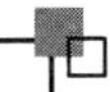

3. “配置文件”选项卡

在“配置文件”选项卡中，可以设置用户账户的配置文件路径、登录脚本和主文件夹的本地路径等。用户配置文件是存储当前桌面环境、应用程序设置及个人数据的文件夹和数据的集合，还包括所有登录到计算机上所建立的网络连接。由于用户配置文件提供的桌面环境与用户最近一次登录到该计算机上所用的桌面环境相同，因此保持了用户桌面环境及其他设置的一致性。当用户第一次登录计算机时，Windows Server 2022 自动创建一个用户配置文件并将其保存。本地用户账户的配置文件都保存在本地磁盘“%userprofile%”文件夹中。

图 2-8 所示为“配置文件”选项卡。下面分别介绍用户配置文件、登录脚本和主文件夹的相关知识。

图 2-8　“配置文件”选项卡

（1）用户配置文件。

用户配置文件分为以下几种类型。

① 默认用户配置文件。默认用户配置文件是所有用户配置文件的基础。当用户第一次登录 Windows Server 2022 时，Windows Server 2022 会将本地默认用户配置文件夹复制到“%Systemdrive%\Documents and Settings\%Username%”文件夹中，以作为初始的本地用户配置文件。

② 本地用户配置文件。本地用户配置文件保存在本地计算机的“%Systemdrive% Documents and Settings\Username%”文件夹中，所有对桌面设置的改动都可以修改用户配置文件。

③ 强制用户配置文件。强制用户配置文件是一个只读的用户配置文件。当注销用户时，

Windows Server 2022 不保存用户在会话期内所做的任何改变。

可以为需要同样桌面环境的多个用户定义一份强制配置文件。配置文件中的隐藏文件 Ntuser.at 包含应用单个用户账户的 Windows Server 2022 的部分系统设置和用户环境设置，系统管理员可以通过将其改名为 Nmset.man，从而把该文件变成只读型，即可创建强制用户配置文件。

④ 漫游用户配置文件。通过设置漫游用户配置文件，可以支持在多台计算机上工作的用户。漫游用户配置文件只能由系统管理员创建，可以保存在某个网络服务器上，用户无论从哪台计算机登录，均可获得该配置文件。当用户登录时，Windows Server 2022 会将该漫游用户配置文件从网络服务器复制到该用户当前所用的 Windows Server 2022 计算机上。因此，用户总能得到自己的桌面环境设置和网络连接设置。漫游用户配置文件只能在域环境下实现。

当第一次登录时，Windows Server 2022 将所有的文件都复制到本地计算机上。此后，当用户再次登录时，Windows Server 2022 只需比较本地储存的用户配置文件和漫游用户配置文件。这时，系统只复制用户最后一次登录并使用这台计算机时被修改的文件，缩短了登录时间。当注销用户时，Windows Server 2022 会把对漫游用户配置文件本地备份所做的修改复制到该漫游配置文件的服务器上。

（2）登录脚本。

登录脚本是希望用户登录计算机时自动运行的脚本文件，脚本文件的扩展名可以是.vbs、.bat 或.cmd。

（3）主文件夹。

主文件夹是 Windows Server 2022 为用户提供的用于存放个人文档的主文件夹。主文件夹可以保存在客户机上，也可以保存在一个文件服务器的共享文件夹中。用户可以将所有的主文件夹都定位在某个网络服务器的中心位置，因为主文件夹不属于漫游用户配置文件的一部分，所以它的大小并不影响登录时网络的通信量。系统管理员在为用户实现主文件夹时，应考虑以下因素：在实现对用户文件的集中备份和管理时，基于安全性考虑，应将主文件夹存放在 NTFS 卷中，利用 NTFS 的权限来保护用户文件（放在 FAT 卷中只能通过共享文件夹权限来限制用户对主文件夹的访问）。用户可以通过网络中任意一台连网的计算机访问其主文件夹。

2.1.4　任务 4：删除本地用户账户

对于不再需要的用户账户可以将其删除，但在执行删除操作之前应确认其必要性，因为删除用户账户会导致与该账户有关的所有信息丢失。通过前文我们知道，每个用户都有一个名称之外的唯一的标识符（SID），SID 在新增账户时由系统自动产生，不同账户的 SID 不同。由于系统在设置用户的权限、访问控制列表中的资源访问能力等信息时，内部都使用了 SID，所以一旦用户账户被删除，这些信息也就跟着消失了。即使重新创建一个名称相同的用户账户，也不能获得原先用户账户的权限。系统内置账户 Administrator、Guest 等是无法删除的。

在“计算机管理”窗口中可以删除本地用户账户。选择要删除的用户账户，执行删除

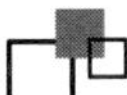

命令，打开如图 2-9 所示的“本地用户和组”对话框，单击“是”按钮即可。

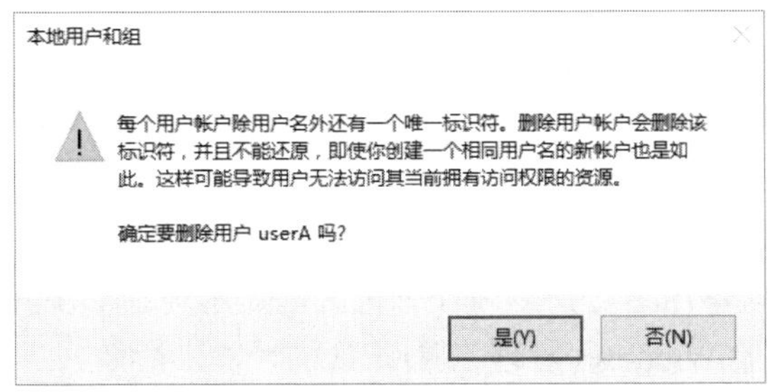

图 2-9　“本地用户和组”对话框

2.2　项目 2：管理组账户

2.2.1　任务 1：理解组账户含义

组是多个用户、计算机账号、联系人和其他组的集合，也是操作系统实现其安全管理机制的重要技术手段。属于特定组的用户或计算机称为组的成员。使用组可以同时为多个用户账户或计算机账户指派一组公共的资源访问权限和系统管理权利，而不必单独为每个账户指派权限和权利，从而简化管理，提高效率。

需要注意的是，组账户并不用于登录计算机，用户在登录计算机时均使用用户账户，同一个用户账户可以同时为多个组的成员，这样该用户的权限就是所有组权限的合并。

根据创建方式的不同，组可以分为内置组和用户自定义组。内置组是 Windows Server 2022 自动创建的一些组，拥有系统事先定义好的执行系统管理任务的权利。

关于内置组的相关描述，可以参看系统内容，具体操作为：打开“计算机管理”窗口，在“本地用户和组”节点的“组”文件夹中可以查看本地内置的所有组账户，如图 2-10 所示。

图 2-10　查看本地内置的所有组账户

系统管理员不但可以根据自己的需要向内置组添加成员或删除成员，而且可以重命名内置组，但不能删除内置组。

2.2.2 任务 2：创建本地组的操作

仅使用系统内置组可能无法满足安全性和灵活性的需要。因为通常系统默认的用户组能够满足某些方面的系统管理需要，但是不能满足系统管理的特殊需要，所以系统管理员必须根据情况新增一些组，即用户自定义组。这些组创建之后，就可以像管理系统内置组一样，赋予其权限和进行组成员的增加操作。只有本地计算机上的 Administrators 组和 Power Users 组成员才有权创建本地组。在本地计算机上创建本地组的步骤如下。

步骤 1：选择“开始|Windows 管理工具|计算机管理”命令。

步骤 2：从“计算机管理”窗口中展开“本地用户和组”节点，在“组”文件夹上右击，在弹出的快捷菜单中选择“新建组”命令，打开“新建组”对话框，如图 2-11 所示。

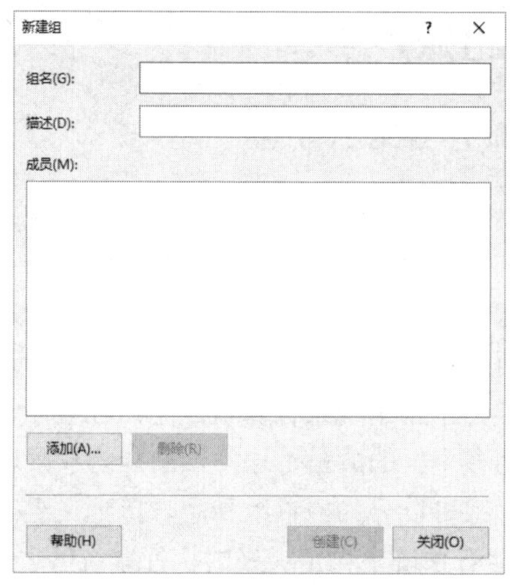

图 2-11 “新建组”对话框

步骤 3：在“新建组”对话框中输入组名和描述，单击“创建”按钮即可完成本地组的创建。

可以在创建本地组的同时向组中添加用户。在“新建组”对话框中，单击“添加”按钮，打开“选择用户”对话框，如图 2-12 所示。输入对象名称，或者单击“高级”按钮查找用户，单击“确定”按钮。

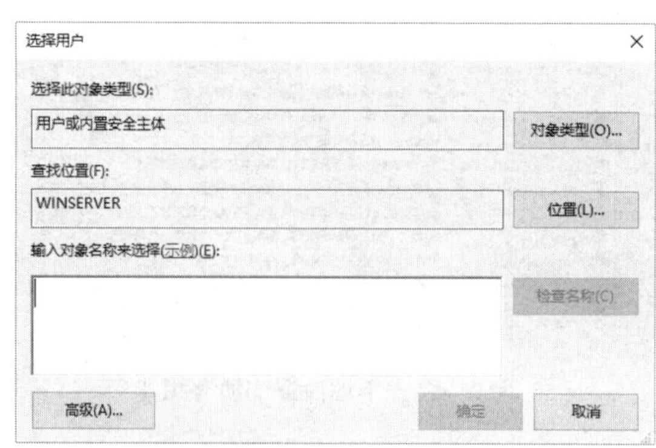

图 2-12 “选择用户”对话框

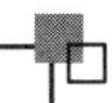

2.2.3　任务 3：删除、重命名本地组及修改本地组成员

对于系统不再需要的本地组，系统管理员可以将其删除。但是系统管理员只能删除自己创建的组，而不能删除系统提供的内置组。当系统管理员删除系统内置组时，将被系统拒绝。

删除本地组的方法：在“计算机管理”窗口中选择要删除的组账户，在该组上右击，在弹出的快捷菜单中选择“删除”命令，打开如图 2-13 所示的“本地用户和组”对话框，单击“是”按钮即可。

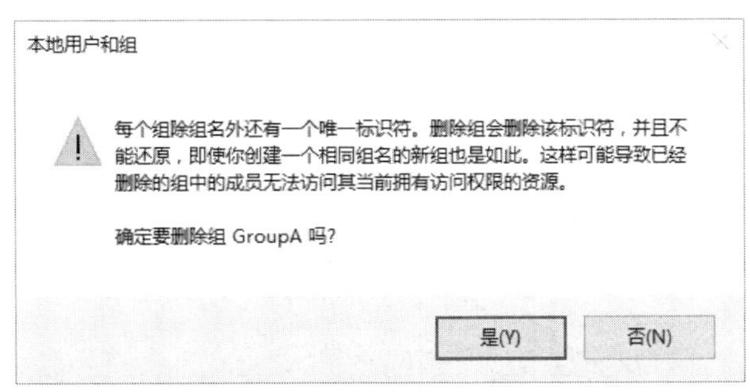

图 2-13　“本地用户和组”对话框

每个组都拥有一个唯一的标识符（SID），所以一旦删除了用户组，就不能重新恢复，即使新建一个与被删除组有相同名字和成员的组，也不会与被删除组有相同的特性和特权。

重命名组的操作与删除组的操作类似，只需要在弹出的快捷菜单中选择“重命名”命令，在打开的对话框中输入相应的名称即可。

修改本地组成员通常包括向组中添加成员或从组中删除已有的成员。如果要向组中添加成员，则选择相应的组，单击“添加”按钮后选择相应用户。如果要删除某组的成员，则双击该组的名称，选择相应要删除的成员，单击“删除”按钮。

2.3　项目 3：与本地用户相关的安全管理操作

在 Windows Server 2022 中，除了创建账户、设置账户的基本属性、删除账户等管理，为了确保计算机系统的安全，系统管理员需要应用与账户相关的一些操作对本地安全进行设置，从而达到提高系统安全性的目的。Windows Server 2022 对登录到本地计算机的用户都定义了一些安全设置。本地计算机是指用户登录 Windows Server 2022 的计算机，在没有对活动目录集中管理的情况下，系统管理员必须对计算机进行设置，以确保其安全。例如，限制用户如何设置密码、通过账户策略设置账户安全性、通过锁定账户策略避免他人登录计算机、指派用户权限等。将这些安全设置分组管理，就组成了 Windows Server 2022 的本地安全策略。

Windows Server 2022 的安全设置需要在“Windows 管理工具”提供的“本地安全策略”窗口中进行，此窗口可以集中管理本地计算机的安全设置原则。使用系统管理员账户登录本地计算机，即可打开“本地安全策略”窗口，如图 2-14 所示。

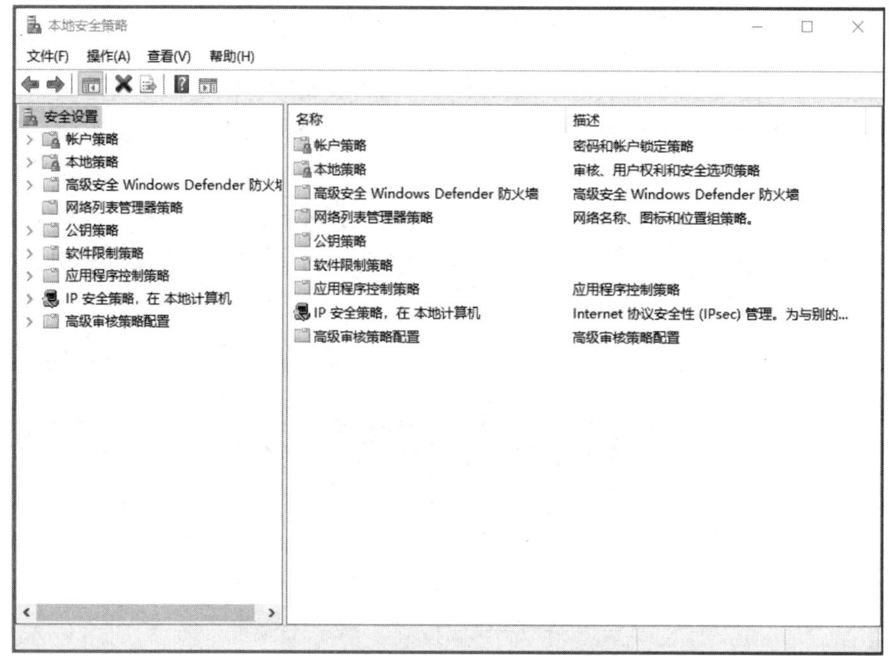

图 2-14 “本地安全策略”窗口

1. 密码安全设置

用户账户密码是保证计算机安全的重要基础手段。如果没有为用户账户（特别是系统管理员账户）设置密码，或者设置的密码非常简单，则计算机系统将很容易被非授权用户登录，进而被访问资源或更改系统配置。目前互联网上的攻击很多都是因为密码设置过于简单或根本没有设置密码造成的，因此应该设置合适的密码，从而保证计算机系统的安全。Windows Server 2022 的密码强度原则主要包括：密码必须符合复杂性要求、密码长度最小值、密码使用期限和强制密码历史。下面分别介绍这些选项的含义和设置方法。

（1）密码必须符合复杂性要求。要使本地计算机启用密码复杂性要求，只要在“本地安全策略”窗口中选择“账户策略|密码策略”选项，双击右侧列表框中的“密码必须符合复杂性要求”选项，在打开的“密码必须符合复杂性要求属性”对话框中，选中“已启用”单选按钮，单击“确定”按钮，如图 2-15 所示。当配置其他策略时，在右侧列表框中选择相应的选项即可。配置“密码必须符合复杂性要求”选项，确定密码是否符合复杂性要求，如果启用该策略，则密码必须符合以下要求。

① 不包含全部或部分的用户账户名。

② 长度至少为 6 个字符。

③ 包含来自以下 4 个类别中的 3 个字符：英文大写字母（A～Z）；英文小写字母（a～z）；10 个基本数字（0～9）；非字母字符（!、#、$、%）。

对于工作组环境的 Windows Server 2022 来说，默认密码没有设置复杂性要求，用户可以使用空密码或简单密码，如“12345”或“password”等，这样黑客很容易通过一些扫描工具得到系统管理员的密码。对于网络环境的 Windows Server 2022，默认启用了密码复杂

性要求。

（2）密码长度最小值。该安全设置用于确定用户账户的密码可以包含的最少字符个数，其值的设置范围为 1～14；或者通过将字符数设置为 0，可设置不需要密码。在工作组环境的服务器上，默认值是 0；在域环境的系统上，默认值是 7。为了系统的安全，最好设置最小密码长度为 6 或更长的字符。如图 2-16 所示，在“密码长度最小值属性”对话框中，设置的密码最小长度为 8 个字符。

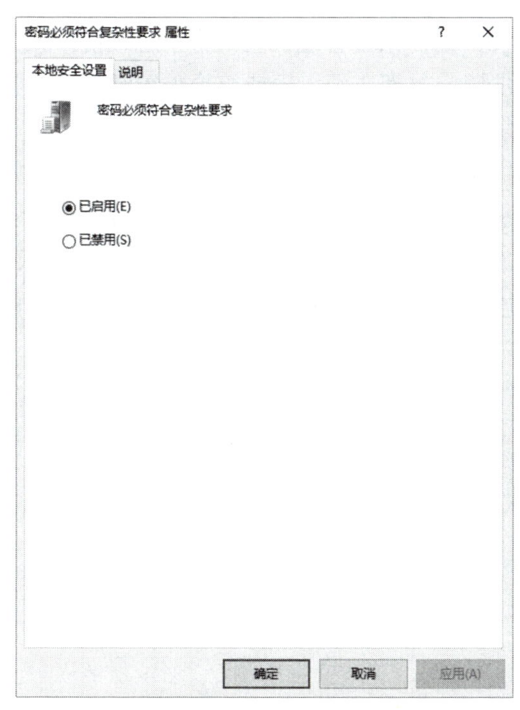

图 2-15　“密码必须符合复杂性要求属性”对话框

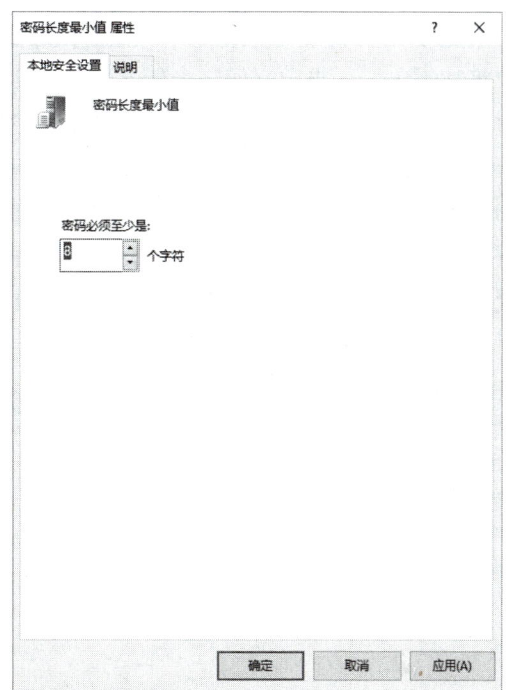

图 2-16　“密码长度最小值属性”对话框

（3）密码使用期限。密码使用期限有密码最长使用期限和密码最短使用期限两个设置。密码最长使用期限用于确定系统要求用户更改密码之前可以使用该密码的时间（单位为天）。密码最短使用期限用于确定系统要求用户可以更改密码之前必须使用该密码的时间（单位为天），其值设置范围为 1～998。如果设置为 0，则表明允许立即修改密码。密码最短使用期限设置的值必须小于密码最长使用期限设置的值。如果密码最长使用期限设置为 0，则密码最短使用期限的设置范围为 1～998。默认密码最长有效期为 42 天，默认密码最短有效期为 0 天。

（4）强制密码历史。重新使用旧密码之前，该安全设置用于确定某个用户账户所使用的新密码不能与该账户最近所使用的旧密码一致。例如，将强制密码历史设置为 4，即系统会记住最后 4 个用户设置过的密码，当用户修改密码时，如果为最后 4 个密码之一，则系统将拒绝用户的要求。该值的设置范围为 0～24。该策略通过确保旧密码不能在某段时间内重复使用，使用户账户更安全。“强制密码历史属性”对话框如图 2-17 所示，默认强制密码历史为 0 个。

2．账户锁定策略管理

账户锁定策略是指用户设置什么时候及多长时间内账户将在系统中被锁定不能使用。Windows Server 2022 在默认情况下，没有对账户锁定进行设定，为了保证系统的安全，最好设置账户锁定策略。账户锁定策略包括：账户锁定时间设置、账户锁定阈值设置和复位账户锁定计数器设置。

（1）账户锁定时间设置。确定锁定的账户在自动解锁前保持锁定状态的分钟数，有效范围是 0～99999。如果将账户锁定时间设置为 0，则在系统管理员明确将其解锁前，该账户将被锁定。如果定义了账户锁定阈值，则账户锁定时间必须大于或等于重置时间。默认值为无。因为只有指定了账户锁定阈值，该策略设置才有意义。

（2）账户锁定阈值设置。确定造成账户被锁定的登录失败尝试的次数。登录尝试失败的范围为 0～999。如果将此值设置为 0，则无法锁定账户。对于使用 Ctrl+Alt+Delete 组合键或带有密码的屏幕保护程序锁定的工作站或成员服务器，失败的密码尝试将计入失败的登录尝试次数中，默认值为 0。可以设置为 5 次或更多次数以确保系统安全。“账户锁定阈值属性”对话框如图 2-18 所示。

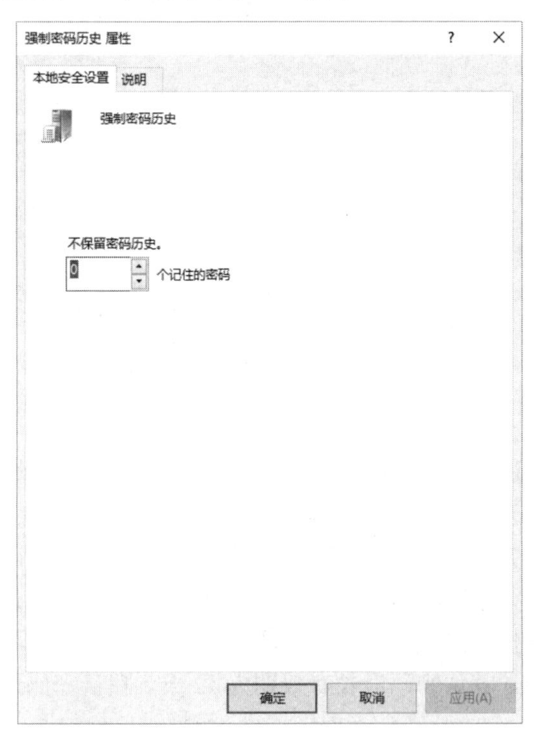

图 2-17 “强制密码历史属性”对话框

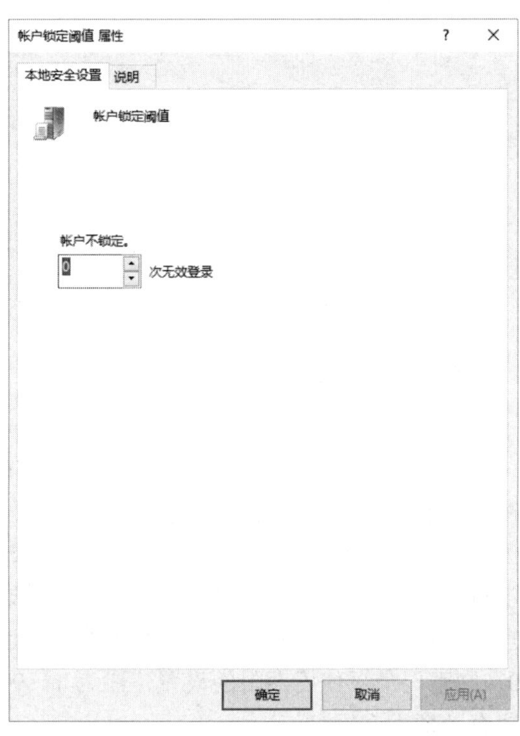

图 2-18 “账户锁定阈值属性”对话框

（3）复位账户锁定计数器设置。确定在登录尝试失败计数器被复位为 0（即 0 次失败登录尝试）之前，尝试登录失败之后所需的分钟数，有效范围为 1～99999。如果定义了账户锁定阈值，则该复位时间必须小于或等于账户锁定时间，默认值为无，因为只有指定了账户锁定阈值，该策略设置才有意义。

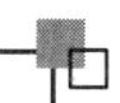

实训 2

1. 实训目的

熟练掌握 Windows Server 2022 本地用户账户、组账户的创建与管理，以及常用的账户安全管理设置方法。

2. 实训环境

安装了 Windows Server 2022 的计算机。

3. 实训内容

（1）通过“计算机管理”窗口添加本地用户账户 MyUser1、MyUser2、MyUser3，在创建时分别为 3 个用户选择不同的用户账户密码选项。

（2）用不同的用户账户登录系统。

（3）删除用户账户 MyUser3。

（4）创建组 MyGroup1 和 MyGroup2。

（5）先将（1）中创建的用户账户 MyUser1 加入 MyGroup1 组和 MyGroup2 组中，再将用户账户 MyUser2 加入 Administrators 组中。

（6）将 MyGroup2 重命名为 MyGroup3，将 MyUser1 从中移除。

（7）删除 MyGroup3。

（8）选择“开始|Windows 管理工具|本地安全策略”命令，打开“本地安全策略”窗口。

（9）对 MyUser1 进行密码安全设置、对 MyUser2 进行账户锁定安全设置，完成各种设置，尤其是体会设置为特殊值时的效果。

习题 2

1. 填空题

（1）用户要登录 Windows Server 2022 的计算机，必须拥有一个合法的________。

（2）Windows Server 2022 常用的两个内置账户是________和________。

（3）使用________可以同时为多个用户账户指派一组公共的权限。

（4）用户必须拥有________权限，才可以创建用户账户。

（5）用户登录计算机后，可以在命令提示符下输入________命令查询当前用户账户的安全标识符。

（6）________是存储当前桌面环境、应用程序设置及个人数据的文件夹和数据的集合。

2. 简答题

（1）Windows Server 2022 的用户账户有哪几种类型？其含义是什么？

（2）简述使用组技术管理用户账户的原因。

（3）用户配置文件有哪几种类型？各有什么作用？

（4）Windows Server 2022 关于用户账户管理的本地安全策略主要有哪些？

第 3 章

文件系统管理

教学重点

- 文件系统概述。
- NTFS 文件系统管理。

在计算机系统中最为重要的资源就是数据资源，许多计算机系统都是通过特有的文件系统管理技术来为用户提供数据信息的，并且支持其自身独具特色的文件类型。Windows Server 2022 提供了不同于其他操作系统的 NTFS 文件系统管理类型，在文件系统管理、安全等方面提供了强大的功能，使用户可以很方便地在计算机或网络上使用、管理、共享和保护文件及文件资源。本章将介绍 Windows Server 2022 有关文件系统方面的内容，主要介绍文件系统的基本概念、NTFS 文件系统与 FAT 文件系统的区别、NTFS 文件系统在安全方面的特性、如何在 Windows Server 2022 内配置 NTFS 的权限，以及如何实现加密文件系统。

3.1 文件系统概述

文件系统是指操作系统在存储设备上按照一定原则组织、管理数据所用的结构和机制。文件系统规定了计算机对文件和文件夹进行操作处理的各种标准和机制。用户对所有文件和文件夹的操作都是通过文件系统来完成的。

磁盘或分区和操作系统所包括的文件系统是不同的，在所有的计算机系统中，都存在一个相应的文件系统。FAT、FAT32 是随着计算机各种软件、硬件的发展而形成的文件系统，它们所能管理的文件的最大尺寸及磁盘空间总量都有一定的局限性。从 Windows NT 开始，采用了一种新的文件系统格式：NTFS，它比 FAT、FAT32 功能更加强大，在文件大小、磁盘空间、安全可靠等方面都有了较大的进步。在日常工作中，我们常会听到这种说法："我的硬盘是 FAT 格式的"与"C 盘是 NTFS 格式的"，这是不恰当的，NTFS 或 FAT 并不是格式，而是文件管理的系统类型。一般刚出厂的硬盘是没有任何类型文件系统的，在使用之前必须利用相应的磁盘分区工具对其进行分区，格式化后才会有一定类型的文件系统，才能被正常操作使用。由此可见，无论硬盘有一个分区还是多个分区，文件系统都是对应分区的，而不是对应硬盘的。Windows Server 2022 的磁盘分区一般支持 3 种格式的文件系统：FAT、FAT32 和 NTFS。

在安装 Windows Server 2022 之前，应该先选择文件系统。Windows Server 2022 支持使用文件分配表文件系统（FAT 或 FAT32）和 NTFS 文件系统。下面将对这两类文件系统进行简单介绍。

1. FAT/FAT32 文件系统

FAT（File Allocation Table）是“文件分配表”的意思，就是用来记录文件所在位置的表格。FAT 是最初用于小型磁盘和简单文件结构的文件系统，其得名于它的组织方式：放置在分区起始位置的文件分配表。为确保正确装卸启动系统所必需的文件，文件分配表和根目录必须存放在磁盘分区的固定位置。文件分配表对于硬盘的使用是非常重要的，如果丢失了文件分配表，硬盘上的数据就会因为无法定位而不能使用。

FAT 通常使用 16 位的空间来表示每个扇区（Sector）配置文件的情形。由于 FAT 受到先天的限制，因此每超过一定容量的分区之后，它所使用的簇（Cluster）大小就必须扩增，以适应更大的磁盘空间。簇是磁盘空间的配置单位，就如图书馆内一格一格的书架一样。每个要保存的文件都必须配置足够数量的簇，才能存放到磁盘中。通过使用“format”命令，用户可以指定簇的大小。一个簇存放一个文件后，其剩余的空间不能再被其他文件利用。所以在使用磁盘时，无形中都会或多或少损失一些磁盘空间。

在运行 MS-DOS、OS/2、Windows 95、Windows 98 或 Windows 95 以前的版本操作系统的计算机时，FAT 是最佳的选择。需要注意的是，在不考虑簇大小的情况下，使用 FAT 的分区不能大于 2GB，因此 FAT 最好用在较小分区上。由于 FAT 额外开销的原因，在大于 512MB 的分区内不推荐使用 FAT。

FAT32 使用 32 位空间来表示每个扇区（Sector）的配置文件。利用 FAT32 所能使用的单个分区，最大可达到 2TB（2048GB），而且各种大小的分区所能用到的簇的大小也恰如其分，这些优点使 FAT32 的系统在硬盘使用上有更高的效率。例如，两个分区容量都为 2GB，一个分区采用了 FAT，另一个分区采用了 FAT32。采用 FAT 分区的簇大小为 32KB，而采用 FAT32 分区的簇大小只有 4KB。那么 FAT32 就比 FAT 的存储效率要高很多，在通常情况下可以提高 15%。

使用 FAT32 可以重新定位根目录，同时 FAT32 分区的启动记录包含在一个含有关键数据的结构中，减少了计算机系统崩溃的可能性。

使用 FAT32 也有一定的限制，主要表现在以下几个方面。

（1）与操作系统有限的兼容性。目前，支持 FAT32 格式的操作系统有 Windows 95、Windows 98、OS/2、Windows Me、Windows 2000、Windows XP、Windows Server 2003、Windows Server 2008 和 Windows Server 2012，一些 UNIX/Linux 版本也对 FAT32 提供了有限支持；而其他操作系统则不能读取 FAT32 的分区。例如，如果以 DOS 6.X 启动盘开机，硬盘中的 FAT32 分区就会凭空消失，完全看不到这个分区。

（2）虽然与 FAT 相比，FAT32 可以支持的磁盘容量达到 2TB（2048GB），但是 FAT32 不能支持小于 512MB 的分区。

（3）一些较旧版本的软件不能在 FAT32 的分区中执行，如 Office 95 等。

（4）不能在 FAT32 分区中进行磁盘压缩，也不能在 Windows 98 中进行磁盘压缩。

需要注意的是，这种分区格式还有明显的缺点，由于文件分配表的扩大，FAT32 运行速度比 FAT 慢。此外，FAT 和 FAT32 不能较好地集成，当分区变大时，文件分配表也随之变大，这就相应增加了系统重新启动的时间。因此，在 Windows Server 2008 中不支持用户使用格式化程序来创建超过 32GB 的 FAT32 分区。

2. NTFS 文件系统

NTFS（New Technology File System）是 Windows Server 2022 推荐使用的高性能文件系统，支持许多新的文件安全、存储和容错功能，而这些功能正是 FAT/FAT32 所缺少的，它支持文件系统大容量的存储媒体、长文件名。NTFS 的设计目标是在容量大的硬盘上能够快速执行操作，如读/写、搜索文件等标准操作。NTFS 还支持文件系统恢复高级操作。

NTFS 不仅支持企业环境中文件服务器和高端个人计算机所需的安全特性，还支持对于关键数据完整性十分重要的数据访问控制和私有权限。除了赋予 Windows Server 2022 计算机中的共享文件夹特定权限，NTFS 文件和文件夹无论共享与否都可以赋予权限。NTFS 是 Windows Server 2022 中唯一允许为单个文件指定权限的文件系统。

与 FAT 一样，NTFS 使用簇作为磁盘分配的基本单元。在 NTFS 中，默认的簇大小取决于卷的大小。在“磁盘管理器”窗口中，用户可以指定簇最大为 4KB。

NTFS 是以卷为基础的，卷建立在磁盘分区之上。分区是磁盘的基本组成部分，是一个能够被格式化和单独使用的逻辑单元。当以 NTFS 格式来格式化磁盘分区时，就创建了 NTFS 卷。一个磁盘可以有多个卷，一个卷也可以由多个磁盘组成。需要注意的是，当用户将文件从 NTFS 卷移动或复制到 FAT 卷时，NTFS 文件系统权限和其他特有属性将会丢失。

NTFS 是一个基于安全性的文件管理系统，建立在保护文件和目录数据基础之上，同时兼顾节省存储资源、减少磁盘占用量，是一种先进的文件系统。早期的 Windows NT 4.0 采用的就是 NTFS 4.0，它使系统的安全性得到了很大提高。Windows 2000/XP、Windows Server 采用的是新版本的 NTFS。NTFS 使用户不但可以像 Windows 9x 那样方便快捷地操作和管理计算机，而且可以享受到 NTFS 所带来的系统安全性。NTFS 的特点主要体现在以下几个方面。

（1）NTFS 是一个日志文件系统，这意味着除了向磁盘中写入信息，该文件系统还会为发生的所有改变保留一份日志。这项功能让 NTFS 在发生错误时（如系统崩溃或电源供应中断）更容易恢复，也使系统更加强壮。在 NTFS 分区上，用户很少需要运行磁盘修复程序，NTFS 通过使用标准的事务处理日志和恢复技术来保证分区的一致性。

（2）良好的安全性是 NTFS 另一个引人注目的特点，这也是 NTFS 成为 Windows 网络中最常用的文件系统的主要的原因。NTFS 的安全系统非常强大，可以对文件系统中对象的访问权限（允许或禁止）做非常精确的设置。在 NTFS 卷上，可以为共享资源、文件夹及文件设置访问许可权限。许可权限的设置包括两方面的内容：一是允许哪些组或用户对文件夹、文件和共享资源进行访问；二是获得访问许可的组或用户可以进行什么级别的访问。访问许可权限的设置不但适用于本地计算机的用户，而且适用于通过网络的共享文件夹对文件进行访问的网络用户。与 FAT32 对文件夹或文件进行的访问相比，NTFS 的安全性要高得多。另外，在采用 NTFS 的 Windows Server 2022 中，用审核策略可以对文件夹、文件

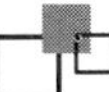

及活动目录对象进行审核，审核结果记录在安全日志中。通过安全日志可以查看组或用户对文件夹、文件或活动目录对象进行了什么级别的操作，从而发现系统可能面临的非法访问，通过采取相应的措施，将这种安全隐患降到最低。这些在 FAT32 下是不能实现的。

（3）NTFS 支持对卷、文件夹和文件的压缩。当任何基于 Windows 的应用程序对 NTFS 卷上的压缩文件进行读/写时，不需要事先由其他程序进行解压缩，文件将自动进行解压缩，文件关闭或保存时会自动对文件进行压缩。

（4）在 Windows Server 2022 的 NTFS 中可以进行磁盘配额管理。磁盘配额是指系统管理员为用户所能使用的磁盘空间进行配额限制，每个用户只能使用最大配额范围内的磁盘空间。设置磁盘配额后，可以对每个用户的磁盘使用情况进行跟踪和控制，通过监测标识出超过配额报警阈值和配额限制的用户，从而采取相应的措施。磁盘配额管理功能使系统管理员方便合理地为用户分配存储资源，避免由于磁盘空间使用的失控造成的系统崩溃，提高了系统的安全性。

（5）对大容量的驱动器有良好的扩展性。在磁盘空间使用方面，NTFS 的效率非常高。NTFS 采用了更小的簇，相比之下，NTFS 比 FAT32 能更有效地管理磁盘空间，最大限度地避免了磁盘空间的浪费。因此，NTFS 中最大驱动器的尺寸远远大于 FAT，且 NTFS 的性能和存储效率并不像 FAT 那样随着驱动器尺寸的增大而降低。

Windows Server 2022 中提供的系统工具可以很轻松地把分区转化为新版本的 NTFS，即使以前的分区使用的是 FAT 或 FAT32。在安装 Windows Server 2022 时，可以在安装向导的帮助下完成所有操作，安装程序会检测现有的文件系统格式，如果是 NTFS，则自动进行转换；如果是 FAT 或 FAT32，则提示安装者是否转换为 NTFS。用户也可以在安装完成后，使用 Convert.exe 把 FAT 或 FAT32 的分区转化为 NTFS 分区。无论是在运行安装程序中还是在运行安装程序之后，这种转换都不会使用户的文件受到损害。

3.2　项目：NTFS 文件系统管理

3.2.1　任务 1：理解 NTFS 权限

Windows Server 2022 在 NTFS 类型卷上提供了 NTFS 权限，允许为每个用户或组指定 NTFS 权限，以保护文件和文件夹资源的安全。通过允许、禁止或限制访问某些文件和文件夹，NTFS 权限提供了对资源的保护。无论用户是访问本地计算机上的文件、文件夹资源，还是通过网络来访问，NTFS 权限都是有效的。

NTFS 权限可以实现高度的本地安全性，通过对用户赋予 NTFS 权限，可以有效地控制用户对文件和文件夹的访问。NTFS 卷上的每个文件和文件夹都有一个列表，称为访问控制列表（Access Control List，ACL），该列表记录了每个用户和组对该资源的访问权限。当用户要访问某一文件资源时，ACL 必须包含该用户账户或组的入口，只有入口允许的访问类型与请求的访问类型一致时，才允许用户访问该文件资源。如果在 ACL 中没有一个合适的入口，用户就无法访问该文件资源。

Windows Server 2022 中的 NTFS 许可权限包括普通权限和特殊权限。

（1）NTFS 的普通权限有读取、写入、列出文件夹内容、读并且执行、修改、完全控制。下面分别对它们进行介绍。

- 读取：允许用户查看文件或文件夹；可以读取文件内容，但不能修改文件内容。
- 写入：允许授权用户可以对一个文件进行写操作。
- 列出文件夹内容：仅文件夹有此权限，可查看文件夹下子文件和文件夹属性与权限，读取文件夹下子文件内容。
- 读并且执行：用户可以运行可执行文件，包括脚本。
- 修改：用户可以查看并修改文件或文件属性，包括在目录下增加或删除文件，以及修改文件属性。
- 完全控制：用户可以修改、增加、移动或删除文件，能够修改所有文件和文件夹的权限设置。

（2）NTFS 的特殊权限包括以下内容。

- 遍历文件夹/运行文件："遍历文件夹"允许或拒绝通过文件夹移动，以到达其他文件或文件夹，即使用户没有被禁止的文件夹的权限（仅适用于文件夹）。只有当"组策略"管理单元中没有授予组或用户"忽略通过检查"用户权限时，禁止文件夹才起作用（在默认情况下，授予 Everyone 组"忽略通过检查"用户权限）。对于文件，"运行文件"允许或拒绝运行程序文件（仅适用于文件）。设置"遍历文件夹"权限不会自动设置该文件夹中所有文件的"运行文件"权限。
- 列出文件夹/读取数据：允许或拒绝用户查看文件夹内容列表或数据文件。
- 读取属性：允许或拒绝用户查看文件或文件夹的属性，如只读或隐藏，属性由 NTFS 定义。
- 读取扩展属性：允许或拒绝用户查看文件或文件夹的扩展属性。扩展属性由程序定义，可能因程序而变化。
- 创建文件/写入数据："创建文件"权限允许或拒绝用户在文件夹内创建文件（仅适用于文件夹）；"写入数据"允许或拒绝用户修改文件（仅适用于文件）。
- 创建文件夹/附加数据："创建文件夹"允许或拒绝用户在文件夹内创建文件夹（仅适用于文件夹）。"附加数据"允许或拒绝用户在文件的末尾进行修改，但是不允许用户修改、删除或改写现有的内容（仅适用于文件）。
- 写入属性：允许或拒绝用户修改文件或文件夹的属性，如只读或隐藏，属性由 NTFS 定义。"写入属性"权限表示不可以创建或删除文件和文件夹，只能更改文件或文件夹的属性。要允许（或拒绝）创建或删除操作，可以参阅"创建文件/写入数据"、"创建文件夹/附加数据"、"删除子文件夹及文件"与"删除"中的说明。
- 写入扩展属性：允许或拒绝用户修改文件或文件夹的扩展属性。扩展属性由程序定义，可能因程序而变化。"写入扩展属性"权限表示不可以创建或删除文件和文件夹，只能更改文件或文件夹的属性。要允许（或拒绝）创建或删除操作，可以参阅"创建文件/写入数据"、"创建文件夹/附加数据"、"删除子文件夹及文件"与"删除"中的说明。
- 删除子文件夹及文件：允许或拒绝用户删除子文件夹和文件。

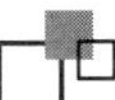

- 删除：允许或拒绝用户删除子文件夹和文件（当用户对于某个文件或文件夹没有删除权限时，但是拥有删除子文件夹和文件权限，仍然可以删除文件或文件夹）。
- 读取权限：允许或拒绝用户对文件或文件夹的读取权限，如完全控制、读或写权限。
- 修改权限：允许或拒绝用户修改该文件或文件夹的权限分配，如完全控制、读或写权限。
- 获得所有权：允许或拒绝用户获得对该文件或文件夹的所有权。无论当前文件或文件夹的权限分配状况如何，文件或文件夹的拥有者总可改变它的权限。
- 同步：允许或拒绝不同的线程等待文件或文件夹的句柄，并与另一个向它发信号的线程同步。该权限只能用于多线程、多进程程序。

NTFS 的普通权限由更小的特殊权限元素组成。系统管理员可以根据需要，利用 NTFS 特殊权限，进一步控制用户对 NTFS 文件或文件夹的访问。

上述权限设置中比较重要的是修改权限和获得所有权。在通常情况下，这两个特殊权限要慎重使用，一旦赋予了某个用户修改权限，便可以改变相应文件或文件夹的权限设置。同样，一旦赋予了某个用户获得所有权权限，他就可以作为文件的所有者对其做出查阅并更改。

3.2.2　任务 2：设置 NTFS 权限

只有 Administrators 组内的成员、文件和文件夹的所有者、具备完全控制权限的用户，才有权更改这个文件或文件夹的 NTFS 权限。设置方法为：打开“资源管理器”窗口或“计算机”窗口，在 NTFS 卷上指定要设置 NTFS 权限的文件夹或文件（如已经创建了文件夹“C:\Test”）上右击，在弹出的快捷菜单中选择“属性”命令，打开“Test 属性”对话框，如图 3-1 所示，选择“安全”选项卡，进行 NTFS 权限设置。

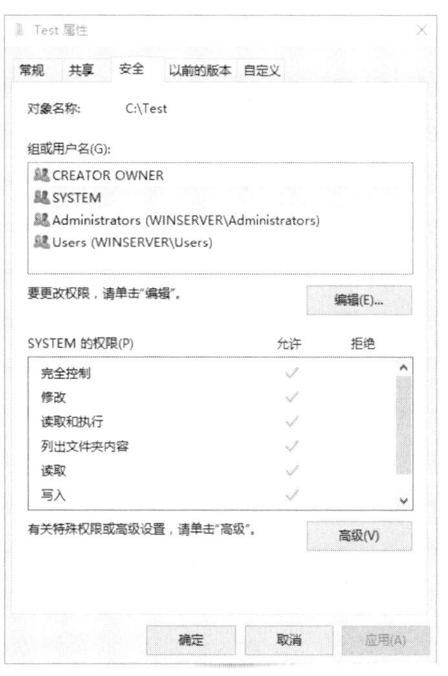

图 3-1　“Test 属性”对话框

进行 NTFS 权限设置实际上就是设置“谁”有“什么”权限，“安全”选项卡上端的区域和按钮用于选取用户和组账户，解决“谁”的问题；“安全”选项卡下端的区域和按钮为已选中的用户或组设置相应的权限，解决“什么”的问题。

1. 添加/删除用户和组

如果要添加权限用户，单击“编辑|添加”按钮，打开如图 3-2 所示的“选择用户或组”对话框，在该对话框中可以直接在文本框中输入用户、组账户名称。

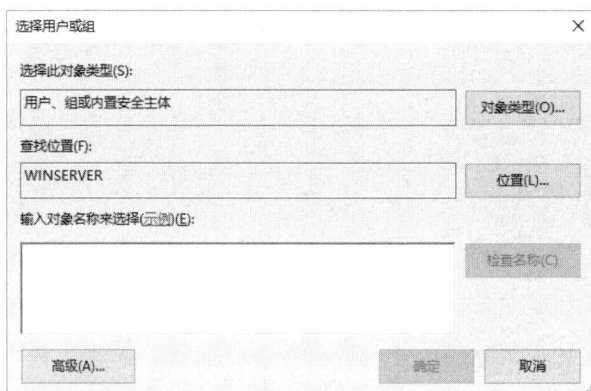

选择用户或组
选择此对象类型(S):
用户、组或内置安全主体
对象类型(O)...
查找位置(F):
WINSERVER
位置(L)...
输入对象名称来选择(示例)(E):
检查名称(C)
高级(A)...
确定
取消

图 3-2 “选择用户或组”对话框

以选取的方式添加用户和组账户名称的方法为：在“选择用户或组”对话框中单击“对象类型”按钮，在打开的“对象类型”对话框（见图 3-3）中进行选择以缩小搜索账户类型的范围，单击“确定”按钮，返回“选择用户或组”对话框，单击“高级”按钮，展开该对话框，单击“位置”按钮确定搜索账户的位置，单击“立即查找”按钮。搜索完成后在“搜索结果”选项区中，选取需要的账户，可以按住 Shift 键连续选取，或者按住 Ctrl 键间隔选取多个账户，单击“确定”按钮完成账户的选取操作。此时，在“Test 的权限”对话框的“安全”选项卡上端的区域中已经可以看到新添加的用户和组，如图 3-4 所示。如果要删除权限用户，在“Test 的权限”对话框的“组或用户名”列表中选择这个用户，单击“删除”按钮即可。

图 3-3 “对象类型”对话框

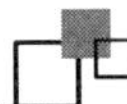

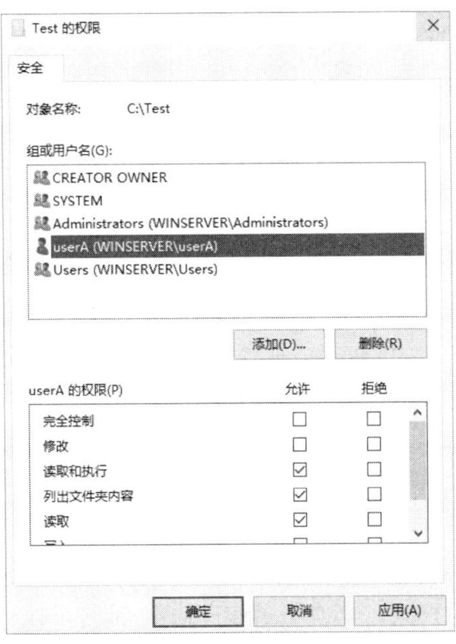

图 3-4　新添加的用户和组

2. 为用户和组设置权限

如果要设置一个账户的 NTFS 权限，则在“Test 的权限”对话框上端区域选取该账户，就可以在下端区域对其设置相应的 NTFS 权限。“Test 的权限”对话框的下端区域显示的是 NTFS 标准权限，对于每一种标准权限，对钩表示“允许”，没有对钩表示“拒绝”，已经用灰色的对钩选中的权限表示默认的权限设置，这是从父对象继承的，继承了该用户（或组）对该文件或文件夹所在上一级文件夹的 NTFS 权限。

如果要进一步设置 NTFS 权限，则可以单击“高级”按钮，在如图 3-5 所示的“Test 的高级安全设置”对话框中进行设置。

图 3-5　“Test 的高级安全设置”对话框

3. NTFS 权限的应用规则

系统管理员可以根据需要赋予用户访问 NTFS 文件或文件夹的权限，还赋予用户所属组访问 NTFS 文件或文件夹的权限。当用户访问 NTFS 文件或文件夹时，其有效权限必须通过相应的应用原则来确定。应用 NTFS 权限时应该遵循以下几个原则。

（1）NTFS 权限是累积的。用户对某个 NTFS 文件或文件夹的有效权限，是用户对该文件或文件夹的 NTFS 权限和用户所属组对该文件或文件夹的 NTFS 权限的组合。如果一个用户同时属于两个组或多个组，而各组对同一个文件资源有不同的权限，则这个用户会得到各组的累加权限。假设用户 Jack 属于 A 和 B 两个组，A 组对某文件有读取权限，B 组对该文件有写入权限，而 Jack 对该文件有修改权限，那么 Jack 对该文件的最终权限为“读取+写入+修改”。

（2）文件权限超越文件夹权限。当一个用户对某个文件及其父文件夹都拥有 NTFS 权限时，如果用户对父文件夹的权限小于文件的权限，则用户对该文件的有效权限是以文件权限为准的。例如，folder 文件夹包含 file 文件，用户 Jack 对 folder 文件夹有列出文件夹内容的权限，对 file 有写入的权限，那么 Jack 访问 file 时的有效权限为“写入”。

（3）拒绝权限优先于其他权限。系统管理员可以根据需要拒绝指定用户访问指定文件或文件夹，当系统拒绝用户访问某文件或文件夹时，不管用户所属组对该文件或文件夹拥有什么权限，用户都无法访问文件。

例如，用户 Jack 属于 A 组，系统管理员赋予 Jack 对某一文件拒绝写入的权限，赋予 A 组对该文件完全控制的权限，当 Jack 访问该文件时，其有效权限则为“读取”。又如，Jack 属于 A 和 B 两个组，Jack 对某一文件有写入权限、A 组对该文件有读取权限，但是 B 组对该文件有拒绝读取权限，那么 Jack 对该文件只有写入权限。如果 Jack 对该文件只有写入权限，此时 Jack 写入权限有效吗？答案很明显，Jack 对该文件的写入权限无效，因为无法读取是不可能写入的。

（4）文件权限的继承。当用户对文件夹设置权限后，在该文件夹中创建的新文件和子文件夹将自动默认继承这些权限。从上一级继承下来的权限是不能直接修改的，只能在此基础上添加其他权限，也就是不能把权限上的对钩去掉。灰色的框为继承的权限，是不能直接修改的，白色的框是可以添加的权限。

如果不希望子文件或文件夹继承父文件或文件夹的权限，则可以在为父文件或文件夹设置权限时，设置为“不继承父文件夹”权限，这样子文件或文件夹的权限将改为用户直接设置的权限。

（5）复制或移动文件或文件夹时权限的变化。文件和文件夹资源的移动、复制操作对权限继承是有些影响的，主要体现在以下几个方面。

- 在同一个卷内移动文件或文件夹时，该文件和文件夹会保留在原位置的 NTFS 权限；在不同的 NTFS 卷之间移动文件或文件夹时，文件或文件夹会继承目的卷中文件夹的权限。
- 当复制文件或文件夹时，无论是复制到同一卷还是不同卷，都将继承目的卷中文件夹的权限。

- 从 NTFS 卷向 FAT 分区中复制或移动文件和文件夹都将导致文件和文件夹的权限丢失。

在实际复制或移动文件或文件夹前，应该检查和确保移动、复制的所有权和权限。假如没有移动、复制文件或文件夹的所有权或权限，即使是系统管理员也无法对该文件或文件夹进行操作。但是，如果先获得对文件或文件夹的所有权，再分配给自己必要的权限，就可以进行操作了。

4. NTFS 权限与共享权限的组合权限

NTFS 权限与共享权限都会影响用户获取网上资源的能力。共享权限只对共享文件夹的安全性进行控制，即只控制来自网络的访问，但也适用于 FAT 和 FAT32。NTFS 权限对所有文件和文件夹做安全控制（无论访问来自本地主机还是网络），但只适用于 NTFS。当共享权限和 NTFS 权限产生冲突时，以两者中最严格的权限设定为准。需要强调的是，在 Windows XP、Windows Server 2008 及后续的 Windows 版本中，系统所默认的共享权限都是只读的，这样通过网络访问 NTFS 卷所能获得的权限受到了限制。

共享权限有 3 种：读取、更改和完全控制。Windows Server 2022 默认的共享文件设置权限是 Everyone 用户只具有读取权限。Windows 2000 默认的共享文件设置权限是 Everyone 用户具有完全控制权限。下面介绍这 3 种权限。

（1）读取权限。读取权限是指派给 Everyone 组的默认权限，可以实现以下操作。

- 查看文件名和子文件夹名。
- 查看文件中的数据。
- 运行程序文件。

（2）更改权限。更改权限不是任何组的默认权限。更改权限除了允许所有的读取权限，还增加以下权限。

- 添加文件和子文件夹。
- 更改文件中的数据。
- 删除文件和子文件夹。

（3）完全控制权限。完全控制权限是指派给本机 Administrators 组的默认权限。完全控制权限除了允许全部读取权限，还具有更改权限。

与 NTFS 权限一样，如果赋予某用户或用户组拒绝的权限，则该用户或该用户组的成员将不能执行被拒绝的操作。

当用户从本地计算机直接访问文件夹时，将不受共享权限的约束，只受 NTFS 权限的约束。当用户从网络访问一个存储在 NTFS 上的共享文件夹时，会受到 NTFS 权限与共享权限的约束，而有效权限是最严格的权限（也就是这两种权限的交集）。同样，这里也要考虑到两个权限的冲突问题。例如，共享权限是只读，NTFS 权限是写入，那么最终权限是完全拒绝，这是因为这两个权限的组合权限是两个权限的交集。

共享权限只对通过网络访问的用户有效，所以需要与 NTFS 权限配合（如果分区是 FAT/FAT32，则不需要考虑）才能严格控制用户的访问。当一个共享文件夹设置了共享权限和 NTFS 权限后，就要受到两种权限的控制。如果希望用户完全控制共享文件夹，则首先要在共享权限中添加此用户（组），并设置完全控制的权限，然后在 NTFS 权限设置中添加此用户（组），并设置完全控制的权限，只有两个地方都设置了完全控制权限，才能最终拥有完全控制权限。

5. NTFS 所有权

在 Windows Server 2022 的 NTFS 卷上，每个文件和文件夹都有其“所有者”或“NTFS 所有权”，系统默认创建文件或文件夹的用户是该文件或文件夹的所有者。NTFS 所有权即 NTFS 文件和文件夹所有权，当用户对某个文件或文件夹具有所有权时，就具备了更改该文件或文件夹权限设置的能力。

更改所有权的前提条件是用户必须具备“所有权”的权限，或者具备“取得所有权”的能力。Administrators 组的成员拥有“取得所有权”的权限，可以修改所有文件和文件夹的所有权设置。对于某个文件夹具备读取权限和更改权限的用户，就可以为自身添加“取得所有权”权限，也就是具备“取得所有权”的权限能力。获得或更改对象的所有权的步骤如下。

步骤 1：打开“资源管理器”窗口或“计算机”窗口，找到要修改 NTFS 权限的文件或文件夹（以“C:\Test\MyTest.txt”为例）。

步骤 2：在指定文件或文件夹上右击，在弹出的快捷菜单中选择“属性”命令，打开“MyTest 属性”对话框，切换到“安全”选项卡。

步骤 3：单击“高级”按钮，在打开的“MyTest 的高级安全设置”对话框中选择“更改”选项，如图 3-6 所示。

图 3-6　选择“更改”选项

步骤 4：在“将所有者更改为”列表框中，选择将获得所有权的用户或组的账户名称，如果要将所有权转移给其他用户或组，则依次单击“编辑|其他用户或组”按钮，输入指定的用户或组，单击“确定”按钮。

3.2.3　任务 3：NTFS 的压缩与加密属性

1. NTFS 的压缩属性

优化磁盘空间管理的一种方法是使用压缩技术，即压缩文件（或文件夹）减少其体积大小，同时减少它们在驱动器或可移动存储设备上所占用的空间。Windows Server 2022 的数据压缩功能是 NTFS 的内置功能，该功能可以对单个文件、整个目录或卷上的目录树进行压缩。NTFS 压缩只能在用户数据文件上执行，而不能在文件系统元数据上执行。NTFS 的压缩过程和解压缩过程对用户来说是完全透明的（与第三方的压缩软件无关）。用户只要对文件数据应用压缩功能即可。当用户使用压缩的数据文件时，操作系统会自动在后台对数据文件进行解压缩，无须用户干预。这项功能可以节省一定的硬盘空间。

使用 Windows Server 2022 NTFS 压缩文件或文件夹的步骤如下。

步骤 1：打开“资源管理器”窗口或“计算机”窗口，找到要压缩的文件或文件夹（这里以“C:\Test\MyTest”为例）。

步骤 2：在指定文件或文件夹上右击，在弹出的快捷菜单中选择“属性”命令，打开“MyTest 属性”对话框，切换到“常规”选项卡，如图 3-7 所示。

图 3-7　“常规”选项卡

步骤 3：在“常规”选项卡中，单击“高级”按钮。

步骤 4：在“高级属性”对话框的“压缩或加密属性”选项区中，勾选“压缩内容以便节省磁盘空间”复选框，如图 3-8 所示，单击“确定”按钮。

步骤 5：如果是压缩指定的文件夹，则在“高级属性”对话框中单击“确定”按钮，此时，将会打开“确认属性更改”对话框，如图 3-9 所示，在该对话框中选择需要的选项。

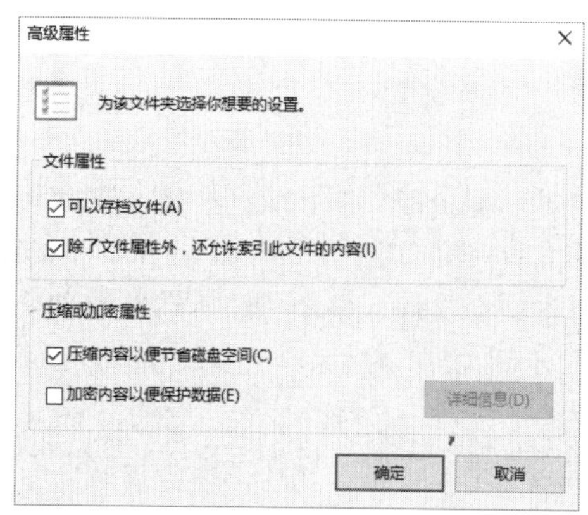

图 3-8 勾选“压缩内容以便节省磁盘空间”复选框

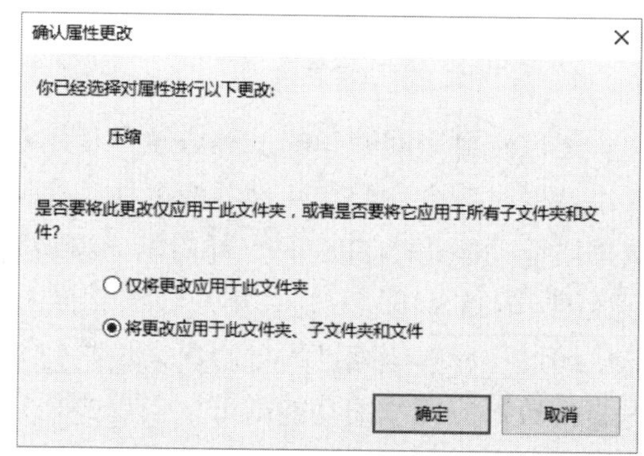

图 3-9 “确认属性更改”对话框

> **提示：** 可以使用 NTFS 压缩属性，压缩已格式化为 NTFS 卷上的文件和文件夹。如果“MyTest 属性”对话框中没有出现“高级”按钮，则说明所选的文件或文件夹不在 NTFS 驱动器上。NTFS 的压缩和加密属性互斥，文件加密后就不能再压缩，压缩后就不能再加密。

在 Windows Server 2022 的 NTFS 卷内或卷间复制或移动 NTFS 文件或文件夹时，文件或文件夹的 NTFS 压缩属性会发生相应的变化。在 Windows Server 2022 中，不管是在 NTFS 卷内还是在卷间复制文件或文件夹，系统都将目标文件作为新文件对待，文件将继承目的地文件夹的压缩属性。

在 Windows Server 2022 的同一卷内移动文件或文件夹时，文件或文件夹不会发生任何变化，系统只更改卷内指向文件或文件夹头指针的位置，在 NTFS 卷间移动 NTFS 文件或文件夹时，系统将目标文件作为新文件对待。文件将继承目的地文件夹的压缩属性。另外，任何被压缩的 NTFS 文件移动或复制到 FAT/FAT32 分区时将自动解压缩，不再保留压缩属性。

2. NTFS 的加密属性

NTFS 的加密属性是通过加密文件系统（Encrypting File System，EFS）技术实现的。EFS 提供的是一种核心文件加密技术，仅能用于 NTFS 卷上的文件和文件夹加密。EFS 加密对用户是完全透明的，当用户访问加密文件时，系统自动解密文件；当用户保存加密文件时，系统自动加密该文件，不需要用户任何手动交互动作。EFS 是 Windows 2000、Windows XP Professional（Windows XP Home 不支持 EFS）、Windows Server 2003/2008/2012/2016/2019/2022 NTFS 的一个组件。EFS 采用高级的标准加密算法实现透明的文件加密和解密，任何没有合适密钥的个人或程序都不能读取加密数据。即便是物理上拥有驻留加密文件的计算机，加密文件仍然受到保护，甚至有权访问计算机及其文件系统的用户也无法读取这些数据。

（1）EFS 技术特性。

EFS 加密技术作为集成的系统服务运行，具有管理容易、攻击困难、对文件所有者透明等特点。EFS 具有以下特性。

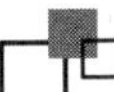

- 透明的加密过程，不要求用户（文件所有者）每次使用都进行加密、解密。
- 强大的加密技术，基于公钥加密。
- 完整的数据恢复功能。
- 可保护临时文件和页面文件。

文件加密的密钥驻留在系统的内核中，并且保存在非分页内存中，这保证了密钥不会被复制到页面文件中，因而不会被非法访问。

EFS 具有类似于使用文件和文件夹的权限。未经许可对加密文件、文件夹进行物理访问的入侵者将无法阅读其中的内容。如果入侵者试图打开或复制已加密文件或文件夹，则会收到拒绝访问消息。但文件和文件夹上的权限不能防止未授权的物理攻击。

EFS 将文件加密作为文件属性保存，通过修改文件属性对文件和文件夹进行加密和解密。正如设置其他属性（如只读、压缩或隐藏）一样，通过对文件和文件夹的加密属性，可以对文件或文件夹进行加密和解密。如果加密一个文件夹，则在加密文件夹中创建的所有文件和子文件夹都自动加密，推荐在文件夹级别上加密。Windows Server 2022 的 EFS 具有以下特征。

- 只能加密 NTFS 卷上的文件或文件夹。
- 不能加密压缩的文件或文件夹，如果用户加密某个压缩文件或文件夹，则该文件或文件夹会被解压缩。
- 如果将加密的文件复制或移动到非 NTFS 格式的分区上，则该文件会被解密。
- 如果将非加密文件移动到加密文件夹中，则这些文件将在新文件夹中自动加密。然而，反向操作则不能自动解密文件，文件必须明确解密。
- 无法加密标记为“系统”属性的文件，且位于“%Systemroot%”目录中的文件也无法加密。
- 加密文件、文件夹不能防止删除或列出文件或目录。具有合适权限的人员可以删除或列出已加密文件或文件夹，因此建议结合 NTFS 权限使用 EFS。
- 在允许进行远程加密的计算机上可以加密或解密文件和文件夹。如果利用网络打开已加密文件，通过此过程在网络上传输的数据并未加密，则必须使用 SSL/TLS（安全套接字层/传输层安全性）或 Internet 协议安全性（IPSec）等协议通过有线加密数据。

（2）实现 EFS 属性的操作。

用户可以使用 EFS 进行加密、解密、访问、复制文件或文件夹。下面介绍如何实现文件的加密操作步骤。

步骤 1：打开“资源管理器”窗口或“计算机”窗口，找到要加密的文件或文件夹。

步骤 2：在指定文件夹上右击，在弹出的快捷菜单中选择“属性”命令，在打开的“属性”对话框中单击“高级”按钮。

步骤 3：打开“高级属性”对话框，在“压缩或加密属性”选项区中勾选“加密内容以便保护数据”复选框，如图 3-10 所示，单击“确定”按钮。

步骤 4：如果是加密指定的文件夹，在出现“确认属性更改”对话框时，选中“仅将更改应用于此文件夹”单选按钮，系统将只对文件夹加密，里面原有内容并没经过加密，但是在其中创建的文件或文件夹将被加密。如果选中“将更改应用于此文件夹、子文件夹和文件”单选按钮，则文件夹内部的所有内容都将被加密。

步骤 5：单击“确定”按钮，完成加密。

> **注意：**在首次进行加密操作时，Windows Server 2022 提示用户备份文件加密证书和密钥，如图 3-11 所示。创建备份文件可避免在丢失或损坏原始证书和密钥之后，无法再对加密文件进行访问。用户可以根据不同选择进行备份。

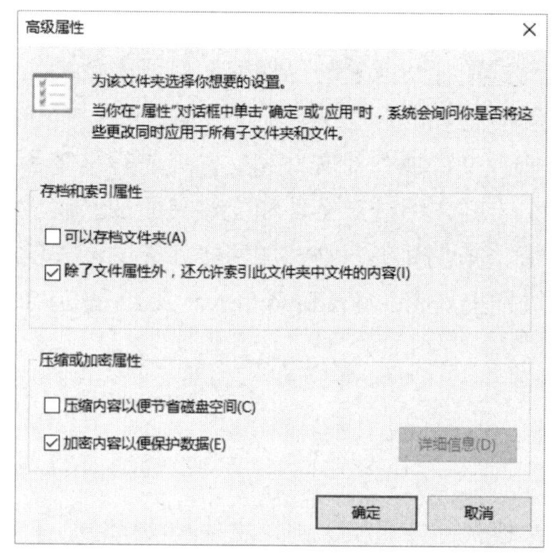

图 3-10　勾选“加密内容以便保护数据”复选框

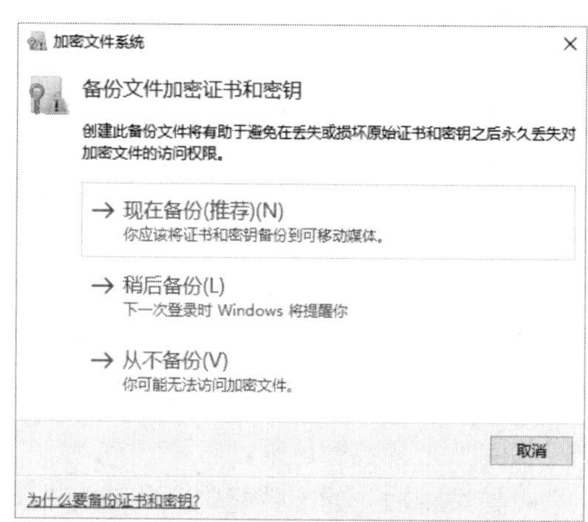

图 3-11　备份文件加密证书和密钥

文件的所有者也可以使用与加密相似的方法对文件夹进行解密，而且无须解密即可打开文件进行编辑（EFS 在所有者面前是透明的）。如果正式解密一个文件，则会使其他用户访问该文件。下面是解密文件或文件夹的操作步骤。

步骤 1：打开“资源管理器”窗口或“计算机”窗口，找到要解密的文件或文件夹。

步骤 2：在指定文件或文件夹上右击，在弹出的快捷菜单中选择“属性”命令。在打开的“属性”对话框中单击“高级”按钮，打开“高级属性”对话框；在“压缩或加密属性”选项区中取消勾选“加密内容以便保护数据”复选框，单击“确定”按钮。

步骤 3：如果是文件夹操作，则在打开的“确认属性更改”对话框中选择是对文件夹及其所有内容进行解密，还是只解密文件夹本身，默认是对文件夹进行解密。单击“确定”按钮。

（3）使用加密文件或文件夹。

作为加密一个文件的用户（即所有者），无须特定的解密操作就能使用它，EFS 会在后台透明地为用户执行解密任务。用户可以正常地打开、编辑、复制和重命名。然而，如果用户不是加密文件的创建者或不具备一定的访问权限，则在试图访问文件时将会看到一条访问被拒绝的消息。

> **提示：**如果一个文件夹的属性设置为“加密”，则之后文件夹中所有文件在创建时将进行加密；子文件夹在被创建时也将被标记为“加密”。

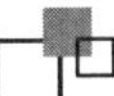

（4）复制或移动加密文件或文件夹。

与文件的压缩属性相似，在 Windows Server 2022 中的同一 NTFS 卷内移动文件或文件夹时，文件或文件夹的加密属性不会发生任何变化；在 NTFS 不同卷间移动文件或文件夹时，系统将目标文件作为新文件对待，文件将继承目的地文件夹的加密属性。另外，任何已经加密的 NTFS 文件移动或复制到 FAT/FAT32 分区时，文件将会丢失加密属性。用户在使用 EFS 加密文件（文件夹）时，应该注意以下事项。

- 不要加密系统文件夹。
- 不要加密临时目录。
- 应该始终加密个人文件夹。
- 使用 EFS 后应该尽量避免重新安装系统，重新安装前应该先将文件夹解密。
- 加密文件系统不对传输过程加密。

实训 3

1．实训目的

熟练掌握 Windows Server 2022 中的 NTFS 文件系统的管理。

2．实训环境

正常的局域网络；安装 Windows Server 2022 的计算机。

3．实训内容

（1）在 Windows Server 2022 中增加用户 userA 和 userB，并创建工作文件夹 A 和 B。

（2）设置权限，使用户 userB 在对文件夹 A 有完全控制权限的情况下，文件夹 A 中的文件却不能被用户 userB 读取。

（3）修改某个指定文件或文件夹的特殊权限。

（4）设置一个文件或文件夹不能继承父文件夹的权限属性。

（5）实现对某个文件或文件夹的加密和解密。

（6）将压缩过的文件和加密过的文件移动到其他的 NTFS 分区，观察其压缩和加密属性的变化情况。

习题 3

1．填空题

（1）文件系统是操作系统在________按照一定原则组织、管理数据所用的结构和机制。

（2）FAT 是最初用于________的文件系统。

（3）________是 Windows Server 2022 推荐使用的高性能的文件系统，支持许多新的文件安全、存储和容错功能。

（4）NTFS 最为重要的就是，它是一个基于________的文件管理系统，是建立在保护文件和目录数据基础上，同时兼顾节省存储资源、减少磁盘占用量的一种先进的文件系统。

（5）Windows Server 2022 的 NTFS 许可权限包括了________和特殊权限。

（6）只有________组内的成员、文件和文件夹的所有者、具备完全控制权限的用户，才有权更改这个文件或文件夹的 NTFS 权限。

（7）共享权限有 3 种：读取、更改和________。

2. 简答题

（1）NTFS 的主要特性有哪些？

（2）NTFS 权限的含义是什么？NTFS 权限的应用规则包括哪些？

（3）简述 NTFS 权限与共享权限对文件的影响。

（4）在 Windows Server 2022 中，对已压缩或加密的文件，在同一分区或不同分区之间进行复制、移动操作时，会产生什么结果？

第 4 章 系统磁盘管理

教学重点

- 磁盘管理的类型。
- 动态磁盘管理设置。

计算机在运行的过程中，难免会出现各种故障，造成系统的中断和数据的丢失。如果这些情况发生在服务器上，则带来的损失往往是巨大的。如何提高系统的稳定性？对于服务器有限的磁盘空间，如何尽量提高其存储效率并对磁盘空间进行合理的分配？Windows Server 2022 提供的灵活的磁盘管理功能，主要用于管理计算机的磁盘设备及其各种分区或卷系统，以提高磁盘的利用率，确保系统访问的便捷与高效，同时提高系统文件的安全性、可靠性、可用性和可伸缩性。在计算机运行过程中，系统管理员经常要进行磁盘管理工作，如新建分区/卷、删除磁盘分区/卷、更改驱动器号和路径、清理磁盘和设置磁盘限额等。

4.1 Windows Server 2022 磁盘管理分类

Windows Server 2022 根据磁盘分区的方式不同将磁盘分为两种类型：基本磁盘和动态磁盘。

4.1.1 基本磁盘管理类型

基本磁盘是 Windows Server 2022 支持的默认磁盘类型，与其他操作系统兼容，是采用传统的磁盘分区方式进行分区的一种磁盘类型。Windows Server 2022 的基本磁盘支持主磁盘分区和扩展磁盘分区两种磁盘分区格式。系统管理员在一个基本磁盘上最多可以创建 4 个磁盘分区，4 个磁盘分区中最多只能包含一个扩展磁盘分区。系统管理员可以根据需要在扩展磁盘分区内创建多个逻辑驱动器。磁盘管理窗口如图 4-1 所示。

Windows Server 2022 的磁盘分区只能包含单个物理磁盘上的空间，不能跨越物理磁盘创建分区，在使用基本磁盘之前一般要使用 FDISK 等工具对磁盘进行分区。

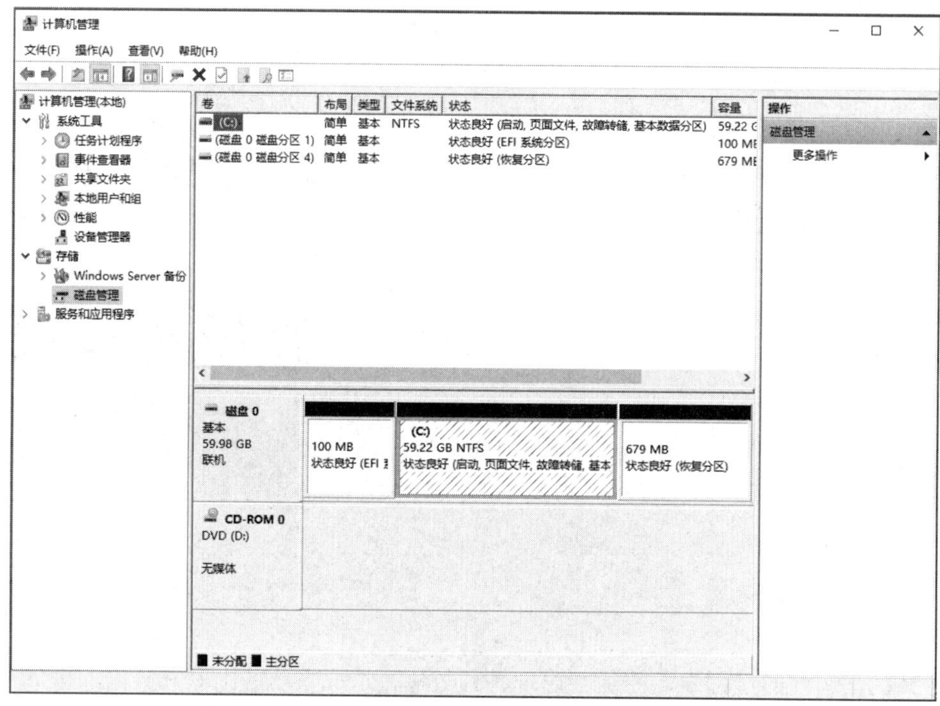

图 4-1 磁盘管理窗口

1. 主磁盘分区

在一个基本磁盘上最多可以创建 4 个主磁盘分区。在进行存储数据之前，首先要对磁盘进行格式化操作，然后为各分区指定驱动器号。主磁盘分区是用来启动操作系统的分区，也就是操作系统引导文件所在物理磁盘分区的一部分，物理上像独立的磁盘一样工作。通常计算机在检查系统配置之后，首先自动在物理硬盘上按照设置找到主磁盘分区，然后在这个主磁盘分区中找到用来启动操作系统的引导文件。

> **提示：** 由于基本磁盘可以划分为多个主磁盘分区，因此不同的主磁盘分区可以安装不同的操作系统，以实现多操作系统引导。操作系统默认用第一个主磁盘分区作为启动分区。

2. 扩展磁盘分区

在一个基本磁盘上最多可以创建一个扩展磁盘分区，不能直接格式化扩展磁盘分区，也不能为扩展磁盘分区指定驱动器字符，必须在扩展磁盘分区上创建逻辑驱动器并且格式化之后才能使用。理论上，在扩展磁盘分区中创建的逻辑驱动器的数目不受限制。

扩展磁盘分区是相对于主磁盘分区来说的一种分区类型。一个硬盘可以将除主磁盘分区外的所有磁盘空间划为扩展磁盘分区。扩展磁盘分区不能用来启动操作系统。

3. 逻辑驱动器

逻辑驱动器是在扩展磁盘分区上创建的。从理论上讲，逻辑驱动器没有数目的限制，可以直接格式化和指派驱动器字符。

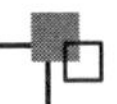

4.1.2　动态磁盘管理类型

动态磁盘是 Windows Server 系列服务器操作系统所支持的一种特殊的磁盘类型。动态磁盘不再使用分区的概念，而是使用动态卷（简称卷）来称呼动态磁盘上的可划分区域。动态卷的使用方式与基本磁盘的主磁盘分区或逻辑驱动器的使用方式相似，也可以为其指派驱动器盘符。动态磁盘的卷分为 5 种类型：简单卷、跨区卷、带区卷、镜像卷和 RAID-5 卷。下面简单介绍一下这 5 种类型。

1. 简单卷

简单卷是必须建立在同一块硬盘上的连续空间，创建好以后也可扩展至硬盘的非连续空间。

2. 跨区卷

跨区卷由两块或两块以上的硬盘存储空间组成，每块硬盘所提供的磁盘空间可以不相同。例如，硬盘 A 提供 20GB 的空间，硬盘 B 提供 30GB 的空间，所组合起来的跨区卷就有 50GB 的空间。

3. 带区卷

带区卷由两块或两块以上的硬盘存储空间组成，但是每块硬盘的空间大小必须相同。当将文件存放到带区卷时，系统会将数据分散存储于等量磁盘空间中。

4. 镜像卷

镜像卷的构成同带区卷相似，只是带区卷未提供容错功能。如果带区卷中的任意一块硬盘发生故障，就不能读出磁盘中的数据。镜像卷由两块硬盘中大小相同的磁盘空间组成，当存放数据时，在两块硬盘上各保存一份。

5. RAID-5 卷

RAID-5 卷是具有容错功能的磁盘阵列，至少需要 3 块硬盘才能建立，并且每块硬盘必须提供相同的磁盘空间。当使用 RAID-5 卷时，数据会分散写入各块硬盘中，同时建立一份奇偶校验数据信息，保存在不同的硬盘上。例如，以 4 块硬盘建立 RAID-5 卷，那么第一组数据可能分散地存储于第 1 块、第 2 块、第 3 块硬盘上，校验数据写入第 4 块硬盘中；下一组数据就有可能存储于第 1 块、第 2 块、第 4 块硬盘中，校验数据写入第 3 块硬盘。当有一块硬盘出现故障时，其他硬盘数据将结合校验数据信息计算出该硬盘上的原有数据，使系统正常工作。

4.2　项目 1：基本磁盘管理设置

在 Windows Server 2022 中，基本磁盘管理的主要内容是浏览基本磁盘的分区情况，并根据实际系统管理工作的需要添加、删除、格式化分区，指派、更改或删除驱动器号；建立逻辑驱动器；将分区标记为活动分区；把基本磁盘升级到动态磁盘等。下面介绍利用磁盘管理工具对基本磁盘进行管理的方式。

以往 MS-DOS 提供的磁盘分区管理命令是“fdisk.exe”，很多用户都习惯使用这个命令（这个命令操作简单）。但是，在 Windows Server 2022 中并没有该命令，因为这个命令的功能过于简单，无法完成磁盘的复杂管理。因此，在 Windows Server 2022 中取而代之的是“diskpart.exe”命令。使用该命令可以有效地管理复杂的磁盘系统，“diskpart.exe”命令的窗口如图 4-2 所示，该命令的详细使用情况可以参考帮助（帮助命令是“help”）。

图 4-2 “diskpart.exe”命令的窗口

另外一种磁盘管理的操作方式是图形化界面的磁盘管理工具。下面将主要介绍使用“计算机管理”窗口中的“磁盘管理”工具来完成常见的磁盘管理系统任务。

操作步骤：选择“开始|Windows 管理工具|计算机管理”命令，打开“计算机管理”窗口，单击左侧列表框中的“存储”节点，选择“磁盘管理”工具，在右侧列表框中将显示计算机的磁盘信息（见图 4-1）。下面的操作步骤都是在“计算机管理”窗口中进行的。

4.2.1 任务 1：在虚拟机中如何增加磁盘设备

本书介绍的操作系统应用管理工作，都是在由 VMware Workstation 支持的虚拟机中完成的，在虚拟机中增加磁盘设备是非常容易实现的操作。下面介绍在 Windows Server 2022 虚拟机中如何增加磁盘设备，具体操作步骤如下。

步骤 1：启动 VMware Workstation，其窗口如图 4-3 所示。

步骤 2：在“命令”区域，选择“编辑虚拟机设置”选项，打开如图 4-4 所示的“虚拟机设置”对话框。在“硬件”选项卡中，可以看到当前虚拟机中的所有物理设备信息，单击“添加”按钮。

步骤 3：打开“添加硬件向导”对话框，要求添加物理设备，选择“硬盘”选项，单击“下一步”按钮，打开“选择磁盘类型”对话框，要求选择虚拟磁盘类型，这里选中“SCSI”单选按钮，如图 4-5 所示，单击“下一步”按钮。

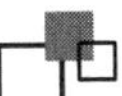

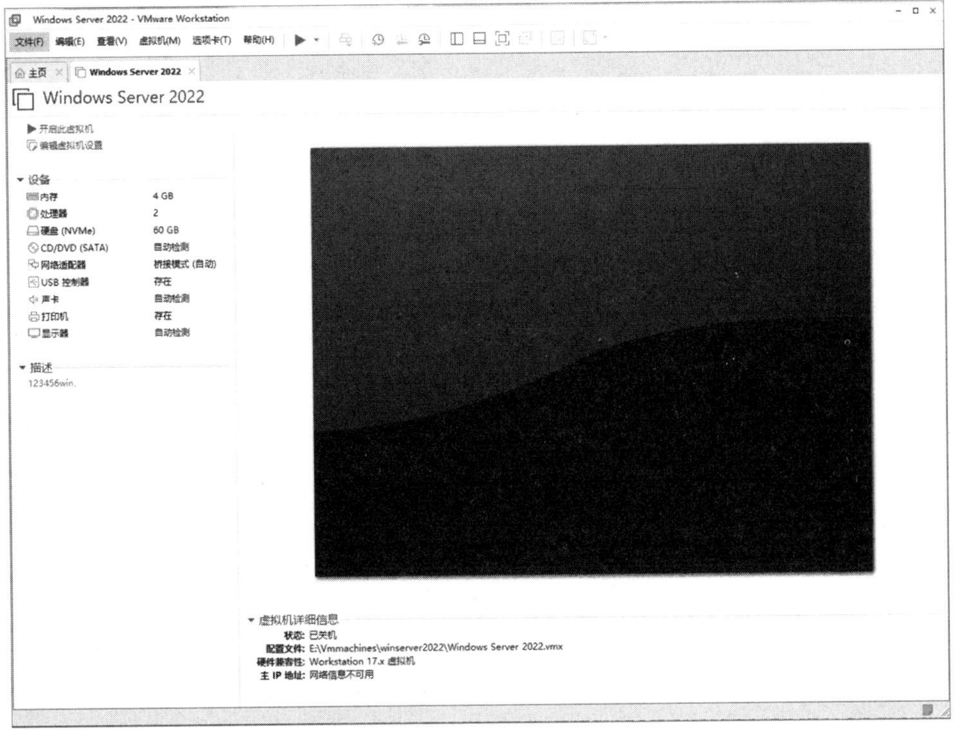

图 4-3　VMware Workstation 窗口

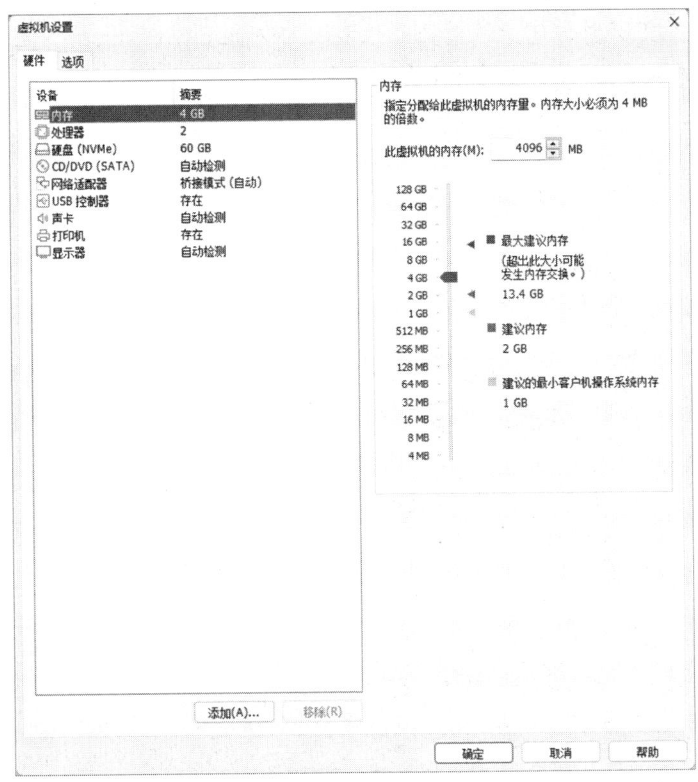

图 4-4　“虚拟机设置”对话框

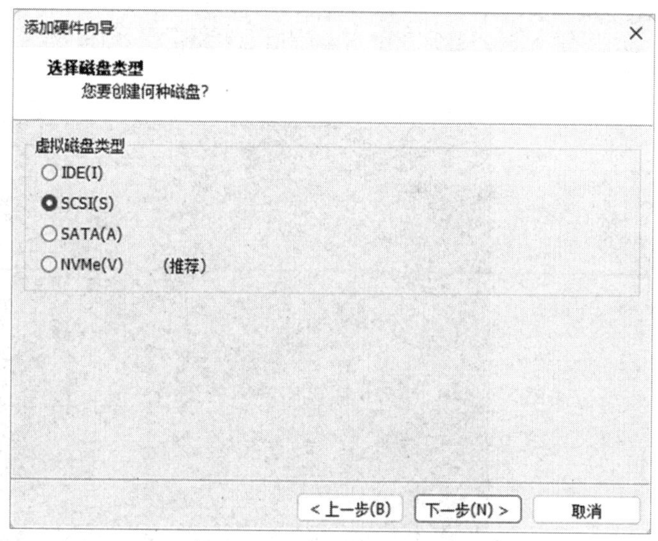

图 4-5 选中“SCSI”单选按钮

说明： 正确控制器的选择取决于 VMware Workstation 中的应用程序。例如，如果是办公室虚拟机，则对性能的要求相对较低，可以使用标准的 SCSI 控制器。如果 VMware Workstation 内需要更高的存储性能，并且其背后的存储系统也能提供更高的性能，则 VMware Workstation 准虚拟控制器通常更合适。对于使用 SSD RAID、NVMe 或 PMEM 存储时的绝对高端性能及 VMware Workstation 中应用程序有非常高的性能要求时，NVMe 控制器是最佳选择。

步骤 4：要求选择使用哪个磁盘，这里选中“创建新虚拟磁盘”单选按钮，如图 4-6 所示，单击“下一步”按钮。

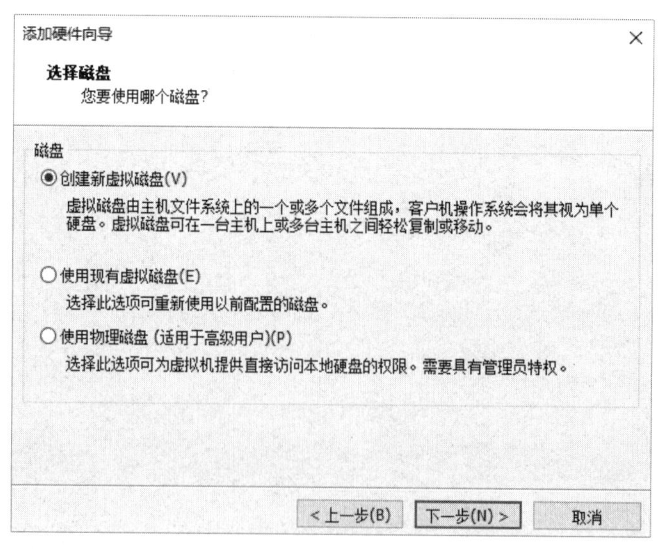

图 4-6 选中“创建新虚拟磁盘”单选按钮

步骤 5：指定磁盘容量，这里选取默认值（即新建虚拟磁盘信息保存在当前虚拟机文件

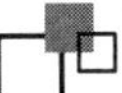

中），如图 4-7 所示，单击“下一步”按钮。

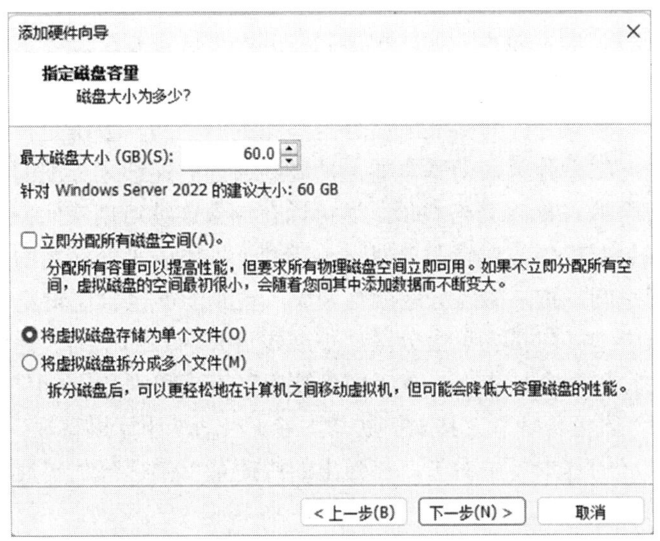

图 4-7　指定磁盘容量

步骤 6：指定磁盘文件，要求指定新建磁盘存储在物理硬盘中的位置，如图 4-8 所示，单击“完成”按钮，完成创建虚拟磁盘。

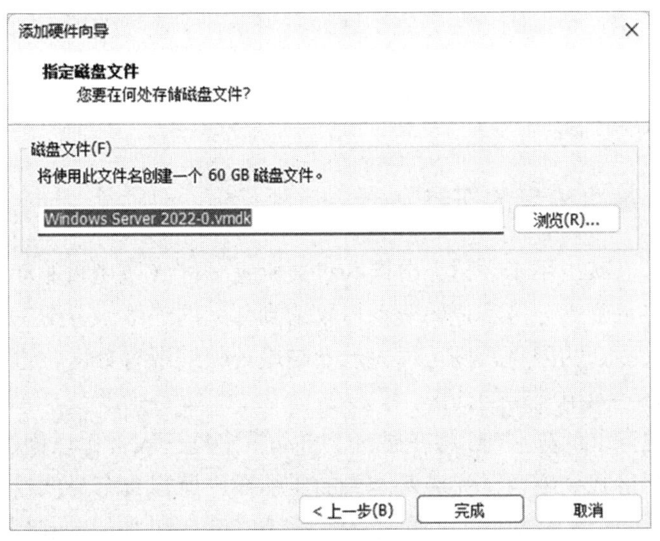

图 4-8　指定新建磁盘位置

本章关于磁盘管理后续所进行的实例操作，均是重复以上操作步骤，共建立 3 块虚拟磁盘，每块容量均为 60GB。

> **提示：** 新建的虚拟磁盘在 Windows Server 2022 中，当启动磁盘管理工具时，将出现初始化磁盘界面，单击“确定”按钮初始化新建磁盘，也可以单击“取消”按钮以后再初始化新建磁盘。新建磁盘在使用之前必须先进行初始化操作。

4.2.2 任务 2：基本磁盘的扩展

基本磁盘是一种包含主磁盘分区、扩展磁盘分区（或逻辑驱动器）的物理磁盘。当基本磁盘上的分区（包括扩展磁盘分区）被格式化为 NTFS 时，被称为基本卷。我们可以为基本磁盘上现有的主磁盘分区和扩展磁盘分区添加更多空间，方法是在同一磁盘上将原有的主磁盘分区、扩展磁盘分区（即基本卷）扩展到邻近的连续未分配的空间。如果要扩展基本卷，则必须使用 NTFS 将其格式化。还可以在包含连续可用空间的扩展磁盘分区内扩展逻辑驱动器。如果要扩展的逻辑驱动器大小超过了扩展磁盘分区内的可用空间，只要有足够的连续未分配空间，扩展磁盘分区就会增大，直到能够包含逻辑驱动器。

扩展基本磁盘中卷（包括主磁盘分区、扩展磁盘分区）的空间，通常在同一磁盘上操作完成，其操作过程较为容易实现，有“磁盘管理”工具和“diskpart”命令两种方法。

方法一：使用“磁盘管理”工具来扩展基本卷。启动“计算机管理”窗口中的“磁盘管理”工具，在要扩展的基本卷中右击，在弹出的快捷菜单中选择“扩展卷”命令，启动扩展卷向导，按提示进行操作即可。

方法二：使用“diskpart”命令。在命令提示符窗口中，首先输入“diskpart”命令，在“DISKPART”提示符下，输入“list volume”命令，显示可被扩展的基本卷；然后输入“select volume <volume_number>”命令，通过该命令将选择要扩展到同一磁盘的连续可用空间的基本卷 volume_number；最后，输入“extend[size=<size>]”命令，将选定的基本卷扩展了 sizeMB，如果未指定大小，则该磁盘将扩展为占用下一个连续的所有未分配的空间。

> **提示：**要扩展的基本卷，必须是原始卷（未使用 NTFS 进行格式化）或已使用 NTFS 进行格式化后的卷。

4.2.3 任务 3：基本磁盘的压缩

压缩基本卷可以减少用于主磁盘分区和扩展磁盘分区（或逻辑驱动器）的空间，也就是在同一磁盘上将主磁盘分区和逻辑驱动器收缩到邻近的连续未分配空间。如果需要一个另外的分区却没有多余的磁盘，则可以先从卷结尾处收缩现有分区，进而创建新的未分配空间，再将这部分空间用于新的分区。

当收缩基本磁盘上的分区时，将在磁盘上自动重定位一般文件以创建新的未分配空间。收缩分区无须重新格式化磁盘。完成基本卷的压缩操作所需具有最低权限的成员为备份操作员或系统管理员。压缩基本卷可以通过“磁盘管理”工具和“diskpart”命令两种方法实现。

1. 使用“磁盘管理”工具

使用“磁盘管理”工具压缩基本卷的操作步骤如下。

步骤 1：启动“计算机管理”中的“磁盘管理”工具，在要压缩的基本卷中右击，在弹出的快捷菜单中选择“压缩卷”命令，如图 4-9 所示。

步骤 2：打开“压缩 C:”对话框，系统将查询卷以获取可压缩空间的信息，并返回可压缩卷空间的信息，根据需要输入压缩空间量，其值不可以超过可用压缩空间大小，单击“压缩”按钮，如图 4-10 所示。

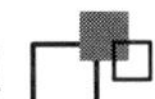

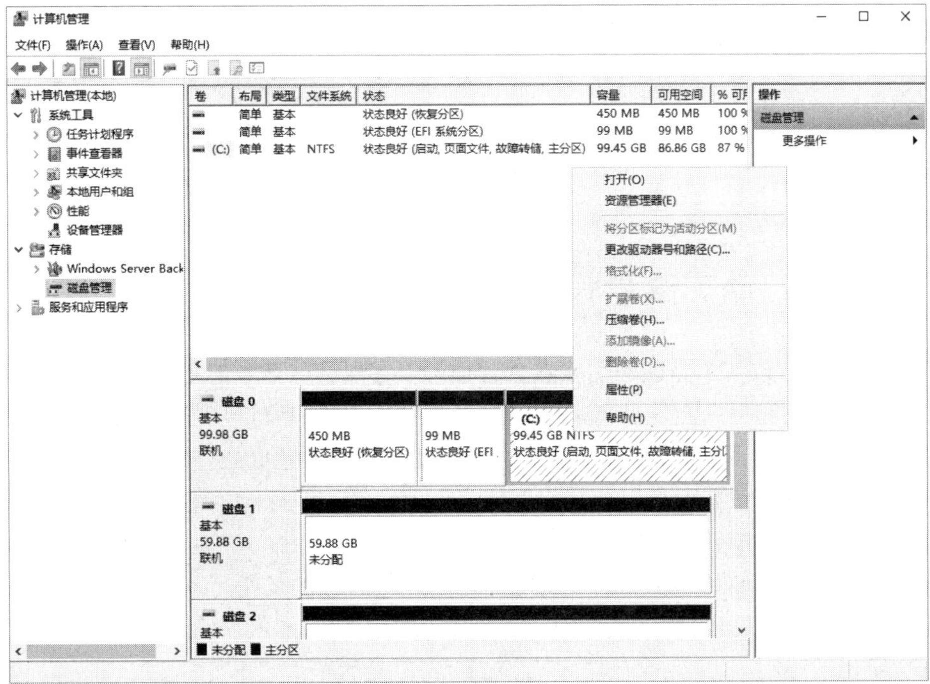

图 4-9　选择“压缩卷”命令

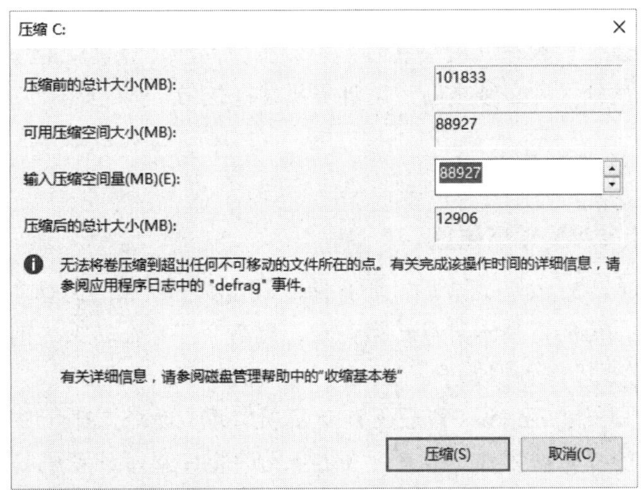

图 4-10　单击“压缩”按钮

2. 使用“diskpart”命令

使用“diskpart”命令压缩基本卷的操作步骤如下。

步骤 1：打开命令提示符窗口，输入“diskpart”命令。

步骤 2：在“DISKPART”提示符下，输入“list volume”命令，记下要压缩的基本卷的卷号。

步骤 3：在“DISKPART”提示符下，输入“select volume <volume_number>”命令，选中要压缩的基本卷的卷号。

步骤 4：在“DISKPART”提示符下，输入“shrink[desired=<desiredsize>][minimum=<minimumsize>]”命令，可以将选中基本卷压缩到 desiredsizeMB。如果 desiredsizeMB 过大，则可以压缩到 minimumsizeMB。

如果省略可选项“desired”与“minimum”，则执行“shrink”命令后，系统将自动压缩当前选中的基本卷。

4.3 项目 2：动态磁盘管理设置

Windows Server 2022 提供的动态磁盘管理可以实现一些基本磁盘不具备的功能，能有效地利用磁盘空间和提高磁盘性能，如创建可跨磁盘的卷和容错功能的卷。与基本磁盘相比，动态磁盘的卷数目不受限制。基本磁盘最多只能建立 4 个磁盘分区。动态磁盘不用分区表，而是通过一个数据库来记录其相关信息，使得动态磁盘能容纳 4 个以上的卷。

动态磁盘优于基本磁盘主要表现在以下几个方面。

- 动态卷可以扩展到包含非邻接的空间，这些空间可以在任何可用的磁盘上。
- 对每个磁盘上可以创建卷的数目没有任何限制，而基本磁盘的盘符一般受到 26 个英文字母的限制。
- Windows Server 2022 将动态磁盘配置信息存储在磁盘上，而不是存储在注册表中或其他位置。单个磁盘的损坏将不会影响访问其他磁盘上的数据。
- 动态磁盘在建立、删除、调整卷时，不必重新启动计算机就能生效；基本磁盘在创建、删除磁盘分区后必须重新启动计算机才能生效。

4.3.1 任务 1：磁盘类型转换

1. 将基本磁盘转换为动态磁盘

Windows Server 2022 安装完成后，所存储的磁盘类型默认的是基本磁盘，那么在使用动态磁盘功能之前，需要将基本磁盘转换为动态磁盘（注意在转换之前，要关闭在该磁盘上运行的所有程序）。操作步骤如下。

步骤 1：选择“开始|Windows 管理工具|计算机管理”命令，打开“计算机管理”窗口，选择左侧列表框中的“磁盘管理”工具，在右侧列表框中显示计算机的磁盘信息。

步骤 2：在待转换的基本磁盘上右击，在弹出的快捷菜单中选择“转换到动态磁盘”命令，如图 4-11 所示。需要注意的是，如果在分区、卷或驱动器上右击，或者当前磁盘已经是动态磁盘，则弹出的快捷菜单中没有“转换到动态磁盘”命令。

步骤 3：打开“转换到动态磁盘”对话框，选中欲转换的一个或多个基本磁盘，单击“确定”按钮即可。

> **提示：** 如果待转换的基本磁盘上有分区并安装了其他可启动的操作系统，则转换前系统会提示“如果将这些磁盘转换为动态磁盘，您将无法从这些磁盘上的卷启动其他已安装的操作系统。”如果单击“是”按钮，则系统提示欲转换磁盘上的文件系统将被强制卸下，要求用户对该操作进一步确认。转换完成后，会提示重新启动操作系统。

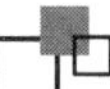

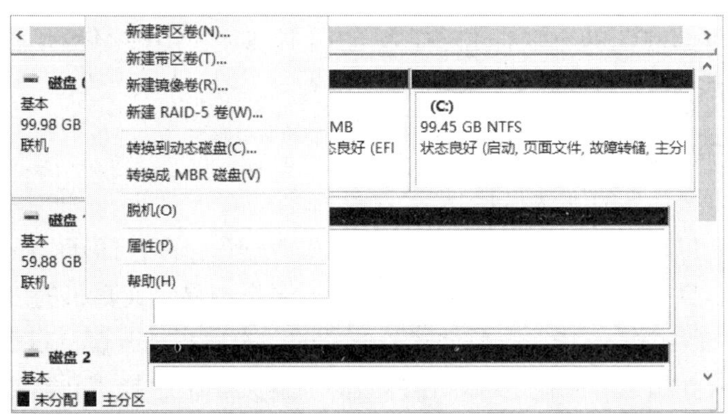

图 4-11　选择“转换到动态磁盘”命令

在将基本磁盘转换为动态磁盘时，应该注意以下几个方面的问题。

- 必须以系统管理员或管理组成员的身份登录才能完成该过程。如果计算机与网络连接，则网络策略设置也有可能妨碍转换。
- 为了保证转换成功，任何要转换的磁盘都必须至少包含 1MB 的未分配空间。在磁盘上创建分区或卷时，“磁盘管理”工具将自动保留这个空间。但是带有其他操作系统创建的分区或卷的磁盘可能没有这个空间。
- 扇区容量超过 512B 的磁盘，不能将基本磁盘转换为动态磁盘。
- 一旦转换完成，动态磁盘就不能包含分区或逻辑驱动器，也不能被 Windows Server 2022 以外的其他操作系统访问。
- 将基本磁盘转换为动态磁盘后，如果将动态卷改回基本分区，则删除磁盘上的所有动态卷，然后选择“转换成基本磁盘”命令。此过程中磁盘上的所有数据将被删除，因此需要提前做好备份操作。

2. 将动态磁盘转换为基本磁盘

当动态磁盘上存在卷时，是无法直接转换为基本磁盘的。在将动态磁盘转换为基本磁盘时，要先进行删除卷的操作。如果不删除动态磁盘上的所有卷，则转换操作将不能被执行。在“磁盘管理”中，在需要转换为基本磁盘的动态磁盘的每个卷上右击，在弹出的快捷菜单中选择“删除卷”命令即可。

所有卷被删除后，在该磁盘上右击，在弹出的快捷菜单中选择“转化成基本磁盘”命令，根据向导提示完成操作。将动态磁盘转换为基本磁盘后，原磁盘上的数据将全部丢失且不能恢复，所以在进行转换之前，要做好必要的数据备份工作。

4.3.2　任务 2：简单卷管理

动态磁盘是通过“卷”来命名动态磁盘上可指定驱动器代号的区域的。卷相当于基本磁盘的分区，在将基本磁盘转换为动态磁盘之后便可以创建动态卷。Windows Server 2022 支持 5 种类型的动态卷：简单卷、跨区卷、带区卷、镜像卷（RAID-1 卷）和 RAID-5 卷。

简单卷是动态磁盘的一种，但它在使用中就像是物理上的一个独立单元。当用户只有一个动态磁盘时，简单卷是唯一可以创建的卷。简单卷不能包含分区或逻辑驱动器，也不能被 Windows Server 2022 以外的其他操作系统访问。如果网络中还有运行 Windows 7 或更早版本的操作系统，则应该创建分区而不是动态卷。

1. 创建简单卷

下面介绍创建简单卷的操作步骤。

步骤 1：选择“开始|Windows 管理工具|计算机管理”命令，打开“计算机管理”窗口，选择左侧列表框中的“磁盘管理”工具，在右侧列表框中显示计算机的磁盘信息。

步骤 2：在“磁盘管理”中，在要创建简单卷的动态磁盘未分配磁盘的空间上右击，即右击该磁盘上“未分配”的磁盘图标，在弹出的快捷菜单中选择“新建简单卷”命令，如图 4-12 所示。

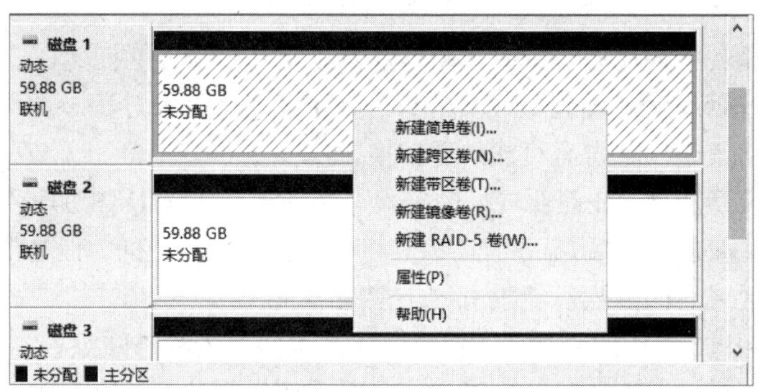

图 4-12　选择“新建简单卷”命令

步骤 3：打开“新建简单卷向导”对话框，单击“下一步”按钮，打开“指定卷大小”对话框，如图 4-13 所示。根据最大磁盘空间量和最小磁盘空间量，输入需要的卷空间。

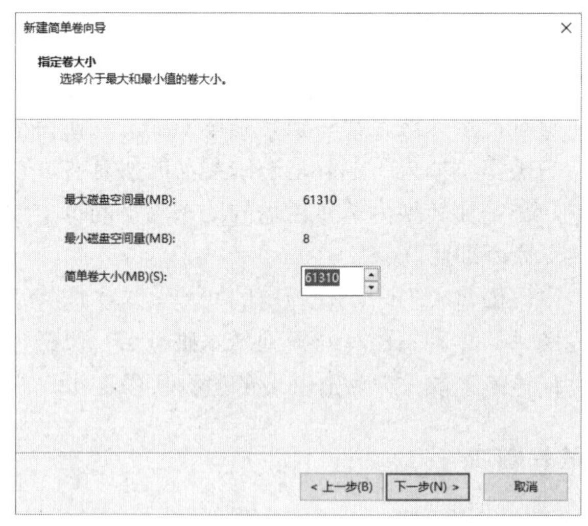

图 4-13　“指定卷大小”对话框

步骤 4：单击“下一步”按钮，打开“分配驱动器号和路径”对话框，这里指派为“E:”盘。指派完驱动器号和路径后，单击“下一步”按钮，打开“格式化分区”对话框，如图 4-14 所示，确认是否将卷进行格式化。选择文件系统格式，并使用格式设置。单击“下一步”

按钮后显示以上操作过程的汇总信息，如果选项无误，单击“完成”按钮即可完成创建简单卷的操作。

图 4-14　“格式化分区”对话框

如果想要在创建简单卷后增加它的容量，则可以通过磁盘上剩余的未分配空间来扩展这个卷。要扩展一个简单卷，该卷必须使用 Windows Server 2022 中的 NTFS 格式。另外该简单卷不是由基本磁盘中的分区转换而成的，而是在磁盘管理中新建的。

2. 扩展简单卷

扩展简单卷的操作步骤如下。

步骤 1：在“磁盘管理”中，右击要扩展的简单卷，这里选择前面新创建的简单卷“E:”，在弹出的快捷菜单中选择“扩展卷”命令，如图 4-15 所示。

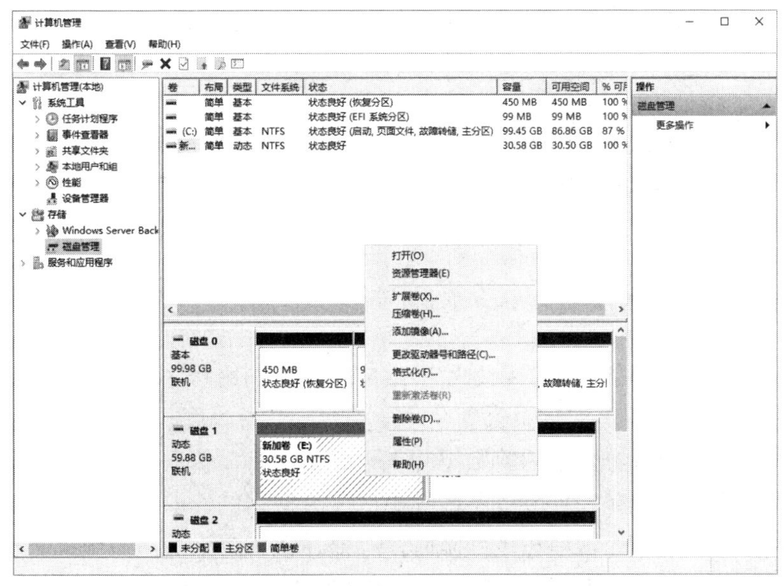

图 4-15　选择“扩展卷”命令

步骤 2：打开“扩展卷向导”对话框，单击“下一步”按钮，打开“选择磁盘”对话框，如图 4-16 所示，选择与简单卷在同一磁盘上的空间，也可以选择其他动态磁盘上的空间，从而确定需要扩展的容量，单击“添加”按钮，这里选择“磁盘 1”的所有空间。

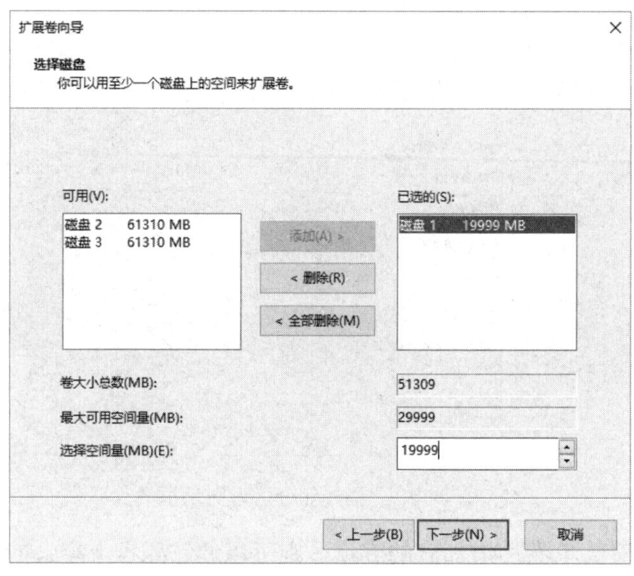

图 4-16 “选择磁盘”对话框

步骤 3：单击“下一步”按钮完成扩展卷向导，扩展简单卷“E:”后的结果如图 4-17 所示（扩展了 19999MB），总容量由原来的 29999MB 变为了 51309MB，实现了容量的扩展。

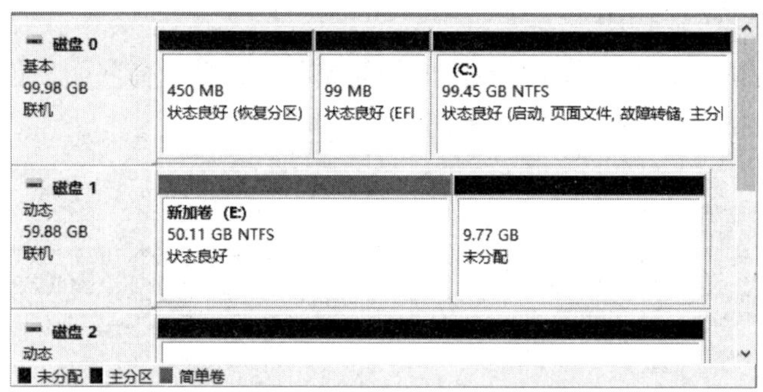

图 4-17 扩展简单卷“E:”后的结果

4.3.3 任务 3：创建跨区卷

跨区卷是由多个物理磁盘上的磁盘空间组成的卷。利用跨区卷，可以将来自两个或更多磁盘（最多为 32 块硬盘）的剩余磁盘空间组成为一个卷。数据在写入跨区卷时，首先填满第一个磁盘上的剩余部分，然后将数据写入下一个磁盘，依次类推。虽然利用跨区卷可以快速增加卷的容量，但是跨区卷既不能提高对磁盘数据的读取性能，也不能提供任何容错功能。当跨区卷中的某个磁盘出现故障时，存储在该磁盘上的所有数据将全部丢失。创建跨区卷的首要条件是至少有两块动态磁盘。创建跨区卷的操作步骤如下。

步骤 1：在“磁盘管理”中，右击需要创建跨区卷的动态磁盘的未分配空间，即右击该磁盘上“未分配”的磁盘图标，在弹出的快捷菜单中选择“新建跨区卷”命令。打开“新建跨区卷”对话框，如图 4-18 所示，单击“下一步”按钮。

步骤 2：打开“选择磁盘”对话框，如图 4-19 所示。选择创建跨区卷的动态磁盘，并指定动态磁盘上的卷容量大小。这里分别选择“磁盘 1”与“磁盘 2”上的 10GB、61GB（图中显示为 10000MB、61310MB）的容量，单击“下一步”按钮。

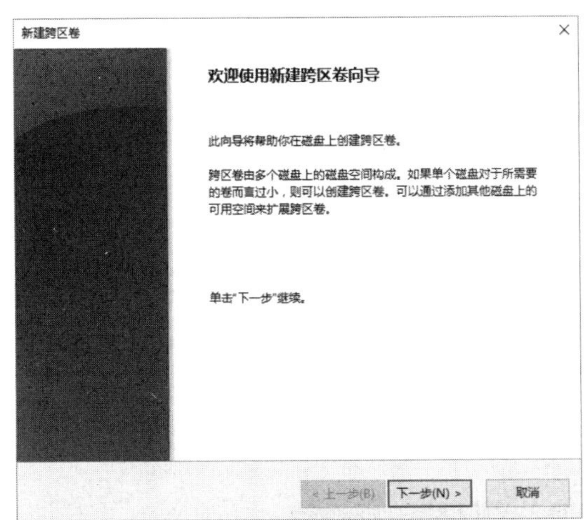

图 4-18　“新建跨区卷”对话框

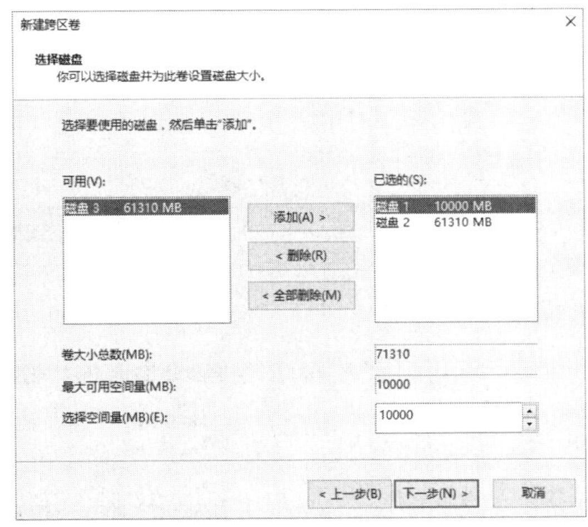

图 4-19　“选择磁盘”对话框

步骤 3：打开如图 4-20 所示的“分配驱动器号和路径”对话框，分配默认的驱动器号，不再指定 NTFS 文件夹，单击“下一步”按钮。

步骤 4：打开“卷区格式化”对话框，如图 4-21 所示。为了在即将创建好的跨区卷中存储数据，必须将其格式化，可以根据需要选择“文件系统”类型进行格式化，一般选择“NTFS”；设置“分配单元大小”为“默认值”；可以为新建跨区卷命名，设置“卷标”为“新加卷”；还可以选择新建跨区卷的参数，即是否“执行快速格式化”或“启用文件和文件夹压缩”。

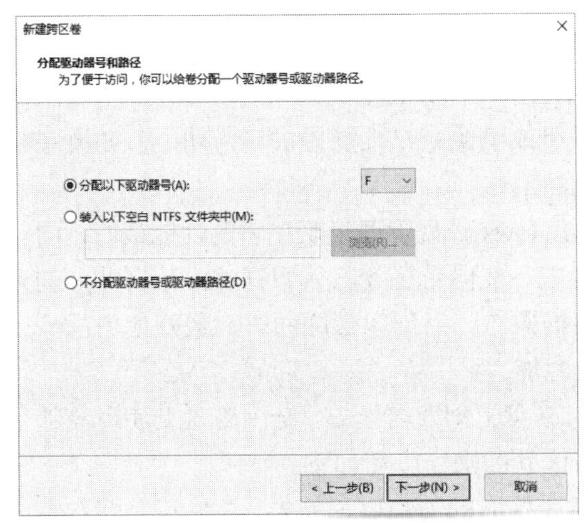

图 4-20　“分配驱动器号和路径”对话框

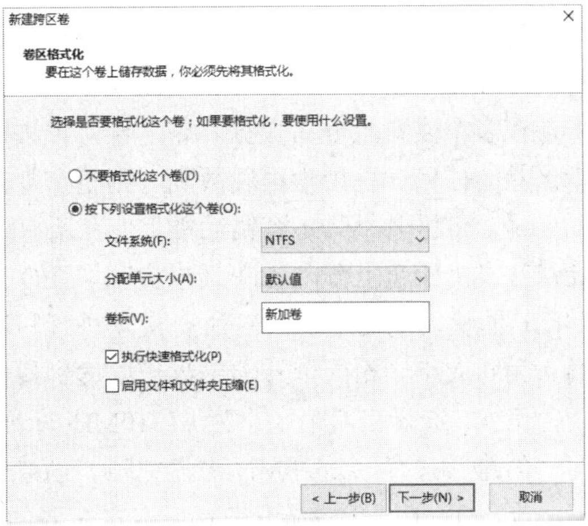

图 4-21　“卷区格式化”对话框

步骤 5：单击“下一步”按钮，出现完成新建跨区卷过程的信息汇总，确认无误后单击“完成”按钮，创建新的跨区卷“E:”，如图 4-22 所示。

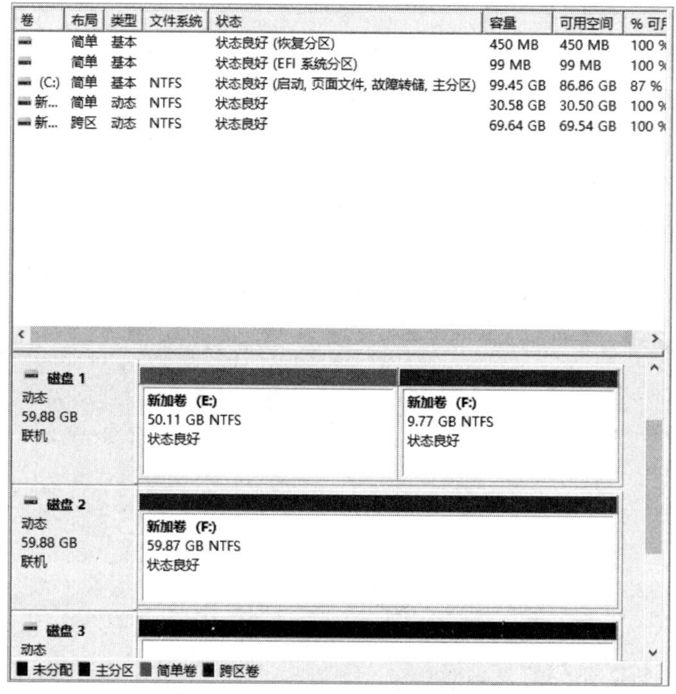

图 4-22　创建新的跨区卷“E:”

如果在扩展简单卷时选择了与简单卷不在同一动态磁盘上的空间，并确定扩展卷的空间，则扩展完成后，原来的简单卷就成为一个新的跨区卷。用户也可以使用类似扩展简单卷的方法扩展跨区卷的容量。需要注意的是，在扩展跨区卷之后，如果不删除整个跨区卷，就不能将它的任何部分删除。

4.3.4　任务 4：创建带区卷

带区卷是通过将两个或更多磁盘上的可用空间区域合并到一个逻辑卷来创建的，可以将两个或更多磁盘（最多为 32 块硬盘）上的可用并且相等的空间组成为一个逻辑卷，从而实现在多个磁盘上分布数据。带区卷不能被扩展或镜像，也不能提供容错功能，如果包含带区卷的任何一块硬盘出现故障，则整个卷无法工作。

尽管带区卷不具备容错功能，但在所有 Windows 磁盘管理策略中它的性能最好，同时通过在多个磁盘上分配 I/O 请求提高了 I/O 性能。在向带区卷写入数据时，数据被分割为 64KB 的块，均衡地同时对所有磁盘进行写数据操作。当创建带区卷时，最好使用同一厂商、相同大小、相同型号的磁盘，以达到最佳性能。

例如，选择在两个大小为 61310MB 的动态磁盘上创建带区卷，每个磁盘上使用全部空间，创建后共有 122620MB 磁盘空间。创建带区卷的操作步骤如下。

步骤 1：在“磁盘管理”中，右击需要创建带区卷的动态磁盘的未分配空间，即右击该磁盘上“未分配”的磁盘图标，在弹出的快捷菜单中选择“新建带区卷”命令。打开“新建

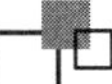

带区卷”对话框，单击“下一步”按钮。

步骤 2：打开“选择磁盘”对话框，如图 4-23 所示，选择要创建带区卷的动态磁盘，并指定动态磁盘的卷容量大小，这里选择“磁盘 2”与“磁盘 3”。

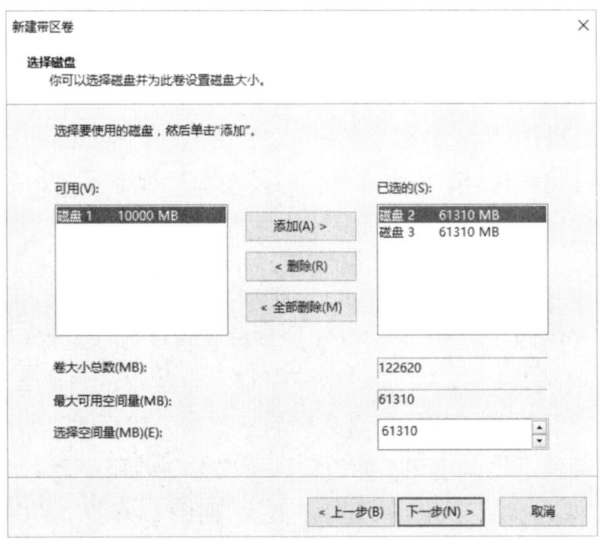

图 4-23　“选择磁盘”对话框

步骤 3：按照向导提示操作，给新建的带区卷分配驱动器号，取默认值；以“NTFS”文件系统执行快速格式化；最后确认以上选择信息无误，单击“完成”按钮，创建新的带区卷，如图 4-24 所示。

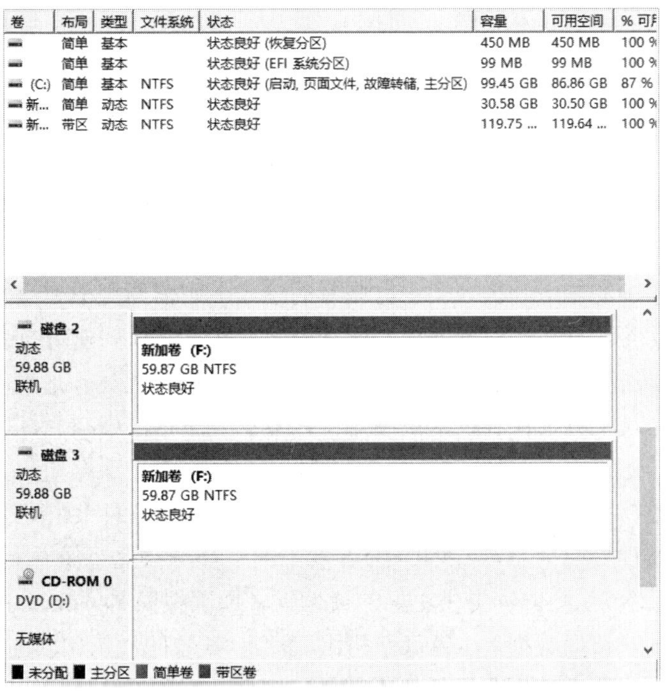

图 4-24　创建新的带区卷

4.3.5 任务 5：创建镜像卷和 RAID-5 卷

计算机在实际运行过程中，难免会出现各种软、硬件故障或系统状态数据的丢失和损坏，这时要求系统必须具备一定的容错功能，以保证整个系统在不间断运行的情况下，使应用程序正常工作。也就是当错误发生之后，系统能尽快地得到修复并恢复到正常的工作状态，并且要尽最大可能恢复到发生系统错误之前的状态。Windows Server 2022 提供了容错磁盘管理功能（主要通过 RAID 来实现系统容错技术），保证系统运行的安全性和可靠性。

1. RAID 技术简介

RAID（Redundant Arrays of Independent Disks）是为了防止硬盘出现故障而导致数据丢失，不能正常工作的一组磁盘阵列。RAID 保护数据的主要方法是保存冗余数据，以保证在磁盘发生故障时，保存的数据仍可以被读取。所谓冗余数据就是将重复的数据保存在多个硬盘上，以保证数据的安全性。组成磁盘阵列的不同的方式形成了不同的 RAID 级别。

（1）镜像卷。镜像卷是将需要保存的数据同时保存在两块硬盘上，分为主盘和辅助盘。将写入主盘的数据镜像到辅助盘中，当其中一块硬盘出现故障无法工作时，另一块硬盘仍然可以使用。镜像卷提供了很高的容错功能，但磁盘的利用率很低，只有 50%，因为所有的数据都要写入两个地址，并且至少需要两块磁盘。镜像卷支持 FAT 和 NTFS，并能保护系统的磁盘分区和引导分区。

要创建一个镜像卷，必须使用另一磁盘上的可用空间。动态磁盘中现有的卷（包括系统卷和引导卷）都可以使用相同或不同的控制器，镜像到其他磁盘上容量相同或更大的另一个卷。最好使用容量、型号和制造厂家都相同的磁盘作为镜像卷，避免可能产生的兼容性问题。

镜像卷可以极大地增强读性能，因为容错驱动程序同时从两个磁盘中读取数据，所以读取数据的速度会有所提高。当然，由于容错驱动程序必须同时向两个磁盘写数据，所以它的写性能会略有降低。镜像卷中的两个磁盘必须是 Windows Server 2022 的动态磁盘。

当镜像卷中的空间用于其他方面时，必须先中断镜像卷之间的关系，再删除其中的一个卷。如果镜像卷中的某个卷出现了不可恢复的错误，则需要先中断镜像卷的关系，并把剩余的卷作为独立卷，再在其他的磁盘上重新分配空间，继续创建新的镜像卷。

（2）RAID-5 卷。RAID-5 卷被称为带有奇偶校验的条带化集，是将需要保存的数据分成相同大小的数据块，分别保存在多块硬盘中，数据在条带卷中被交替、均匀地保存。在写入数据的同时，还写入一些校验信息。这些校验信息是由被保存的数据通过数学运算得来的，当部分源数据丢失时，用户可以通过剩余数据和校验信息来恢复丢失的数据。

由于要计算奇偶校验信息，所以 RAID-5 卷上的写操作要比镜像卷上的写操作慢一些。但是，RAID-5 卷比镜像卷能够提供更好的读性能。原因很简单，Windows Server 2022 可以从多个磁盘上同时读取数据。与镜像卷相比，RAID-5 卷的性价比较高，而且 RAID-5 卷中的磁盘数量越多，冗余数据带区的成本越低，因此 RAID-5 卷被广泛应用于存储环境。

RAID-5 卷可以支持 FAT 和 NTFS，但不能保护系统的磁盘分区，不能包含引导分区和系统分区。

2. 创建 RAID-5 卷

镜像卷与 RAID-5 卷的创建过程类似，这里只介绍 RAID-5 的创建过程，镜像卷的创建由读者完成。需要注意的是，创建镜像卷至少需要两块大小、规格相同的磁盘；创建 RAID-5 卷至少需要 3 块大小、规格相同的磁盘。创建 RAID-5 卷的操作步骤如下。

步骤 1：在“磁盘管理”中，右击需要创建 RAID-5 卷的动态磁盘，即右击该磁盘上“未分配”的磁盘图标，在弹出的快捷菜单中选择“新建 RAID-5 卷”命令，打开“新建 RAID-5 卷”对话框，单击“下一步”按钮。

步骤 2：打开“选择磁盘”对话框，如图 4-25 所示。选择创建“RAID-5”的动态磁盘。这里选择“磁盘 1”、“磁盘 2”与“磁盘 3”，每个磁盘使用 61310MB（60GB）创建 RAID-5，这时新建 RAID-5 卷的容量是 122620MB，单击“下一步”按钮。

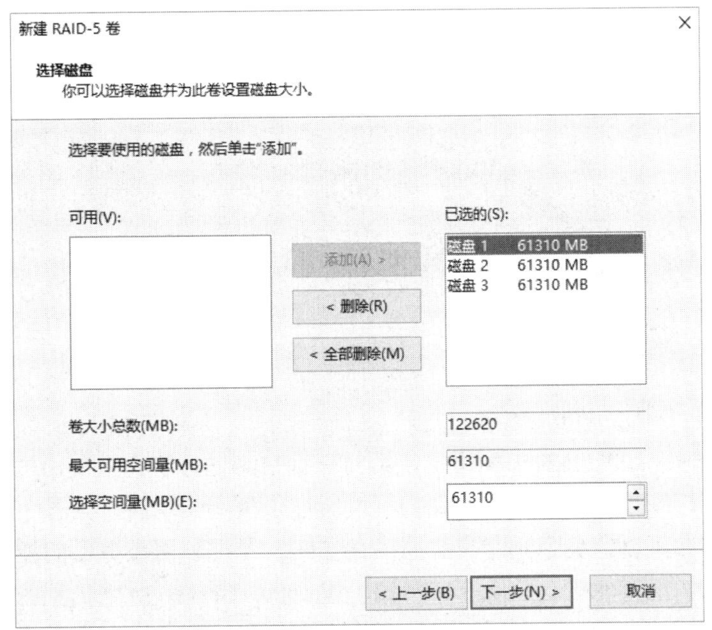

图 4-25　“选择磁盘”对话框

步骤 3：为 RAID-5 卷分配驱动器号，单击“下一步”按钮；打开“卷区格式化”对话框，选择默认的 NTFS 文件系统和分配单位大小，并给新建 RAID-5 卷重命名，指定执行快速格式化操作。

步骤 4：单击“下一步”按钮，确认以上选择是否正确，最后单击“完成”按钮，创建新的 RAID-5 卷，如图 4-26 所示（此时截图为三块硬盘重新同步进行中）。

> **提示：**在镜像卷中，其中一块磁盘损坏不会造成数据的丢失。但是在 RAID-5 卷中，如果有两块或两块以上的磁盘损坏，则会造成数据的丢失。

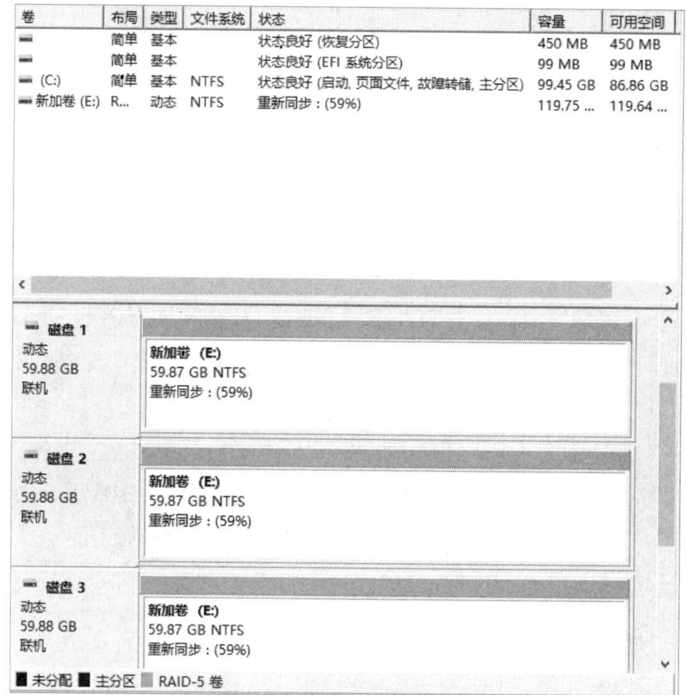

图 4-26 创建新的 RAID-5 卷

4.4 项目 3：磁盘管理的其他辅助功能

4.4.1 任务 1：磁盘配额的管理

1. 磁盘配额简介

Windows Server 2022 会对不同用户使用的磁盘空间进行容量限制，这就是磁盘配额。磁盘配额对于系统管理员尤为重要，他们可以通过磁盘配额功能，为各个用户分配合适的磁盘空间。这样做可以避免个别用户滥用磁盘空间，合理利用服务器的磁盘空间。另外，磁盘配额还可以实现其他的一些功能。例如，Windows Server 2022 内置的电子邮件服务器无法设置用户邮箱的容量，可以通过限制每个用户可用的磁盘空间容量来设置用户邮箱的容量；由于 Windows Server 2022 内置的 FTP 服务器无法设置用户可用的上传空间大小，可以通过磁盘配额限制用户能够上传到 FTP 的数据量、通过磁盘配额限制 Web 网站中个人网页可用的磁盘空间等。

利用磁盘配额，可以根据用户所拥有的文件和文件夹来分配磁盘空间；可以设置磁盘配额、配额上限，以及对所有用户或单个用户的配额进行限制；还可以监视用户已经占用的磁盘空间和它们的配额剩余量；当用户安装应用程序时，将文件指定存放到启用配额限制的磁盘中时，应用程序检测到的可用容量不是磁盘的最大可用容量，而是用户还可以访问的最大磁盘空间就是磁盘配额限制后的结果。Windows Server 2022 的磁盘配额功能在每个磁盘驱动器上是独立的。也就是说，用户在一个磁盘驱动器上使用了多少磁盘空间，对于另外一个磁盘驱动器上的配额限制并无影响。

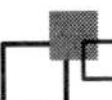

在启用磁盘配额时，可以设置以下两个值。

- 磁盘配额限度：用于指定允许用户使用的磁盘空间容量。
- 磁盘配额警告级别：用于指定用户接近其配额限度的值。

系统管理员可以设置当用户使用磁盘空间达到磁盘配额限制的警告值后，记录事件，警告用户磁盘空间不足；当用户使用磁盘空间达到磁盘配额限制的最大值时，限制用户继续写入数据并记录事件。系统管理员还可以指定用户所能超过的配额限度。如果不想拒绝用户对卷的访问但想跟踪每个用户的磁盘空间的使用情况，则启用配额且不限制磁盘空间的使用。

2. 磁盘配额管理

在进行磁盘配额之前，先启用磁盘配额，其操作步骤：在“资源管理器”窗口中，右击要启用磁盘配额的驱动器盘符，在弹出的快捷菜单中选择“属性”命令，打开“新加卷(E:)属性”对话框，选择“配额”选项卡，勾选“启用配额管理”复选框，即可对磁盘配额选项进行配置，如图 4-27 所示。

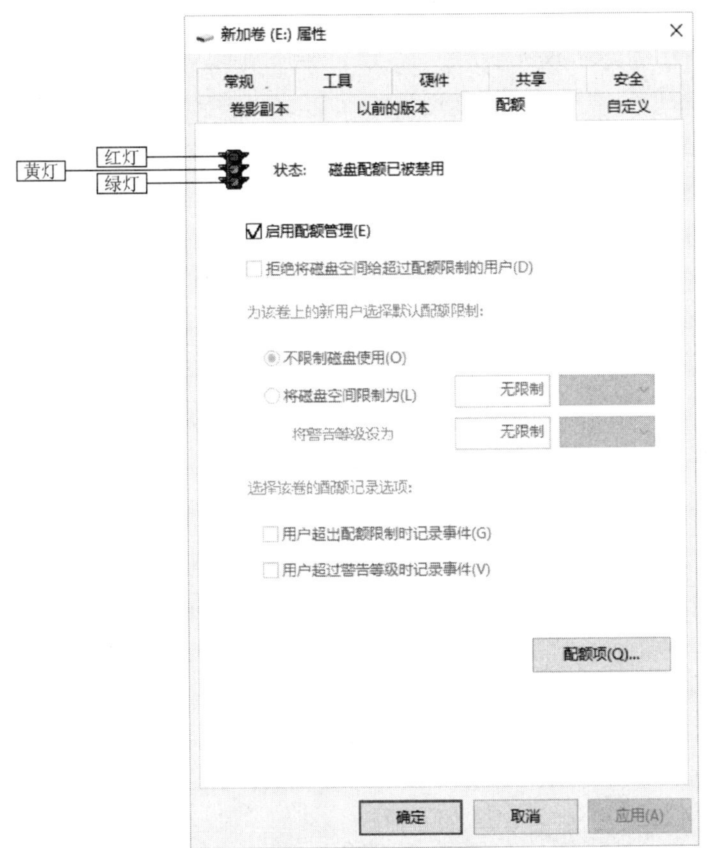

图 4-27　勾选“启用配额管理”复选框

在“配额”选项卡中，通过检查交通信号灯图标，并读取图标右边的状态信息，对配额的状态进行判断。交通信号灯图标的颜色和对应的状态如下。

- 红灯表示磁盘配额没有启用。

- 黄灯表示正在重建磁盘配额的信息。
- 绿灯表明磁盘配额系统已经被激活。

在图 4-27 所示的“配额”选项卡中，勾选“启用配额管理”复选框后可对其中的选项进行设置。部分选项的含义说明如下。

- 拒绝将磁盘空间给超过配额限制的用户：如果勾选该复选框，则超过其配额限制的用户将收到系统的“磁盘空间不足”错误信息，并且不能再在磁盘中写入数据，除非删除原有的部分数据。如果取消勾选该复选框，则用户可以超过其配额限制。此时可以不拒绝用户对卷的访问，同时跟踪每个用户的磁盘空间使用情况。
- 将磁盘空间限制为：设置用户访问磁盘空间的容量。
- 将警告等级设为：设置当用户使用了多大磁盘空间后将报警。当用户使用的磁盘空间将要达到设置值时，提示用户磁盘空间不足的信息。

根据具体需要设置完成后，单击“确定”按钮，保存所做的设置，即可启用磁盘配额。启用磁盘配额之后。除系统管理组成员外，所有用户都会受到这个卷上的默认配额限制。

3．设置单个用户的配额项

系统管理员可以为各个用户分别设置磁盘配额，让经常更新应用程序的用户有一定的磁盘空间，而限制其他非经常登录用户的磁盘空间；也可以对经常超出磁盘空间的用户设置较低的警告等级，这样更有利于管理用户以提高磁盘空间的利用率。

为单个用户设置配额项的方法：单击“新加卷(E:)属性”对话框中的“配额项”按钮，打开“新加卷(E:)的配额项”窗口，选择“配额|新建配额项”命令，打开“选择用户”对话框，输入或选择需要设置磁盘配额的用户，如图 4-28 所示。这里可以添加用户、设置指定磁盘的空间限制等参数，这样该用户的配置限额将被重新设置，而不受默认的配额限制。

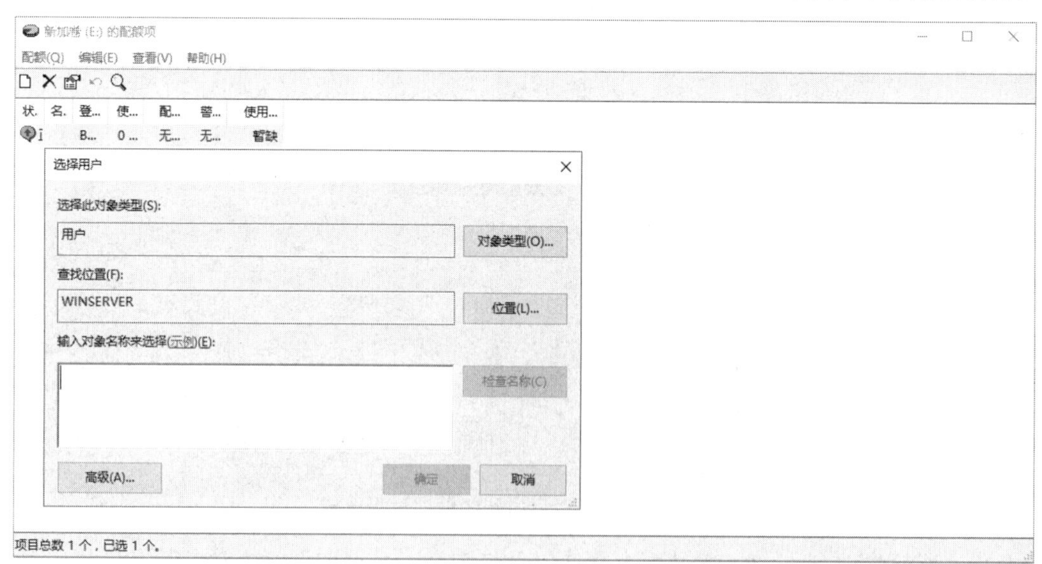

图 4-28　选择需要设置磁盘配额的用户

使用磁盘配额应该注意以下几种情况。

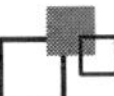

- 在默认情况下，系统管理员不受磁盘配额的限制。
- 在删除用户的磁盘配额项之前，用户具有所有权的全部文件都必须删除，或者将所有权移交给其他用户。
- 通常需要在共享的磁盘卷上设置磁盘配额，以限制用户存储数据使用的空间。

4.4.2　任务 2：磁盘连接简介

以往的 Windows 都使用了驱动器的概念，即用户必须通过驱动器盘符来访问计算机中的文件。Windows Server 2022 提供了类似 UNIX 磁盘安装功能的磁盘连接技术，可以实现将某个驱动器连接到 NTFS 卷的一个文件夹，这样用户在访问被连接的驱动器的文件时，就可以直接访问连接的文件夹，而用户完全感觉不到这是对被连接驱动器的读/写，方便了某些系统操作。实际上被连接的驱动器和负责连接的驱动器是两个完全独立的驱动器，它们分别保留了各自原来的文件系统和设置。

实训 4

1．实训目的

掌握 Windows Server 2022 基本磁盘、动态磁盘和磁盘配额的管理操作。

2．实训环境

局域网环境；由 VMware Workstation 支持安装 Windows Server 2022 的虚拟机。

3．实训内容

（1）在 VMware Workstation 虚拟机环境中，新添加 3 块容量是 40GB 的虚拟磁盘设备。

（2）利用磁盘管理工具将所创建的“磁盘 1”、“磁盘 2”与“磁盘 3”转换为动态磁盘。

（3）分别创建简单卷、带区卷、跨区卷、镜像卷和 RAID-5 卷。

（4）把简单卷扩展为跨区卷。

（5）在镜像卷和 RAID-5 卷中分别存入文件。

（6）在 VMware Workstation 虚拟机中禁用（相当于损坏）其中一块磁盘，查看镜像卷和 RAID-5 卷中的数据是否存在；先禁用 RAID-5 卷所用的其中两块磁盘，再查看结果。

（7）选择某一块磁盘，进行磁盘配额设置，先启用磁盘配额。

（8）限制用户的磁盘使用空间并设置警告等级，使用户不能使用超过设置的磁盘空间，查看测试效果。

（9）单独设置系统某用户，限制其磁盘空间的可用大小和警告等级，查看测试效果。

习题 4

1．填空题

（1）Windows Server 2022 根据磁盘管理方式的不同将磁盘分为两种类型：________和

________。

（2）Windows Server 2022 支持的默认磁盘类型是________。

（3）在一个基本磁盘上最多可以创建________个主磁盘分区。

（4）动态磁盘的卷分为 5 种类型：简单卷、________、________、镜像卷和 RAID-5 卷。

（5）RAID-5 卷是具有容错功能的磁盘阵列，至少需要________块硬盘才能创建。

（6）Windows Server 2022 磁盘配额是对不同用户使用的磁盘空间进行________。

（7）RAID-5 卷被称为带有奇偶校验的条带化集，是将需要保存的数据分成相同大小的数据块，分别保存在多块硬盘中，数据在条带卷中________保存。

（8）镜像卷是将需要保存的数据同时保存在两块硬盘上，分为________和________。

2. 简答题

（1）Windows Server 2022 根据磁盘管理方式的不同将磁盘分为哪两种类型？

（2）动态磁盘和基本磁盘相比有哪些优点？

（3）简要介绍动态磁盘的卷的类型，比较不同卷类型在读/写功能和容错方面的差异。

（4）什么是磁盘配额？在使用磁盘配额时应该注意哪些情况？

（5）在基本磁盘和动态磁盘的相互转换过程中，应该注意哪些问题？

第 5 章

活动目录服务与域模式账户管理

教学重点

- 活动目录服务的逻辑结构、物理结构。
- 活动目录服务的安装与管理。
- 域模式的账户管理。

活动目录服务（Active Directory，AD）是 Windows Server 2022 系统管理的重要组成部分，掌握活动目录服务对提高 Windows Server 2022 系统管理技能具有非常重要的意义。活动目录是 Windows Server 2022 提供的一种目录服务，可用于存储网络上各种对象的相关信息，以便系统管理员和用户查找与使用。域是活动目录服务的逻辑管理单位，在 Windows Server 2022 中安装了活动目录服务的服务器称为域控制器，这样就可以把一个域作为一个完整的目录进行管理。

5.1 Windows Server 系统活动目录服务概述

活动目录服务是用于 Windows Server 2022 中的目录服务，它存储了网络中各种对象（如用户账户、组、计算机、打印机和共享资源等）的有关信息，方便系统管理员和用户查找与使用。

5.1.1 活动目录服务的概念

说起目录，用户可能会想起 Windows 的文件夹，它是文件及目录信息存放的起始点、生活中的通信簿记录着联系人的姓名、电话、E-mail 等内容。从操作系统的角度来讲，文件夹就是目录，是存储有关数据对象信息的管理层次结构。在操作系统的文件子系统中，目录是存储并管理有关文件信息集合的技术手段。在一个分布式的计算机系统环境中或一个公共计算机网络（如 Internet）中，有许多用户感兴趣的对象（如打印机、应用程序、数据库及其他用户），可以利用目录服务功能实现自身资源的应用数据库，把这些对象作为数据库存储内容进行组织，由此用户利用目录服务来查找与使用这些对象，而系统管理员也可以利用目录方便管理这些对象。

活动目录服务是 Windows Server 2022 提供的一种目录服务。活动目录服务其实是先提供了按层次结构方式组织信息，再按名称关联检索信息的一种服务方式。这种服务提供了一个存储在目录中的各种资源的统一管理视图，从而减轻了企业的管理负担。另外，它还为用户和应用程序提供了包含信息的安全访问。

5.1.2 活动目录的特性

在 Windows Server 2022 实现的系统环境中，活动目录及其服务占有非常重要的地位，是 Windows Server 2022 的精髓。因此，如果系统管理员想要管理好 Windows Server 2022，为广大用户提供良好的计算机系统工作平台，就要很好地理解活动目录的工作方式、结构特点，以及掌握活动目录的基本操作技能。

活动目录是一个完全可扩展、可伸缩的目录服务，系统管理员可以在统一的系统环境下管理整个网络中的各种资源。较以往的应用，Windows Server 2022 有了更加突出的新特性。

1．服务的集成性

活动目录服务的集成性内容更丰富，主要体现在 3 个方面：用户及资源的管理、基于目录的网络服务、网络应用管理。Windows Server 2022 中的活动目录服务采用 Internet 标准协议，用户账号可以使用“用户名@域名”来表示，以进行网络登录。单棵域树中所有的域共享一个等级命名结构，与 Internet 的域名空间结构一致。一个子域的名称就是将该名称添加到父域的名称中，如 zz.edu.cn 是 edu.cn 的子域。DNS 是一个 Internet 的标准服务，主要用来将用户的主机名翻译成 IP 地址。活动目录使用 DNS 为域完成命名和定位服务，域名也是 DNS 名。

2．信息的安全性

Windows Server 2022 支持多种网络安全协议，使用这些协议能够获得更强大、更有效的安全性。活动目录数据库中存储了域安全策略的相关信息，如域用户口令的限制策略和系统访问权限等，由此可实施基于对象的安全模型和访问控制机制。活动目录中的每个对象都有一个独有的安全性描述，主要用于定义浏览或更新对象属性所需要的访问权限。在域网络环境中，计算机信息的安全性主要由活动目录服务管理来实现，其中资源的访问控制权限不仅对目录数据库中的每个对象进行了描述定义，而且对每个对象的属性进行了定义。

3．管理的简易性

活动目录以层次结构来组织域中的资源。每个域中可以有一台或多台域控制器，为了简化管理，用户可以在任何域控制器上进行修改，相应的更新能被复制到其他域控制器的活动目录数据库中。活动目录提供了对网络资源管理的单点登录，因此系统管理员可以登录环境中的一台计算机来管理其他网络计算机中的对象。为了使域控制器实现更高的可用

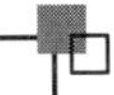

性，活动目录允许在线备份。系统管理员通过部署、安装活动目录服务，可以使网络系统环境的管理工作变得更加容易、方便。

4．应用的灵活性

活动目录具有较强的、自动的可扩展性。系统管理员可以将新的对象添加到应用框架中，并将新的属性添加到现有对象。活动目录可以实现一个域或多个域，每个域中有一个或多个域控制器，多个域可以合并为域树，多棵域树又可以合并为域林。

Windows Server 2022 中的活动目录不仅可以应用到局域网系统环境中，还可以应用到跨地区的广域网系统环境中。

5.1.3　活动目录与域

Windows Server 2022 的活动目录功能扩展了 Windows 以往服务器操作系统中的目录服务，它在运行范围上可以从拥有几百个对象的单一服务器到拥有成千上万个对象的数百台服务器。

域（Domain）是基于 Windows NT 技术构建的计算机网络独立安全范围，是 Windows 的逻辑管理单位，一个域就是一系列的用户账户、访问权限和其他各种资源的集合，也就是包括各种对象属性信息的目录数据库。活动目录由一个或多个域构成，一个域可以跨越不止一个物理地点。每个域都有它自己的安全策略，以及本域与其他域之间的信任关系。当多个域通过信任关系连接起来并且拥有共同的模式、配置和全局目录时，它们就构成一棵域树，多棵域树连接起来就构成一片域林。活动目录的结构如图 5-1 所示。

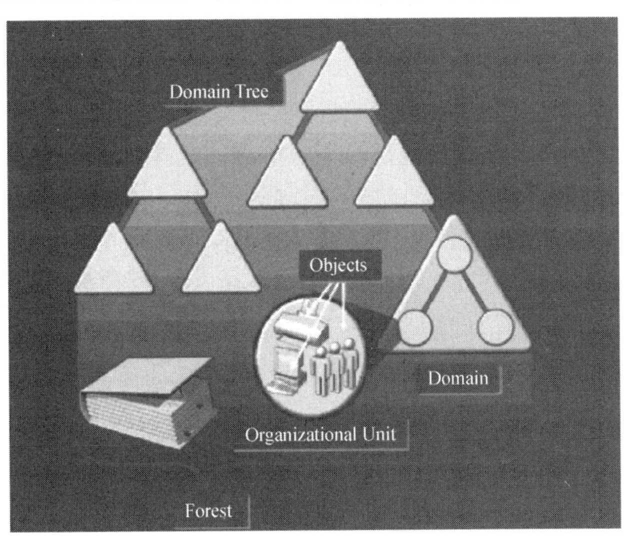

图 5-1　活动目录的结构

1．活动目录的逻辑结构

活动目录是一个分布式的目录服务，由此管理的信息可以分散在多台不同的计算机上，保证各计算机用户能迅速访问。在用户访问和处理信息数据时，为用户提供统一的视图，便于理解和掌握。

活动目录采用域、域树、域林的多重层次化的目录结构。在介绍活动目录的结构之前，先介绍一些有关活动目录（或域）的相关术语，即对象、容器、组织单元。

- 对象是对某具体主题事物的命名，如用户、打印机或应用程序等。对象的相关属性可用来识别对象的描述性数据。例如，一个用户的属性可能包括用户的 Name、E-mail 和 Phone 等。
- 容器是活动目录名称空间的一部分，代表存放对象的空间，不代表有形的实体，仅限于该对象本身所能提供的信息空间。
- 组织单元是组织、管理一个域内对象的容器，能包容用户账户、用户组、计算机、打印机和其他组织单元。组织单元具有清晰的层次结构。系统管理员根据自身环境需求，定义不同的组织单元，将网络所需的域数量降到最低，同时可以创建任意规模、具有伸缩性的管理模型。使用组织单元可以根据实际的组织模型来管理账户和资源的配置与使用。组织单元的包容结构可以使系统管理员将组织单元切入域中来反映出企业的组织结构，还可以进行委派任务与授权等系统管理。

（1）域。

域是活动目录的核心逻辑单元，是共享同一活动目录的一组计算机集合。从安全管理角度来讲，域是安全的边界。在默认情况下，一个域的管理员只能管理自己的域，如果想要管理其他的域，则需要获得专门的授权。域也是复制单位，一个域可以包含多个域控制器。当某个域控制器的活动目录数据库修改以后，往往此修改会快速复制到其他所有域控制器中的活动目录数据库。

（2）域树。

如果多个域之间建立了关系，这些域就可以构成域树。域树是由若干具有共同的模式、配置的域构成的，形成一个临近的名字空间。在域树中的域通过自动建立的信任关系连接起来。域树通过两种途径表示，一种是域之间的关系，另一种是域树的名字空间。在 Windows Server 2022 中，一棵域树就是一个 DNS 名字空间。它有唯一的根域并且有严格的层次结构，根域下的每个子域都只有一个父域，此域树中可以有多个相同级别的子域。因此，根据这种层次结构所创建的名字空间是相邻的。例如，某个域 edu.cn 是父域，而 a.edu.cn 则是其子域，与该子域同级的子域还有 b.edu.cn，任意层次结构中的每级都能直接与其上一级和下一级（如果存在时）相连，如图 5-2 所示。

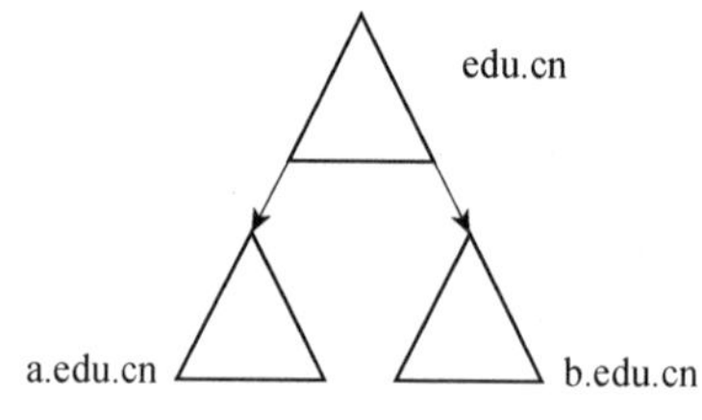

图 5-2　域树结构

（3）域林。

域林是由一棵或多棵域树构成的，各域树之间地位相当，由双向传递的信任关系关联。单个的域可以构成一棵单域的树，单棵域树也可以构成单树的域林。域林与活动目录是同

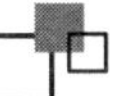

一个概念，也就是说，一个特定的目录服务实例（包括所有的域、所有的配置和模式信息）中的全部目录分区集合构成一片域林。

在同一片域林中的多棵域树并不构成一个邻接的名字空间，但对象的名字仍然可以由同一个活动目录解析。域林中第一个创建的域称为域林根域，它不可以被删除、更改或重命名。当用户创建一棵新域树时，要指定初始的根域，在第二棵域树的根域和域林根域间建立一种信任关系。由于信任关系是双向的，第三棵域树的根域与第二棵域树的根域之间也存在着一个双向的信任关系，这种信任关系都是在安装活动目录服务的过程中根据配置自动建立的。

2. 域的信任关系

域之间的通信是通过信任关系进行的，信任可以使一个域中的用户由另一个域中的域控制器来进行验证。在用户访问另一个域的资源之前，Windows Server 2022 安全机制必须确定信任域（用户准备要访问的目的域）和受信任域（用户登录所在的域）之间是否有信任关系，这样 Windows Server 2022 就能判断并指定信任域中的域控制器和受信任域的域控制器之间的信任路径。域的信任关系一般分为单向信任、双向信任、可传递信任和不可传递信任 4 种。

（1）单向信任。

单向信任是指两个域之间创建的单向身份验证路径。假设域 A 到域 B 之间的信任关系是单向信任关系，那么域 A 中的用户可以访问域 B 中的资源，但是域 B 中的用户不能访问域 A 中的资源。

（2）双向信任。

双向信任是指两个域之间的信任关系是相互信任的。假设域 A 和域 B 之间的信任关系是双向信任关系，那么两个域之间的用户就可以互相访问对方域中的资源。

（3）可传递信任。

可传递信任是指三个以上的一组域之间产生的一种信任关系。假设域 A 和域 B 之间有可传递信任关系，域 B 和域 C 之间有可传递信任关系，那么域 A 和域 C 之间有可传递信任关系，域 C 中的用户就可访问域 A 中的资源。

在 Windows Server 2022 中，域树中的所有信任都是可传递的、双向信任的，因此，信任关系中的两个域都是相互受信任的。由于信任关系的流动性，因此在相同域林中的域之间的信任关系都是可传递信任关系。

（4）不可传递信任。

不可传递信任关系默认为单向信任关系，但用户可以通过建立两个单向信任来构建一个双向信任关系。在不同域林中的域之间手动创建的所有信任关系都是不可传递的。在大多数情况下，域中的不可传递信任关系都是由系统管理员明确创建的。

> **提示：** 当一个域加入一棵域树时，在加入域与该域树中父代之间的可传递双向信任关系就自动建立了。由于信任是可传递和双向的，因此域树成员之间的其他附加信任关系是不需要的。

3．活动目录的物理结构

在 Windows Server 2022 中，活动目录的物理结构是指在规划域模式的网络环境中，具体部署各种角色计算机的组织状况。

在域中作为服务器的系统可以充当以下两种角色中的任何一种：域控制器或成员服务器，而其他的机器则是非成员服务器和工作站。

（1）域控制器。

域控制器是安装、运行活动目录的服务器。在域控制器上，活动目录存储了域范围内的所有账户和策略信息（如系统的安全策略、用户身份验证数据和目录搜索）。账户信息可以属于用户、服务器和计算机账户。

> **注意：** 由于存在活动目录，域控制器不需要本地安全账户管理器（SAM）。一个域中可以有一个或多个域控制器，通常单个域网络的用户可能只需要一个域；而在具有多个网络位置的大型网络或组织，为了获得高可用性和较强的容错功能，可能在每部分都增加一个或多个域控制器。

系统管理员可以更新域中任何域控制器上的活动目录数据，如果在一个域控制器上对域中的信息进行了修改，则这些数据都将自动传递到网络的其他域控制器中。

（2）成员服务器。

一个成员服务器就是一台在域环境中实现一定功能或提供某项服务的服务器，如文件服务器、FTP 应用服务器、数据库服务器或 Web 服务器。由于它们都不是域控制器，因此成员服务器不执行用户身份验证且不存储安全策略信息，这样便可以让成员服务器拥有更高的处理功能来处理网络中的其他服务，将身份认证和服务分开，可以获得较高的处理效率。

（3）站点。

活动目录中的站点是一个或多个 IP 子网地址的计算机集合，用来描述域环境网络的物理结构或拓扑。为了确保域内目录信息的有效交换，域中的计算机需要实现很好地连接，尤其是不同子网内的计算机，通过站点可以简化活动目录内的站点之间的复制、身份验证等活动，这样可以提高工作效率。

在概念上，站点不同于域，站点代表网络的物理结构，而域代表组织的逻辑结构。一个站点可以跨越多个域，而一个域可以跨越多个站点。站点并不属于域名空间的一部分，站点的最大特色是在控制域信息的复制方面，它可以帮助确定资源位置的远近，选择有利于网络流量的最佳方式来进行活动目录数据库的复制。站点反映网络的物理结构，而域反映组织的逻辑结构。逻辑结构和物理结构相互独立，具有以下特点。

- 网络的物理结构及其域结构之间没有必要的相关性。
- 活动目录允许单个站点中有多个域，单个域中有多个站点。
- 站点和域名空间之间没有必要的连接。

Windows Server 2022 中应用站点、活动目录可以利用有效网络资源实现的便利之处如下。

- 当客户机从域控制器请求服务时，只要相同域中的域控制器有一个可用，该请求就会发送给该域控制器。选择与发出请求的客户机连接良好的域控制器，将使该请求的处理效率更高。
- 在复制活动目录数据库时，可以极大地降低网络拥塞的程度。由于用户各种资源信息的变化，使得活动目录在一个站点内比在站点之间会更频繁地复制目录管理属性数据。这样，在连接好的域控制器之间，需要特定目录信息的域控制器先接收复制的内容，其他站点中的域控制器再接收目录所进行的更改。这样操作并不频繁，可以降低网络带宽的消耗。

> **提示：** 站点中的对象分别由域控制器和客户机来确定。客户机确定打开时所在的站点，所以其站点位置经常动态更新；域控制器的站点位置由其目录内服务器对象所属的站点决定。如果域控制器或客户机未包含在任何站点的地址中，则客户机或域控制器会将其包含在创建的初始站点内（Default-First-Site），客户机和域控制器的操作就如同 Default-First-Site 的成员一样，与实际 IP 地址或子网位置无关。

5.2 项目 1：活动目录服务的安装

活动目录服务的强大功能已成为 Windows Server 2022 的特色，但是 Windows Server 2022 初始安装默认是没有安装活动目录服务的，因此用户只有安装了活动目录服务，才能搭建域环境，将服务器配置成域控制器。

在安装活动目录服务之前，应当明确一些必备的安装条件。在安装 Windows Server 2022 的计算机上，安装的系统分区必须是 NTFS 格式；指定配置 TCP/IP 协议属性中的 DNS 信息，并且保证网络接口的正常连接运行（因为安装活动目录服务的同时要安装 DNS 服务，DNS 服务要求服务器使用静态 IP 地址）。用户可以通过系统提供的活动目录服务安装向导，安装、配置自己的服务器。如果网络中没有其他域控制器，则可以新建域树或子域，并将服务器配置为域控制器。

5.2.1 任务 1：安装活动目录服务

使用“Windows Server 2022 服务器管理器”方式安装活动目录服务，操作步骤如下。

步骤 1：打开“服务器管理器”窗口。

步骤 2：选择“仪表板|添加角和功能色”选项。

步骤 3：打开“添加角色和功能向导”对话框，此向导帮助系统管理员在这台服务器上安装指定的角色。在继续操作之前，应当确保 Administrator 账户具有强密码；已配置网络设置（如静态 IP 地址）；已安装 Windows Update 中的最新安全更新等。

步骤 4：在图 5-3 所示的“选择服务器角色”对话框中，勾选“Active Directory 域服务”复选框，单击“下一步”按钮，启动 Active Directory 域服务安装向导。

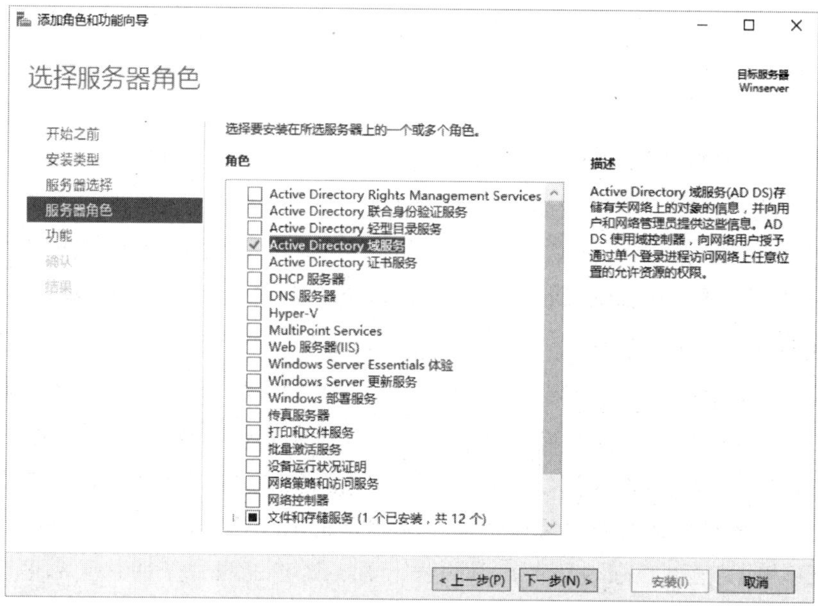

图 5-3 “选择服务器角色”对话框

> **提示：** 在安装 Active Directory 域服务之前，系统必须安装“远程服务管理工具”和“[工具] 组策略管理”功能。如果没有安装，则 Windows Server 2022 将提醒系统管理员安装所需功能。

步骤 5：系统提示需要安装的功能（这一步系统管理员可以根据需要进行选择），完成后将打开“Active Directory 域服务”对话框，如图 5-4 所示，单击“下一步”按钮，开始安装。

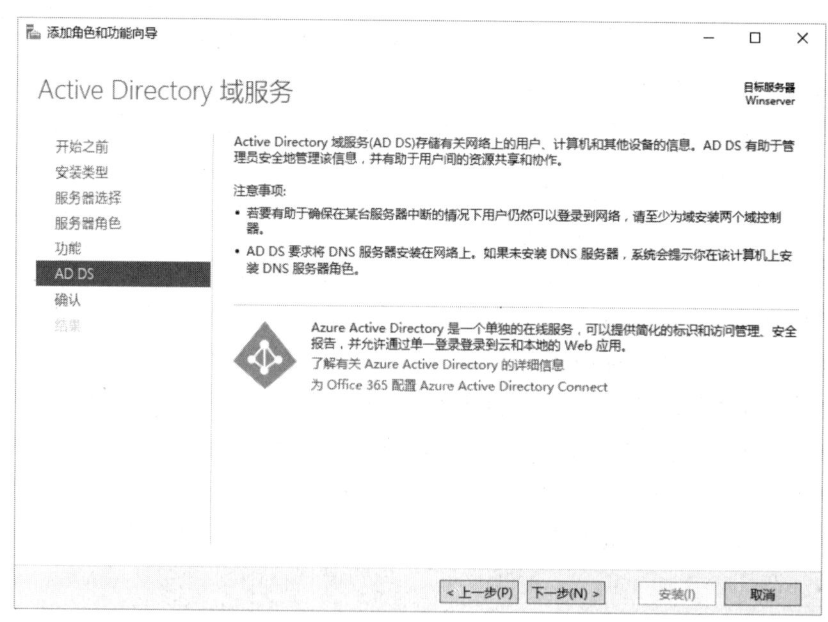

图 5-4 “Active Directory 域服务”对话框

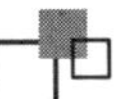

步骤 6：Active Directory 域服务安装进度如图 5-5 所示。

图 5-5　Active Directory 域服务安装进度

当单击“关闭”按钮后，需要将该服务器提升为域控制器，在“服务器管理器”窗口中选择“AD DS”选项，继续以下操作。

步骤 7：选择已经安装 Active Directory 服务的服务器计算机的详细信息窗口，如图 5-6 所示，选择“将此服务器提升为域控制器”选项。如果服务器是新域中的第一个域控制器，则选中“添加新林”单选按钮，如图 5-7 所示，这里假设根域名是 edu.cn，单击“下一步”按钮。如果域中已经有域控制器，则该域控制器只是作为域的额外控制器；如果是在现有域中新建域，则选中“将新域添加到现有林”单选按钮。

图 5-6　服务器计算机的详细信息窗口

图 5-7 选中“添加新林”单选按钮

步骤 8：如图 5-8 所示，在打开的“域控制器选项”对话框中，设置林功能级别和域功能级别，此时均设置为“Windows Server 2016”；默认在该服务器上安装 DNS 服务器；第一台域控制器必须承担全局编录服务器的角色；设置目录服务还原模式的系统管理员密码（目录服务还原模式，即目录服务修复模式，可以在系统启动时按 F8 键进行选择），密码至少 7 位，由 A～Z、a～z、0～9、非字母数字等字符组成，并且不可包含用户账户中两个以上的连续字符。

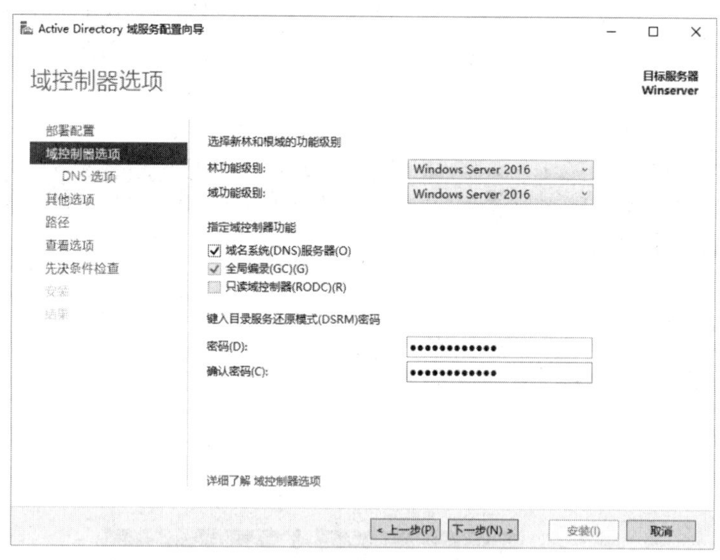

图 5-8 “域控制器选项”对话框

步骤 9：单击“下一步”按钮，系统自动为该域设置一个 NetBIOS（由于旧版 Windows 不支持 DNS 域名称，因此通过 NetBIOS 域名来与该域进行通信），默认选择 DNS 域名第一个句点左边的字符。

步骤 10：单击“下一步”按钮，打开如图 5-9 所示的“路径”对话框，在“指定 AD DS

数据库、日志文件和 SYSVOL 的位置”选项中，设置 Active Directory 域控制器数据库文件夹、日志文件文件夹和 SYSVOL 文件夹。

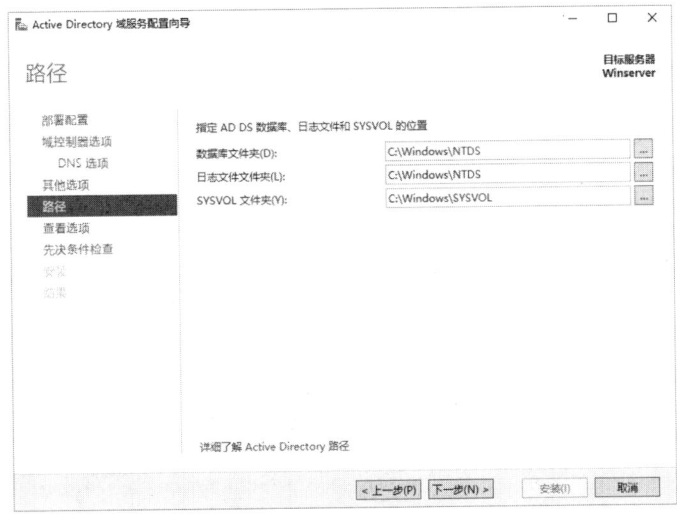

图 5-9 “路径”对话框

在“路径”对话框中，数据库文件夹用于存储有关域环境中用户、计算机和网络其他对象的信息；日志文件文件夹用于记录与活动目录服务有关的活动，如当前更新对象的信息；SYSVOL 文件夹用于存储组策略对象和脚本。在默认情况下，SYSVOL 是位于“%windir%”目录中操作系统文件的一部分。为了获得更好的性能和可恢复性，可以将数据库文件夹和日志文件文件夹存储在不同的磁盘卷上。

步骤 11：设置完数据库文件夹、日志文件文件夹和 SYSVOL 文件夹的位置后，单击“下一步”按钮，打开如图 5-10 所示的“查看选项”对话框，浏览安装选项信息。单击“下一步”按钮，在打开的如图 5-11 所示的“先决条件检查”对话框中进行条件检查，如果顺利通过先决条件检查，则可以单击“安装”按钮；否则根据对话框中的提示信息进行排除。安装完成后计算机自动重启。

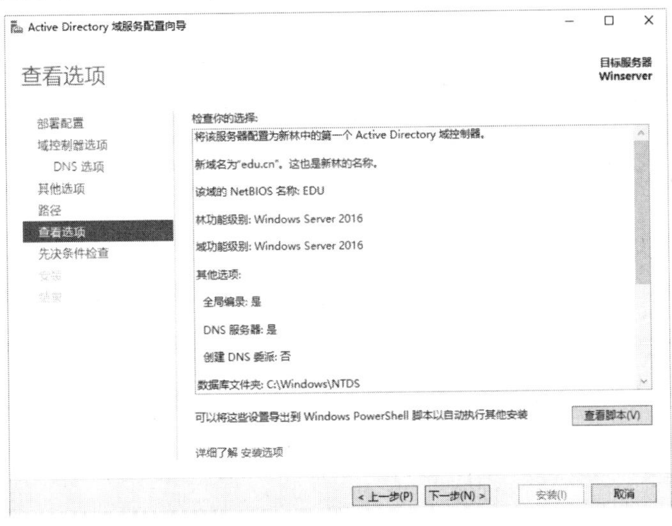

图 5-10 “查看选项”对话框

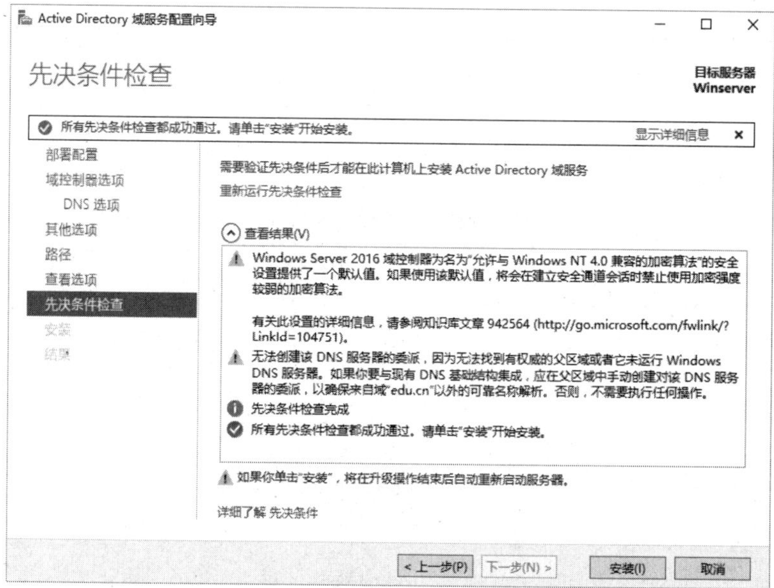

图 5-11 “先决条件检查”对话框

5.2.2 任务 2：将客户端计算机加入域

域控制器在域中承担着整个网络的核心作用，但不是域中的唯一角色，根据域中的计算机的功能不同，还有成员服务器和工作站。另外，在网络中，有些计算机并不属于任何域（即以工作组模式运行），可以将它们分为独立服务器和一般客户端计算机。可以加入域控制器环境的操作系统有：Windows Server（Datacenter/Enterprise/Standard）、Windows XP/10/11 等。本节介绍如何将一台运行 Windows 11 的计算机加入 Windows Server 2022 的域中，操作步骤如下。

步骤 1：在控制面板中打开“系统”中的相关链接“域或工作组”，在“系统属性”对话框的“计算机名”选项中，单击“更改”按钮，打开如图 5-12 所示的“计算机名/域更改”对话框。

计算机名/域更改
可以更改这台计算机的名称和成员身份。更改可能影响网络资源的访问。详细信息
计算机名(C):
Wang
计算机全名:
Wang
其他(M)...
隶属于
域(D):
工作组(W):
WORKGROUP
确定
取消

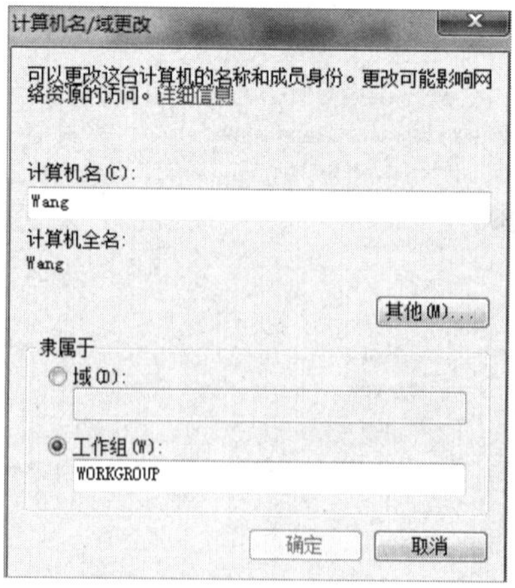

图 5-12 “计算机名/域更改”对话框

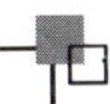

步骤 2：选中“隶属于”选项区中的“域”单选按钮，在文本框中输入“edu.cn”，单击“确定”按钮，提示输入将计算机加入域的用户名和密码。

步骤 3：单击“确定”按钮，提示重新启动计算机。

提示： 需要提供的用户名和密码为域控制器的系统管理员的名称和密码。

5.3　项目 2：活动目录服务的管理

为了保证安装好的活动目录服务运行稳定，并提供用户所期望的功能，还要进行各种活动目录服务的管理操作。例如，管理域中的用户和计算机、创建本地域与其他域的信任关系、创建物理站点来管理活动目录的信息复制等。完成这些系统管理工作需要用到活动目录管理工具，这些工具是随着活动目录服务安装完成后，自动添加到“管理工具”菜单组中的，方便了目录服务的管理。活动目录服务的管理大多都是通过对域控制器的操作应用来实现的。

5.3.1　任务 1：熟悉活动目录服务管理工具

活动目录服务管理工具只能在 Windows Server 2022 域服务器中使用，主要的活动目录服务管理工具在域控制器的“管理工具”菜单组中获得。

- Active Directory 的用户和计算机。
- Active Directory 的域和信任关系。
- Active Directory 站点和服务。

另外，系统管理员可以为适应自身企业的应用，利用 MMC 创建一个专门执行单项管理任务的控制台，或者将几个管理工具合并到一个控制台中进行管理工作。

5.3.2　任务 2：设置域的管理属性

为了加强对域属性相关信息的管理，使域控制器安全稳定的运行，系统管理员必须设置域属性。通过设置域属性，不但可以确定域的常规属性，还可以为域控制器制定权限组和管理用户。设置域属性的操作步骤如下。

步骤 1：在“服务器管理器”窗口中，选择“工具|Active Directory 用户和计算机”命令，打开如图 5-13 所示的“Active Directory 用户和计算机”窗口。

步骤 2：在“Active Directory 用户和计算机”窗口的目录树中展开域节点，单击域名，即可显示该域的相关内容，在要设置属性的域名处右击，在弹出的快捷菜单中选择“属性”命令，打开如图 5-14 所示的“edu.cn 属性”对话框。

步骤 3：在“常规”选项卡的“描述”文本框中，输入对该域的一段说明描述。

步骤 4：如果要更改域的管理者，则切换到“管理者”选项卡，单击“更改”按钮，打开“选择用户、联系人或组”对话框，选择新的管理者即可，如图 5-15 所示。

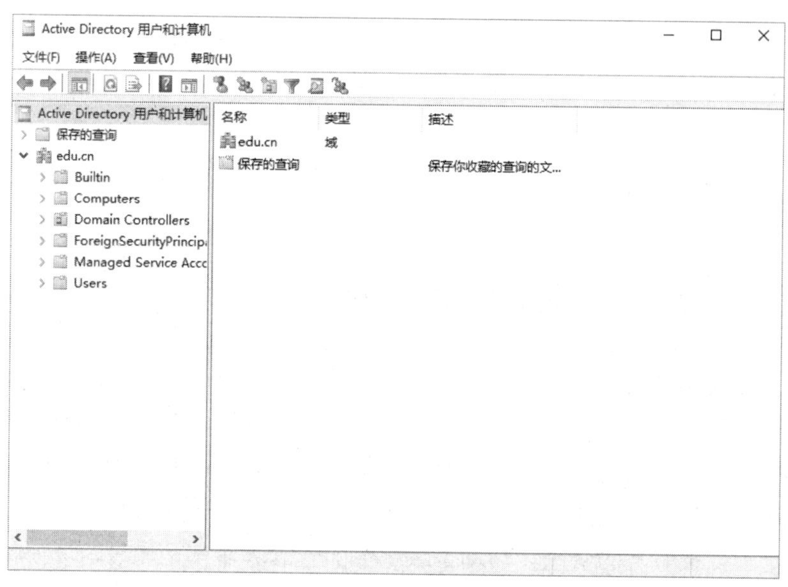

图 5-13 “Active Directory 用户和计算机”窗口

图 5-14 “edu.cn 属性”对话框

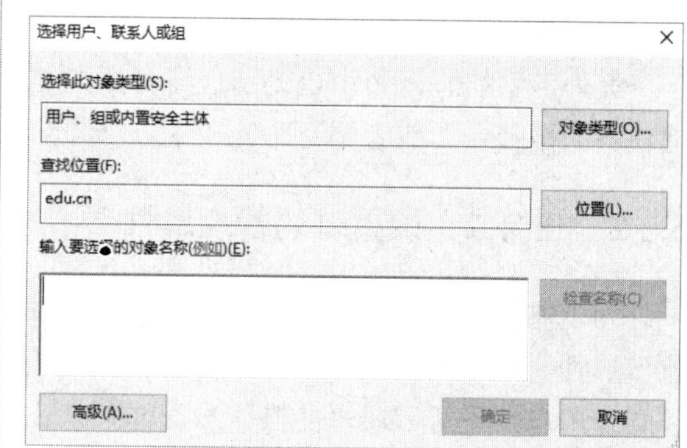

图 5-15 “选择用户、联系人或组”对话框

5.3.3 任务 3：创建域的信任关系

在域树或域林的搭建过程中，域与域之间的信任关系是自动创建的，不需要手动操作完成。域的信任关系主要完成的是一个域中的用户由另一个域中的域控制器进行身份验证。需要系统管理员来创建域的信任关系的主要情景如下。

- 当系统管理员需要为域林中的某个域与域林外的某个域创建信任关系时，应当创建外部明确的信任关系。

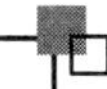

- 当系统管理员在域林中的两个域之间直接创建信任关系以减少信任路径身份验证时，应当创建内部快捷信任关系。

创建域的信任关系的操作步骤如下。

步骤 1：在“服务器管理器”窗口中，选择“工具|Active Directory 域和信任关系”命令，打开“Active Directory 域和信任关系”窗口，如图 5-16 所示。

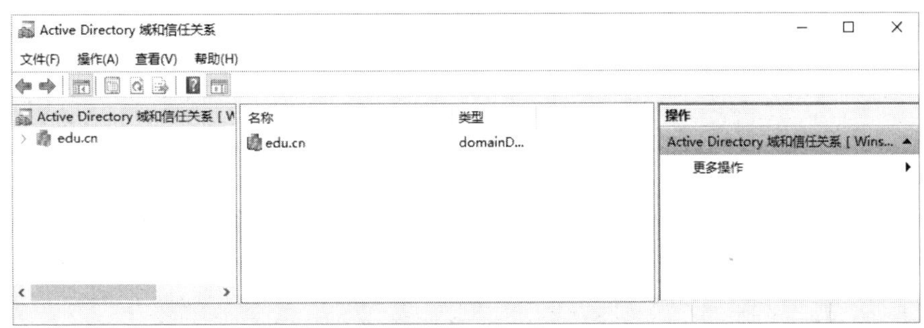

图 5-16　“Active Directory 域和信任关系”窗口

步骤 2：在“Active Directory 域和信任关系”域名节点上右击，在弹出的快捷菜单中选择“属性”命令，打开“edu.cn 属性”对话框，如图 5-17 所示。

步骤 3：选择“信任”选项卡，如图 5-18 所示，查看该域控制器中受此域信任的域和信任此域的域名、信任类型等。

图 5-17　“edu.cn 属性”对话框

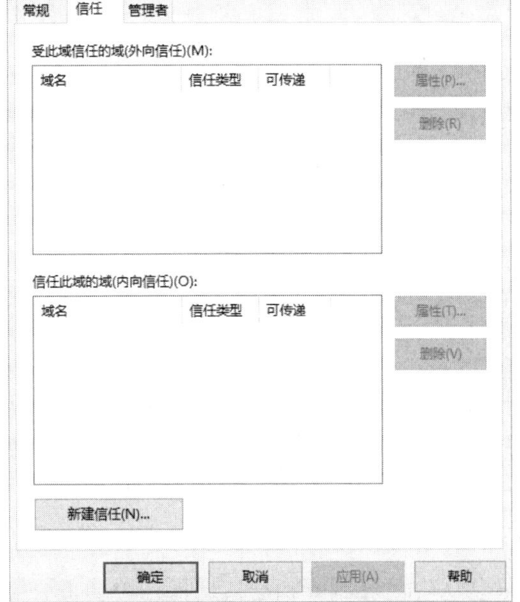

图 5-18　选择“信任”选项卡

步骤 4：要创建新的信任关系，可以单击“新建信任”按钮，打开“新建信任向导”对话框，如图 5-19 所示

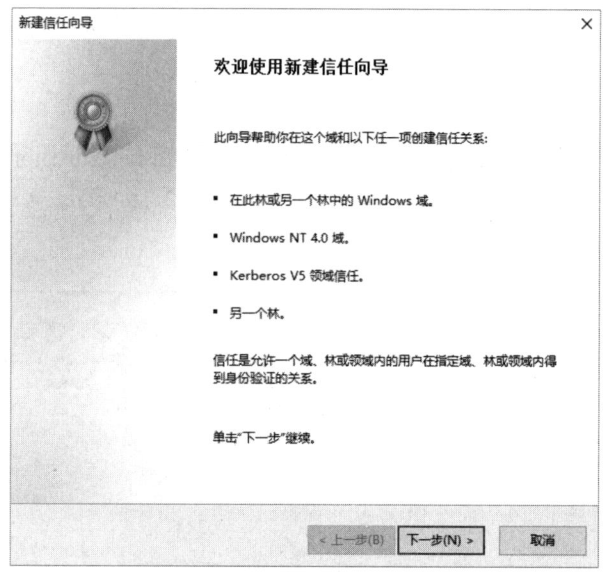

图 5-19 “新建信任向导”对话框

步骤 5：单击“下一步”按钮，打开“信任名称”对话框，如图 5-20 所示。在“名称”文本框中输入信任关系的域名。如果该信任关系中的域是其他域林中的域，则输入 NetBIOS 或 DNS 名称来创建信任关系。

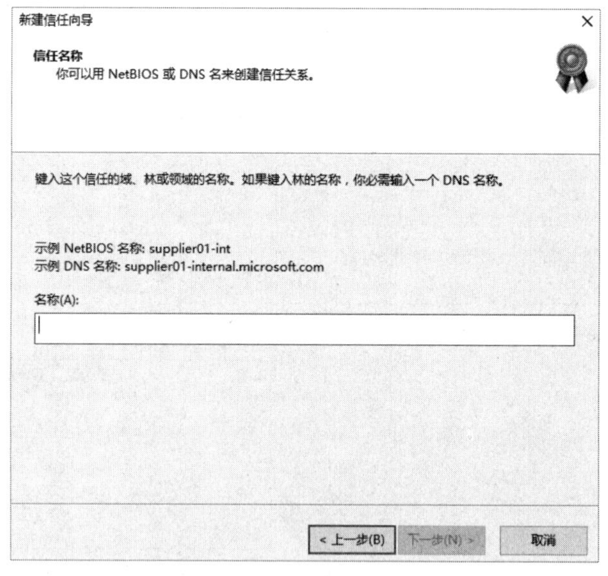

图 5-20 “信任名称”对话框

步骤 6：系统管理员根据提示对话框分别先选择“信任类型”（根据需要选择适当的信任类型）和“信任的传递性”（选择创建的信任关系是否具有传递性）；再选择信任关系是双向的还是单向的。

> **提示：** 在不同的域林之间创建信任关系之前，要保证两者的主域控制器所在网络能够互联互通。

步骤 7：打开“信任密码”对话框，在设置完密码后，单击“下一步”按钮，需要用户对以上创建信任关系时的基本情况进行确认，单击“完成”按钮即可完成信任关系的创建。返回“信任”选项卡查看区域列表中显示的新建信任关系。如果要撤销信任关系，则分别在“受此域信任的域（外向信任）”列表框或“信任此域的域（内向信任）”列表框中单击“删除”按钮。

5.3.4　任务 4：提升域的功能级别

Windows Server 2022 域管理级别延续了 Windows Server 2016 域管理级别。在 Windows Server 2022 域控制器中，影响整个域管理功能的级别有 3 个：Windows 2008、Windows Server 2012 和 Windows Server 2016。在默认情况下，Windows Server 2016 域控制器是以 Windows Server 2016 功能级别进行工作的。系统管理员根据自己的域网络环境和 Windows 的版本实际应用情况来进行域功能级别的更改，操作步骤如下。

步骤 1：在“服务器管理器”窗口中，选择“工具|Active Directory 用户和计算机”命令，打开“Active Directory 用户和计算机”窗口，如图 5-21 所示。

步骤 2：在目录树中，在需要管理的域名节点上右击，在弹出的快捷菜单中选择“提升域功能级别”命令，打开“提升域功能级别”对话框，在“选择一个可用的域功能级别”下拉列表中选择新的功能级别，单击“提升”按钮。

图 5-21　“Active Directory 用户和计算机”窗口

> **提示：** 提升域功能级别的操作是不可逆的。如果将域功能级别提升至 Windows Server 2016，就不能再将 Windows Server 2012 的域控制器添加到该域中。

5.3.5　任务 5：管理不同的域

系统管理员除了可以管理本地域，还可以在本地域控制器上来管理域林中的其他不同域。在管理实施之前，需要建立当前域和管理域之间的连接。

在企业的域网络环境下，系统管理员在管理网络用户和计算机时，必须连接到其他域控制器继续执行管理功能。由于在 Windows Server 2022 中不再区分主域控制器和辅助域控制器，因此域控制器的连接也变得更加简单，与其他任何一个可写的域控制器建立连接即可。

要连接到域控制器，打开“Active Directory 用户和计算机”窗口，在目录树中的域名节点上右击，在弹出的快捷菜单中选择“更改域”命令，打开如图 5-22 所示的“更改域”对话框，从中可以查看当前域控制器的名称，在“域”文本框中输入要连接的域控制器名称，单击“确定”按钮即可完成连接。

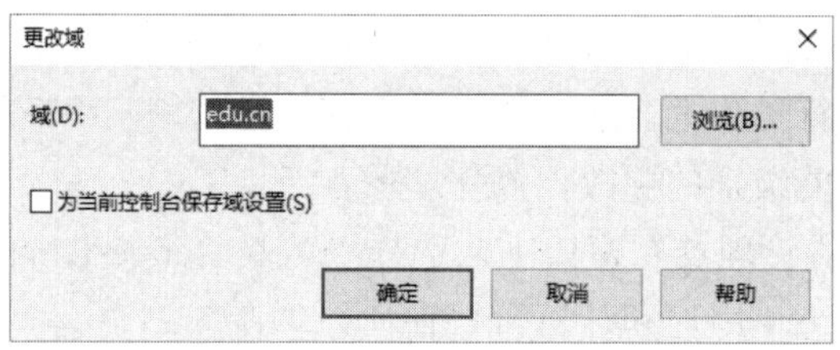

图 5-22 “更改域”对话框

5.3.6 任务 6：站点管理

站点可以使不同 IP 地址的子网进行更好的工作，并确保域内目录信息的有效交换。通过站点可以简化 Active Directory 内的站点之间的复制、身份验证等活动，以便提高工作效率。

1. 创建站点

创建站点的操作步骤如下。

步骤 1：在“服务器管理器”窗口中，选择“工具|Active Directory 站点和服务”命令，打开“Active Directory 站点和服务”窗口，如图 5-23 所示。

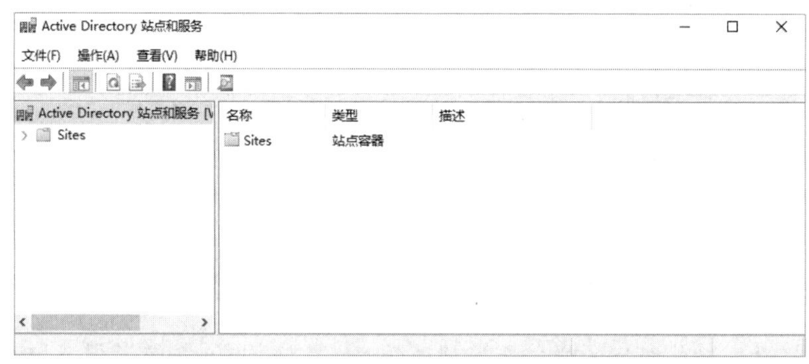

图 5-23 “Active Directory 站点和服务”窗口

步骤 2：在“Sites”上右击，在弹出的快捷菜单中选择“新站点”命令，打开如图 5-24 所示的“新建对象-站点”对话框。

步骤 3：在“名称”文本框中输入新站点的名称，选择一个站点连接对象，单击“确定”按钮，打开如图 5-25 所示的“Active Directory 域服务”对话框，完成新站点的创建。

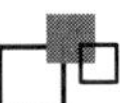

图 5-24　“新建对象-站点”对话框

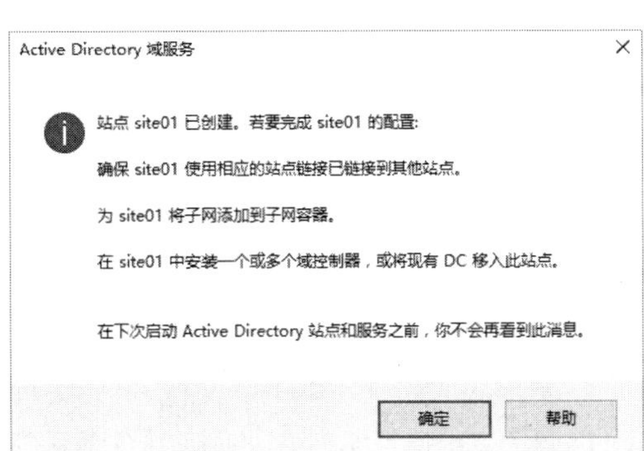

图 5-25　“Active Directory 域服务”对话框

2. 创建子网

创建子网的操作步骤如下。

步骤 1：在“服务器管理器”窗口中，选择“工具|Active Directory 站点和服务”命令，打开“Active Directory 站点和服务”窗口。

步骤 2：在“Subnets”上右击，在弹出的快捷菜单中选择“新建子网”命令，打开如图 5-26 所示的“新建对象-子网”对话框。

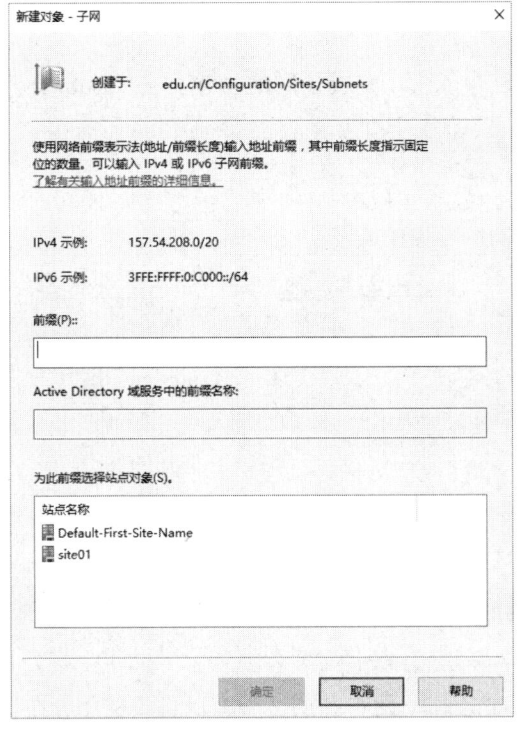

图 5-26　“新建对象-子网”对话框

步骤 3：在“前缀”文本框中输入子网地址，在“为此前缀选择站点对象”列表框中选择与该子网关联的站点，如图 5-27 所示。

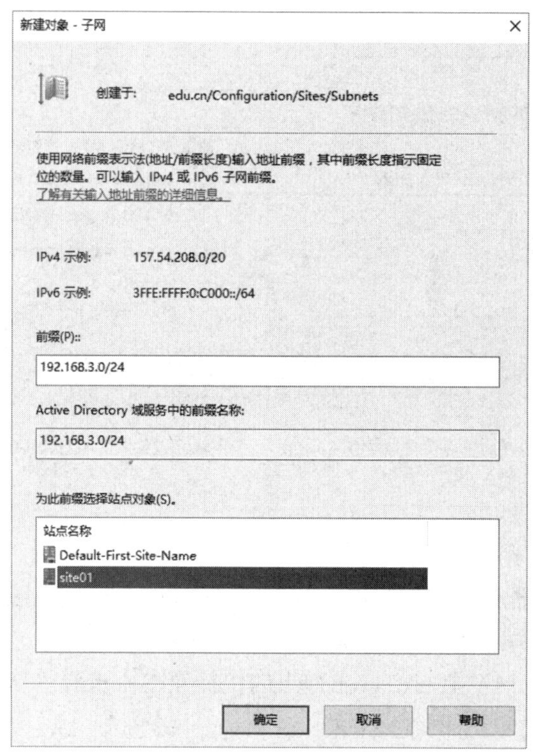

图 5-27　设置“新建对象-子网”对话框

步骤 4：单击“确定”按钮，完成子网的创建。在“Subnets”容器内，出现新建的子网，如图 5-28 所示。

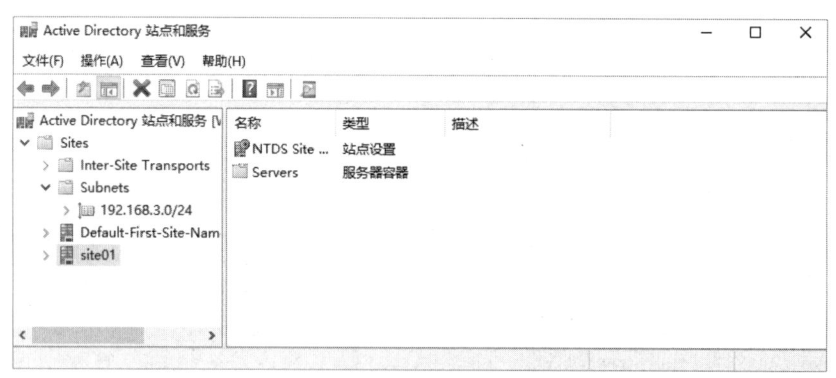

图 5-28　子网创建完成

3. 将子网与站点关联

将子网与站点关联的操作步骤如下。

步骤 1：在“Active Directory 站点和服务”窗口目录树中，在要关联站点的子网节点上右击（这里选择 192.168.3.0/24 子节点），在弹出的快捷菜单中选择“属性”命令，打开如

图 5-29 所示的“192.168.3.0/24 属性”对话框。

图 5-29　“192.168.3.0/24 属性”对话框

步骤 2：在“192.168.3.0/24 属性”对话框中，选择要关联的相对应的站点，单击“确定”按钮。

5.4　项目 3：域模式的账户管理

5.4.1　任务 1：掌握域的登录用户账户管理技术

1. 域的登录用户账户简介

域的登录用户账户是建立在域控制器、存储于活动目录中的使用者账户。这里主要讲述域模式下的用户账户（即人的账户）。

用户账户由用户名和密码来标识。在创建域控制器后，每个网络用户登录系统之前，都会向系统管理员申请一个用户账户。用户在计算机上登录时，应当输入在域活动目录数据库中有效的用户名和密码，通过域控制器的验证和授权后，就能以所登录的身份和权限对域和计算机资源进行访问。

活动目录服务安装完后有两个主要的内置用户账户：Administrator 和 Guest。Administrator 账户对域具有最高级别的权限和权利，是内置的管理账户；而 Guest 账户只有极其有限的权限和权利。表 5-1 列出了 Windows Server 2022 域控制器上的内置用户账户。

表 5-1　Windows Server 2022 域控制器上的内置用户账户

内置用户账户	特　性
Administrator（管理员）账户	Administrator 账户具有域内最高权限和权利。系统管理员使用这个账户可以管理域或所有计算机上的资源，以及所有的账户信息数据库。例如，创建用户账户、组账户，设置用户权限和安全策略等
Guest（客户）账户	Guest 账户默认状态是“禁用”的，如果要使用它，则可以将其打开。Guest 账户是为临时登录域网络环境并使用网络中有限资源的用户提供的，它仅有非常有限的权限

说明： 当计算机加入域中后，可以在“Active Directory 用户和计算机”窗口中创建计算机账户，类似于对用户账户一样进行管理。这里不再详细讲述，读者可以参考有关资料。

2．域的用户账户管理

在 Windows Server 2022 中，对 Active Directory 域的用户账户管理提供了两个工具：一是 Windows Server 系列服务器操作系统都有的“Active Directory 用户和计算机”窗口；二是 Windows Server 2022 提供的工具“Active Directory 管理中心”。这里使用“Active Directory 用户和计算机”窗口进行域的用户账户管理。

（1）新建域用户账户。

具有新建域用户账户权限的账户是 Administrator，或者是 Administrators、Account Operators、Domain Admins、Power Users 组的成员账户，所以进行新建域用户的账户必须是以上用户。创建和管理域用户账户的操作步骤如下。

步骤 1：在“服务器管理器”窗口中，选择“工具|Active Directory 用户和计算机”命令，在打开的“Active Directory 用户和计算机”窗口左侧列表框中，右击“Users”选项，在弹出的快捷菜单中选择“新建|用户”命令，如图 5-30 所示。

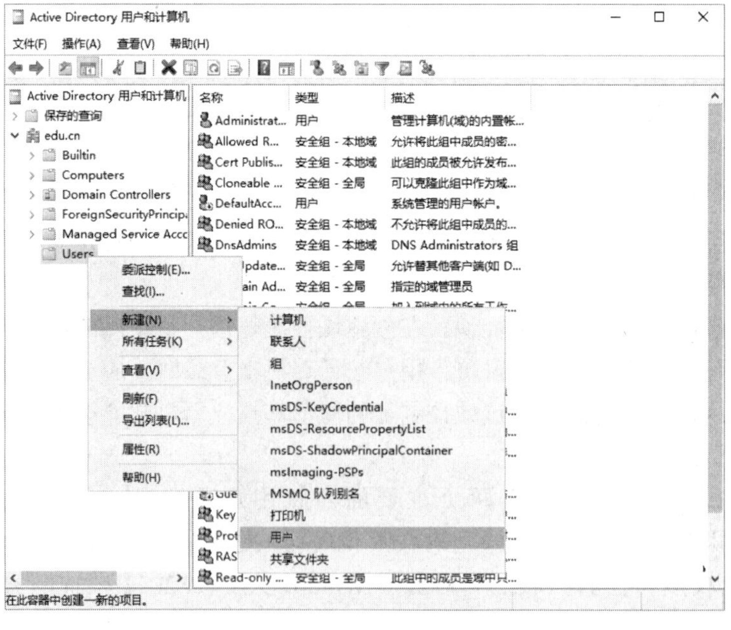

图 5-30　选择“用户”命令

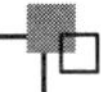

步骤 2：在打开的如图 5-31 所示的“新建对象-用户”对话框中，输入用户的一些基本信息，如新建用户 zhangfei。在创建用户账户时，可以按规划内容一次性输入全部有关信息，也可以输入用户的部分基本必要信息，其他内容根据需要可以在日后进行补充或修改。

步骤 3：输入用户的一些基本信息后，单击“下一步”按钮，在图 5-32 中进行用户密码的设置，密码和确认密码中的字符最多为 128 个，大小写字母是不同的，并且要符合密码复杂度的策略要求。另外，还要对用户密码的性质进行设置，如勾选“用户下次登录时须更改密码”复选框。

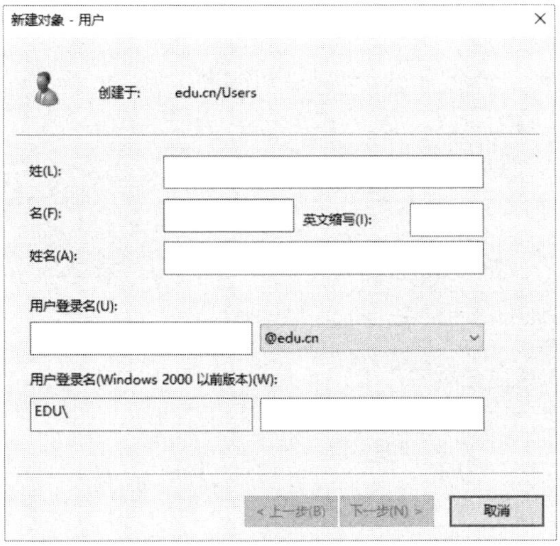

图 5-31　“新建对象-用户”对话框

图 5-32　设置用户密码

步骤 4：单击“下一步”按钮，在打开的对话框中显示刚才创建的新用户账户信息，如图 5-33 所示，如果需要对以前对话框中的内容进行修改，则单击“上一步”按钮返回；如果确认正确无误，则单击“完成”按钮。

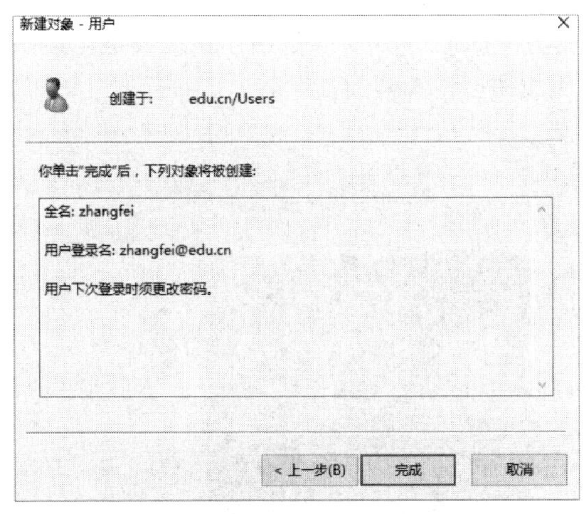

图 5-33　完成创建新用户账户

（2）修改域用户账户属性。

修改域用户账户属性的操作步骤如下。

步骤 1：在“服务器管理器”窗口中，选择“工具|Active Directory 用户和计算机”命令，在打开的“Active Directory 用户和计算机”窗口中选择需要修改的账户，如 zhangfei，在该账户上右击，在弹出的快捷菜单中选择“属性”命令，打开“zhangfei 属性”对话框，如图 5-34 所示。

图 5-34 “zhangfei 属性”对话框

步骤 2：在“zhangfei 属性”对话框中，就可以选择并修改该账户的各项内容。如在“账户”选项卡中修改用户的登录时间，如图 5-35 所示，在设定允许该用户的登录时间后，单击“确定”按钮，即可完成该属性的修改。

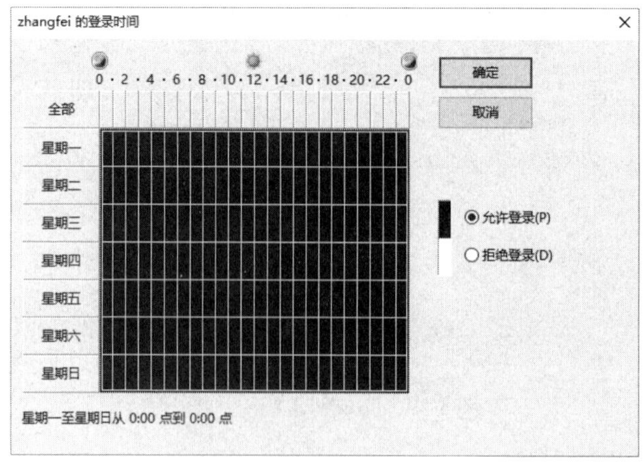

图 5-35 修改用户的登录时间

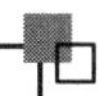

（3）域用户账户的复制和修改。

如果企业组织内想拥有许多性质相同的用户账户，则可以先创建一个典型代表用户账户，再使用“复制”功能创建用户账户。操作步骤：选中已经创建好的用户账户并右击，在弹出的快捷菜单中选择“复制”命令，其操作步骤类似新建用户的操作步骤，这样就可以快速创建多个相同性质的用户账户。

如果要对多个相同性质的用户账户进行某项相同属性参数的修改，则可以使用多用户账户的修改方法。操作步骤：在“Active Directory 用户和计算机”窗口的“Users”容器中同时选择多个用户账户并右击，在弹出的快捷菜单中选择“属性”命令，在打开的“属性”对话框中可以进行相应的修改，从而达到批量修改多个用户账户属性的目的。

（4）删除域用户账户。

对于不再使用的域用户账户，要及时删除清理，保证活动目录数据库的及时更新。删除域用户账户的方法与修改域用户账户的方法类似。首先选择要删除的用户账户并右击，在弹出的快捷菜单中选择“删除”命令，最后确定并完成删除操作。

5.4.2　任务 2：掌握域模式的组账户管理技术

1. 域模式的组账户简介

作为系统管理员，应当清楚域网络模式中组的概念、类型及组的管理技术等。为什么要使用组技术呢？使用组技术究竟有哪些系统管理上的优点呢？

Windows Server 2022 作为多任务、多用户的服务器操作系统，是从安全和高效的角度来管理系统资源、信息的。使用组可以同时为多个账户指派一组公共的权限和权利，而不用单独地指派给每个账户，这样可以简化管理。在 Windows Server 2022 活动目录中，组是驻留在域控制器中的对象。活动目录自动安装了系列默认的内置组，也允许以后根据实际需要创建组。系统管理员还可以灵活地控制域中的组和成员。通过对活动目录中的组进行管理，可以实现如下功能。

- 资源权限的管理：为组而不是个别用户账户指派资源权限。这样可以将相同的资源访问权限指派给该组的所有成员。
- 用户集中的管理：可以先创建一个应用组，指定组成员的操作权限，再向该组中添加需要拥有与该组相同权限的成员。

由于 Windows Server 2022 提供的组管理功能强大，如果要充分利用组功能，就需要清楚地了解组的相关知识，这样对管理好系统是非常重要的。

（1）按照域中组的安全性质划分组。

在 Windows Server 2022 中，按照组的安全性质可以划分为安全组和通信组两种类型。

- 安全组。安全组用于控制和管理资源的安全性。使用安全组可以在共享资源的“属性”对话框中，选择“共享”选项卡，并为该组的成员分配访问控制权限。例如，设置该组的成员对特定文件夹具有“写入”权限。
- 通信组（分布式组）。通信组用于管理与安全性无关的任务。例如，将信息发送给某个通信组。但是，不能为其设置资源权限，即不能在某个文件夹的“共享”选项卡中为该组的成员分配访问控制权限。

（2）按照组的作用域划分组。

组都有一个作用域，用于确定在域树或域林中该组的应用范围。按照组的作用域可以划分为全局组、本地域组和通用组 3 种类型。

- 全局组。全局组用于组织用户，面向域用户，即全局组中只包含所属域的域用户账户。为了方便管理，系统管理员通常将多个具有相同权限的用户账户加入一个全局组中。之所以称为全局组，是因为它不仅能够在所创建的计算机上使用，还能在域中的任何一台计算机上使用。只有在 Windows Server 2022 域控制器上能够创建全局组。
- 本地域组。本地域组用于管理域的资源。通过本地域组，可以快速地为本地域、其他信任域的用户账户和全局组的成员指定访问本地资源的权限。本地域组由该组所属域的用户账户、通用组和全局组组成，它不能包含非本域的本地域组。为了方便管理，系统管理员通常在本域内创建本地域组，并根据资源访问的需要将适合的全局组和通用组加入该组，最后为该组分配本地资源的访问控制权限。本地域组的成员仅限于本域的资源，而无法访问其他域内的资源。
- 通用组。通用组用于管理所有域内的资源，包含任何一个域内的用户账户、通用组和全局组，但不能包含本地域组。一般在大型企业应用环境中，系统管理员先创建通用组，并为该组的成员分配在各域内的访问控制权限。通用组的成员可以使用所有域的资源。

提示：用户的权限决定其访问资源的用户访问级别，如完全控制权限。当为资源（文件共享、打印机等）指派权限时，系统管理员应该将权限指派给安全组而非个别用户。权限可以一次性分配给这个组，而不是多次分配给单独的用户。添加到组的每个账户将接受在活动目录中指派给该组的权利和在资源上为该组定义的权限。

另外，Windows Server 2022 在创建活动目录域时，会自动生成一些默认的内置安全组。使用这些预定义的组可以方便系统管理员控制对共享资源的访问，并委托特定域管理角色。例如，Backup Operators 组的成员有权对域中的所有域控制器执行备份操作。当系统管理员将用户添加到该组时，用户将接受指派给该组的所有用户权限及指派给该组的共享资源的所有权限。

2. 域模式的组账户管理

在这里以创建全局组“GroupT”为例，介绍在活动目录中创建自定义组的操作步骤。

在“Active Directory 用户和计算机”窗口中，右击“Users”选项，在弹出的快捷菜单中选择“新建|组”命令。打开如图 5-36 所示的“新建对象-组”对话框，输入新建组的名称“GroupT”，分别设置组作用域为“全局”和组类型为“安全组”。单击“确定”按钮即可完成新建域组账户任务。

图 5-36　“新建对象-组”对话框

实训 5

1. 实训目的

熟练掌握 Windows Server 2022 活动目录服务及其管理。

2. 实训环境

正常的局域网；安装 Windows Server 2022、Windows 11 的计算机。

3. 实训内容

（1）通过“服务器管理器”窗口，在服务器上安装活动目录服务，创建域控制器。

（2）配置安装 Windows 11 客户机的 IP 地址，使其与 Windows Server 2022 域控制器能进行正常网络连接。

（3）修改 Windows 11 客户机系统属性，使其加入 Windows Server 2022 域控制器。

（4）测试从 Windows 11 客户机上是否能正常登录 Windows Server 2022 域控制器。

（5）创建 Teachers 和 Students 两个全局组、安全组。

（6）在 Teachers 组、Students 组中分别创建 Teacher1、Teacher2、Student1 和 Student2 域用户账户。

（7）分别修改各个域用户账户的属性，并为用户账户指定资源的权限，测试是否正确可用。

习题 5

1. 填空题

（1）活动目录服务是用于 Windows Server 中的目录服务，它存储________，并方便系统管理员和用户查找与使用。

（2）活动目录服务其实是先提供了按________方式进行信息的组织，再按________关联检索信息的一种服务方式。

（3）Windows Server 2022 中的活动目录服务采用了 Internet 标准协议，用户账号可以使用________表示，以进行网络登录。

（4）当多个域通过信任关系连接起来并且拥有共同的模式、配置和全局目录时，它们就构成________。

（5）________是活动目录的核心逻辑单元，是共享同一活动目录的一组计算机集合。

（6）当一个域加入一棵域树中时，在加入域与该域树中父代之间的________就自动建立了信任关系。

（7）活动目录中的站点是________的计算机集合，用来描述域环境网络的物理结构或拓扑。

（8）域的登录用户账户是建立在________、存储于活动目录中的使用者账户。

2．简答题

（1）什么是 Windows 的活动目录服务？活动目录的特性是什么？活动目录有哪些主要功能？

（2）域的信任关系有哪些类型，各有什么不同？

（3）在 Windows Server 2022 中使用组账户有什么作用？

（4）简述创建域用户账户的步骤。

（5）Windows Server 2022 按照不同标准可以划分为几种类型的组？

（6）如何将一台安装 Windows 11 的计算机加入 Windows Server 2022 的域中？请简述主要操作步骤。

第 6 章

共享资源的管理

教学重点

- 共享文件夹及其创建。
- 分布式文件系统管理。
- 共享文件卷影副本管理。

在图书馆里，用户在任何时候、任何地点都可以获得所需的信息资料。图书馆通过互联网，把分布在各地的数据库有组织地连接起来，突破时间和空间的约束，使得文献资源得以共享。资源共享的原则是，建立标准化、规范化、通用化的数据库，无论是谁开发建立的，任何个人或团体都可以使用。共享资源是用户使用计算机系统的重要目的，以满足用户对信息资源最大化要求。共享资源管理是 Windows Server 2022 日常管理的核心内容之一。

6.1　项目 1：文件夹共享实现

共享可以使资源被其他用户使用。共享资源是指由多个程序或其他设备使用的任何设备、数据或程序。对于 Windows 来说，共享资源是网络用户可以使用的任何资源，如文件夹、文件等，也是服务器上网络用户可用的资源。共享文件夹通常被用来在网络上集中管理文件资源，使用户能够通过网络远程访问需要的文件。用户通过计算机网络，不仅能访问局域网络中的资源，还能访问广域网络中的资源。利用共享文件夹实现共享的资源主要是指计算机的软件资源，而计算机的软件资源包括程序文件和数据文件，其在网络中呈现的形式为目录和文件。软件资源的共享实质上是文件和目录的共享。

Windows Server 2022 只允许共享文件夹，不能共享单个文件。也就是说，工作组或成员在使用共享文件之前，必须先设置文件夹为共享文件夹，才可以继续访问此文件夹中的文件。因此，共享文件夹权限所提供的安全性不如 NTFS 所提供的强大。

6.1.1 任务 1：创建共享文件夹

在 Windows Server 2022 中，可以通过使用共享文件夹查看本地和远程计算机上连接资源的使用情况。使用“共享文件夹”可以实现以下功能。

- 新建共享、查看和设置共享资源的权限。
- 查看通过网络连接计算机的所有用户列表，断开一个或全部用户的连接。
- 查看远程用户打开的文件列表，关闭一个或全部打开的文件。

如果希望服务器上的程序和数据能够被网络上的其他用户使用，则必须创建共享文件夹。创建共享文件夹的方法有多种，下面将分别介绍创建共享文件夹的几种方法。

> **提示：** 在 Windows Server 2022 中，并非所有用户都可以创建共享文件夹。首先，创建共享文件夹的用户必须是 Administrators、Server Operators 或 Power Users 等内置组的成员；其次，如果文件夹位于 NTFS 分区，则用户必须对被设置的文件夹具备“读取”NTFS 的权限。

1. 使用“文件共享”对话框创建共享文件夹

操作步骤如下。

步骤 1：选择要设置为共享文件夹的驱动器，并在选定的文件夹上右击，在弹出的快捷菜单中选择“授予访问权限”命令（或在工具栏中单击“共享”按钮）及其中的“特定用户”命令，打开“文件共享”对话框，如图 6-1 所示。

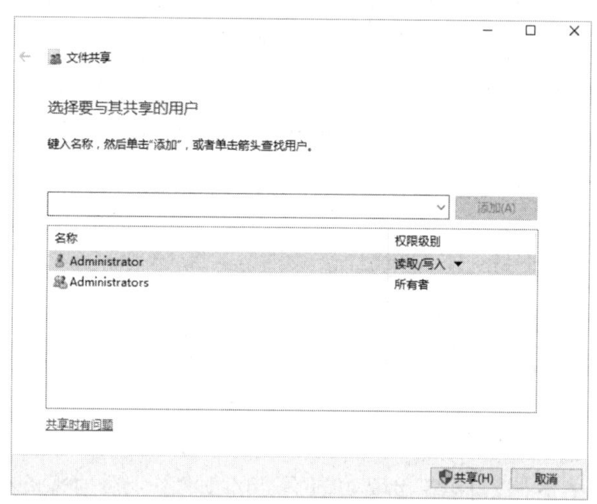

图 6-1 “文件共享”对话框

步骤 2：在“文件共享”对话框中，可以选择执行以下操作之一完成用户的添加。

- 在文本框中输入要与其共享文件的用户名，单击“添加”按钮。
- 单击文本框右侧的下拉按钮，选择下拉列表中的用户名，单击“添加”按钮。
- 如果在下拉列表中看不到要与其共享文件的用户名，则单击文本框右侧的下拉按钮，选择“创建新用户”命令，可以创建一个新的用户账户。

步骤 3：在“权限级别”下，单击该用户的权限级别旁边的下拉按钮，执行以下操作之

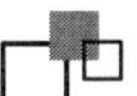

一可以设置共享权限，如图 6-2 所示。

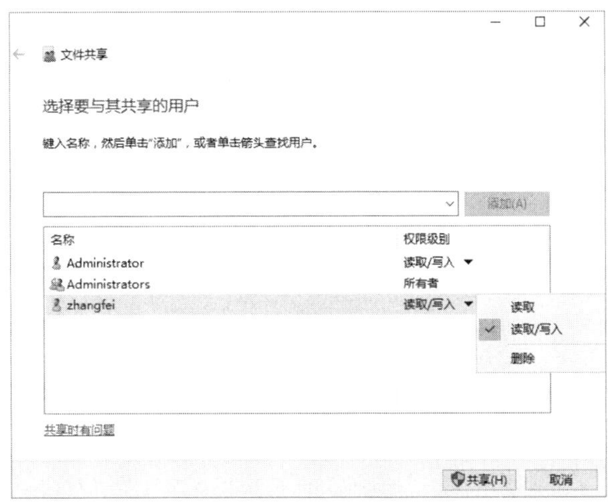

图 6-2　选择权限级别

- 选择“读取”选项：限制用户只能查看共享文件夹中的文件。
- 选择“读取/写入”选项：允许用户查看所有文件、添加文件及更改添加的文件。
- 选择“删除”选项：允许用户查看、更改、添加和删除共享文件夹中的文件。

步骤 4：单击“共享”按钮，在“文件共享”对话框中显示共享文件夹，如图 6-3 所示，单击“完成”按钮即可实现文件夹的共享操作。

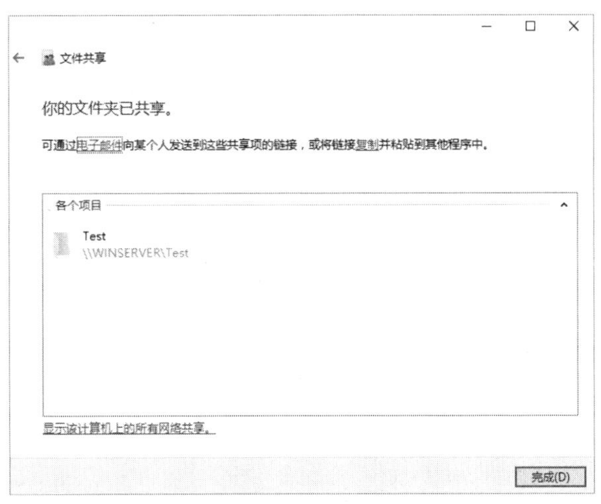

图 6-3　显示共享文件夹

2. 通过公用文件夹共享文件

通过公用文件夹，可以方便地共享计算机上保存的文件，与使用同一台计算机的其他用户或同一网络中使用其他计算机的用户共享此文件夹中的文件。放入公用文件夹的任何文件或文件夹都将被自动共享给具有访问公用文件夹权限的用户享。

Windows 只有一个公用文件夹。打开公用文件夹的步骤：在“资源管理器”窗口中，选择“用户|公用”选项，如图 6-4 所示，公用文件夹包括“公用视频”、“公用图片”、“公

用文档”、“公用下载”和“公用音乐”5 个文件夹，可以分类管理共享文件。

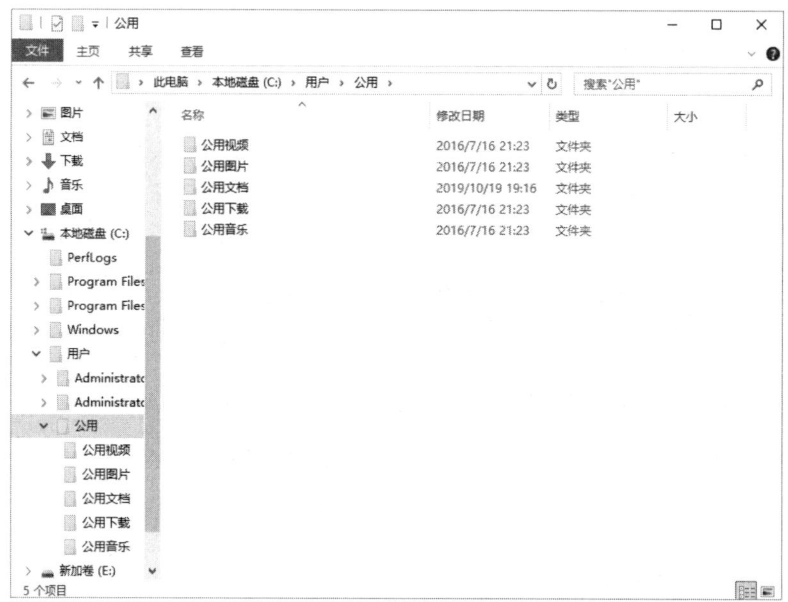

图 6-4　公用文件夹

在默认情况下，系统将关闭对公用文件夹的网络访问，如果要启用，则可以在“网络和共享中心”窗口中选择“更改高级共享设置”选项，打开如图 6-5 所示的“高级共享设置”窗口，选中“启用文件和打印机共享”单选按钮。

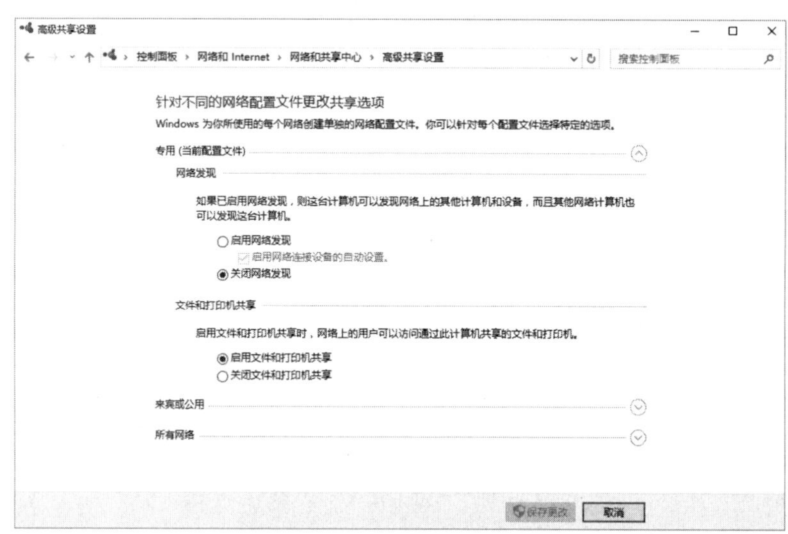

图 6-5　“高级共享设置”窗口

3．利用“计算机管理”窗口创建共享文件夹

操作步骤如下。

步骤 1：选择“开始|Windows 管理工具|计算机管理”命令，打开“计算机管理”窗口，如图 6-6 所示。

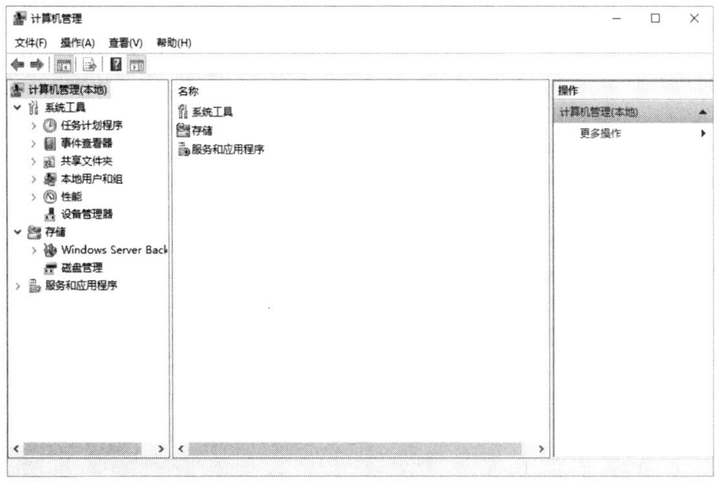

图 6-6　“计算机管理”窗口

步骤 2：在左侧列表框中，展开“共享文件夹”，单击“共享”节点，在右侧列表框中显示计算机中所有共享文件夹的信息。

> **说明：**根据 Windows Server 2022 的系统配置，系统将自动创建特殊共享资源，以便于管理和系统本身使用。在“资源管理器”窗口中这些共享资源是不可见的，但在“计算机管理”窗口的“共享文件夹”中可以查看，这些特殊共享资源的共享名都是以“$”结尾的。Windows Server 2022 内有许多自动创建的隐藏共享文件夹。例如，每个磁盘分区都被默认设置为隐藏共享文件夹，这些隐藏的磁盘分区共享是 Windows Server 2022 出于管理目的而设置的，不会对系统和文件的安全造成影响。

如果要创建新的共享文件夹，则可以在“计算机管理”窗口中，选择“操作|新建共享”命令，或者在“共享文件夹|共享”节点上右击，在弹出的快捷菜单中选择“新建共享”命令，打开“创建共享文件夹向导”对话框，单击“下一步”按钮，打开如图 6-7 所示的“文件夹路径”对话框，输入要共享的文件夹路径。

图 6-7　“文件夹路径”对话框

步骤 3：单击“下一步”按钮，打开如图 6-8 所示的“名称、描述和设置”对话框。输入共享名，在“描述”文本框中输入对该资源的描述性信息，以便用户了解其内容。

图 6-8　“名称、描述和设置”对话框

步骤 4：单击“下一步”按钮，打开如图 6-9 所示的“共享文件夹的权限”对话框，用户可以根据自己的需要设置网络用户的访问权限，或者选择“自定义权限”来定义网络用户的访问权限。

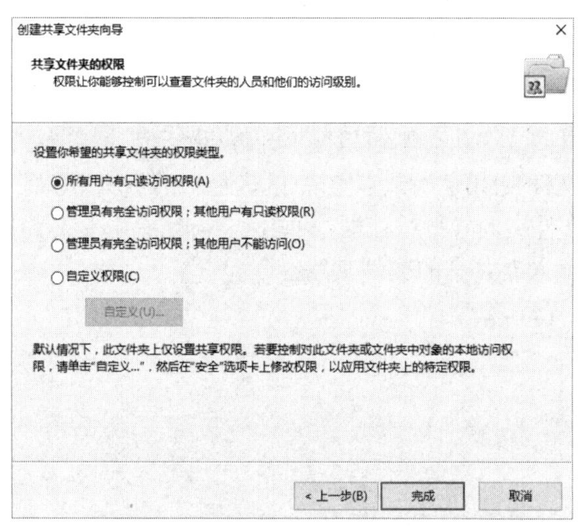

图 6-9　“共享文件夹的权限”对话框

步骤 5：单击“完成”按钮，即可完成共享文件夹的创建。

6.1.2　任务 2：共享文件夹的访问

共享文件夹创建完后，当用户知道网络中的某台计算机上有共享信息时，可以在本地计算机上，像使用本地资源一样使用这些共享资源。在 Windows Server 2022 中，有多种方法可以连接共享文件夹。下面分别进行介绍。

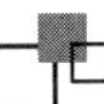

1. 搜索计算机

当用户要访问某台计算机时，如果知道该计算机的名称，则可以直接利用“网络”的“网络发现”功能在整个网络中进行搜索，不必根据它的位置进行查找，这样可以节省对计算机的访问时间。

网络发现是一种网络设置，该设置会影响用户的计算机是否可以查看（找到）网络上的其他计算机，以及网络上的其他计算机是否可以查看用户的计算机。网络发现可以通过“高级共享设置”窗口进行设置，其存在以下设置选项。

- 启用网络发现：此设置允许用户的计算机查看其他网络计算机和设备，并允许其他网络计算机上的用户查看此计算机，这样使共享文件夹更加容易使用。
- 关闭网络发现：此设置阻止用户的计算机查看其他网络计算机和设备，并阻止其他网络计算机上的用户查看此计算机。

打开“网络”窗口，双击要使用的共享文件夹所在的计算机，即可显示该计算机中所有的共享文件夹。

2. 映射和断开网络驱动器

“共享文件夹”可以被映射为一个驱动器，映射后访问该驱动器就相当于访问相应的共享文件夹。网络驱动器中的内容与共享文件夹中的内容是完全一致的，并与其他驱动器一样，可以进行剪切、复制、粘贴、删除等操作。对于映射的网络驱动器，系统可以在每次用户登录时自动进行连接，因此在使用时速度比较快。映射网络驱动器的操作步骤如下。

步骤 1：打开“计算机”窗口（如果使用 Windows 11，则可以选择“开始|设置|个性化|主题|桌面图标设置”命令找到“计算机”工具），选择“工具|映射网络驱动器”命令，打开如图 6-10 所示的“映射网络驱动器”对话框。

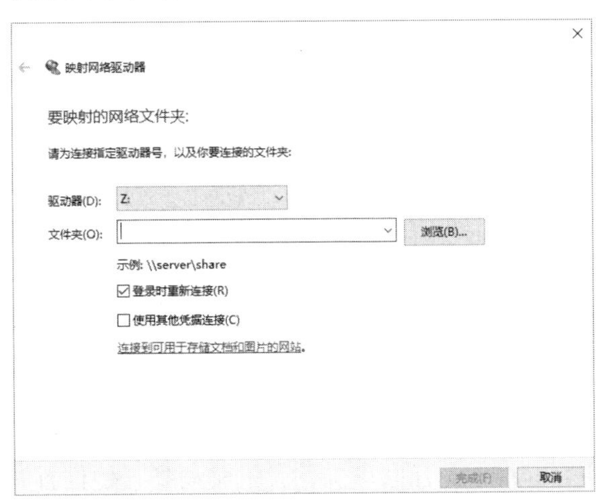

图 6-10　“映射网络驱动器”对话框

步骤 2：在“驱动器”下拉列表中选择一个要分配给共享资源的驱动器号，单击“浏览”按钮，打开“浏览文件夹”对话框，选择共享文件夹的路径，其名称形式为“\\共享文件夹的计算机名\要共享的文件夹名”。

步骤 3：如果想要每次登录系统时都自动连接网络驱动器，则勾选“登录时重新连接”复选框。

步骤 4：单击“完成”按钮，就可以在“资源管理器”窗口中看到这个驱动器。

在“计算机”窗口中，双击代表共享文件夹的网络驱动器的图标，即可直接访问该驱动器下的文件和文件夹。

如果需要断开网络驱动器，则先在“计算机”窗口中，选择“工具|断开网络驱动器”命令，再选择要断开连接的网络驱动器，如图 6-11 所示，单击“确定”按钮即可。

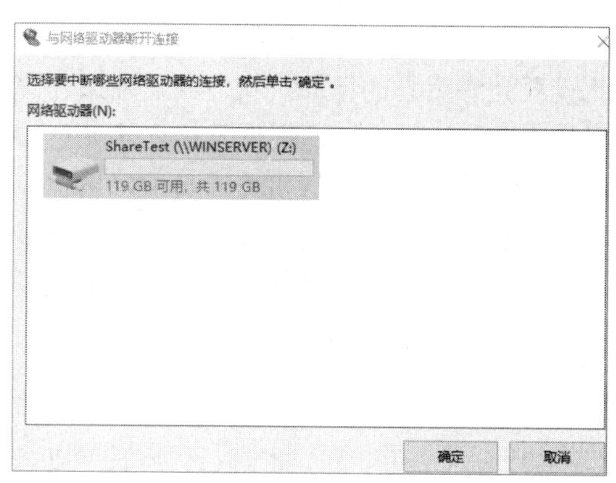

图 6-11　选择要断开连接的网络驱动器

6.1.3　任务 3：共享文件夹的权限设置

对于共享文件夹，要进行合理的权限设置，为系统提供一定的安全保证，避免由于用户自由使用资源所造成的文件损坏或遗失，因此在创建共享文件夹之后一定要设置合理的共享权限。共享文件夹权限包括读取权限、更改权限和完全控制权限。

- 读取权限：包括查看文件名和子文件夹名，访问共享文件夹中不同的子文件夹，查看文件内容、属性和运行程序文件。
- 更改权限：包括读取权限中的所有权限，添加文件和子文件夹，更改文件中的数据，删除子文件和文件夹。
- 完全控制权限：包括更改权限，取得所有权。

1．复制和移动对共享权限的影响

当复制和移动文件或文件夹时，文件或文件夹的权限可能会发生变化。在复制、移动文件或文件夹之前，应该检查相应的访问权限。

当共享文件夹被复制到另一位置后，原文件夹的共享状态不会受到影响，复制产生的新文件夹不具备原有的共享设置。当共享文件夹被移动到其他位置时，移动后的文件夹将失去原有的共享设置。

2．共享权限与 NTFS 权限

共享权限仅对网络访问有效，当用户从本机访问一个文件夹时，共享权限完全派不上用场。NTFS 权限对网络访问和本地访问都有用，但是要求文件或文件夹必须在 NTFS 卷，否则无法设置 NTFS 权限。

> **注意：** FAT 和 FAT32 分区格式的文件夹不具备 NTFS 权限。也就是说，在这两种分区上只能通过共享权限来控制该文件夹的远程访问权限，无法使用 NTFS 权限来控制其本机访问权限。在这种情况下，建议减少用户从本机登录，尽量强制用户从网络上访问该文件夹。

共享权限只应用于通过网络访问资源的用户，这些权限不会应用在本机登录的用户。如果要限制本机登录的用户，则需要设置文件的“属性”对话框的“安全”选项卡中的 NTFS 权限。

6.2 项目 2：分布式文件系统（DFS）的管理

Windows Server 2022 包含一个非常有用的特性——分布式文件系统（Distributed File System，DFS），是为用户更好地共享网络资源而提供的一个功能强大的工具。用户通过 DFS 可以使分布在多个服务器上的文件如同位于网络上的同一位置，在访问文件时无须知道文件的实际物理位置。

6.2.1 任务 1：认识 DFS

DFS 是一种全新的网络文件对象资源管理应用系统，它可以让用户访问和管理物理上跨网络分布的文件变得更容易，能够解决分散的共享资源集中管理的问题。DFS 为整个企业网络上的文件系统资源提供了一个逻辑树结构。抛开对文件的实际物理位置的考虑，用户仅通过一定的逻辑关系就能查找和访问网络的共享资源，像访问本地文件一样访问分布在网络上多个服务器中的文件。

借助 DFS，系统管理员可以在一台服务器上将分布在多台服务器中的共享文件夹组织为一种树状的逻辑关系，而用户不必做任何工作。即使共享文件夹的物理位置发生变化，用户也不需要进行任何改动。另外，DFS 可以通过自动复制功能提供负载均衡，将共享文件夹的逻辑关系复制到多台服务器上，分散用户对资源的访问、信息同步、容错性的服务。

例如，用户的销售资料分布在某个域中的多台服务器上，利用 DFS 使得所有的销售资料如同存储在一台服务器上。这样，用户可以避免访问网络上的多个位置。

针对以下情形，应该考虑实施 DFS。

- 访问共享文件夹的用户分布在一个站点的多个位置或多个站点上。
- 大多数用户都需要访问多个共享文件夹。
- 通过重新分布共享文件夹可以改善服务器的负载均衡状况。
- 用户需要对共享文件夹进行不间断的访问。
- 用户的组织中有供内部或外部使用的 Web 站点。

> **提示：** 分布式文件系统又被称为文件系统，但不同于操作系统的文件系统，它是 Windows Server 2022 实现的一种共享资源的技术机制。

1. DFS 的相关术语

DFS 的相关术语及其含义被应用在 DFS 特定环境中，了解相关信息可以帮助用户更好地学习和应用 DFS 技术。

（1）命名空间。命名空间是共享文件夹的虚拟视图，这些文件夹可以位于不同的地点，但展示给用户的只是文件夹树结构。

（2）命名空间服务器。命名空间服务器用于承载命名空间，可以是一个成员服务器或域控制器。

（3）命名空间根。命名空间根是服务于特定的命名空间的共享文件夹。因为 DFS 是一个虚拟的文件系统，所以命名空间根可以是 NTFS 卷上的任何共享文件夹。

（4）文件夹。DFS 命名空间中的文件夹可以提供深层次的结构或包含映射到共享资源的文件夹。

（5）目标文件夹。一个目标文件夹是共享文件夹或另外一个在命名空间中与一个文件夹联合的命名空间的 UNC 路径，该文件夹的作用是存储数据和内容。

2．DFS 的主要特性

DFS 主要有以下 3 个特性。

（1）访问文件更加容易。DFS 使用户可以更容易地访问文件。共享文件可能在物理上跨越多个服务器，使用户只需要转到网络上的一个位置即可访问文件。更改共享文件夹的物理位置是不会影响用户访问文件夹的。这是因为文件的位置看起来仍然不变，所以用户可以以相同的方式访问文件，而不需要通过多个驱动器映射来访问文件。对于文件服务器的维护、软件升级和其他任务（一般需要服务器脱机的任务），可以在不中断用户访问的情况下完成，这对 Web 服务器特别有用。通过将 Web 站点的根目录作为 DFS 根目录，可以在 DFS 中移动资源，而不会断开任何 HTML 链接。

（2）可用性。基于域的 DFS 命名空间以两种方法确保用户保持对文件的访问，一是 Windows Server 2022 自动将 DFS 拓扑发布到活动目录中，以确保 DFS 拓扑对域中所有服务器上的用户总是可见的；二是用户可以复制 DFS 根目录和 DFS 共享文件夹。复制意味着可以在域中的多个服务器上存储 DFS 根目录和 DFS 共享文件夹，即使这些文件驻留的一个物理服务器不可用，用户仍然可以访问此文件。

（3）服务器负载平衡。DFS 根目录支持物理上分布在网络中的多个 DFS 共享文件夹。这一点很有用。例如，当用户将要频繁访问某一文件时，并非所有的用户都在单个服务器上物理地访问此文件，这将会增加服务器的负担，DFS 确保访问文件的用户分布于多个服务器。然而，这在用户看来，文件驻留在网络上的相同位置。

3．DFS 的拓扑

拓扑是一种研究与大小、形状无关的线、面特性的方法。在计算机的网络环境下，拓扑是指网络站点与通信链路（站点间的连接）的几何布置，定义了各站点之间的物理位置与逻辑位置。

DFS 拓扑结构由 DFS 根目录、一个或多个 DFS 共享文件夹（或每个 DFS 所指的副本）组成。

DFS 根目录所驻留的域服务器被称为宿主服务器。通过在域中的其他服务器上创建“根目录共享”，可以复制 DFS 根目录。这将确保在宿主服务器不可用时，共享文件仍可使用。

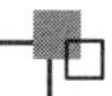

对于用户来说，DFS 拓扑对所需网络资源提供统一和透明的访问。对于系统管理员来说，DFS 拓扑是单个 DNS 域名空间。使用基于域的 DFS，将 DFS 根目录共享的 DNS 名称解析到 DFS 根目录的宿主服务器中。

由于基于域的 DFS 的宿主服务器是域中的成员服务器，在默认情况下，会将 DFS 拓扑自动发布到活动目录中，因此提供了跨越主服务器的 DFS 拓扑同步。另外，这也对 DFS 根目录提供了容错，支持 DFS 共享文件夹的可选复制。

通过将 DFS 链接添加到 DFS 根目录，可以扩展 DFS 拓扑，但在 DFS 拓扑中分层结构的层数的唯一限制是任何文件路径最多使用 260 个字符。新 DFS 链接可以引用共享文件夹或子文件夹，或者整个 Windows Server 2022 卷。如果用户有足够的权限，则可以访问任何本地子文件夹，该子文件夹位于（或被添加到）DFS 共享文件夹中。

4．DFS 的安全性

除了设置必要的系统管理员权限，DFS 服务不实施任何超出 Windows Server 2022 提供的其他安全措施。有权访问这些共享文件夹的权限决定了用户可以访问文件夹中的信息，此访问由标准 Windows Server 2022 安全控制台决定。

总之，当用户尝试访问 DFS 共享文件夹及其内容时，共享文件夹权限提供了文件的共享级安全，而 NTFS 则提供了完整的 Windows Server 2022 安全性。

5．DFS 命名空间的类型

DFS 命名空间的类型包括独立 DFS 和域 DFS。下面将对其功能分别进行说明。

（1）独立 DFS。独立 DFS 的实施方法是在网络中的一台计算机上以一个共享文件夹为基础，创建 DFS 目录，通过该目录将分布在网络中的共享资源组织起来，构成以 DFS 根目录为根的虚拟共享文件夹。

（2）域 DFS。域 DFS 不仅提供了 DFS 链接的容错功能，而且提供了 DFS 目录的容错功能。DFS 目录是被创建在一台计算机上的，如果这台计算机出现问题，仍然难以达到共享资源绝对被访问的要求。域 DFS 可以提供 DFS 根目录的同步和容错功能，但要求存储 DFS 根目录的计算机必须是域成员。

由于 DFS 是一个较新的功能，并非所有操作系统都支持 DFS。支持 DFS 的操作系统也需要事先安装 DFS 客户端软件才可以访问 DFS 中的文件。关于 Microsoft 操作系统对 DFS 的支持情况如下。

- 是否创建 DFS 根目录：Windows 95/98、Windows 2000/XP Professional 不支持独立 DFS，Windows NT、Windows 2000 Server、Windows Server 2003/2008/2012/2016/2022 支持独立 DFS 和域 DFS。
- 是否访问 DFS 中的文件：Windows 95/98、Windows NT 只能访问独立 DFS 中的文件，Windows 2000/XP Professional、Windows 2000 Server、Windows Server 2003/2008/2012/2016/2022 可以访问独立 DFS 和域 DFS 中的文件。

6.2.2　任务 2：安装 DFS 服务内容

在 Windows Server 2022 中，使用和管理 DFS 之前，必须先安装 DFS，安装 DFS 的操

作步骤如下。

步骤 1：打开“服务器管理器”窗口，在“仪表板”选项区，选择“添加角色和功能”选项，逐项处理安装服务器的准备工作。

步骤 2：单击“下一步”按钮，打开“选择服务器角色”对话框，如图 6-12 所示，先选中“文件和存储服务”下的“文件和 iSCSI 服务”多级选项，再选中要安装的“DFS 复制”选项。

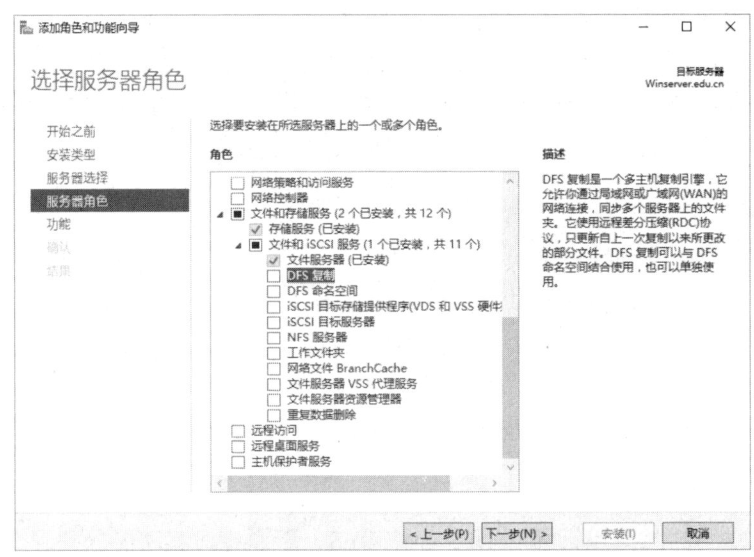

图 6-12　“选择服务器角色”对话框

步骤 3：单击“下一步”按钮，打开如图 6-13 所示的“添加 DFS 复制所需的功能?”对话框，按照提示信息，确认选择内容后，单击“添加功能”按钮，即可开始安装。

图 6-13　“添加 DFS 复制所需的功能?”对话框

接下来，需要创建新的命名空间，在“服务器管理器”窗口中，选择“工具|DFS Management”命令开始新建 DFS 命名空间。

步骤 4：打开如图 6-14 所示的“命名空间服务器”对话框。这里的示例服务器计算机名称是 Winserver。

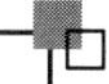

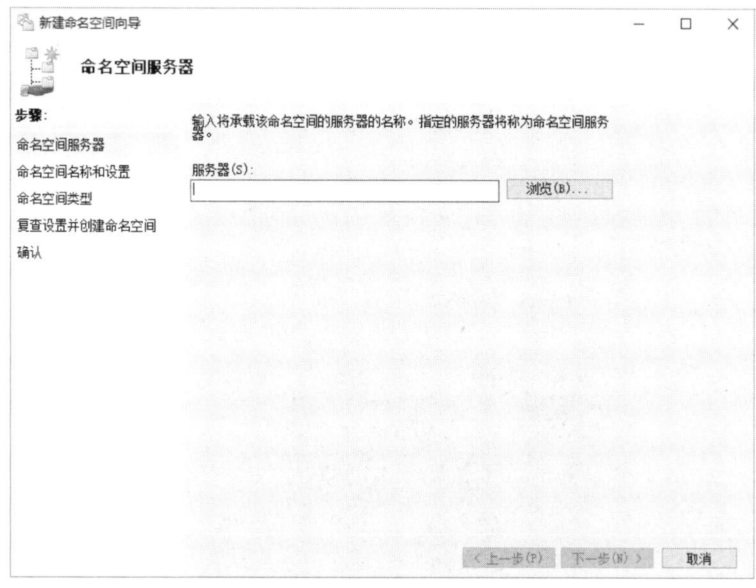

图 6-14　“命名空间服务器”对话框

步骤 5：单击“下一步”按钮，打开如图 6-15 所示的“命名空间名称和设置”对话框，单击“下一步”按钮，打开如图 6-16 所示的“命名空间类型”对话框，选择要创建的命名空间类型（基于域的命名空间，该命名空间将存储在 Active Directory 中多个服务器上；独立命名空间，该命名空间将存储在一个单一的服务器或服务器群集上）。如果选中“基于域的命名空间”单选按钮，则默认勾选“启用 Windows Server 2008 模式”复选框。系统将在命名空间服务器的“%SystemDrive%”磁盘内创建 DFSRoots\Public 共享文件夹（共享名为 Public），所有用户默认只有读权限（可通过编辑设置修改权限）。这里选中“独立命名空间”单选按钮。

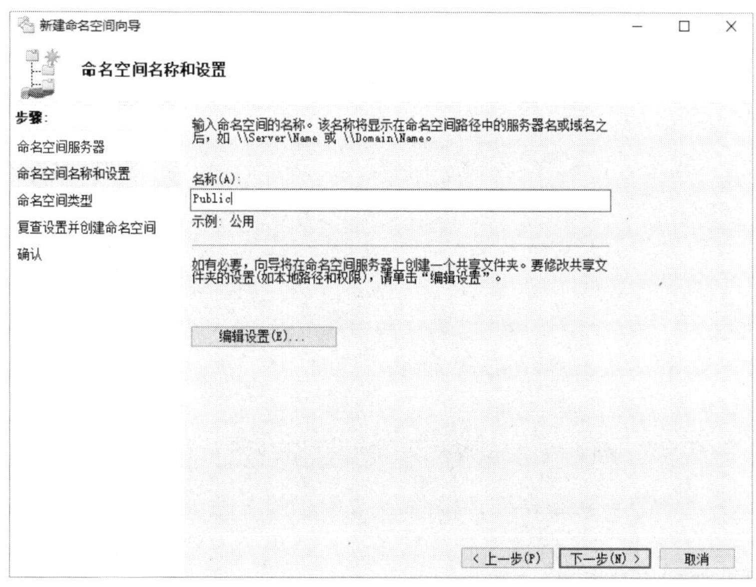

图 6-15　“命名空间名称和设置”对话框

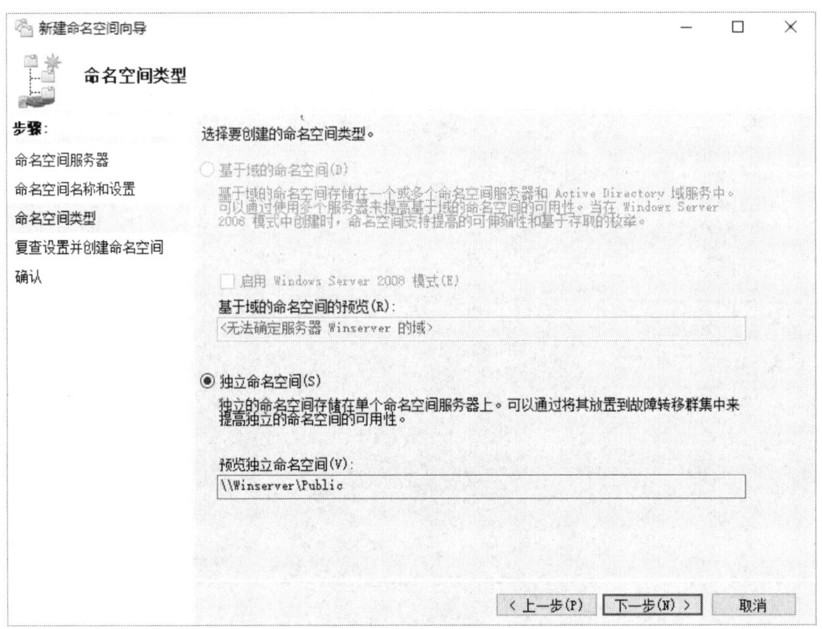

图 6-16 “命名空间类型”对话框

步骤 6：单击“下一步”按钮，打开如图 6-17 所示的“复查设置并创建命名空间”对话框。

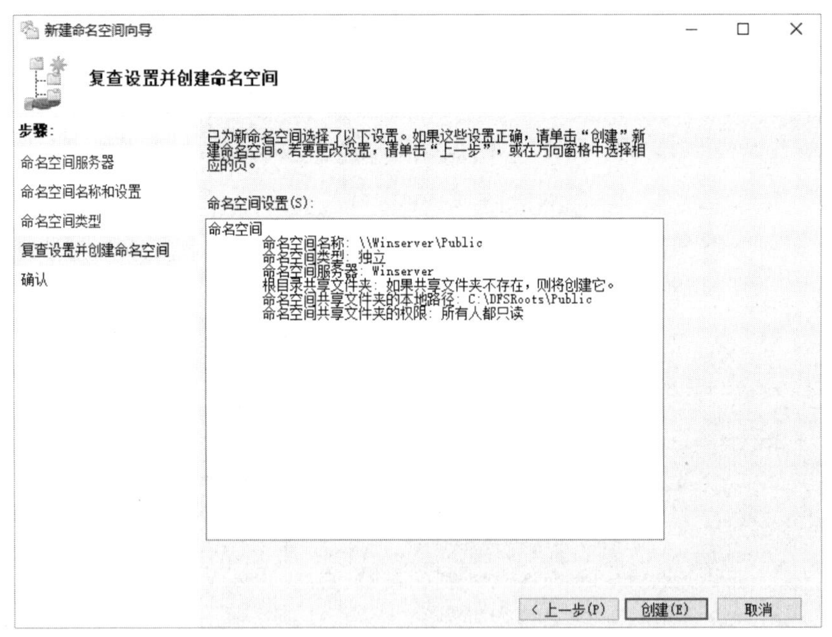

图 6-17 “复查设置并创建命名空间”对话框

步骤 7：单击“创建”按钮，打开如图 6-18 所示的“确认”对话框，安装好 DFS 命名空间。如果有不妥，则可以返回修改，确认无误后单击“安装”按钮直到提示安装完成。

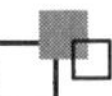

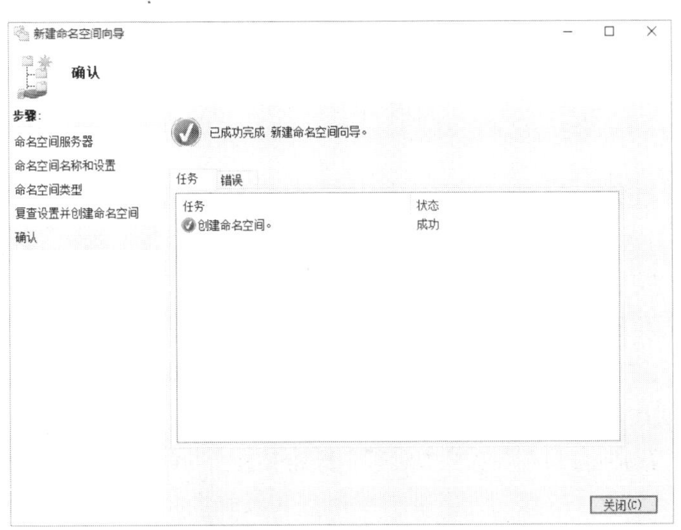

图 6-18　“确认”对话框

6.2.3　任务 3：管理 DFS

DFS 的管理主要包括创建（或打开）一个命名空间根、添加命名空间服务器和 DFS 文件夹。系统管理员可以通过命令行方式管理 DFS，如在命令提示符下输入相应命令，创建一个命名空间，如图 6-19 所示。

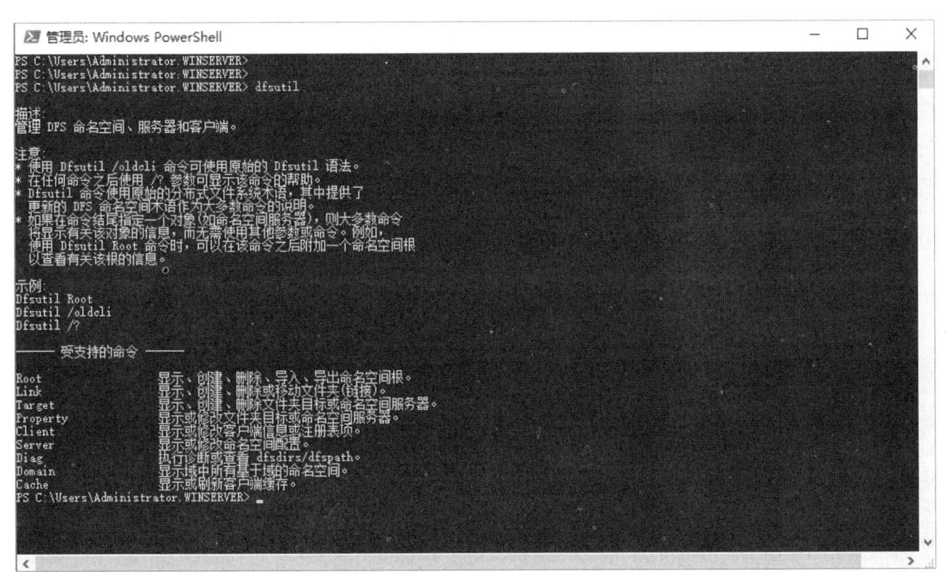

图 6-19　通过命令行方式管理 DFS

可以使用“dfsutil　/addftroot”命令或“dfsutil　/addstdroot”命令管理 DFS，操作步骤如下。

步骤 1：在命令提示符下，启动 DFS 服务，启动类型为自动，如果未启动，则可以输入以下命令。

```
    sc start dfs
sc config dfs start=auto
```

步骤 2：通过以下命令为命名空间根创建一个在“C:\namespace”的文件夹，并设置此文件夹为共享。

```
    md c:\namespace
net share public= c:\namespace
```

步骤 3：通过以下命令创建基于域的命名空间根。

```
    dfsutil/addftroot/server:<servername>/share:c:\namespace
```

DFS 文件夹允许用户从命名空间根定位到网络上的其他共享文件夹，而无须离开 DFS 命名空间结构。创建 DFS 文件夹的操作步骤：在“DFS 管理”控制台中，右击要添加文件夹的命名空间根，在弹出的快捷菜单中选择“新建文件夹”命令，打开如图 6-20 所示的“新建文件夹”对话框。在“名称”文本框中输入文件夹的名称；添加目标文件夹，单击“添加”按钮，在打开的如图 6-21 所示的“添加文件夹目标”对话框中输入共享文件夹的 UNC（通用命名规则）路径，单击“确定”按钮。如果要创建一个包含其他 DFS 文件夹的文件夹，则直接单击“确定”按钮，即可创建一层结构的命名空间。如果想要通过命令创建 DFS 文件夹（即命令行方式），则可以使用“dfscmd/map”命令。需要注意的是，不能通过命令创建没有文件夹目标的 DFS 文件夹。

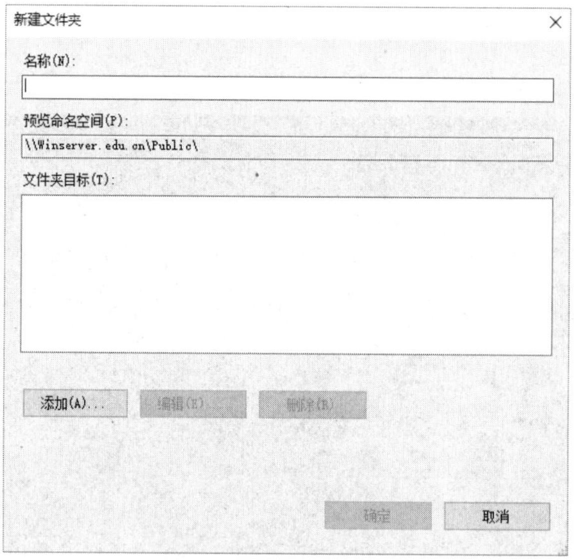

图 6-20 “新建文件夹”对话框

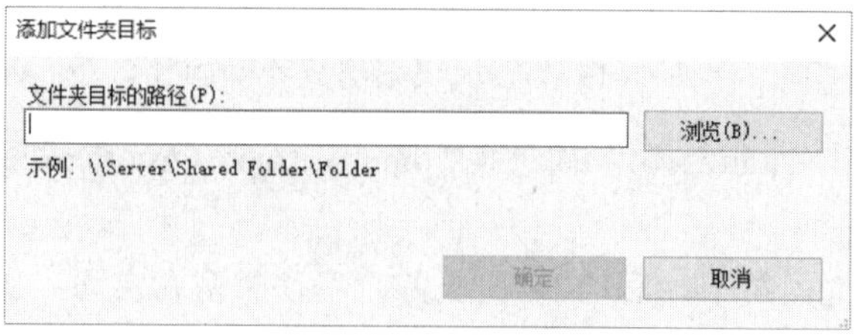

图 6-21 “添加文件夹目标”对话框

“DFS 管理”控制台默认设置适合于大多数情况的安装。关于更改当前命名空间的高级设置参数（如检索顺序等），以及 DFS 复制（该功能基于域的分布式文件系统）等内容，这里不再深入讲解，有兴趣的读者可以参阅 Windows Server 2022 的相关资料。

6.2.4　任务 4：访问 DFS 中的文件

通常有两种方法可以访问 DFS 中的文件：一种是通过运行方式访问，另一种是通过“映射网络驱动器”命令访问。下面分别进行说明。

1. 通过运行方式访问

通过运行方式访问 DFS 中的文件的方法如下。

方法一：访问独立的 DFS 中的 DFS 共享文件夹，使用以下 UNC 路径。

```
\\服务器\DFSRoots
```

其中，“服务器”是 DFS 服务器的名称，“DFSRoots”是 DFS 根目录的名称。

例如，访问名为 ServerA 的成员服务器上的 Sharel 共享（以名为 RootA 的独立 DFS 根目录为宿主），使用以下 UNC 路径。

```
\\ServerA\RootA
```

方法二：访问基于域的 DFS 中的 DFS 共享文件夹，使用以下 UNC 路径。

```
\\域名\ DFSRoots
```

或者

```
\\服务器\ DFSRoots
```

其中，“域名”是域名称，“服务器”是 DFS 服务器的名称，“DFSRoots”是 DFS 根目录的名称。

2. 通过“映射网络驱动器”命令访问

选择“开始|运行”命令，或者在“资源管理器”窗口中选择“工具|映射网络驱动器”命令访问 DFS 中的文件，其方法与普通共享文件夹的访问方法相同。

6.3　项目 3：卷影副本功能的实现

卷影副本服务（Volume Shadow Copy Service，VSCS）是 Windows Server 2022 的一种文件恢复机制，该机制用来帮助用户预防偶然性的数据丢失，能够以事先计划的时间间隔为存储在共享文件夹中的文件（或文件夹）创建卷影副本。本节将介绍卷影副本的作用、工作原理，以及卷影副本的设置与使用方法。

6.3.1　任务 1：理解卷影副本

在计算机使用过程中，人为操作错误所带来的损失是非常惊人的。用户通常会遇到将某个文件修改或删除后感到后悔的情形，Windows Server 2022 中的卷影副本可以在一定程度上解决这个问题。当用户将某些共享资源删除或修改后，可以利用创建的卷影副本进行还原，以减少可能发生的数据丢失现象。

卷影副本功能是以事先计划的时间间隔执行存储的，为共享文件夹中的文件创建备份，并且可以将文件恢复成任意一次备份时的版本。卷影副本的恢复操作可以在客户端进行，能够有效地提高数据还原的效率，不需要每次都麻烦系统管理员进行操作。用户也可以随时进行与数据相关的还原操作。

卷影副本的工作原理：将共享文件夹中的所有文件复制到卷影副本的存储区域中，当共享文件夹中的文件被错误地删除或修改后，可以使用卷影副本存储区域中的文件将数据恢复为以前的版本。卷影副本实际上是在某个特定时间点恢复文件或文件夹的先前版本。

建议用户维护一个按周进行的备份操作，将所有数据完整备份一次，备份过的文件将被标记为“已备份过”；与此同时维护一个按日进行的差异备份计划，备份每天修改过的文件。应用这种组合计划进行数据备份更加便于管理，而且能够有效保证数据的可恢复性。

> **注意：** 卷影副本内的文件为只读，而且最多只能存储 64 个卷影副本，超过容量后继续添加卷影副本将覆盖最早的卷影副本。卷影副本备份占用空间的数量不仅取决于备份文件的大小，更取决于文件修改的频率。对于经常执行文件操作的系统分区来说，不需要进行整个磁盘卷的备份操作。

6.3.2 任务 2：卷影副本的应用

使用卷影副本前，需要先在网络环境中的计算机上进行相关设置，操作步骤如下。

步骤 1：在共享文件夹所在计算机上，选择“开始|Windows 管理工具|计算机管理”命令，打开如图 6-22 所示的“计算机管理”窗口。

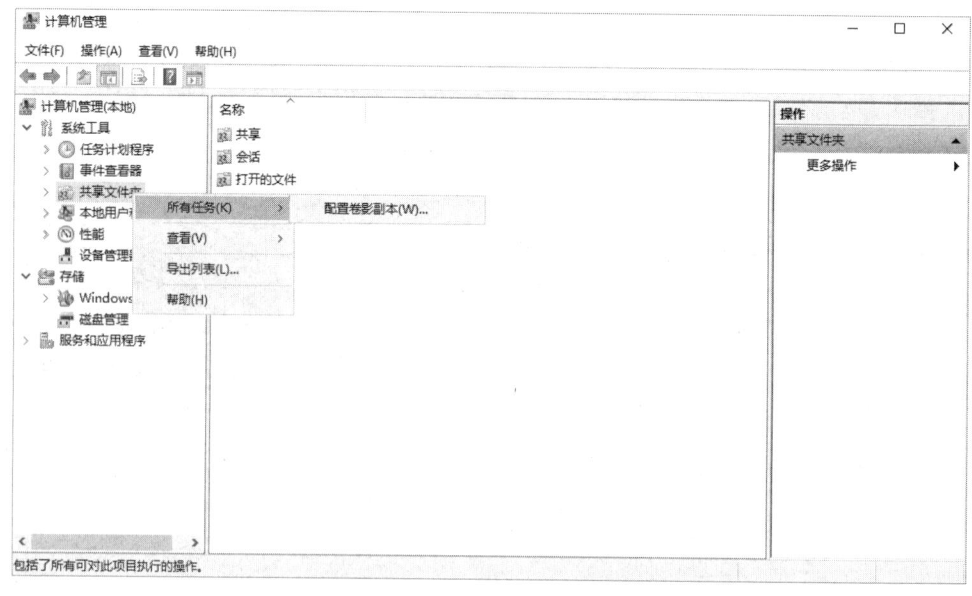

图 6-22 “计算机管理”窗口

步骤 2：在“共享文件夹”选项上右击，在弹出的快捷菜单中选择“所有任务|配置卷

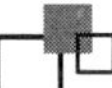

影副本”命令，打开“卷影副本”对话框，如图 6-23 所示。

步骤 3：选取一个或多个卷后，单击“启用”按钮，并在随后打开的对话框中单击“是”按钮，即可启用相应分区中的卷影副本功能。同时，相应卷中的共享文件夹也被复制到该卷的卷影副本存储区域中。

> **注意：**该分区必须是 NTFS。单击“卷影副本”对话框中的“设置”按钮，在打开的如图 6-24 所示的“设置”对话框中对卷影副本的存储区域可以进行进一步设置。

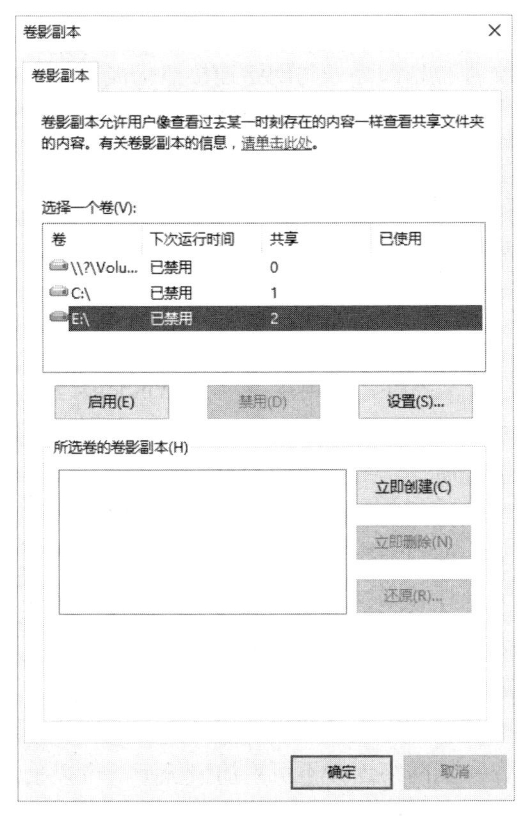

图 6-23　“卷影副本”对话框

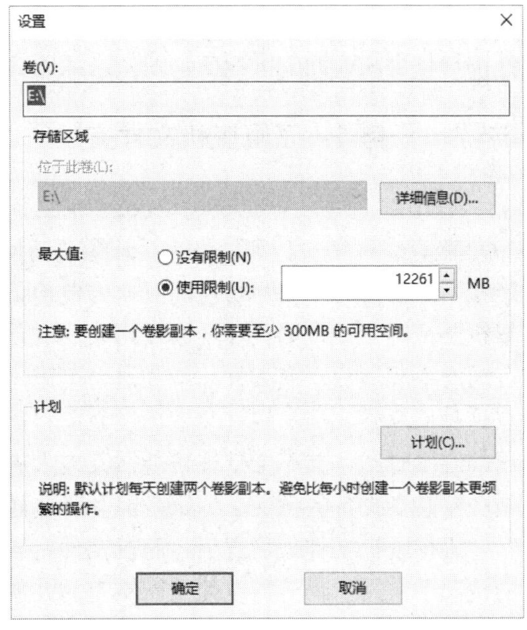

图 6-24　“设置”对话框

在 Windows Server 2022 中，完成卷影副本功能的启用、配置操作后，局域网中的任意用户都可以在本地客户端系统，打开服务器主机中的目标共享文件夹属性对话框，进入其中的“以前的版本”选项设置页面，从中找到合适的卷影副本选项，单击“确定”按钮，就能将误修改或误删除的目标共享资源恢复到自己想要的时间点状态，这样就能真正实现“时光倒流”。

当共享文件夹中的文件被错误地删除或修改后，卷影副本存储区域中的文件还可以用于恢复以前的文件，具体还原操作分为以下两种情况。

- 还原被修改的文件。在用户计算机上，右击该共享文件，在弹出的快捷菜单中选择“属性”命令，打开共享文件属性对话框，选择“以前的版本”选项卡，单击“查看”按钮，可以查看选中的卷影副本版本中的该文件。单击“还原”按钮可以将文件还原为修改前的状态。

- 还原被删除的文件。在用户计算机上，右击该文件夹的空白区域，在弹出的快捷菜单中选择“属性”命令，打开该文件夹属性对话框，选择“以前的版本”选项卡，选中文件被删除前的卷影副本版本并单击“还原”按钮即可。

6.4 项目 4：脱机文件夹的管理

脱机文件、文件夹对经常出差的用户来说使用起来特别方便，可以使他们在连接网络或因为出差与网络断开时能够使用相同的文件集。也就是说，用户可以在网络服务器关闭时，照常访问这些服务器上的共享文件。脱机文件是指即使未与网络连接但仍能够继续使用的网络文件和程序。如果断开与网络的连接，则指定为脱机使用的共享网络资源的视图与先前连接到网络时的情形完全相同。也就是说，用户可以像往常一样继续工作。用户对这些文件和文件夹的访问权限与之前连接到网络时相同。当连接状态发生变化时，脱机文件图标将出现在通知区域中，通知区域中会显示一个提示气球，通知用户发生的变化。

6.4.1 任务 1：了解脱机文件夹

脱机文件夹是 Windows Server 2022 保留的一项特性，使用户可以在 Windows Server 2022 上存放网络文件和文件夹，在无法访问网络地址时，仍然能访问网络文件。当计算机连接网络工作时，用户可以随时、方便地访问系统所提供的共享文件夹资源，但是当该计算机断开网络后，如何能继续使用共享文件呢？例如，带着笔记本电脑到外地出差，离开公司网络环境后，怎么样才能在这台笔记本电脑上继续使用公司网络中的共享文件夹呢？在这种情况下，用户也许会在出发之前将需要的文件复制到笔记本电脑中，但是在离开公司的这段时间，共享文件很可能被其他人做了修改，而文件副本并不会同步更新，这样就失去了共享文件的意义了。正是因为有这样的需要，脱机文件夹的应用才得以推广。

进行脱机文件夹设置后，脱机文件将自动被复制到用户计算机的缓存中。在网络可用的情况下，用户仍然可以使用网络上的共享文件；在网络连接不可用的情况下，可以使用已经复制到用户计算机上的文件。当用户计算机重新连接到网络上的共享文件时，可以根据预先的设置，使文件保持同步。

在 Windows Server 2022 中，脱机文件功能获得了很大改进，主要表现在以下几个方面。

- 用户可以随时将脱机文件的状态转变为“在线”，而不必等待所有的缓存文件全部同步完成。例如，用户在笔记本电脑上启用了脱机文件的功能，当用户连接到网络时，就可以直接将工作状态改变为“在线”，而不必等待所有用户的脱机文件全部同步完成。
- 如果在连接到网络时，用户的本地计算机中有处于打开状态的文件，则对这个文件进行的操作将会直接转变为对服务器上的文件进行的操作，而用户无须关闭文件。例如，用户在处理一个 Word 文档时恢复了网络连接，在之前的版本中，用户将会在同步前看到关闭文件的提示，而在 Windows Server 2022 中这个操作将会自动转移到服务器上，用户可以继续处理该 Word 文档而不用进行任何额外操作。

- 在 Windows 早期版本中，如果某一个文件无法同步，则整个服务器都将处于脱机状态，服务器上将没有共享文件夹可以被访问，而不管这些共享文件夹是否在本地计算机上被缓存。但是在 Windows Server 2022 中，这个功能得到了提升，文件的可用性被细化到每个文件级别。如果某个文件不可用，相同共享文件夹下的其他共享文件不会受影响，这些文件都会在在线状态下有效。这样就为 DFS 提供了更好的协作功能。
- Windows Server 2022 在脱机文件的同步管理方面有了全新的改进，新的特性包括同步出错后的报告、出错文件的列表。
- 每个文件或文件夹的属性对话框，都会有一个“脱机文件”选项卡用于显示和控制文件及文件夹脱机状态。脱机文件可以通过用户的策略来启用。

6.4.2　任务 2：脱机文件夹的配置

要使用脱机文件和文件夹，就要先将指定文件和文件夹放到网络上。也就是说，网络中要有共享文件和文件夹，同时用户要有对该共享文件和文件夹的访问权限，然后才能连接要脱机访问的共享文件和文件夹。

1．服务器上脱机文件和文件夹的设置

首先，在 Windows Server 2022 中打开“资源管理器”窗口，从中找到目标共享文件夹，右击该文件夹图标，在弹出的快捷菜单中选择“属性”命令，打开目标共享文件夹的属性设置对话框。

然后，选择“共享”选项卡，在其后出现的“共享”选项区中单击“高级共享”按钮，打开“高级共享”对话框，如图 6-25 所示。

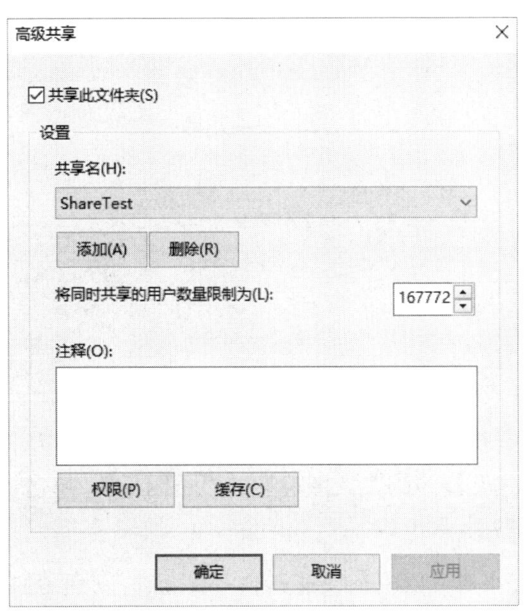

图 6-25　“高级共享”对话框

单击“高级共享”对话框中的“缓存”按钮，打开目标共享资源的缓存设置对话框；根据需要在该对话框中进行相应的设置，分为以下 3 种情况。

- 仅用户指定的文件和程序才能在脱机状态下可用：用户需要预先从自己的计算机（客户端）指定需要脱机使用的文件和程序，未被指定的文件和程序将无法脱机使用。
- 该共享上的文件或程序将在脱机状态下不可用：对于此共享禁用脱机文件夹。
- 用户从该共享打开的所有文件和程序将自动在脱机状态下可用：文件和程序能否脱机使用取决于脱机前是否从客户端访问过。如果曾访问过，则自动在脱机状态下可用，否则在脱机状态下不可用。

选择“用户从该共享打开的所有文件和程序将自动在脱机状态下可用”选项，同时选择该选项下面的“已进行性能优化”子选项，单击“确定”按钮执行参数保存操作。这样，今后通过网络访问一次目标共享资源后，该共享资源就会自动被缓存到本地硬盘中，当再次访问相同的共享资源时，共享访问速度就能大大提升。

2. 将计算机配置成使用脱机文件和文件夹

Windows 7 及以上版本操作系统已经默认启用了脱机文件。那么，在 Windows Server 2022（带“桌面体验”的版本）中，需要先通过“服务器管理器”来安装“桌面体验”功能，如图 6-26 所示，安装完成后需要重新启动计算机。

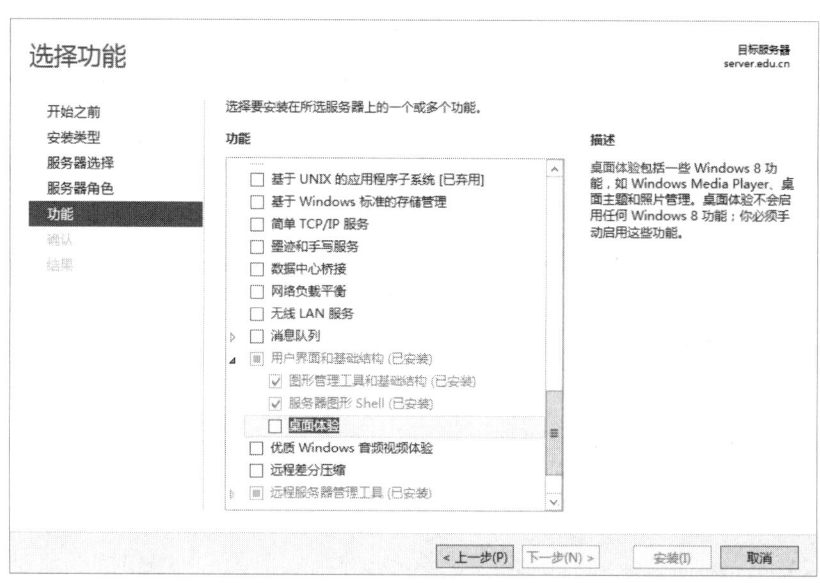

图 6-26　安装“桌面体验”功能

在使用脱机文件的计算机上，选择“开始|控制面板”命令，打开“控制面板”窗口，将其右上方的“查看方式”修改为“大图标”或“小图标”。单击“打开同步中心”按钮来管理脱机文件，如图 6-27 所示。

> **注意：** 只有取消了“用户账户的快速切换”选项后，才能使用“启用脱机文件”功能。如果要更改快速切换设置，则可以打开控制面板中的“用户账户”，选择“更改用户登录或注销方式”选项。

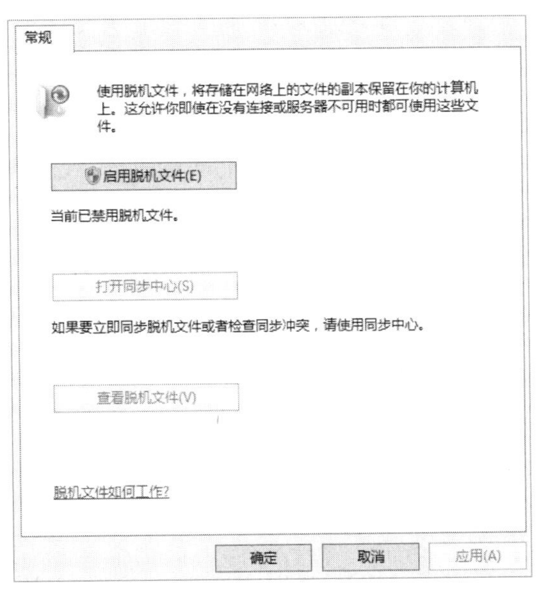

图 6-27　单击“打开同步中心”按钮

单击“启用脱机文件”按钮是设置脱机文件夹的第一步，随即下面的选项由灰色变为可编辑状态。然后选择同步所有脱机文件的时间、是否加密脱机文件及设置供脱机文件使用的磁盘空间等选项。

3．指定脱机使用的文件

在服务器端设置时，如果选择“只有用户指定的文件和程序才能在脱机状态下可用”选项，则客户端用户需要指定脱机使用的文件和程序。在客户端计算机（如 Windows 11）的“网上计算机”中找到指定文件的所在位置，右击该文件，在弹出的快捷菜单中选择“允许脱机使用”命令。当文件或程序被设置为“允许脱机使用”后，文件将执行同步操作。在脱机状态下，用户可以继续使用相应的文件，但实际上使用的是复制到本地计算机的缓存版本。

当客户端计算机为 Windows 11 时，将文件设置为可脱机使用的操作步骤如下。

步骤 1：通过网络浏览方式搜寻到存有共享文件的计算机（服务器），采用快捷的网络驱动器来连接到此共享文件夹。

步骤 2：选中网络文件并右击，在弹出的快捷菜单中选择“始终脱机可用”命令。

4．脱机文件的手动同步

在网络连接正常的情况下，用户所访问的文件仍然是网络计算机内的文件。Windows Server 2022 将自动同步用户的脱机文件，当网络共享文件内容发生变化时，该文件被复制到用户计算机的缓存区。系统并不是实时自动同步的，如果需要，则可以立刻手动同步：选择网络共享文件的属性对话框中的“脱机文件”选项，单击“立即同步”按钮即可。

5．测试脱机文件是否正常工作

当用户的计算机脱机时（例如，当你出差离开公司时，与公司网络断开连接），在资源管理器的网络中可以看到网络文件，不可访问带有×图标的文件，但仍可以访问脱机文件。

如果修改过脱机文件的内容，则当用户的计算机重新连接网络后，通过同步操作就可以将该修改过的文件复制到网络计算机中，并覆盖原文件。

如果网络文件与缓存文件都被修改，则 Windows Server 2022 将通过屏幕显示“同步中心”，提示有冲突发生，此时可以通过同步中心的“查看同步冲突”功能查看发生冲突的文件，并通过选择保留一个文件或更改文件名来保持网络共享文件的同步。

实训 6

1. 实训目的

熟练掌握 Windows Server 2022 中共享资源的方式及其管理。

2. 实训环境

正常的局域网；安装 Windows Server 2022 的服务器，以及安装 Windows 11 的客户机。

3. 实训内容

（1）独立 DFS 的应用。

① 在“DFS 管理”控制台中，新建一个命名空间，其命名空间根为独立 DFS 类型。

② 添加共享文件夹，并打开应用。

（2）利用卷影副本还原被修改的文件。

① 在用户计算机上，右击该共享文件，在弹出的快捷菜单中选择“属性”命令，打开该共享文件属性对话框。

② 选择“以前的版本”选项卡。

③ 单击“查看”按钮，即可查看选中的卷影副本版本中的该文件。

④ 单击“还原”按钮，即可将文件还原为修改前的状态。

（3）脱机文件和文件夹的配置。

① 服务器上脱机文件和文件夹的设置。

② 将计算机中的文件配置成使用脱机文件和文件夹。

③ 指定脱机使用的文件。

④ 脱机文件夹的同步。

习题 6

1. 填空题

（1）如果想要隐藏其他共享资源，则可以在共享资源名称的最后一位字符后面输入________。

（2）DFS 支持________和________两类 DFS 根目录。

（3）卷影副本的英文是________。

（4）Windows Server 2022 默认的共享权限是 Everyone 组具有的________权限。

（5）DFS 主要有 3 个特性：________、________和________。

（6）Windows 只有一个公用文件夹，包括“公用视频”、“公用图片”、“________”、“公用下载”和“公用音乐”5 个文件夹，可以分类管理共享文件。

2．简答题

（1）DFS 的含义是什么？DFS 有什么特性？

（2）复制和移动对共享权限有什么影响？

（3）什么是卷影副本？卷影副本有什么作用？

（4）如何访问 DFS 中的文件？

（5）根据实际情况说明为何使用脱机文件技术。

第 7 章

域名解析服务管理

教学重点

- 理解域名解析服务及其原理。
- DNS 服务器安装与客户端配置。

DNS 是非常重要的网络服务，主要用于管理计算机域名及其 IP 地址对应关系。在 TCP/IP 网络环境中，DNS 的主要功能是将人们易于记忆的域名转换为难以记忆的 IP 地址。在 Internet 应用中，计算机之间的 TCP/IP 网络通信是通过 IP 地址来作为每个计算机主体的唯一标志，并进行正确的信息交换处理的。不过，用户在具体的使用过程中很难把所有计算机的 IP 地址都记住，于是“哪里有需求，哪里就有技术革命”，产生了域名系统，它实现了计算机主机名与 IP 地址的映射，并高效地提供了域名解析服务。

7.1 域名解析服务概述

大多数用户喜欢使用方便、易记的名称（如 www.microsoft.com）来定位互联网中的 Web 服务器，很少人使用 IP 地址去访问。友好的名称更容易记住，但是计算机是使用数字地址在网络上进行通信的。那么，为了更方便地使用网络资源，DNS 实现了一种方法，可将用户方便而容易使用的计算机或服务名称映射为数字地址。

域名系统（Domain Name System，DNS）是 Internet 上计算机命名的规范，DNS 服务器是存储域名与 IP 地址映射记录或连接其他 DNS 服务器的计算机，它把计算机的名字（主机名）与其 IP 地址相对应。DNS 客户机（相对 DNS 服务器，需申请名称解析的计算机）可以通过 DNS 服务器，由计算机的主机名查询到 IP 地址，或者由 IP 地址查询到主机名。那么，DNS 服务器提供的这种服务又被称为域名解析服务。

7.1.1 初识 DNS

DNS 是 Internet 或基于 TCP/IP 的网络中广泛使用的，主要用于提供主机名登记和主机名到地址转换的一组协议和服务。DNS 服务器是用于存储 Web 域名和 IP 地址，接收用户

查询的计算机。DNS 通过分布式名称解析数据库系统，为管理大规模网络中的主机名和相关信息提供了一种可靠、高效的应用。

DNS 采用了层次化、分布式、面向客户机/服务器模式的名字管理来代替原来的集中管理，允许命名管理者在较低的结构层次上管理自己的名字。这样就可以把名字空间划分得足够小，由不同的组织进行分散管理。

7.1.2　理解 DNS 的域名空间

DNS 域名空间是指用于组织名称的域的层次结构。DNS 的域名体系结构是域名空间的分层逻辑树状结构，像一棵倒立的大树，树根在最上面，树的每个等级都代表树的一个分支或叶，分支是多个名称用于标识一组命名资源的等级。DNS 域名空间信息数据库由 Internet 域名管理机构负责划分，用名称解析服务器（DNS 服务器）来管理域名，每个 DNS 服务器中有一个数据库文件，其中包含了域名树中某个区域的记录信息，DNS 包括命名的方式和对名字的管理。

Internet 将所有联网主机的域名空间划分为许多不同层次的域。树根（Root）下是最高一级的域，再往下分别是二级域、三级域，最高一级的域名称为顶级（或一级）域名。例如，在域名 www.develop.microsoft.com 中，com 是一级域名，microsoft 是二级域名，develop 是三级域名，www 是主机名。DNS 分层树状结构如图 7-1 所示。

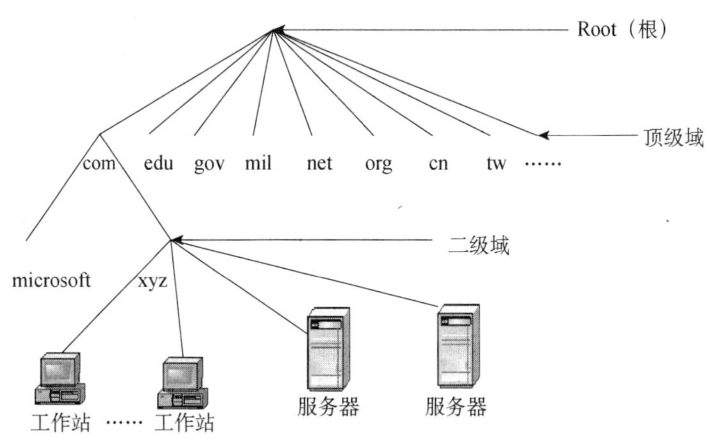

图 7-1　DNS 分层树状结构

完全合格的域名（Fully Qualified Domain Name，FQDN）又被称为完全限定的域名或完整域名，如 www. xyz.com 为完整域名。层次型命名的过程是从树根开始向下进行的，在每一处选择相应标号的名字，并将这些名字串连起来，形成一个唯一代表主机的特定名字。

DNS 域名是按组织来划分的。Internet 最初规定的一级域名有 7 个，如表 7-1 所示。

表 7-1　一级域名标号与组织的对应关系

标　号	组　织	标　号	组　织
gov	政府组织	mil	军事部门

续表

标　号	组　织	标　号	组　织
edu	教育机构	org	其他组织
arpa	APFANET	int	国际组织
com	商业组织		

此外，ICANN（The Internet Corporation for Assigned Names and Numbers，互联网名称与数字地址分配机构）还在近些年新增了 7 个域名。这 7 个新增域名分别是：info（提供信息服务的单位）、biz（公司）、name（个人）、pro（专业人士）、museum（博物馆）、coop（商业合作机构）和 aero（航空业）。

在一般情况下，可以向提供域名注册服务的网站在线申请域名。例如，在中国互联网络信息中心（CNNIC）的网站查看并注册域名。目前三大网络信息中心为：位于美国的 InterNIC，主要负责美国及其他地区的服务；位于荷兰的 RIPENIC，主要负责欧洲地区的服务；位于日本的 APNIC，主要负责亚太地区的服务。

7.2　项目 1：域名解析的实现

Internet 各级域中，都有相应的 DNS 服务器记录着域中计算机的域名和 IP 地址。如果想要通过域名访问某台计算机，则访问者的计算机必须通过查询域中的 DNS 服务器，得知被访问计算机的 IP 地址，这样才能实现。这时，对于 DNS 服务器来说，访问者的计算机被称为 DNS 客户端。

7.2.1　任务 1：理解域名解析的过程

DNS 客户端向 DNS 服务器提出查询，DNS 服务器做出响应的过程称为域名解析。域名解析分为两种方式：正向解析与反向解析。

DNS 客户端向 DNS 服务器提交域名查询 IP 地址，或者 DNS 服务器向另一台 DNS 服务器（提出查询的 DNS 服务器相对而言扮演 DNS 客户端角色）提交域名查询 IP 地址，DNS 服务器做出响应的过程称为正向解析。

反向解析是依据 DNS 客户端提供的 IP 地址，来查询该 IP 地址对应的主机域名。实现反向解析必须在 DNS 服务器内创建一个反向查找区域，在 Windows Server 2022 的 DNS 服务器中，该区域名称的最后部分为 in-addr.arpa。一旦创建的区域进入 DNS 数据库中，就会增加一个指针记录，将 IP 地址与相应的主机名相关联。例如，当查询 IP 地址为 192.168.10.1 的主机名时，解析程序将向 DNS 服务器查询 1.10.168.192.in-addr.arpa 的指针记录。如果该 IP 地址在本地域之外，则 DNS 服务器将从根开始顺序地解析节点，直到找到 1.1.168.192.in-addr.arpa 为止。当创建反向查找区域时，系统就会自动为其创建一个反向查找区域文件。

7.2.2　任务 2：分析域名解析的方式

根据 DNS 服务器对 DNS 客户端的不同响应方式，域名解析可分为两种查询模式：递归查询与迭代查询。

- 递归查询（Recursive Query）：DNS 最基本的查询模式。在一个递归查询中，如果 DNS 服务器有所需的记录，则会返回 DNS 客户端请求的信息；如果没有所需的记录，则返回一个指出该信息不存在的错误消息。DNS 服务器不会尝试联系其他服务器来获取信息。
- 迭代查询（Iterative Query）：一般 DNS 服务器与 DNS 服务器之间的查询属于这种查询模式。当第 1 台 DNS 服务器向第 2 台 DNS 服务器提出查询请求后，如果第 2 台 DNS 服务器内没有所需的记录，则会提供第 3 台 DNS 服务器的 IP 地址给第 1 台 DNS 服务器，让第 1 台 DNS 服务器自行向第 3 台 DNS 服务器进行查询。

我们以图 7-2 中的 DNS 客户端 PC1 向 DNS 服务器 Server1 查询 www.abc.com 的 IP 地址为例说明其流程。

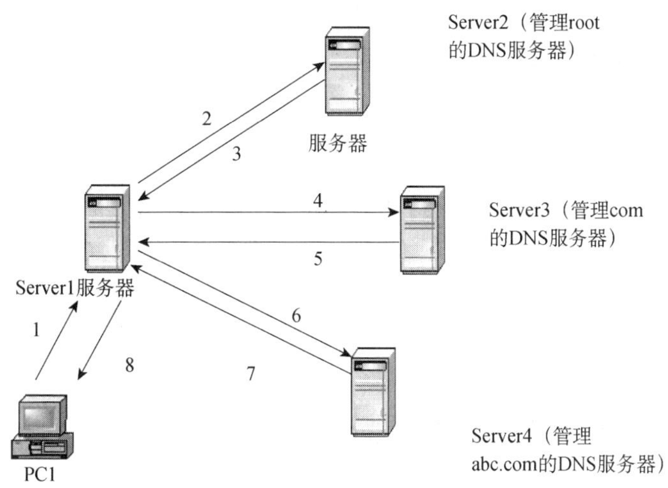

图 7-2　DNS 服务器工作流程

（1）如果 Server1 内没有所要查询的记录，则 Server1 会将此查询请求转发到 root 的 DNS 服务器 Server2（这属于迭代查询）。

（2）Server2 从要查询的主机名（www.abc.com）得知主机位于顶级域.com 之内，因此它会将负责管理 com 的 DNS 服务器（Server3）的 IP 地址传送给 Server1。

（3）Server1 得到 Server3 的地址后，它会直接向 Server3 查询 www.abc.com 的 IP 地址（这属于迭代查询）。

（4）Server3 从要查询的主机名（www.abc.com）中得知主机位于 abc.com 域之内，因此它会将负责管理 abc.com 的 DNS 服务器（Server4）的 IP 地址传送给 Server1。

（5）Server1 得到 Server4 的 IP 地址后，它会向 Server4 查询 www.abc.com 的 IP 地址（这属于迭代查询）。

（6）管理 abc.com 的 DNS 服务器（Server4）将 www.abc.com 的 IP 地址返回给 Server1。

（7）Server1 再将 www.abc.com 的 IP 地址传送给 DNS 客户端 PC1。

看上去很复杂，但处理过程能够瞬间完成。如果没有找到地址，就会返回给用户一个代码为 404 的错误信息。

7.2.3 任务 3：DNS 服务器的高速缓存与生存时间的设置

DNS 服务器将其采用递归或迭代方式处理客户端查询时获得的大量有关 DNS 域名空间的重要信息缓存在 Cache 中。缓存文件（Cache File）内存储着根域所包含的 DNS 服务器的名称与 IP 地址对应信息，每台 DNS 服务器内的缓存文件是一样的。当 DNS 服务器向其他 DNS 服务器查询到 DNS 客户端所需要的数据后，除了将此数据提供给 DNS 客户端，还将此数据保存到缓存中，以便下一次有 DNS 客户端查询相同数据时直接从缓存中调用。这样就加快了处理速度，并能减轻网络的负担。

在如图 7-2 所示的第（2）步骤中，Server1 之所以知道根域内的 DNS 服务器的主机名与 IP 地址，就是从缓存文件中得知的。当安装 DNS 服务器时，缓存文件就被自动复制到“%Systemroot%\system32\DNS”文件夹内，文件名为 cache.dns。

> **注意：** 建议用户不要直接修改 cache.dns 文件，最好通过 DNS 服务器内所提供的功能来修改，这样不容易出错。

保存在 DNS 服务器缓存中的数据能够存在一段时间，这段时间称为 TTL。TTL 值的大小可以在保存该数据的主要名称服务器中进行设置。当 DNS 服务器将数据保存到缓存后，TTL 值就会递减。只要 TTL 值变为 0，DNS 服务器就会将此数据从缓存中抹去。在设置 TTL 的值时，如果数据变化很快，则其值可以设置得小一些，这样可以使网络上的数据更好地保持一致。但是，当 TTL 的值太小时，DNS 服务器的负载就会增加。当然，掉电后缓存中的数据也会丢失。

7.3 项目 2：DNS 服务器的创建

在 Windows Server 2022 计算机上安装 DNS 服务器之前，此计算机的 IP 地址最好已经固定分配，也就是 IP 地址、子网掩码、默认网关等信息已经手动输入，不需要向 DHCP 动态索取，因为这台 DNS 服务器每一次向 DHCP 服务器租到的 IP 地址可能会不同，如此会造成 DNS 客户端设置上的困扰（DNS 客户端必须指定 DNS 服务器的 IP 地址，以便对这台 DNS 服务器提出名称解析的请求）。

> **提示：** 由于 Windows Server 2022 域需要用到 DNS 服务器，因此当用户将 Windows Server 2022 服务安装为域控制器时，如果安装程序找不到 DNS 服务器，则会提示在此台域控制器内安装 DNS 服务器。

7.3.1 任务 1：安装 DNS 服务器组件

在 Windows Server 2022 服务器中添加 DNS 服务器角色的操作步骤如下。

步骤 1：打开“服务器管理器”窗口，选择“仪表板”选项，在“配置此本地服务器”选项区中，选择“添加角色和功能”选项，打开如图 7-3 所示的“添加角色和功能向导”对话框。

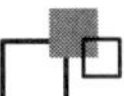

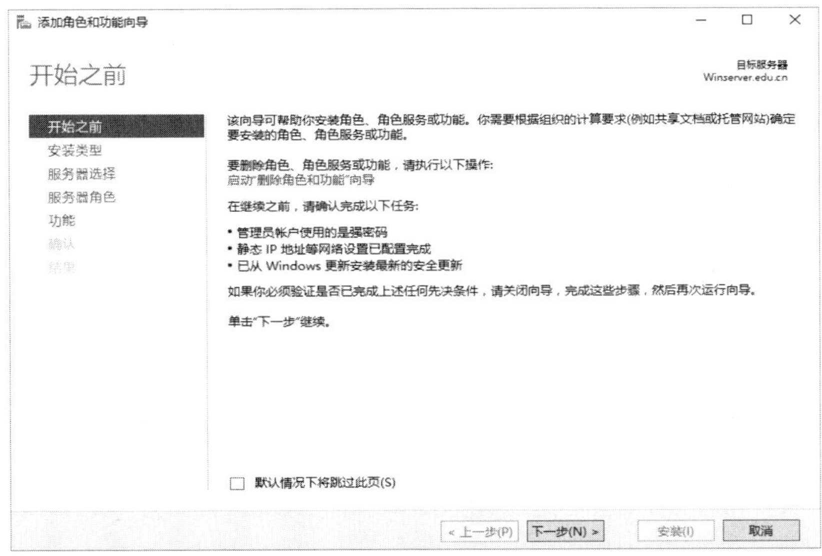

图 7-3　“添加角色和功能向导”对话框

步骤 2：单击“下一步”按钮进行安装类型与服务器选择，打开如图 7-4 所示的“选择服务器角色”对话框，勾选“DNS 服务器”复选框。

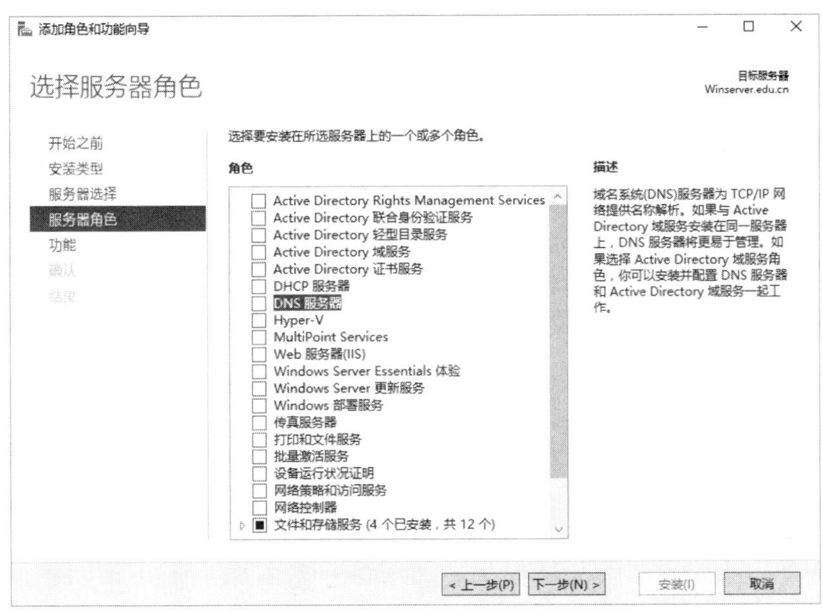

图 7-4　“选择服务器角色”对话框

步骤 3：单击“下一步”按钮，打开如图 7-5 所示的“DNS 服务器”对话框。

> **提示：** 在安装 Active Directory 服务时，要求网络中安装 DNS 服务器，如果没有安装 DNS 服务器，则可以通过 Active Directory 安装向导来安装 DNS 服务器。当 DNS 服务器与 Active Directory 服务集成时，Active Directory 域控制器会自动复制包含 DNS 数据的目录服务数据，使用户可以更加轻松地管理 DNS。

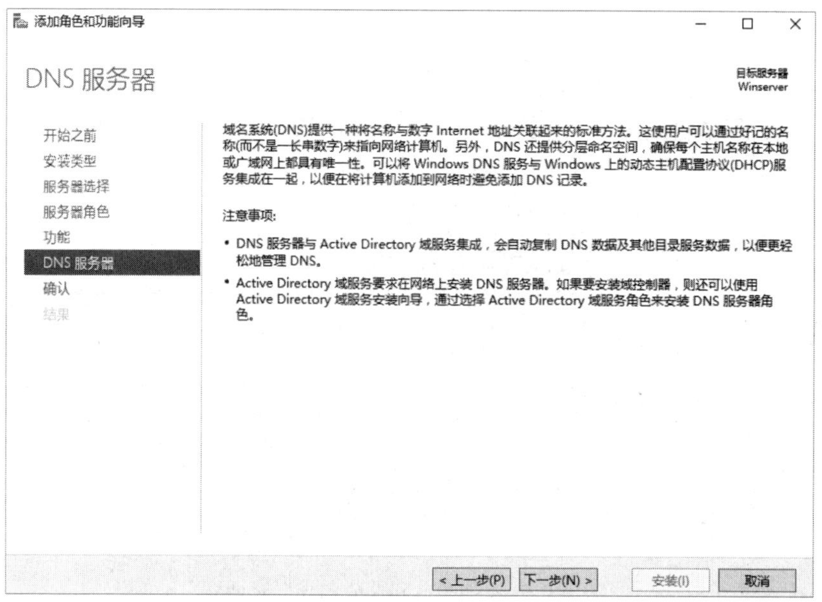

图 7-5 “DNS 服务器”对话框

步骤 4：单击“下一步”按钮，打开如图 7-6 所示的“确认安装所选内容”对话框，验证将安装的 DNS 服务器。

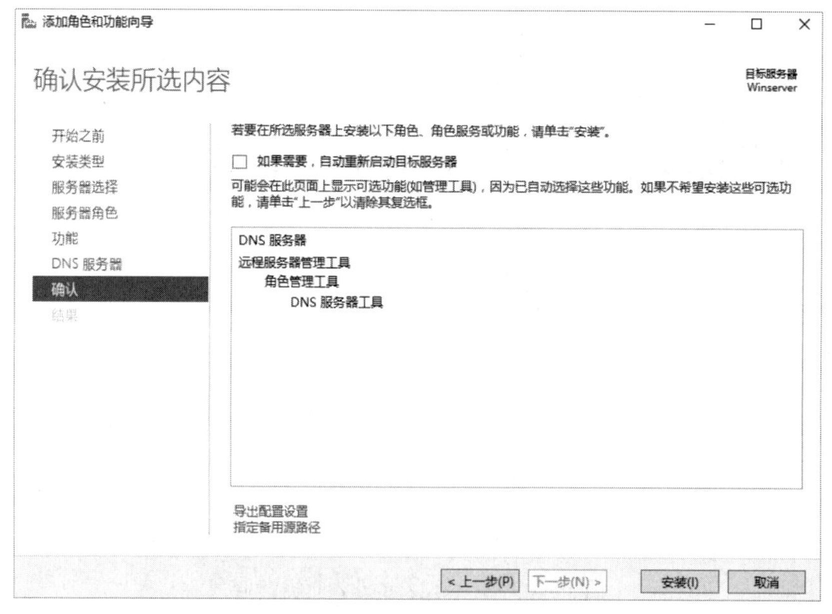

图 7-6 “确认安装所选内容”对话框

步骤 5：单击“安装”按钮，出现安装进度条，在“安装结果”提示框中将显示 DNS 服务器是否成功安装。

完成安装后可以通过“服务器管理器”窗口右上方的“工具|DNS”命令打开“DNS 管理器”窗口来管理 DNS 服务器；通过在“DNS 管理器”窗口中选择“DNS 服务器”并右击，在弹出的快捷菜单中选择“所有任务”命令的方法来执行启动、停止、暂停和恢复 DNS

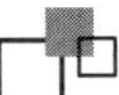

服务器等工作；还可以通过在“DNS 管理器”窗口中选择“DNS 服务器”并右击，在弹出的快捷菜单中选择“连接到 DNS 服务器”命令的方法来管理其他 DNS 服务器，也可以利用 dnscmd.exe 命令程序启动 DNS 服务器。

7.3.2　任务 2：创建正向查找区域

创建 DNS 服务器，除了需要计算机硬件，还需要创建一个新的区域（即数据库）才能正常运作。该数据库的功能是提供 DNS 名称和相关数据间的映射，其中存储了所有的域名与对应 IP 地址的信息，服务器正是通过该数据库的信息来完成从计算机名到 IP 地址的转换的。DNS 客户端所提出的 DNS 查询请求，大部分属于正向查找，也就是通过主机名来查找 IP 地址。

1．Windows Server 2022 的 DNS 区域类型

Windows Server 2022 支持的 DNS 区域类型分别是主要区域、辅助区域、存根区域。

（1）主要区域（Primary Zone）。主要区域保存的是该区域所有主机数据记录的正本。当在 DNS 服务器内创建主要区域后，可以直接在此区域内新建、修改、删除记录，主要区域内的记录可以存储在文件或 Active Directory 数据库中。

- 如果 DNS 服务器是独立服务器或是成员服务器，则主要区域内的记录存储在区域文件中，该区域文件采用标准的 DNS 格式，文件名称默认是“区域名称.dns”。例如，区域名称为“abc.com”，区域文件名就是 abc.com.dns。当在 DNS 服务器内创建一个主要区域和区域文件后，这个 DNS 服务器就是这个区域的主要名称服务器。
- 如果 DNS 服务器是域控制器，则可以将记录存储在区域文件或 Active Directory 数据库中。如果将其存储到 Active Directory 数据库中，则此区域被称为 Active Directory 集成区域（Active Directory Integrated Zone），此区域内的记录会随着 Active Directory 数据库的复制而被复制到其他的域控制器中。

（2）辅助区域（Secondary Zone）。辅助区域保存的是该区域内所有主机数据的复制文件（副本），该文件是从主要区域复制过来的。保存此副本数据的文件也是一个标准的 DNS 格式文本文件，而且是一个只读文件。当在一个区域内创建一个辅助区域后，这个 DNS 服务器就是这个区域的辅助名称服务器。

（3）存根区域（Stub Zone）。创建包括名称服务器（Name Server，NS）、起始授权机构（Start Of Authority，SOA）和粘连主机（A）记录的区域副本，含有存根区域的服务器对该区域没有主管权。

2．创建主要区域

创建主要区域的操作步骤如下。

步骤 1：选择“开始|Windows 管理工具|DNS”命令，打开“DNS 管理器”窗口。

步骤 2：在此窗口中先选择 DNS 服务器，再选择“操作|新建区域”命令，打开“新建区域向导”对话框，如图 7-7 所示，单击“下一步”按钮。

步骤 3：打开“区域类型”对话框，如图 7-8 所示（分别显示 3 种类型的区域及其特点）。选中“主要区域”单选按钮，单击“下一步”按钮。

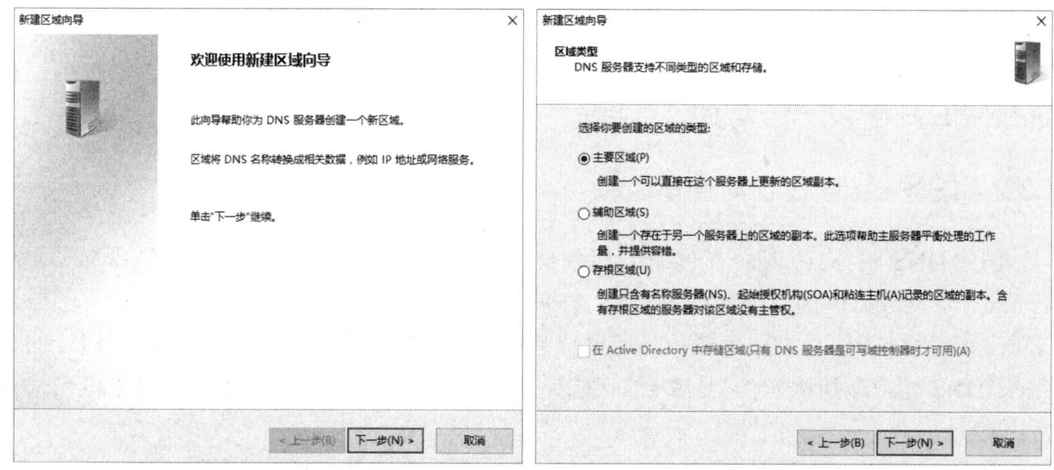

图 7-7 “新建区域向导”对话框　　图 7-8 “区域类型”对话框

步骤 4：打开“正向或反向查找区域”对话框，如图 7-9 所示。选中“正向查找区域”单选按钮，单击“下一步”按钮。

步骤 5：打开“区域名称”对话框，如图 7-10 所示，在文本框中输入需要创建区域的名称“edu.cn”。区域名称即用于指定 DNS 域名空间的部分，该部分由此服务器管理。区域名称不是 DNS 服务器名称。单击“下一步”按钮。

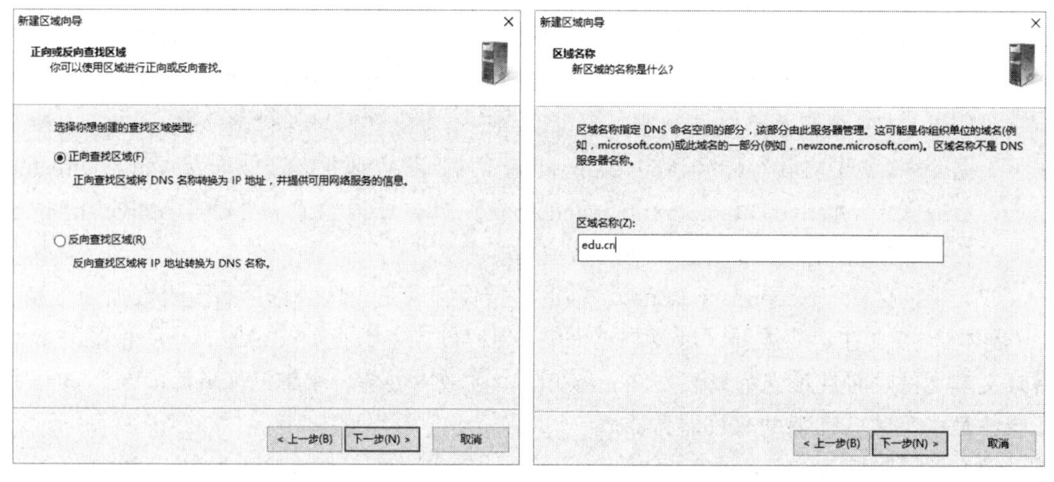

图 7-9 “正向或反向查找区域”对话框　　图 7-10 “区域名称”对话框

步骤 6：打开如图 7-11 所示的“区域文件”对话框。DNS 区域名称的信息及主机记录均保存在区域文件中，这样就可以在不同的 DNS 服务器之间复制区域的信息。默认的文件名称是区域名称，扩展名为.dns。如果要使用区域内已有的区域文件，可以先选中“使用此现存文件”单选按钮，再将现存的文件复制到“%Systemroot%\ system32\dns”文件夹中。单击“下一步”按钮。

步骤 7：打开“动态更新”对话框，如图 7-12 所示。虽然 DNS 区域的动态更新可以让网络中的计算机将其记录在 DNS 服务器中自动更新，但是不受信任的来源也可以自动更新，这将给系统安全带来隐患。如果企业内部网络没有连接到其他的网络，在确保安全的前提下，可以运行非安全的和安全的自动更新。如果网络并不安全，则可以选中“不允许动态更新”单选按钮，单击“下一步”按钮。

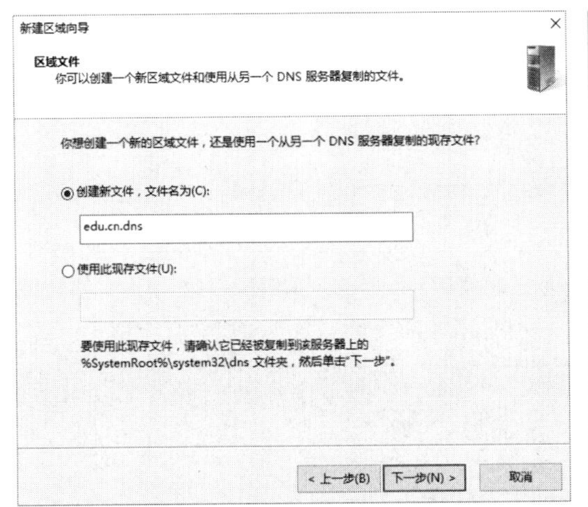

图 7-11　“区域文件”对话框

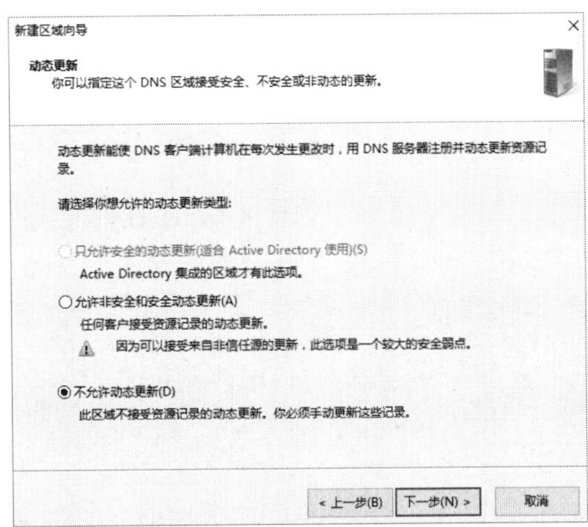

图 7-12　“动态更新”对话框

步骤 8：向导完成新建区域操作，并提示对设置进行确认，单击“确定”按钮。

3．在主要区域内新建资源记录

DNS 服务器支持相当多的不同类型的资源记录，在此我们学习如何将其中几个比较常用的资源记录新建到区域内。

区域文件包含了一系列资源记录（Resource Record，RR）。每条记录都包含 DNS 域中的一个主机或服务的特定信息。当 DNS 客户端需要来自一个 DNS 服务器的信息时，就会查询资源记录。例如，用户需要 www.abc.com 服务器的 IP 地址，就会向 DNS 服务器发送一个请求，检索 DNS 服务器的“A 记录”（又被称为主机记录）。DNS 在一个区域中查找 A 记录，将记录的内容复制到 DNS 应答中，并将这个应答发送给客户端，从而响应客户端的请求。

（1）新建主机记录（A）。

DNS 服务器区域创建完成后，还需要添加主机记录才能真正实现域名解析服务。也就是说，必须为域名解析服务添加与主机名和 IP 地址对应的数据库，从而将 DNS 主机名与其 IP 地址一一对应起来。这样，当输入主机名时，就能解析成对应的 IP 地址并实现对相应服务器的访问。

将主机名与 IP 地址（也就是资源记录类型为 A 的记录）新建到 DNS 服务器内的区域后，就可以让 DNS 服务器提供这台主机的 IP 地址给客户端。在“DNS 管理器”窗口中右击已创建的主要区域（如 edu.cn），在弹出的快捷菜单中选择“新建主机”命令，打开“新建主机”对话框，如图 7-13 所示。在“名称”文本框中输入主机名（如 www），在“IP 地址”文本框中输入该主机对应的 IP 地址，本例为 192.168.10.1。那么，该计算机的域名就是 www.edu.cn，当用户在 Web 浏览器中输入 www.edu.cn 时，IP 地址将被解析为 192.168.10.1。根据需要，可以添加多台主机记录。

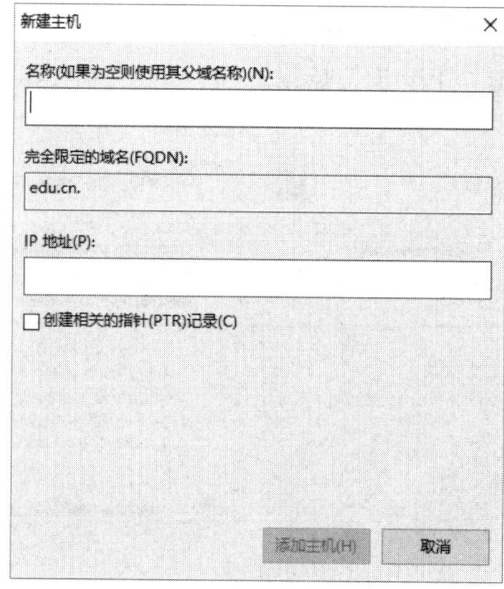

图 7-13 “新建主机”对话框

> **提示：** 用户可以到 DNS 客户端利用“ping www.edu.cn”命令，查看是否可以正常通过 DNS 服务器解析到 www.edu.cn 的 IP 地址。

如果所创建的这一条主机记录要提供反向查找的服务功能，则可以勾选对话框中的“创建相关的指针（PTR）记录”复选框。关于反向查找区域及记录的创建方法，具体内容参见 7.3.3 小节。

当设置正确后，单击“添加主机”按钮，出现“成功地创建了主机记录”的信息，表示已成功地创建了一条主机记录，单击“确定”按钮。如果需要，则可以重复以上步骤，继续创建其他的主机记录。

这样，域名与 IP 地址的映射操作完成，无须重启计算机即可生效。

（2）新建主机的 DNS 别名（CNAME）记录。

在很多情况下，需要为区域内的一台主机创建多个主机名。例如，某台主机是 Web 服务器，其主机名为 www.xyz.cn，它也是 SMTP 服务器。

这里给它另外命名为 smtp.edu.cn，那么此时可以利用新建资源记录类型为 CNAME 的记录实现此目的。要新建 CNAME 记录，在“DNS 管理器”窗口的目录树中选取已创建的主要区域 edu.cn 并右击，在弹出的快捷菜单中选择“新建别名”命令。在打开的“新建资源记录”对话框的“别名”文本框中输入待创建的主机别名“smtp”，在“目标主机的完全合格的域名（FQDN）”文本框中输入指派该别名的主机名“www.edu.cn”（或者单击“浏览”按钮查找主机），如图 7-14 所示，单击“确定”按钮，返回“DNS 管理器”窗口，新建的别名记录将显示在此窗口中。

> **提示：** 在 DNS 客户端可以利用“ping smtp.edu.cn”命令，查看是否能正常通过 DNS 服务器解析到 smtp.edu.cn 的 IP 地址。

（3）新建邮件交换记录（MX）。

用户先将邮件发送到邮件交换服务器（SMTP Server），邮件交换服务器再将邮件发送

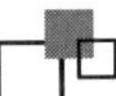

到目的地的邮件交换服务器，那么邮件交换服务器是如何知道目的地的邮件交换服务器是哪一台的呢？答案就是从 DNS 服务器查找 MX 资源记录，因为 MX 资源记录着负责某个区域邮件传送的邮件交换服务器。

邮件交换（Mail Exchanger，MX）记录可以告诉用户，哪些服务器可以为该域接收邮件。当局域网用户与其他 Internet 用户进行邮件交换时，将由在该处指定的邮件服务器与其他 Internet 邮件服务器共同完成。

步骤 1：添加一个名为“mail”的主机记录，并使该“mail”指定的计算机作为邮件服务器。

步骤 2：在“DNS 管理器”窗口目录树的“正向查找区域”中，右击欲添加 MX 记录的域（如 edu.cn），在弹出的快捷菜单中选择“新建邮件交换器”命令，打开“新建资源记录”对话框，如图 7-15 所示。下面通过创建 MX 记录来实现对邮件服务器的域名解析。

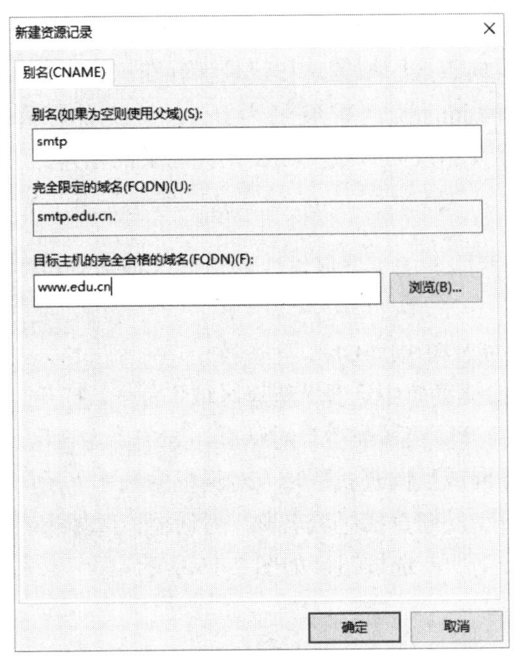

图 7-14　新建别名记录

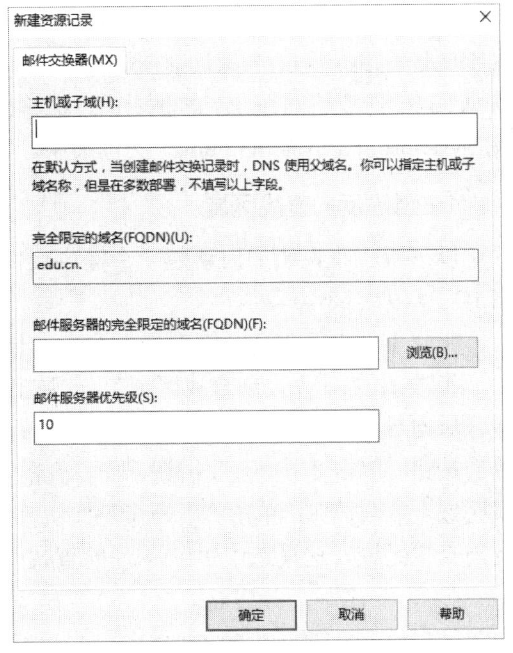

图 7-15　“新建资源记录”对话框

> **注意：**只有“主机或子域”文本框为空，才能得到诸如 user@edu.cn 之类的邮箱。如果在“主机或子域”文本框中输入“mail”，邮箱就会变为 user@mail.edu.cn。

步骤 3：在“邮件服务器的完全限定的域名（FQDN）”文本框中直接输入邮件服务器的域名“mail.edu.cn”，也可以单击“浏览”按钮，在打开的对话框的列表中选择邮件服务器的主机名。

步骤 4：指定“邮件服务器优先级”。当该区域内有多个 MX 记录（即多个邮件服务器）时，在此文本框中输入一个数字来确定优先级，数字越低，优先级越高（0 最高）。当一个区域中有多个邮件服务器时，如果其他邮件服务器要将邮件传送到此区域的邮件服务器中，则会选择优先级最高的邮件服务器；如果传送失败，则再选择优先级较低的邮件服务器。

如果两台以上的邮件服务器的优先级相同，则从中随机选择一台邮件服务器。

步骤 5：单击“确定”按钮，完成 MX 记录的添加。

重复上述操作，可以为该域添加多个 MX 记录，并在“邮件服务器优先级”文本框中分别设置其优先级，从而实现邮件服务器的冗余和容错。

7.3.3 任务 3：创建反向查找区域

根据 IP 地址查询主机名的过程称为反向查找，通过反向查找区域可以实现 DNS 客户端根据 IP 地址来查询其主机名的功能。

> **提示：** 反向查找并不是必需的，可以在需要的时候创建。

反向查找区域同样提供了 3 种类型：主要区域、辅助区域和存根区域。反向查找区域用网络 ID 的反向书写，后半段必须是“in-addr.arpa”，如 192.168.10.100/24 对应的网络 ID 为 192.168.10，即该 IP 地址对应的网络 ID。反向查找区域信息和记录保存在一个文件中，默认的文件名是网络 ID 的倒序形式加上 in-addr.arpa，扩展名为.dns。该文件保存在“%Systemroot%\system32\dns”文件夹中。下面介绍反向查找区域及相关记录的创建。

1. 创建反向查找区域

以下步骤将说明如何新建一个提供反向查找服务的主要区域，假设此区域所支持的网络 ID 为 192.168.10。

步骤 1：打开“DNS 管理器”窗口，展开目录树中的 DNS 服务器。

步骤 2：右击“反向查找区域”，在弹出的快捷菜单中选择“新建区域”命令，打开“新建区域向导”对话框，单击“下一步”按钮，打开“区域类型”对话框，选中“主要区域”单选按钮；单击“下一步”按钮，在打开的“正向或反向查找区域”对话框中选中“反向查找区域”单选按钮；单击“下一步”按钮，打开“反向查找区域名称”对话框，选择相应的反向查找区域，这里选中“IPv4 反向查找区域(4)”单选按钮，如图 7-16 所示。

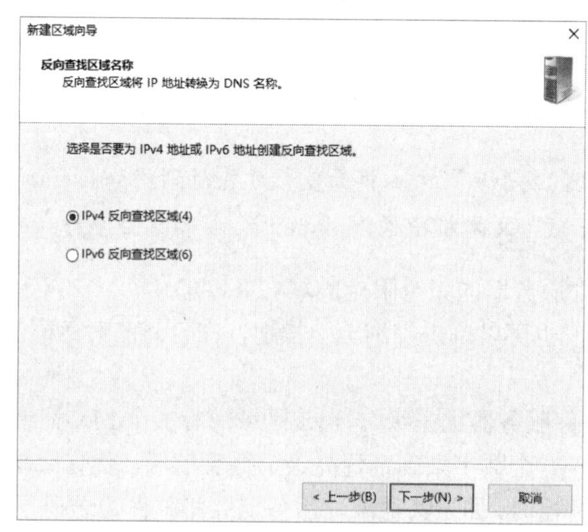

图 7-16　选中“IPv4 反向查找区域(4)”单选按钮

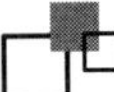

步骤 3：单击“下一步”按钮，在“网络 ID”文本框中输入网络地址“192.168.10”，这时向导会自动在“反向查找区域名称”文本框中显示“10.168.192.in-addr.arpa”，如图 7-17 所示。

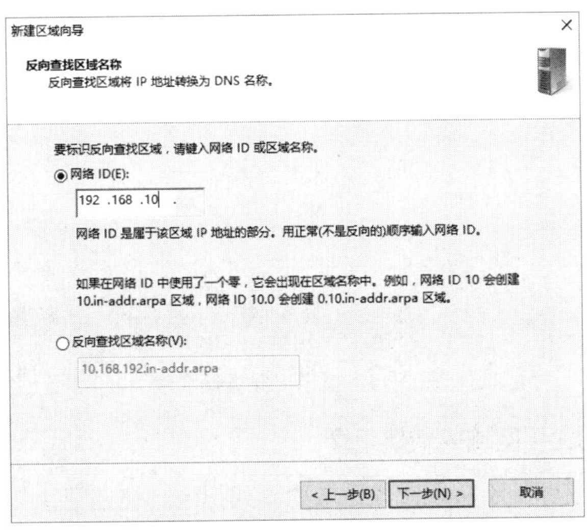

图 7-17 指定反向查找区域网络 ID

步骤 4：单击“下一步”按钮，打开“区域文件”对话框，选中“创建新文件，文件名为”单选按钮，如图 7-18 所示，这里采用系统默认的文件名。

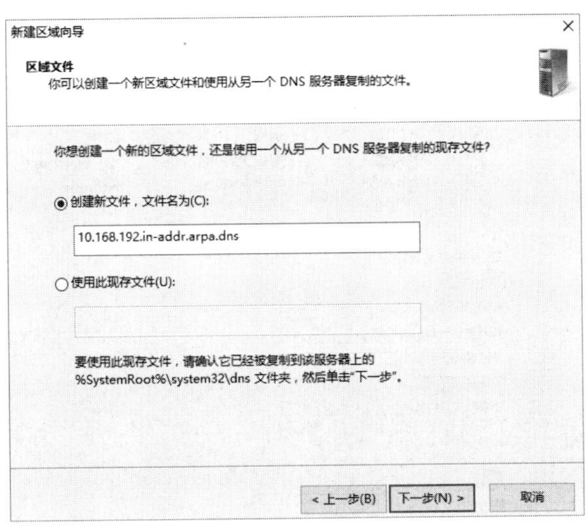

图 7-18 选中“创建新文件，文件名为”单选按钮

步骤 5：单击“下一步”按钮，打开“动态更新”对话框，选中“不允许动态更新”单选按钮。

步骤 6：单击“下一步”按钮，完成新建区域操作，对所显示的设置参数进行确认。如果设置有错误，则可以通过单击“上一步”按钮进行修改，确认没有错误后，单击“完成”按钮，返回“DNS 管理器”窗口，这时反向查找区域将显示在“DNS 管理器”窗口中

（10.168.192.in-addr.arpa），如图 7-19 所示。

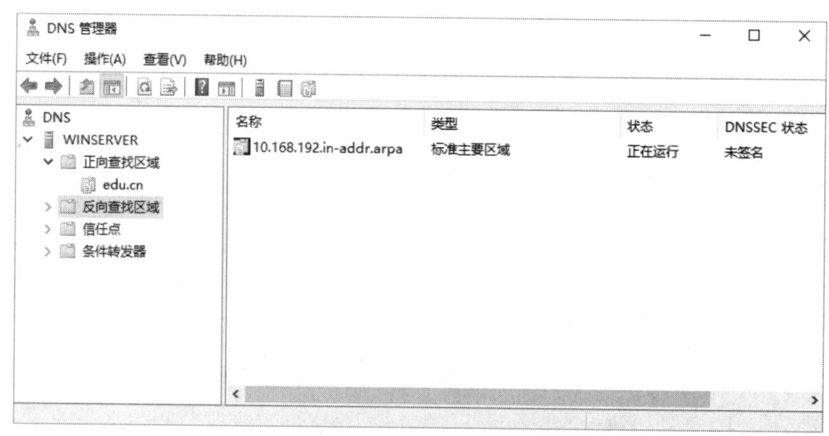

图 7-19 显示反向查找区域

2. 在反向查找的主要区域内新建记录

创建反向查找区域后，还必须在该区域内新建记录，这些记录只有在实际的查询中才是有用的，一般通过以下步骤在反向查找区域内新建记录。

步骤 1：在“DNS 管理器”窗口中，展开“反向查找区域”节点，展开后出现具体的区域名称“10.168.192.in-addr.arpa”，右击该区域名称，在弹出的快捷菜单中选择“新建指针（PTR）”命令，如图 7-20 所示。

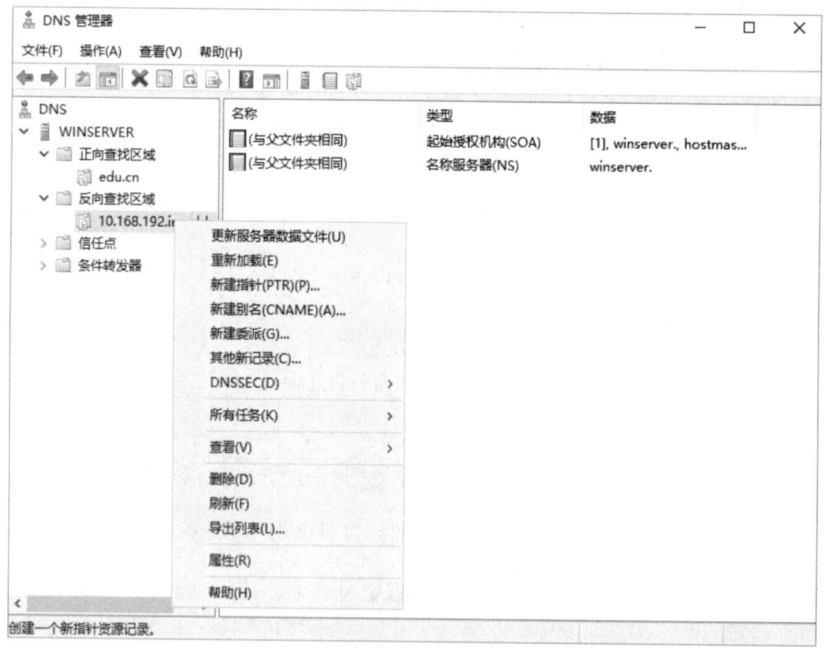

图 7-20 选择“新建指针（PTR）”命令

步骤 2：本例地址为 192.168.10.1，将域名为 edu.cn（必须先在正向查找区域添加此记录）的主机添加到反向查找区域。在打开的“新建资源记录”对话框的“主机 IP 地址”文本框中输入主机 IP 地址的最后一个字节的值“1”，在“主机名”文本框中输入 IP 地址对应的主机名“www.edu.cn”，如图 7-21 所示。

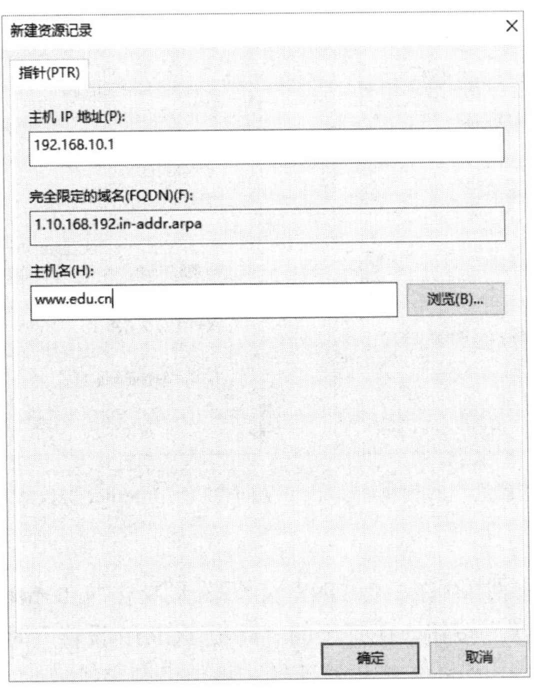

图 7-21　设置“新建资源记录”对话框

步骤 3：单击“确定”按钮，一个记录创建成功。可以使用同样的方法创建其他的记录。

7.3.4　任务 4：配置 DNS 客户端

DNS 客户端又被称为解析程序，用于通过查询服务器将名称解析为指定的资源记录类型。客户端计算机要解析 Internet 或内部网络的主机名，必须先配置、增加已经存在的 DNS 服务器信息。如果企业有自己的 DNS 服务器，则可以将其设置为企业内部客户端首选 DNS 服务器，否则需要配置以 ISP（互联网服务提供商）的 DNS 服务器为首选的 DNS 服务器。

Windows 10/11、Windows Server 2008/2012/2016/2022 等操作系统的 DNS 客户端的设置方法基本相同。下面以 Windows 11 为例介绍如何配置 DNS 客户端，操作步骤如下。

步骤 1：打开“网络连接”窗口，右击“本地连接”，在弹出的快捷菜单中选择“属性”命令，打开“本地连接属性”对话框，如图 7-22 所示。

步骤 2：在该对话框的“此连接使用下列项目”选项区中选取已安装的“Internet 协议版本 4（TCP/IPv4）”选项，单击“属性”按钮，打开如图 7-23 所示的“Internet 协议版本 4（TCP/IPv4）属性”对话框。

步骤 3：在“首选 DNS 服务器”文本框中输入 DNS 服务器的 IP 地址“192.168.10.1”。如果网络中还有其他 DNS 服务器，则在“备用 DNS 服务器”文本框中输入相应的 IP 地址，也可以在“备用 DNS 服务器”文本框中输入 Internet 上 DNS 服务器的 IP 地址。

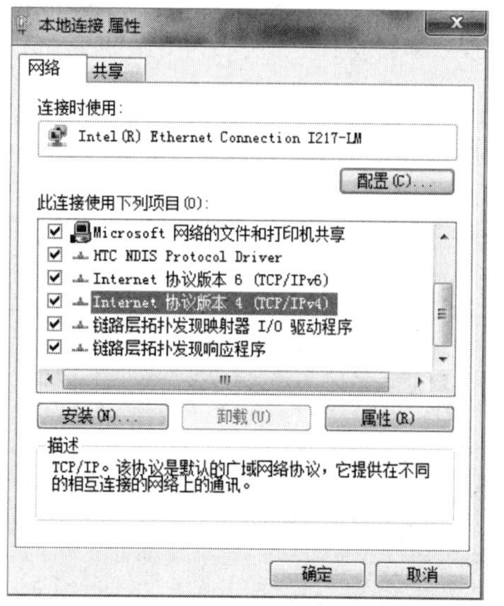

图 7-22 “本地连接属性”对话框

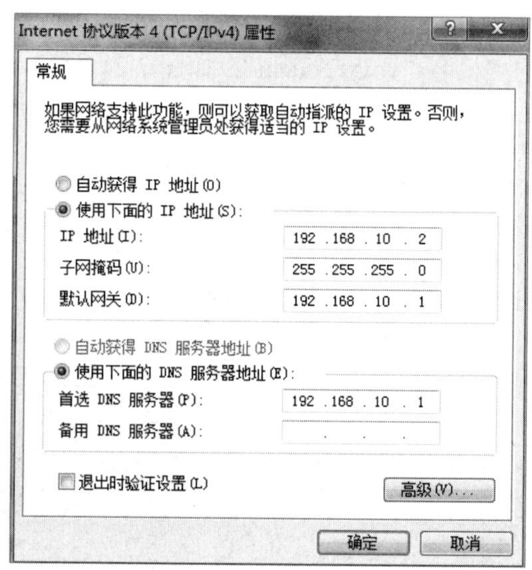

图 7-23 “Internet 协议版本 4（TCP/IPv4）属性”对话框

步骤 4：如果一个网络中存在多台 DNS 服务器，则单击“Internet 协议版本 4（TCP/IPv4）属性”对话框中的“高级”按钮，在打开的“高级 TCP/IP 设置”对话框中选择“DNS”选项卡，如图 7-24 所示。在“DNS 服务器地址（按使用顺序排列）”列表中显示了已设置的首选 DNS 服务器的 IP 地址和备用 DNS 服务器的 IP 地址。如果还要添加其他 DNS 服务器的 IP 地址，则单击“添加”按钮，在打开的对话框中依次输入其他 DNS 服务器的 IP 地址。

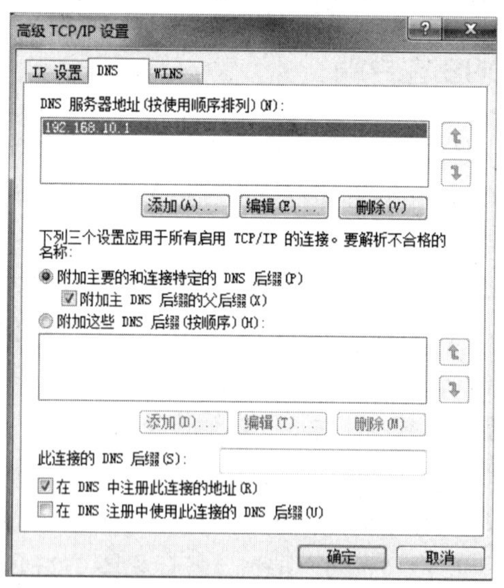

图 7-24 选择“DNS”选项卡

通过以上设置，DNS 客户端会依次对 DNS 服务器进行查询。如果首选 DNS 服务器没有某主机的记录，则 DNS 客户端会依照 DNS 服务器地址的使用顺序查询其余的 DNS 服务器。

7.3.5 任务 5：测试 DNS 服务器

DNS 服务器和 DNS 客户端配置完成后，可以使用各种命令测试 DNS 服务器。Windows 内置了用于测试 DNS 服务器的相关命令，如 ipconfig、ping、nslookup 等。在客户端计算机测试时，可以通过“ipconfig”命令查看 DNS 服务器配置。例如，在命令提示符下输入“ipconfig/all”命令，执行结果如图 7-25 所示。

```
管理员: Windows PowerShell
PS C:\Users\Administrator>
PS C:\Users\Administrator>
PS C:\Users\Administrator> ping www.edu.cn

正在 Ping www.edu.cn [192.168.10.1] 具有 32 字节的数据:
来自 192.168.10.1 的回复: 字节=32 时间<1ms TTL=128
来自 192.168.10.1 的回复: 字节=32 时间<1ms TTL=128
来自 192.168.10.1 的回复: 字节=32 时间<1ms TTL=128
来自 192.168.10.1 的回复: 字节=32 时间<1ms TTL=128

192.168.10.1 的 Ping 统计信息:
    数据包: 已发送 = 4, 已接收 = 4, 丢失 = 0 (0% 丢失),
往返行程的估计时间(以毫秒为单位):
    最短 = 0ms, 最长 = 0ms, 平均 = 0ms
PS C:\Users\Administrator> ipconfig /all

Windows IP 配置

   主机名 . . . . . . . . . . . . . : WWang
   主 DNS 后缀 . . . . . . . . . . . :
   节点类型 . . . . . . . . . . . . : 混合
   IP 路由已启用 . . . . . . . . . . : 否
   WINS 代理已启用 . . . . . . . . . : 否

以太网适配器 以太网:

   连接特定的 DNS 后缀 . . . . . . . :
   描述. . . . . . . . . . . . . . . : Intel(R) Ethernet Connection (4) I219-V
   物理地址. . . . . . . . . . . . . : 54-E1-AD-E2-FC-8B
   DHCP 已启用 . . . . . . . . . . . : 否
   自动配置已启用. . . . . . . . . . : 是
   本地链接 IPv6 地址. . . . . . . . : fe80::4f9:a528:2d12:3fc%20(首选)
   IPv4 地址 . . . . . . . . . . . . : 192.168.10.2(首选)
   子网掩码 . . . . . . . . . . . . : 255.255.255.0
   默认网关. . . . . . . . . . . . . : 192.168.10.1
   DHCPv6 IAID . . . . . . . . . . . : 63462262
   DHCPv6 客户端 DUID . . . . . . . : 00-01-00-01-25-17-8B-28-54-E1-AD-E2-FC-8B
   DNS 服务器 . . . . . . . . . . . : 192.168.10.1
   TCPIP 上的 NetBIOS . . . . . . . : 已启用

以太网适配器 VMware Network Adapter VMnet1:

   连接特定的 DNS 后缀 . . . . . . . :
   描述. . . . . . . . . . . . . . . : VMware Virtual Ethernet Adapter for VMnet1
   物理地址. . . . . . . . . . . . . : 00-50-56-C0-00-01
   DHCP 已启用 . . . . . . . . . . . : 是
   自动配置已启用. . . . . . . . . . : 是
   本地链接 IPv6 地址. . . . . . . . : fe80::dcce:8d7f:96e4:46b%2(首选)
   IPv4 地址 . . . . . . . . . . . . : 192.168.150.1(首选)
```

图 7-25 执行“ipconfig/all”命令后的结果

确定 DNS 服务器配置正确后，使用“ping”命令来查询 DNS 服务器的主机名，返回对应 IP 地址及相应的简单统计信息。例如，输入“ping www.edu.cn”命令，执行结果如图 7-26 所示。

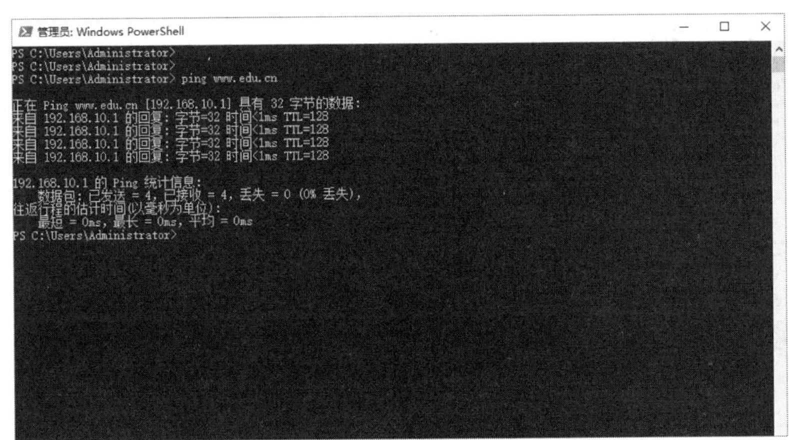

图 7-26 执行“ping www.edu.cn”命令后的结果

从图 7-26 中可看出，DNS 服务器工作正常，且能正确解析出 www.edu.cn 主机名。反向查找的应用并不多，在一般情况下，可以使用“ping”命令和“nslookup”命令测试反向查找功能。要想使用“ping”命令进行反向查找，只要在“ping”命令后面加上“-a”参数，就可以测试 DNS 服务器能否将 IP 地址解析成主机名。例如，输入“ping　-a 192.168.10.1”命令，执行结果如图 7-27 所示。

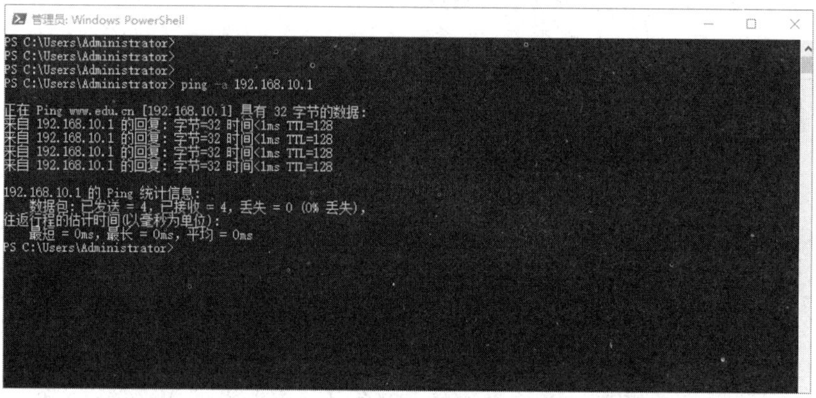

```
管理员: Windows PowerShell
PS C:\Users\Administrator>
PS C:\Users\Administrator>
PS C:\Users\Administrator>
PS C:\Users\Administrator> ping -a 192.168.10.1

正在 Ping www.edu.cn [192.168.10.1] 具有 32 字节的数据:
来自 192.168.10.1 的回复: 字节=32 时间<1ms TTL=128
来自 192.168.10.1 的回复: 字节=32 时间<1ms TTL=128
来自 192.168.10.1 的回复: 字节=32 时间<1ms TTL=128
来自 192.168.10.1 的回复: 字节=32 时间<1ms TTL=128

192.168.10.1 的 Ping 统计信息:
    数据包: 已发送 = 4，已接收 = 4，丢失 = 0 (0% 丢失)，
往返行程的估计时间(以毫秒为单位):
    最短 = 0ms，最长 = 0ms，平均 = 0ms
PS C:\Users\Administrator>
```

图 7-27　执行“ping　-a 192.168.10.1”命令后的结果

在测试 DNS 服务器时，也可以使用“nslookup”命令进行测试。“nslookup”命令支持两种模式：互动模式和非互动模式（区别在于互动模式可以让用户交互输入相关命令，而非互动模式需要在命令提示符下输入完整的命令）。在命令提示符下输入“nslookup”命令后，出现默认 DNS 服务器的主机名和 IP 地址，如 server.edu.cn 和 192.168.10.1。在提示符“>”后面输入“server.edu.cn”，DNS 服务器能解析出相应的 IP 地址为 192.168.10.1。在提示符“>”后面输入“192.168.0.1”，DNS 服务器能解析出相应的主机名为 server.edu.cn。

> **提示：**“nslookup”命令的功能非常强大，在其后面加上“?”可以查看支持的命令及参数。有关“nslookup”命令的具体内容可参考 Windows Server 2022 的帮助信息。

7.3.6　任务 6：实现 DNS 服务器的相关应用

1．DNS 的动态更新

动态更新 DNS 的作用是，当被解析的主机 IP 地址变化时，DNS 服务器数据库中的记录会随之自动变更并始终与该主机域名相对应，这一过程称为 DNS 的动态更新。启用动态更新的操作步骤如下。

步骤 1：在“DNS 管理器”窗口的目录树上，右击区域名 edu.cn，在弹出的快捷菜单中选择“属性”命令，打开“edu.cn 属性”对话框，如图 7-28 所示。在“动态更新”下拉列表中选择“非安全”选项。

> **注意：**必须是 Active Directory 集成区域才能选择“只有安全的”选项，表示只有具备权限的 DNS 客户端才可以动态更新数据。

步骤 2：在“DHCP”窗口目录树的“作用域属性”对话框的“DNS”选项卡中，选中

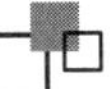

“只有在 DHCP 客户端请求时才动态更新 DNS A 和 PTR 记录”单选按钮。这样，DNS 客户端在更改主机名后可以通过“ipconfig/registerdns”命令更新 DNS 服务器上的信息。

2．根提示和转发器

当向 DNS 服务器提交一个查询请求时，如果查询的是 Internet 上的资源，则 DNS 服务器需要通过一种方式遍历 Internet 上相应的 DNS 服务器来响应 DNS 客户端的请求。DNS 服务器使用“根提示”来将 DNS 客户端的迭代查询请求转发到 Internet 上。“根提示”选项卡中包含了多台服务器，如图 7-29 所示。

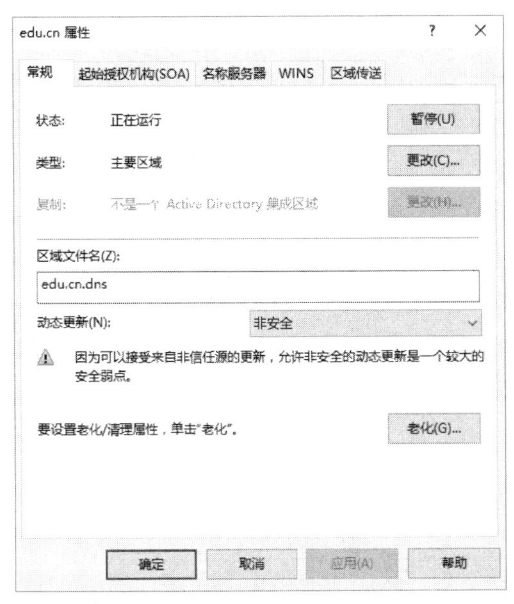

图 7-28　“edu.cn 属性”对话框

图 7-29　“根提示”选项卡

局域网中的 DNS 服务器只能解析在本地域中添加的主机，而无法解析未知的域名。因此，要实现对 Internet 中所有域名的解析，就必须将本地无法解析的域名转发给其他域名服务器。这种转发可以通过根提示实现，也可以通过 DNS 转发器实现（只有在 DNS 转发器没有配置或未响应的情况下才使用根提示）。在一般情况下，当 DNS 服务器收到 DNS 客户端的查询请求后，它将在所辖区域的数据库中寻找是否有该 DNS 客户端查询的数据。如果 DNS 服务器的区域数据库中没有该 DNS 客户端查询的数据，也就是说，在 DNS 服务器所管辖区域数据库中没有该 DNS 客户端所查询的主机名，那么该 DNS 服务器需要转向其他的 DNS 服务器进行查询。

在实际应用中，这种情况经常发生。当网络中的某台主机需要与本网络外的主机通信时，就需要向外界的 DNS 服务器进行查询。为了安全起见，只让其中一台 DNS 服务器与外界直接联系，而网络内的其他 DNS 服务器则通过这台 DNS 服务器与外界进行间接的联系，直接与外界建立联系的 DNS 服务器被称为转发器。

通过转发器，当 DNS 客户端提出查询请求时，DNS 服务器将通过转发器从外界 DNS 服务器中获取数据，并传递给 DNS 客户端。如果转发器无法查询到所需的数据，则 DNS 服务器不再向外界 DNS 服务器进行查询，而是告诉 DNS 客户端无法找到。通常企业出于安全考虑，大多会采用这种方式，DNS 服务器将完全依赖转发器。这样的 DNS 服务器又被称为从属服务器（Slave Server）。

Windows Server 2022 还支持条件转发，也就是说可以将对特定的域的查询请求转发到特定的 DNS 服务器上。有关转发器的设置如图 7-30 所示。

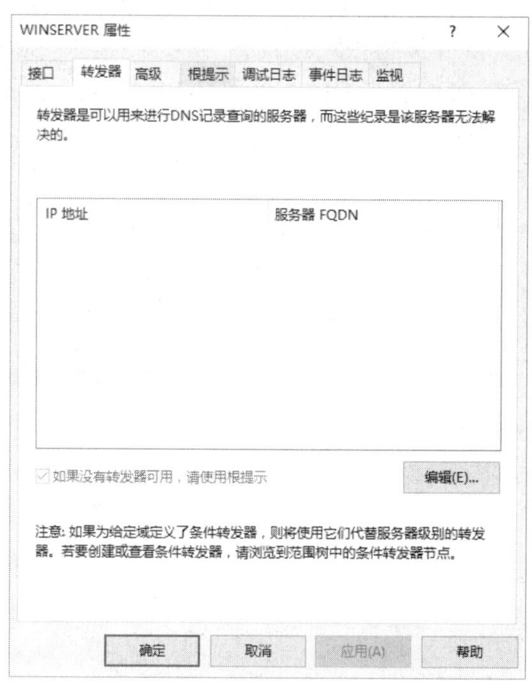

图 7-30　有关转发器的设置

7.4　项目 3：解决 DNS 应用中的常见问题

完成 DNS 服务器的安装后，有时可能会出现某些错误，导致不能正常启动服务或不能提供名称解析功能。下面是常见的 DNS 故障及排除方法。

1. 无法启动 DNS 服务器

故障原因：可能是 DNS 服务器所需的文件丢失，或者错误地修改了与服务器有关的配置信息。

解决方法：首先通过备份“%Systemroot%\system32\dns”文件夹中的区域文件，删除并重新安装 DNS 服务器，以确保可以重新启动名称解析服务。然后，在 DNS 服务器上新增正向查找区域，创建主要区域文件，将主要区域名设置为备份的区域文件名，并且设置使用现存的文件，最后将区域文件还原到 DNS 服务器上。在完成新建区域后，会在该区域看到以前创建的所有记录，用于还原 DNS 服务器。

2. DNS 服务器返回错误的结果

故障原因：可能是 DNS 服务器中的记录被修改后，DNS 服务器还未替换缓存中的内容，所以返回给 DNS 客户端的仍然是旧的名称。

解决办法：在“DNS 管理器”窗口中先选中 DNS 服务器的名称并右击，在弹出的快捷菜单中选择“清除缓存”命令，清除 DNS 服务器中的缓存内容。

3．DNS 客户端获得错误的结果

故障原因：DNS 服务器中的记录被修改后，DNS 客户端的缓存中有该记录，所有 DNS 客户端不能够使用新的名称。

解决办法：在命令提示符下输入“ipconfig/flushdns”命令，清除 DNS 客户端的缓存信息。另外，一般在 DNS 服务器上要及时进行测试，测试的类型包括简单查询和递归查询。测试的方法为右击 DNS 服务器名称，在弹出的快捷菜单中选择“属性|监视”命令，在打开的对话框中选择“对此 DNS 服务器的简单查询”选项和“对此 DNS 服务器的递归查询”选项，单击“立即测试”按钮，将会看到测试结果。

如果简单查询测试失败，则是因为没有启动 DNS 服务器。如果递归查询测试失败，则是因为没有启动 DNS 服务器或不能找到根提示进行递归查询。DNS 服务器的根提示存放在“%Systemroot%\system32\dns”的 cache.dns 文件中，如果 cache.dns 文件损坏了，则可以将 samples 文件夹中的 cache.dns 文件复制到上一层文件夹中。

对于 DNS 的故障处理，用户可以通过查看事件查看器下的“DNS 事件”来了解出现的问题，从而进行相应的排错。

实训 7

1．实训目的

熟练掌握 Windows Server 2022 DNS 服务器的应用与管理。

2．实训环境

正常的局域网；安装 Windows Server 2022（即 DNS 服务器）与 Windows 11（即 DNS 客户端）的计算机。

3．实训内容

（1）在 Windows Server 2022 中安装 DNS 服务器。

（2）管理 DNS 服务器：创建正向查找区域；创建反向查找区域；新建子域和添加主机。

（3）配置 DNS 客户端并测试名称解析服务。

（4）DNS 客户端的配置：在 Windows 11 中，打开“网络连接”窗口，右击“本地连接”，在弹出的快捷菜单中选择“属性”命令，打开“本地连接属性”对话框。在该对话框的“此连接使用下列项目”列表框中选取已安装的“Internet 协议版本 4（TCP/IPv4）”选项，单击“属性”按钮，在打开的“Internet 协议版本 4（TCP/IPv4）属性”对话框的“首选 DNS 服务器”文本框中输入 DNS 服务器的 IP 地址“192.168.10.1”。如果网络中还有其他 DNS 服务器，则在“备用 DNS 服务器”文本框中输入备用 DNS 服务器的 IP 地址，也可以在“备用 DNS 服务器”文本框中输入 Internet 上的 DNS 服务器的 IP 地址。

习题 7

1. 填空题

（1）DNS 服务器是用于存储__________、接收用户查询的计算机。

（2）DNS 是 Internet 或基于 TCP/IP 的网络中广泛使用的，主要用于提供__________的一组协议和服务。

（3）DNS 采用__________的名字管理来代替原来的集中管理。

（4）域名解析分为两种方式：__________与__________。

（5）根据 DNS 服务器对 DNS 客户端的不同响应方式，域名解析可以分为两种查询模式：__________、__________。

（6）Windows 内置了用于测试 DNS 服务器的相关命令，如__________、__________、__________等。

（7）清除 DNS 客户端的缓存信息的命令是__________。

2. 简答题

（1）Windows Server 2022 中的 DNS 服务器有什么作用？在 DNS 服务器中，如何进行域名解析？

（2）如何在 Windows Server 2022 中配置 DNS 服务器？如何在 Windows 11 中配置 DNS 客户端？

（3）什么是正向查找区域和反向查找区域？如何设置正向查找区域和反向查找区域？

第8章

动态主机配置协议（DHCP）服务管理

教学重点

- 理解动态主机配置协议（DHCP）的概念。
- DHCP 服务器的配置与管理。

在网络管理中，为客户端分配 IP 地址是网络管理员的一项复杂工作。由于每个客户端都必须拥有一个独立的 IP 地址，以免出现重复 IP 地址而引起网络冲突。如果网络规模较小，则网络管理员可以分别对每台计算机进行配置。但是，在大型网络中，管理的网络包含成百上千台计算机，那么管理客户端和分配 IP 地址的工作需要耗费大量的时间和精力，如果还是以手动方式设置 IP 地址，则不仅管理效率低，而且非常容易出错。Windows Server 2022 DHCP 服务的应用，能极大提高系统管理的工作效率，减少发生 IP 地址故障的可能性。

8.1 动态主机配置协议（DHCP）概述

8.1.1 理解 DHCP 服务

DHCP 服务为网络管理员提供了一种自动为工作站分配 IP 地址、设置 IP 相关信息的方法。DHCP 服务采用客户端/服务器的工作模式，安装 DHCP 服务组件的计算机作为 DHCP 服务器为客户端提供服务，客户端的工作站通过向 DHCP 服务器发出请求获取动态 IP 地址。DHCP 是动态主机配置协议（Dynamic Host Configuration Protocol）的简称，是一种简化计算机 IP 地址分配管理的 TCP/IP 标准协议。网络管理员可以利用 DHCP 服务器动态分配 IP 地址及进行其他相关的网络环境配置工作。DHCP 服务为管理基于 TCP/IP 的网络提供了以下优点。

- 配置安全可靠。DHCP 避免了由于需要手动在每台计算机中输入 IP 参数而引起的配置错误。DHCP 有助于防止在网络上配置新的计算机时重复使用以前指派的 IP 地址而引起的地址冲突。
- 减少配置管理。使用 DHCP 服务能够极大地缩短配置客户端的时间，可以配置服务器以便在指派地址租约时提供其他网络配置值的全部范围，如 DNS 服务器、网关等，这些值都是使用 DHCP 选项指派的。

当使用 DHCP 自动分配 IP 地址时，整个网络必须至少有一台计算机安装 DHCP 服务，即 DHCP 服务器，而客户机也必须支持自动获取 IP 地址的功能，即 DHCP 客户端。

当 DHCP 客户端启动时，会自动与 DHCP 服务器通信，并请求 DHCP 服务器将 IP 地址提供给 DHCP 客户端，而 DHCP 服务器接收到 DHCP 客户端的请求后，会依据 DHCP 服务器的配置决定如何提供 IP 地址。

如果 DHCP 服务器配置不当、设置有问题，则会影响网络中所有 DHCP 客户端的正常工作。另外，如果网络中只有一台 DHCP 服务器，一旦发生故障，则所有 DHCP 客户端都将无法获取 IP 地址，也无法释放已有的 IP 地址，从而导致网络故障。针对这种情况，可以在一个网络中配置两台以上的 DHCP 服务器，当其中一台 DHCP 服务器失效时，由另一台 DHCP 服务器提供服务，从而不会影响网络的正常运行。如果要在由多个网段（子网）组成的网络中使用 DHCP，就需要在每个网段分别安装一台 DHCP 服务器，以保证路由器具有跨网段广播的功能（即路由器需要支持 RFC1542）。

8.1.2 理解 DHCP 服务的工作过程

DHCP 客户端使用两种不同的工作过程：开机初始化过程和刷新过程，与 DHCP 服务器通信并获取 TCP/IP 配置。当 DHCP 客户端首次启动并尝试加入网络时，执行的是初始化过程，而在 DHCP 客户端已拥有 IP 地址租用之后将执行刷新过程。

1. 开机初始化过程

当 DHCP 客户端首次启动时，会自动执行初始化过程以便从 DHCP 服务器获取 IP 地址租用，其工作过程如图 8-1 所示，主要分为以下 4 个步骤。

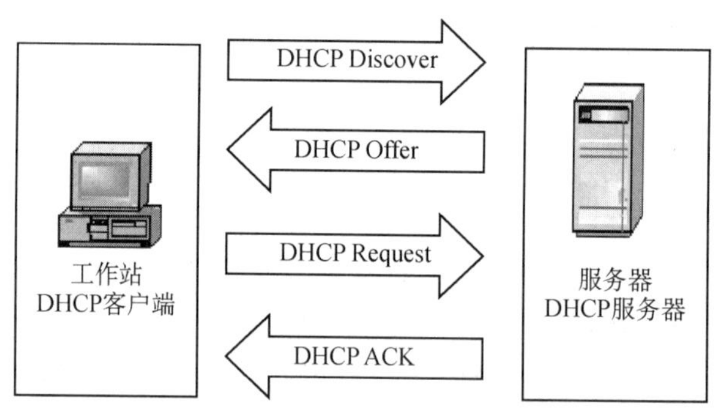

图 8-1 DHCP 服务的工作过程

步骤 1：DHCP 客户端发送 DHCP Discover 消息。当 DHCP 客户端被设置为自动获取 IP 地址时，它既不知道自己的 IP 地址，也不知道 DHCP 服务器的 IP 地址，它会使用 0.0.0.0 作为自己的 IP 地址，255.255.255.255 作为目标地址，发送 DHCP Discover 消息。此消息还包含了 DHCP 客户端网卡的 MAC 地址和 NetBIOS 名称，因此 DHCP 服务器能够确定是哪台 DHCP 客户端发送的请求。当发送第一个 DHCP Discover 消息后，DHCP 客户端将等待 1 秒，如果在此期间没有得到 DHCP 服务器的应答，则 DHCP 客户端分别在第 9 秒、第 13

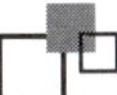

秒、第 16 秒时重复发送 DHCP Discover 消息。如果仍没有得到 DHCP 服务器的应答，则 DHCP 客户端再隔 5 分钟广播一次，直到得到应答为止。

同时，Windows 10/11 客户端将从 Microsoft 保留 IP 地址段中选择一个自动私有地址（Automatic Private IP Address，APIPA）作为自己的 IP 地址。自动私有 IP 地址的范围是 169.254.0.1～169.254.255.254。当自动私有 IP 地址在 DHCP 服务器不可用时，DHCP 客户端之间仍然可以利用自动私有 IP 地址进行通信。所以，即使在网络中没有 DHCP 服务器，计算机之间仍然可以通过网上邻居发现彼此。

步骤 2：DHCP 服务器发送 DHCP Offer 消息。当网络中的 DHCP 服务器收到 DHCP 客户端的 DHCP Discover 消息后，将从地址池中选取一个未出租的 IP 地址并利用广播方式提供给 DHCP 客户端。由于 DHCP 客户端还没有合法的 IP 地址，因此该消息仍然使用 255.255.255.255 作为目标地址。在没有将该 IP 地址正式租用给 DHCP 客户端之前，这个 IP 地址会暂时被保留起来，以免分配给其他的 DHCP 客户端。DHCP 服务器发送的 DHCP Offer 消息为 DHCP 客户端提供了需要的相关参数，包括 DHCP 客户端的硬件地址、IP 地址、子网掩码和租用期限。

如果网络中有多台 DHCP 服务器，它们都会收到 DHCP 客户端的 DHCP Discover 消息，同时这些 DHCP 服务器都向 DHCP 客户端广播了一个 DHCP Offer 消息，则 DHCP 客户端将从收到的一个应答消息中获取 IP 地址及其配置。

步骤 3：DHCP 客户端以广播方式发送 DHCP Request 消息。一旦收到第一个由 DHCP 服务器提供的 DHCP Offer 消息后，DHCP 客户端将以广播的方式向网络中所有的 DHCP 服务器发送 DHCP Request 信息。这样，既通知了所选择的 DHCP 服务器，也通知了其他没有被选择的 DHCP 服务器，以便这些 DHCP 服务器释放原本保留的 IP 地址以供其他 DHCP 客户端使用。DHCP Request 消息仍然使用广播的方式，原地址为 0.0.0.0，目标地址为 255.255.255.255，在消息中包含了所选择的 DHCP 服务器的地址。

步骤 4：DHCP ACK 消息的确认。一旦被选择的 DHCP 服务器接收到 DHCP 客户端的 DHCP Request 消息后，就将已保留的 IP 地址标识为已租用，并以广播方式向 DHCP 客户端发送一个 DHCP ACK 消息。该 DHCP 客户端在接收到 DHCP ACK 消息后，就使用该消息提供的相关参数来配置 TCP/IP 属性并加入网络。

2. DHCP 租约的更新与释放

DHCP 租约是 DHCP 服务器为工作站分配 IP 地址时为其设置的一个租期。DHCP 客户端租用到 IP 地址后，不可能长期占用，当租期超过一半时，工作站必须向 DHCP 服务器续租。IP 地址可以被自动更新，也可以被手动更新。

（1）IP 地址的自动更新。DHCP 客户端在其租期已超过一半时，自动尝试更新它的租约。为了尝试更新租约，DHCP 客户端以广播的方式直接向它获取租用的 DHCP 服务器发送一个 DHCP Request 消息。如果该 DHCP 服务器可用，则更新租约（即 DHCP 客户端开始一个新的租用周期），并给该 DHCP 客户端发送一个 DHCP ACK 消息，其中包含新的租约期限和已经更新的配置参数。如果 DHCP 服务器暂时不可使用，则 DHCP 客户端可以继续使用原来的 IP 地址及其配置，但是该 DHCP 客户端需要在租期达到 87.5%时，再次利用广播方式向其他 DHCP 服务器发送一个 DHCP Request 消息，以便找到一台可以继续提供租用的 DHCP 服务器。如果仍然续租失败，则该 DHCP 客户端会立即放弃正在使用的 IP 地址，以便重新从 DHCP 服务器获取一个新的 IP 地址。

在以上过程中，当续租失败时，DHCP 服务器将会给该 DHCP 客户端发送一个 DHCP ACK 消息，DHCP 客户端在收到 DHCP ACK 消息后，说明该 IP 地址已经无效或被其他的 DHCP 客户端使用。

> **提示：** 当 DHCP 客户端重新启动时，不管 IP 地址的租期有没有到期，都会自动以广播方式向网络中所有 DHCP 服务器发送 DHCP Discover 消息，请求继续使用原来的 IP 地址信息。

（2）IP 地址的手动更新。使用“ipconfig”命令可以对 IP 地址进行手动更新。这个命令可以向 DHCP 服务器发送一个 DHCP Request 消息，既可以用于更新配置选项和更新租用时间，也可以用于释放已分配给 DHCP 客户端的 IP 地址。

- 使用“ipconfig /renew”命令更新现有 DHCP 客户端的配置或获取新配置。在 Windows 10 的客户端计算机上选择“开始|Windows 系统|命令提示符”命令，在命令提示符下输入“ipconfig/renew”命令。
- 使用“ipconfig /all”命令可以看到 IP 地址及其他相关配置。
- 使用“ipconfig/release”命令可以立即释放主机的当前 DHCP 配置，DHCP 客户端的 IP 地址及子网掩码均变为 0.0.0.0，其他的配置（如网关等）都将被释放。

> **注意：** 以上“ipconfig”命令在运行之前需要对 DHCP 服务器进行配置。

8.2 项目 1：DHCP 服务器的配置与管理

安装 DHCP 服务器的计算机，必须是运行 Windows Server 2022 服务器版本的操作系统。运行 DHCP 服务器的计算机的 IP 地址必须是静态的（即 IP 地址、子网掩码、子网掩码、默认网关等信息是手动输入的）。另外，要事先规划好出租给 DHCP 客户端所用的 IP 地址池（即 IP 作用域、范围）。

8.2.1 任务 1：安装 DHCP 服务器

在 Windows Server 2022 中安装 DHCP 服务器的操作步骤如下。

步骤 1：在“服务器管理器”窗口中打开“添加角色和功能向导”对话框，勾选“角色”列表框中的“DHCP 服务器”复选框，如图 8-2 所示。

步骤 2：单击“下一步”按钮，提示添加 DHCP 服务器所需的功能工具，添加后单击“下一步”按钮，打开如图 8-3 所示的“DHCP 服务器”对话框，提示安装 DHCP 服务器之前，应当规划子网、作用域等信息，也就是要保证即将安装的 DHCP 服务器使用静态 IP 地址，这与安装 DNS 服务器的要求是一致的。

步骤 3：单击“下一步”按钮，显示“确认安装”选项，单击“安装”按钮即可开始安装 DHCP 服务器。完成安装后，需要进行如图 8-4 所示的 DHCP 服务器配置。

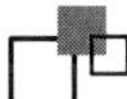

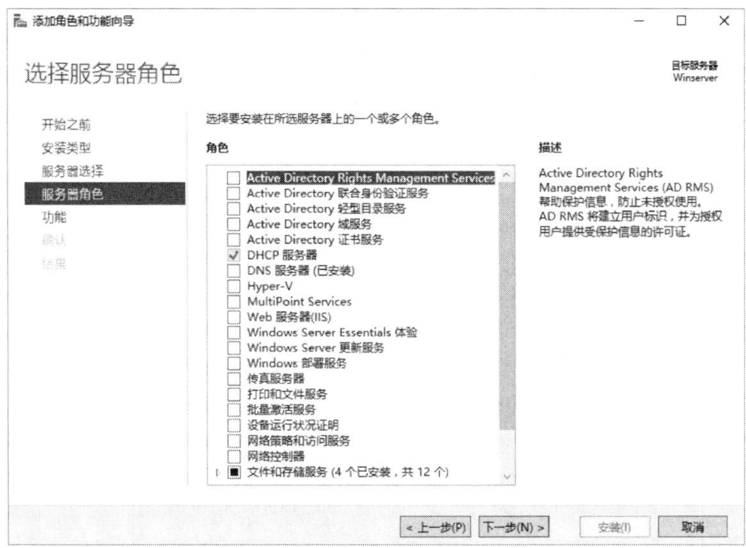

图 8-2　勾选“DHCP 服务器”复选框

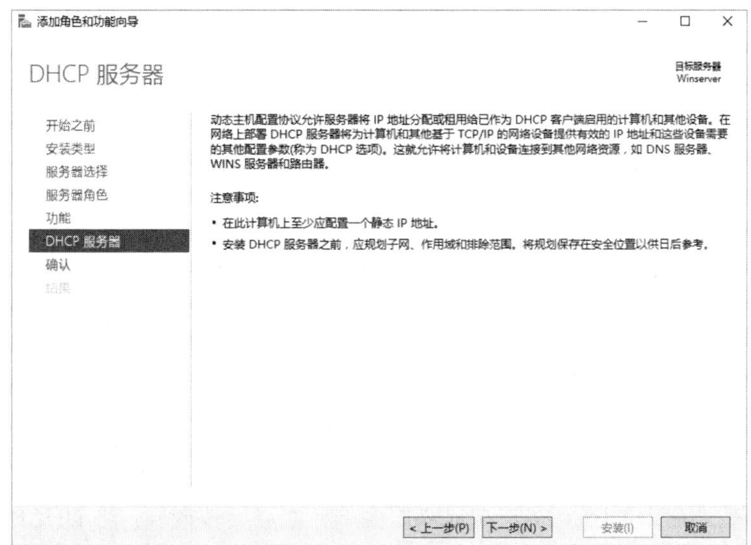

图 8-3　“DHCP 服务器”对话框

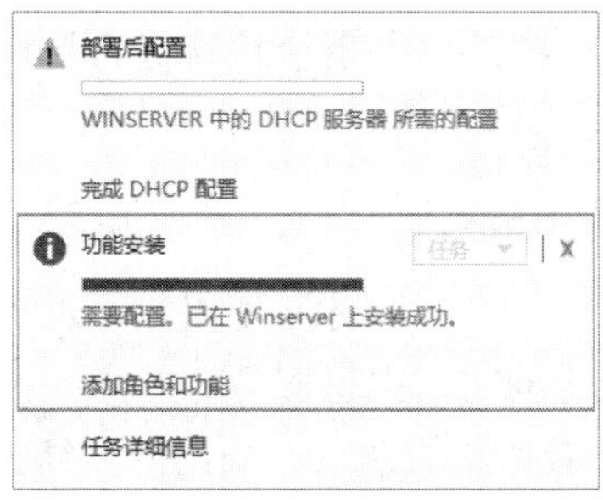

图 8-4　DHCP 服务器配置

选择用来给这台服务器授权的用户账户，必须是隶属于 Enterprise Administrators 组的成员，只有他们才能有权限执行授权工作，这里登录用户已经是 Administrator 账户身份，(如果 DHCP 服务器没有安装 AD 服务，则“描述”对话框会有所不同)，如图 8-5 所示。

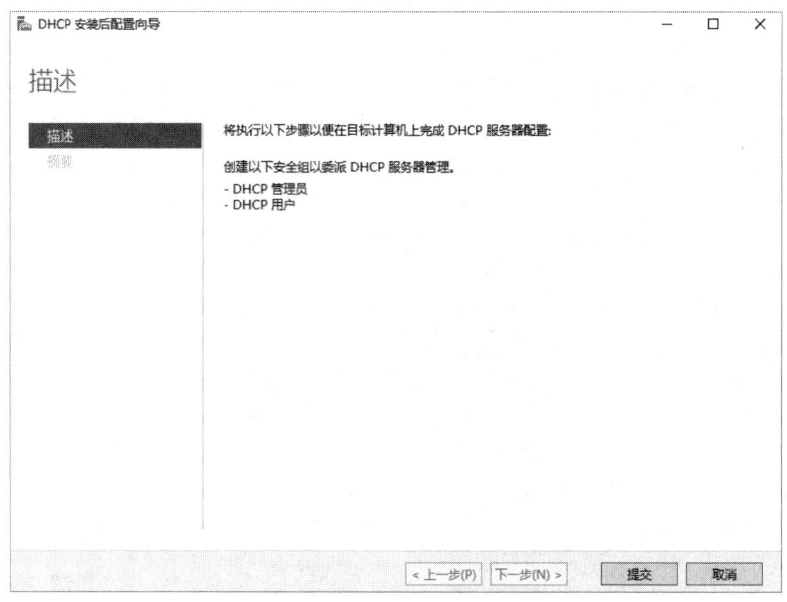

图 8-5 “描述”对话框

8.2.2 任务 2：DHCP 服务器的授权

DHCP 服务器安装完以后，并不会立即对 DHCP 客户端提供服务，还必须经过一个“授权（authorize)”步骤。如果 DHCP 服务器配置错误或未经授权就为网络中的用户分配 IP 地址，则可能会产生问题。如果启动了未经授权的 DHCP 服务器，则会使得 DHCP 客户端租用不正确的 IP 地址或否认尝试更新 DHCP 客户端租用的当前地址。

为了避免因某些 DHCP 服务器配置不当而引发的错误地址租用问题，可以采取对 DHCP 服务器进行授权的方法来确认权威服务器，未经授权的 DHCP 服务器在基于活动目录的域环境中是不能为 DHCP 客户端提供服务的。如果要被授权，则 DHCP 服务器必须安装在域控制器或成员服务器上，如果将 DHCP 服务器安装在未加入域的 Windows Server 2022 上，则 DHCP 服务器不能被授权，而且不会运行。需要注意的是，运行在 Windows Server 2022 以上域环境中的 DHCP 服务器会检查是否被授权，而运行在工作组环境中的 DHCP 服务器即使没有被授权也仍可正常工作。

1. 如何检测未经授权的服务器

在 Windows Server 2022 中，DHCP 服务器使用如下过程来检测当前在相同网络上运行的其他 DHCP 服务器，决定是否向它们提供服务。

在活动目录中创建 DHCP 服务器的对象，列出向网络提供 DCHP 服务的服务器 IP 地址列表。当一台 DHCP 服务器启动时，使用本网广播方式（255.255.255.255）向本地网络发送 DHCP 消息（DHCPINFORM）请求，活动目录被查询，请求服务器的 IP 地址和授权 DHCP 服务器的列表进行匹配。如果匹配，则此服务器被认为是授权的 DHCP 服务器，并

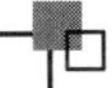

运行完成启动操作。反之，此 DHCP 服务器被认为是未经授权的，DHCP 服务自动关闭并在事件日志中记录一条“错误”事件。

2．在活动目录中授权给 DHCP 服务器

想要对 DHCP 服务器进行授权，用户必须是 Enterprise Administrators 组的成员或是已被委派的对 DHCP 服务器进行授权的用户账户。对 DHCP 服务器进行授权的操作步骤：选择“开始|Windows 管理工具|DHCP”命令，打开“DHCP”窗口，右击目录树中的“DHCP”，在弹出的快捷菜单中选择“管理授权的服务器”命令，打开如图 8-6 所示的“管理授权的服务器”对话框，在该对话框中即可对 DHCP 服务器进行授权。

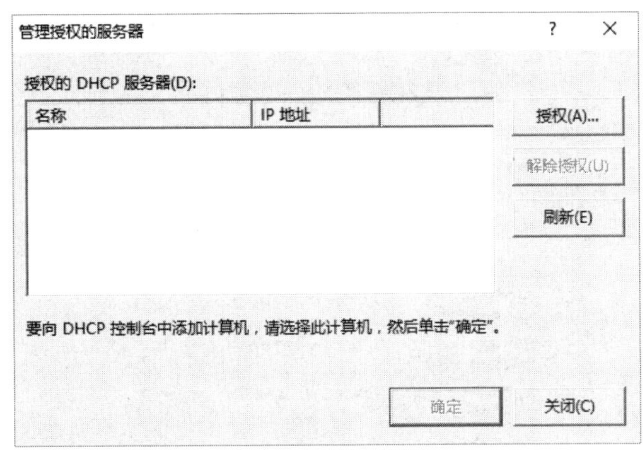

图 8-6　“管理授权的服务器”对话框

8.2.3　任务 3：创建和管理作用域

作用域是网络上 IP 地址的完整连续范围。作用域通常定义为网络中接受 DHCP 服务的单个物理子网。作用域还为网络上的客户端提供服务器对 IP 地址及任何相关配置参数的分发和指派进行管理的主要方法。

DHCP 服务器 IP 作用域（IP Scope）是指一个合法的 IP 地址范围，用于向特定子网上的 DHCP 客户端出租（分配）IP 地址。在 DHCP 服务器上配置一个 IP 作用域，用于确定 IP 地址池，可以将这些 IP 地址指定给 DHCP 客户端。

> **提示：**IP 作用域可用于对使用 DHCP 服务的计算机进行管理性分组。

1．创建作用域

用户可以利用“DHCP”命令创建作用域，操作步骤如下。

步骤 1：打开“DHCP”窗口，如图 8-7 所示，右击“IPv4”选项，在弹出的快捷菜单中选择“新建作用域”命令，如图 8-8 所示。

步骤 2：打开“新建作用域向导”对话框，单击“下一步”按钮，打开“作用域名称”对话框。在“名称”文本框中输入作用域的名称“sub_192.168.10”，在“描述”文本框中添加辅助说明文字（此处暂时不添加），如图 8-9 所示。

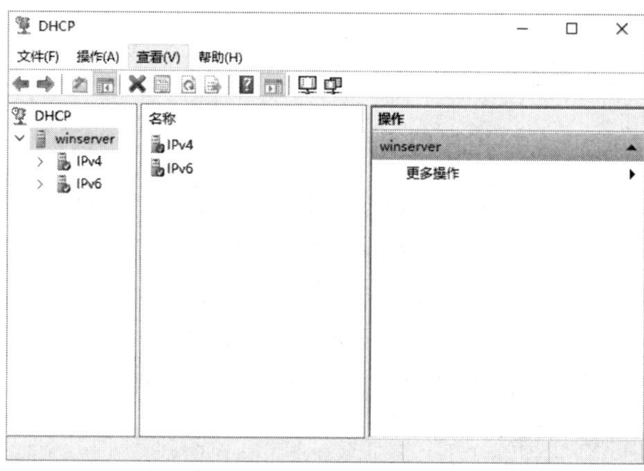

图 8-7 “DHCP”窗口

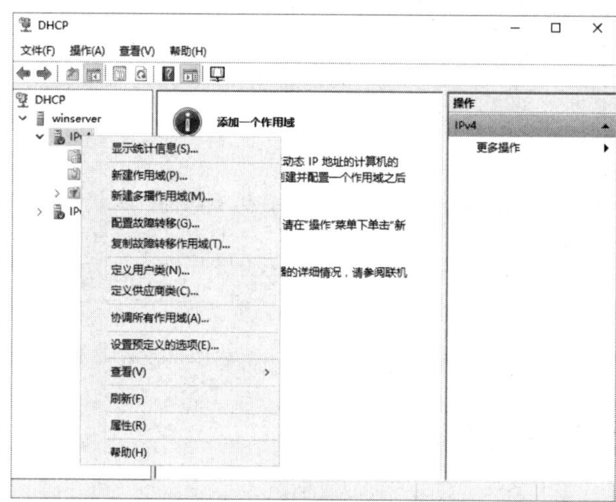

新建作用域向导

作用域名称
你必须提供一个用于识别的作用域名称。你还可以提供一个描述(可选)。

键入此作用域的名称和描述。此信息可帮助你快速识别该作用域在网络中的使用方式。

名称(A): sub_192.168.10

描述(D):

< 上一步(B) 下一步(N) > 取消

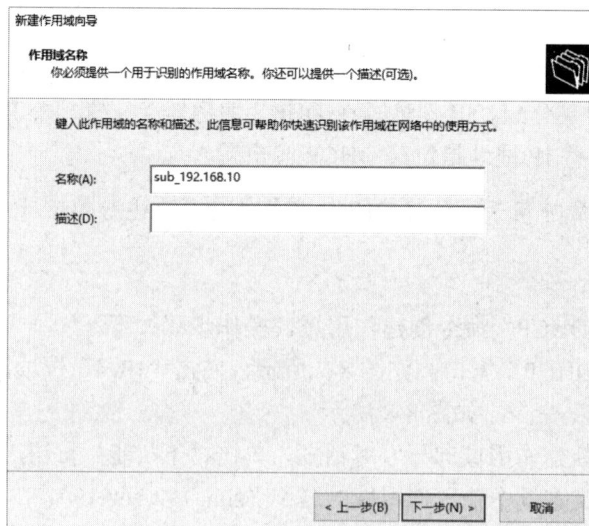

图 8-9 设置“作用域名称”对话框

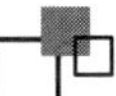

步骤 3：单击“下一步”按钮，在打开的“IP 地址范围”对话框中输入作用域的“起始 IP 地址”和“结束 IP 地址”分别为“192.168.10.150”和“192.168.10.200”，在“子网掩码”文本框中输入“255.255.255.0”，也可以直接输入子网掩码“长度”为“24”，如图 8-10 所示。

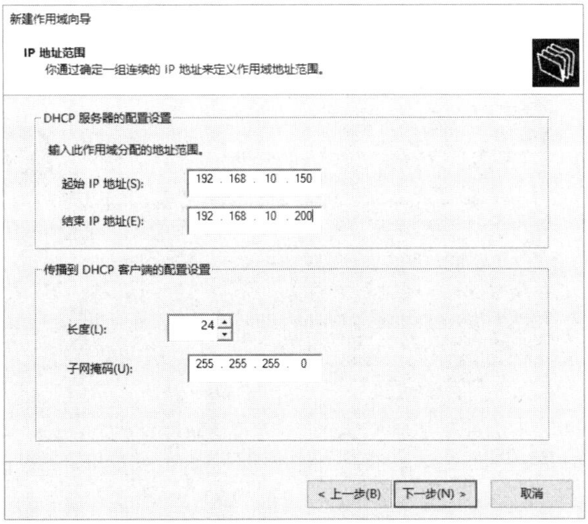

图 8-10 指定 IP 地址范围

步骤 4：单击“下一步”按钮，打开“添加排除和延迟”对话框，如图 8-11 所示。假如不想将 IP 地址作用域中的某些地址分配给 DHCP 客户端，则可以在“起始 IP 地址”文本框与“结束 IP 地址”文本框中分别输入这段地址的起止范围，单击“添加”按钮，将其添加到“排除的地址范围”列表中（例如，将 192.168.10.160～192.168.10.169 共 10 个 IP 地址排除在作用域之外）。重复以上操作，可以添加若干个排除 IP 地址。如果还包含其他排除地址，则可以按类似方法继续操作。

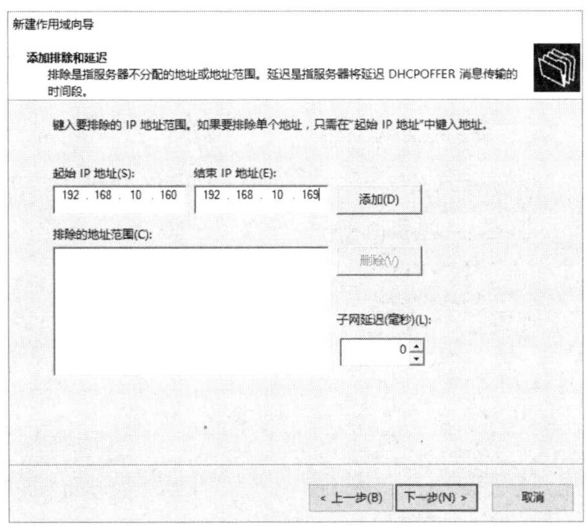

图 8-11 “添加排除和延迟”对话框

提示：如果只排除单个 IP 地址，则在“起始 IP 地址”文本框中输入 IP 地址即可。

步骤 5：单击“下一步”按钮，打开“租用期限”对话框，如图 8-12 所示，租用期限默认为 8 天。对于台式计算机较多的网络来说，租用期限可以设置得长一些，有利于提高网络的传输效率，而对于笔记本电脑较多的网络来说，租用期限相对短一些更有利于计算机及时获取新的 IP 地址。由于 DHCP 在分配 IP 地址时会产生大量的广播数据包，而且租用期限太短，广播会变得频繁，从而降低网络的传输效率，因此应该选择租用期限相对较长的设置。

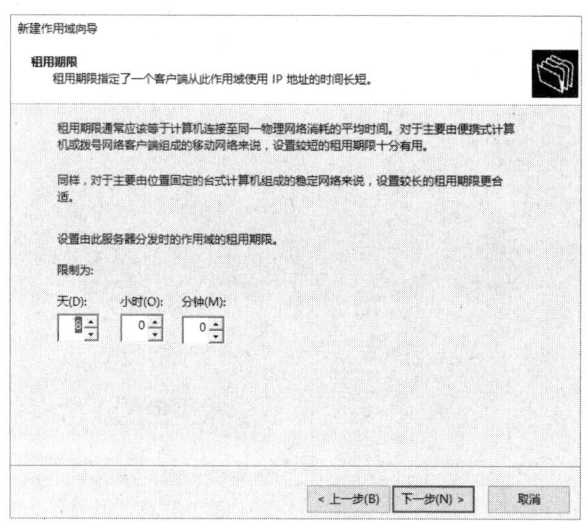

图 8-12 “租用期限”对话框

步骤 6：单击“下一步”按钮，打开“配置 DHCP 选项”对话框。DHCP 服务器除了可以分配 IP 地址，还可以为 DHCP 客户端配置 DNS、WINS 服务器及默认网关等参数。在“配置 DHCP 选项”对话框中，选中“是，我想现在配置这些选项”单选按钮，如图 8-13 所示，单击“下一步”按钮。

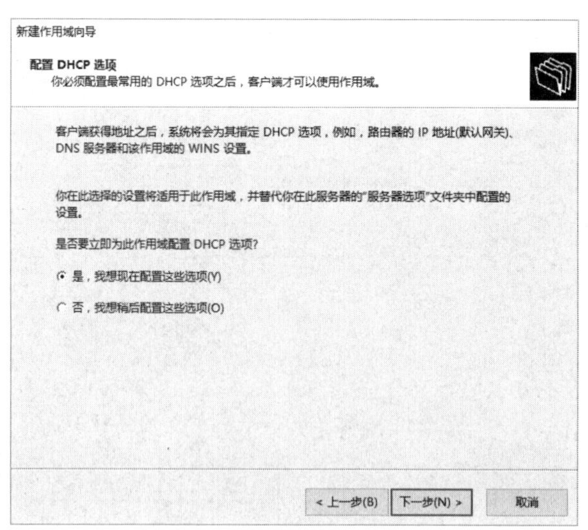

图 8-13 选中“是，我想现在配置这些选项”单选按钮

步骤 7：打开“路由器（默认网关）”对话框，如图 8-14 所示，在“IP 地址”文本框中

输入默认网关的 IP 地址，单击“添加”按钮。这里可以按同样方法添加多个默认网关 IP 地址。如果设置多个默认网关 IP 地址，则后者 IP 地址较前者优先使用。设置完之后，单击“下一步”按钮。

图 8-14　“路由器（默认网关）”对话框

> **提示：** 如果采用代理共享接入 Internet，则代理服务器的内部 IP 地址是默认网关；如果采用路由器接入 Internet，则路由器以太网口的 IP 地址是默认网关；如果将局域网划分为 VLAN，则 VLAN 的 IP 地址是默认网关。

步骤 8：打开如图 8-15 所示的“域名称和 DNS 服务器”对话框。在“父域”文本框中输入申请的域名“edu.cn”，并在“IP 地址”文本框中输入 DNS 服务器的 IP 地址“192.168.10.1”，单击“添加”按钮即可。也可以在 IP 地址栏中输入多个 DNS 服务器的 IP 地址，这样，当第一个 DNS 服务器发生故障后，仍然能实现 DNS 解析。

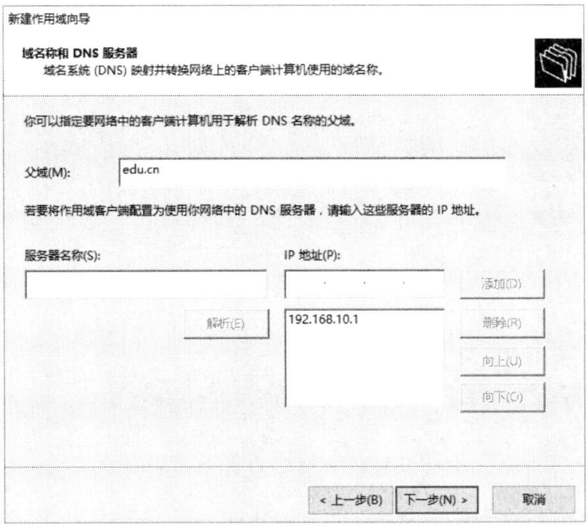

图 8-15　“域名称和 DNS 服务器”对话框

步骤 9：单击“下一步”按钮，打开“WINS 服务器”对话框。如果在网络中安装了 WINS 服务器，则在“IP 地址”文本框中输入 WINS 服务器的 IP 地址“192.168.0.1”，单击“添加”按钮；否则，保持文本框为空。单击“下一步”按钮。

步骤 10：在如图 8-16 所示的“激活作用域”对话框中，选中“是，我想现在激活此作用域”单选按钮，激活该 DHCP 服务器，为网络提供 DHCP 服务。

图 8-16 “激活作用域”对话框

注意：DHCP 服务器必须在激活作用域后才能提供 DHCP 服务。

步骤 11：单击“下一步”按钮，显示正在完成新建作用域。成功完成 DHCP 服务器的创建后，单击“完成”按钮，结束在 DHCP 服务器中添加作用域的操作。

2. 配置作用域

成功创建作用域后，在“DHCP”窗口中出现新添加的 IP 作用域，如图 8-17 所示。

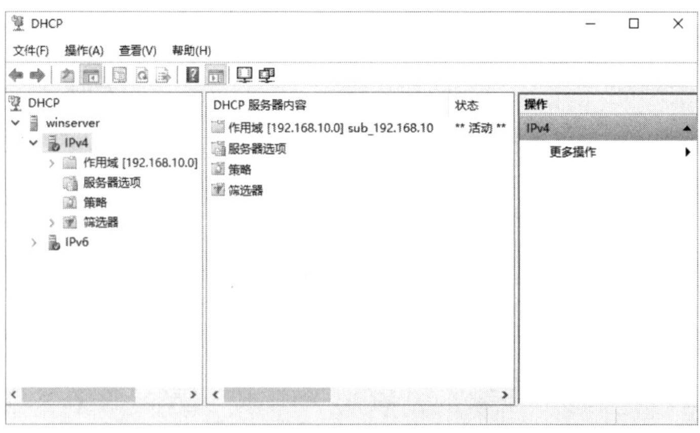

图 8-17 新添加的 IP 作用域

“DHCP”窗口的目录树中的作用域包括地址池、地址租用、保留、作用域选项、策略 5 个设置项。下面介绍前 4 个设置项。

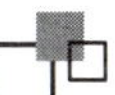

- 地址池：用于查看、管理作用域的有效地址范围和排除地址。
- 地址租用：用于查看、管理当前的地址租用情况。如果已有客户租用了地址，则在地址租用中可以看到。
- 保留：用于添加、删除特定保留的 IP 地址。
- 作用域选项：用于查看、管理当前作用域提供的选项类型及其设置。

（1）停止、激活和删除作用域。作用域安装完后，默认为启用状态，如果要想停止作用域，则在“DHCP”窗口中选择作用域并右击，在弹出的快捷菜单中选择“停用”命令即可停止作用域，如图 8-18 所示。

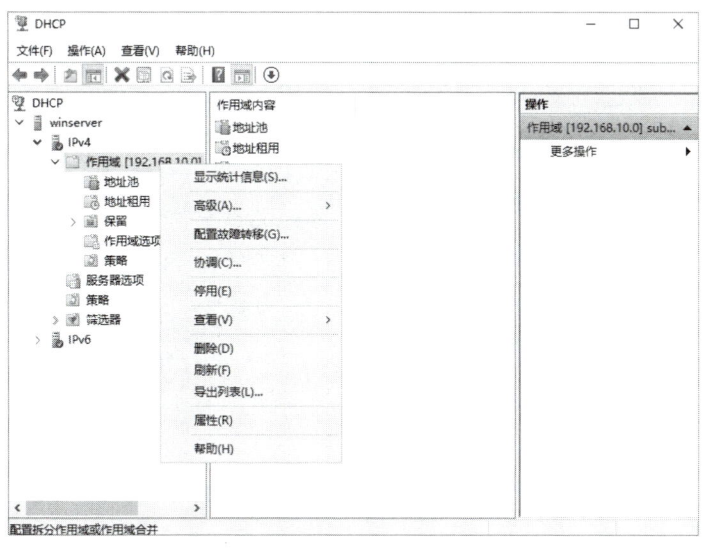

图 8-18 作用域的停止操作

对于已经停止的作用域会在作用域出现一个红色的向下箭头图标。同时图 8-18 中快捷菜单中的命令“停用”将改为“激活”，使用“激活”命令将会重新激活作用域。如果要删除作用域，则只需要在快捷菜单中选择“删除”命令即可。

（2）更改作用域相关选项。作用域创建后，可以更改作用域的相关选项。如果想要更改作用域的地址范围及租用期限，则右击作用域，在弹出的快捷菜单中选择“属性”命令，在打开的“作用域属性”对话框的“常规”选项卡中可以更改作用域名称、作用域的起始 IP 地址和结束 IP 地址，还可以更改 DHCP 客户端的租用期限，如图 8-19 所示。“作用域属性”对话框中还有一个“DNS”选项卡。DHCP 与 DNS 服务器可以集成在一起工作，当 DHCP 服务器某个 IP 地址分配给 DHCP 客户端之后，也会一起向 DNS 注册该 IP 地址和 DHCP 客户端的计算机名称。

（3）配置 DHCP 客户端的保留功能。有时需要给某些 DHCP 客户端设置固定的 IP 地址。例如，DNS 服务器需要固定的 IP 地址为它们的客户端服务，这可以通过 DHCP 服务器提供的保留功能来实现。DHCP 服务器的保留功能可以将特定的 IP 地址分配给特定的 DHCP 客户端使用。也就是说，当 DHCP 客户端每次向 DHCP 服务器请求获取 IP 地址或更新 IP 地址的租用时，DHCP 服务器就会给该 DHCP 客户端分配一个相同的 IP 地址。配置保留 IP 地址的操作步骤如下。

步骤 1：在“DHCP”窗口的欲设置保留 IP 地址的作用域中，右击“保留”选项，在弹出的快捷菜单中选择“新建保留”命令。打开如图 8-20 所示的“新建保留”对话框，分别输入相关内容。

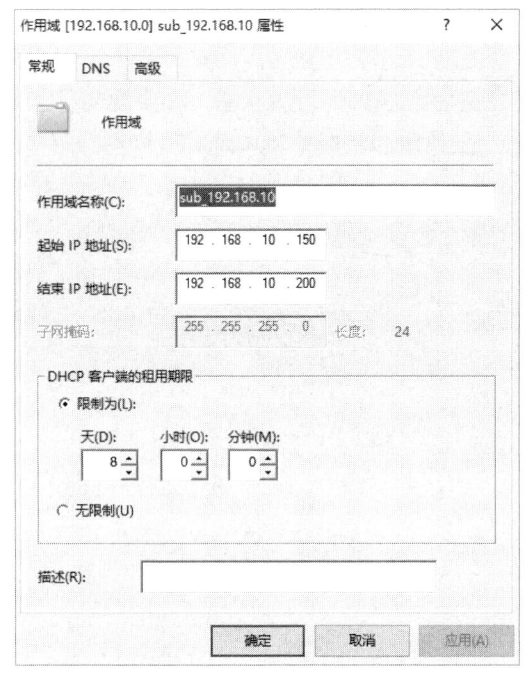

图 8-19　更改作用域相关选项

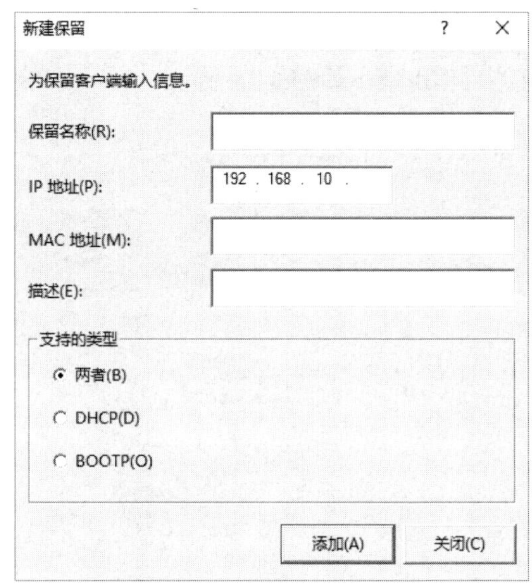

图 8-20　“新建保留”对话框

- 保留名称：用于标识 DHCP 客户端的名称，它既可以是 DHCP 客户端的真实名称，也可以是自定义名称。
- IP 地址：用于输入要保留给该 DHCP 客户端的 IP 地址。
- MAC 地址：用于输入 DHCP 客户端网卡的 MAC 地址。该网卡的 MAC 地址可以在 DHCP 客户端使用“ipconfig/all”命令查询。
- 描述：用于输入一些辅助说明文字。
- 支持的类型：用于设置 DHCP 客户端是否必须支持 DHCP 服务。其中“BOOTP”选项是针对早期的无盘工作站设计的。因为无盘工作站没有本地的磁盘，无法在本地存放用于系统启动的信息。因此，它必须利用 BOOTP 功能使这些 DHCP 客户端远程登录 DHCP 服务器，并从 DHCP 服务器上获得启动信息，完成系统的启动过程。如果 DHCP 客户端以无盘工作站方式工作，则选中“BOOTP”单选按钮；否则选中“DHCP”单选按钮；也可以选中支持两者的“两者”单选按钮。

步骤 2：单击“添加”按钮，返回“DHCP”窗口，将 IP 地址分配给 DHCP 客户端。

重复上述操作，可以为多台计算机保留 IP 地址。配置结束后，单击“关闭”按钮，返回“DHCP”窗口，即可显示设置结果。

3. 配置 DHCP 选项

在创建作用域时，除了指派一些基本的 TCP/IP 参数（如 DHCP 客户端的 IP 地址、子

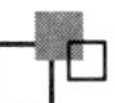

网掩码等），还可以为 DHCP 客户端指派其他的参数，如默认网关、DNS 服务器等，这些功能可以使用 DHCP 选项来实现，那么在创建作用域时如何同时配置作用域选项呢？

在 Windows Server 2022 中，除了有作用域选项（作用域选项只对指定作用域的 DHCP 客户端有效），还有服务器选项。服务器选项应用默认 DHCP 服务器的所有作用域和 DHCP 客户端或它们所继承的 DHCP。作用域选项的优先级高于服务器选项的优先级。例如，一个 DHCP 客户端同时定义了两个级别的选项，服务器级别的“003 路由器”选项值为“192.168.10.200”，而作用域级别的“003 路由器”选项值为“192.168.10.1”，由于作用域级别的 DHCP 选项优先级高于服务器级别的 DHCP 选项优先级，因此最终 DHCP 客户端的“003 路由器”选项值为“192.168.10.1”。

8.2.4　任务 4：配置 DHCP 客户端

如果想要计算机通过 DHCP 服务器动态获取 IP 地址、网关、DNS 服务器地址，则只需对 TCP/IP 进行简单的配置即可。在 Windows 11 中配置 DHCP 客户端的操作步骤如下。

步骤 1：在“控制面板”窗口（Windows 11 默认桌面不显示“控制面板”，可以通过右击“桌面|个性化|主题|桌面图标设置”命令添加“控制面板”）中选择“网络和 Internet 连接”选项，单击“网络连接”选项，选择“本地连接”选项，打开“本地连接属性”对话框。

步骤 2：勾选“Internet 协议版本 4（TCP/IPv4）”复选框，单击“属性”按钮，在打开的“Internet 协议版本 4（TCP/IPv4）属性”对话框中选中“自动获得 IP 地址”单选按钮，如图 8-21 所示。如果想要从 DHCP 服务器获取 DNS 服务器地址，则选中“自动获得 DNS 服务器地址”单选按钮，单击“确定”按钮。返回“本地连接属性”对话框，单击“确定”按钮。

图 8-21　“Internet 协议版本 4（TCP/IPv4）属性”对话框

设置完成后，可以在“命令提示符”窗口中执行“ipconfig/all”命令查看 DHCP 客户端所获取的 IP 地址设置。

8.3 项目 2：DHCP 服务器的其他应用

8.3.1 任务 1：创建超级作用域

超级作用域（Super Scope）是作用域的管理集合，用于支持同一物理子网上的多个逻辑 IP 子网。如果一个实体网络内的计算机数量较多，以至于一个 Network ID 所提供的 IP 地址不够用，则可以采用以下方法来解决。

- 利用路由器将这个网络切割成多个实体子网，给每一个子网分配一个 Network ID。
- 给这个实体网络直接提供多个 Network ID，让不同的计算机有不同的 Network ID，也就是实体网络上的这些计算机还是在同一个网段内，但是逻辑上它们隶属于不同的网络。

创建超级作用域的操作步骤如下。

步骤 1：打开“DHCP”窗口。

步骤 2：右击目录树中适用的 DHCP 服务器的 IP 类型节点，在弹出的快捷菜单中选择“新建超级作用域”命令。

步骤 3：在打开的“新建超级作用域向导”对话框的“名称”文本框中输入超级作用域的名称。

步骤 4：单击“下一步”按钮，在“可用作用域”列表中选择一个或多个作用域并添加到超级作用域中。

步骤 5：单击“下一步”按钮，确定无误后，单击“完成”按钮，超级作用域创建完成。

8.3.2 任务 2：DHCP 中继代理的应用

通过前面介绍的 DHCP 的工作方式，应该知道 DHCP 是一种广播服务，所以当面对一个包含多个子网的环境时，应该仔细考虑如何配置 DHCP 服务器，这就是 DHCP 中继代理的应用。

在大型网络（包含多个子网）环境中，路由器将各个子网隔开，通常将路由器配置为不向其他子网转发广播消息。然而，DHCP 是一种基于广播的服务。因此，除非将 DHCP 配置为在一个多子网环境中工作，否则 DHCP 通信将只限于在单个子网中。

在一个路由网络中，可以利用以下 3 种方法来配置 DHCP 功能。

方法一：各个子网上至少包含一个 DHCP 服务器。这种方法为各种子网提供了 DHCP 功能。然而，它需要提供日常管理方面的开销，原因在于增加了设备，并且需要在每一个 DHCP 服务器上配置作用域。除此之外，还应该在每个子网上配置至少两台 DHCP 服务器，以实现容错功能。

方法二：配置一个兼容 RFC1542 的路由器。兼容 RFC1542 的路由器用于在子网之间

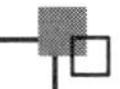

转发 DHCP 消息。如果兼容 RFC1542 的路由器配置了 BOOTP 转发功能，则会有选择地向另一个子网转发广播数据包，但不会转发其他广播数据包。虽然对于在各个子网上利用 DHCP 服务器来说，这一方法的效果很好，但是它可能是一种比较复杂的路由器配置方案，而且 DHCP 通信要跨越多个子网，速度较慢。

方法三：在没有 DHCP 服务器的子网上配置一个 DHCP 中继代理。DHCP 中继代理（DHCP Relay Agent）是一台监听 DHCP 客户端的 DHCP/BOOTP 广播包，并将这些广播包中继到不同子网的 DHCP 服务器上的一台计算机或路由器。也就是说，在本地子网上，DHCP 中继代理截获 DHCP 客户端的地址请求广播消息，并将这些消息转发到另一个子网上的 DHCP 服务器。该 DHCP 服务器先利用一个定向的数据包对该中继代理做出响应，然后该中继代理将这一回应广播到本地子网中，供发出地址请求的 DHCP 客户端使用。DHCP 中继代理工作过程如图 8-22 所示。

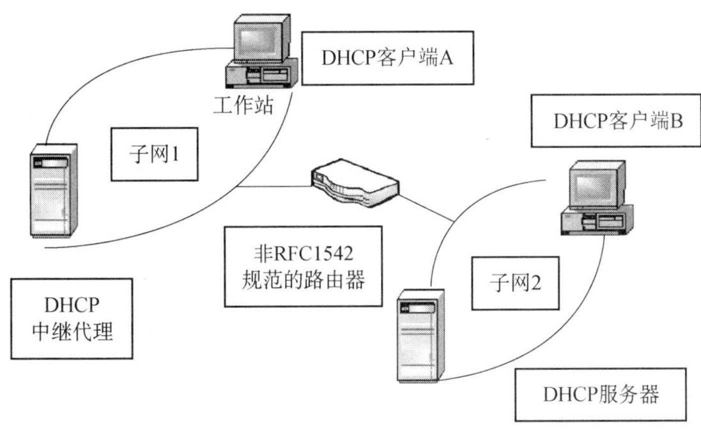

图 8-22　DHCP 中继代理工作过程

1. DHCP 中继代理的工作过程

DHCP 中继代理的工作过程如下。

（1）DHCP 客户端 A 广播一个 DHCP 消息。由于路由器不支持广播，因此只有“子网 1”能监听到广播包。

（2）DHCP 中继代理监测到广播包并将其转发给“子网 2”的 DHCP 服务器。

（3）DHCP 中继代理从 DHCP 服务器收到回应并发出广播。

（4）DHCP 客户端 B 收到广播。

2. 配置 DHCP 中继代理的优点

与其他方法相比，在各个子网上配置 DHCP 中继代理具有以下 3 个优点。

- 配置 DHCP 中继代理通常比配置其他选项要容易，并且利用 DHCP 中继代理可以将广播限制到它们的起始子网中。
- 通过在多个子网中添加 DHCP 中继代理，DHCP 服务器可以为多个子网提供 IP 地址，而且这种方法比利用兼容 RFC1542 的路由器更有效。
- 通过配置 DHCP 中继代理可以提供容错功能。

3. 配置 DHCP 中继代理

配置 DHCP 中继代理的操作步骤如下。

步骤 1：配置路由和远程访问服务。首先在 DHCP 服务器上安装路由和远程访问服务器，需要在“服务器管理器”窗口中添加“角色和功能”，然后选择安装“远程访问”，采用默认安装选项即可（提示：在安装过程中系统提示安装 IIS 服务）。在具有静态 IP 地址的 Windows Server 2022 计算机的“服务器管理器”窗口中选择“工具|路由和远程访问”命令，在目录树中右击“计算机名”，在弹出的快捷菜单中选择“配置并启用路由和远程访问”命令，打开“路由和远程访问服务器安装向导”对话框，单击“下一步”按钮，勾选“自定义配置”复选框和“LAN 路由”复选框，单击“完成”按钮。在打开的“路由和远程访问”对话框中提示“路由和远程访问服务已处于可用状态”，单击“启动服务”按钮，“路由和远程访问”功能将被启动，如图 8-23 所示。

在“路由和远程访问”控制面板的目录树中，选择 IP 协议（这里选择 IPv4）并在其上右击，在弹出的快捷菜单中选择“常规”命令，在打开的“新路由协议”对话框中选择新增路由协议，这里选择“DHCP Relay Agent”选项（中继代理程序），如图 8-24 所示，单击“确定”按钮，这样就完成了 DHCP 中继代理服务的安装。

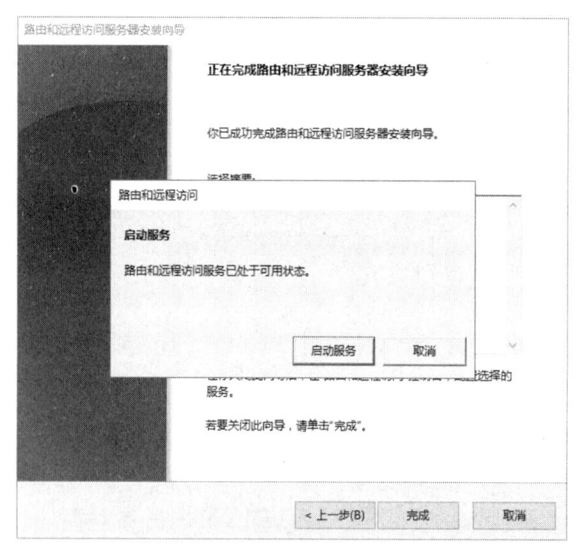

图 8-23 配置路由和远程访问服务

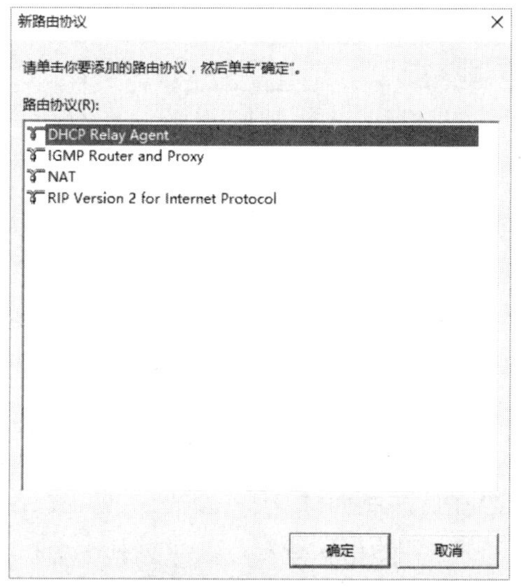

图 8-24 选择“DHCP Relay Agent”选项

步骤 2：添加 DHCP 服务器的 IP 地址。右击“DHCP 中继代理程序”，在弹出的快捷菜单中选择“属性”命令，在打开的“DHCP 中继代理属性”对话框的“服务器地址”文本框中输入 DHCP 服务器的 IP 地址，单击“添加”按钮，完成 DHCP 中继代理服务器的配置，如图 8-25 所示。

步骤 3：添加中继接口。右击“DHCP 中继代理程序”，在弹出的快捷菜单中选择“新增接口”命令，在打开的“DHCP 中继属性-Ethernet0 属性”对话框中勾选“中继 DHCP 数据包”复选框，并设置相关阈值，单击“确定”按钮，如图 8-26 所示。

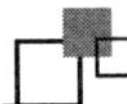

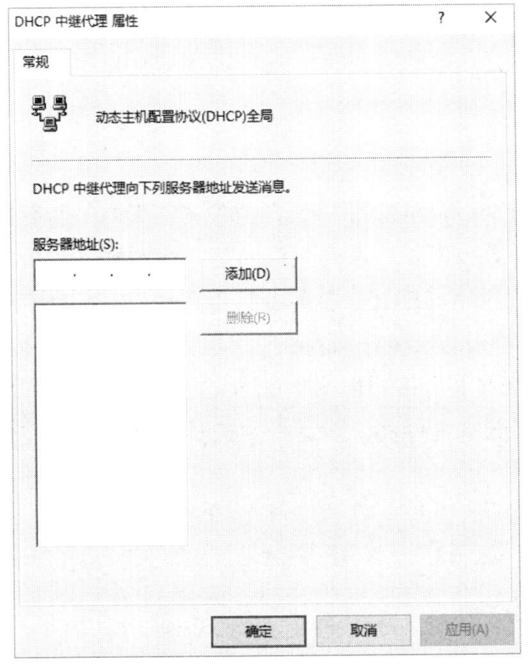

图 8-25　设置“DHCP 中继代理属性”对话框

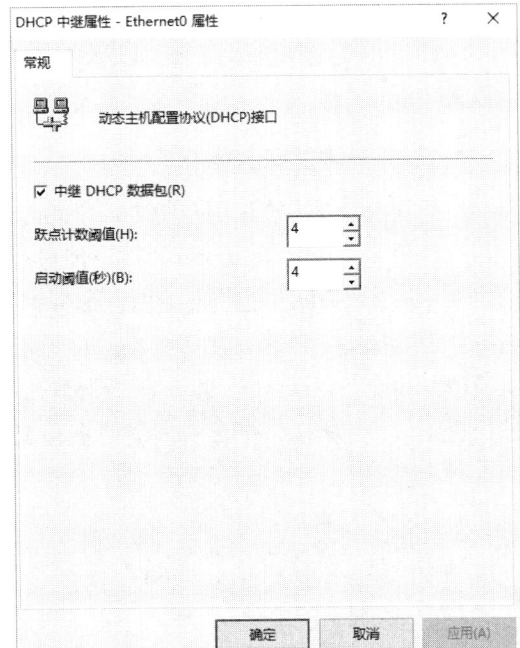

图 8-26　设置“DHCP 中继属性-Ethernet0 属性”对话框

- 跃点计数阈值：指数据包被抛弃之前所能跨越的路由器数目。
- 启动阈值（秒）：指 DHCP 中继代理把 DHCP Discover 数据包发送给 DHCP 服务器之前需要等待的时间，如有必要，可以修改阈值的大小。

8.4　项目 3：DHCP 服务器维护管理

8.4.1　任务 1：监视 DHCP 服务器

用户通过启用事件的详细日志功能，可以检测 DHCP 服务器运行的详细情况。在启用了日志功能后，DHCP 服务器在名称为 DhcpSrvLog-xxx.log（这里的 xxx 是表示星期几的 3 个英文字母）的文件内创建相关活动的若干个细节日志文件。DHCP 服务器除了在 Windows 日志中记录服务的启动和关闭事件，还记录了至关重要的错误信息。这些日志文件被放置在 DHCP 数据库目录“%Systemroot%\system32\dhcp”中，查看这些文件可以找出 DHCP 服务器可能遇到的错误。

8.4.2　任务 2：维护 DHCP 服务器数据库

应用数据库的备份、整理等操作是网络管理员日常极为重要的工作，这样能够确保系统的实时运行。

DHCP 服务器中的数据全部存储在“%Systemroot%\system32\dhcp\dhcp.mdb”文件中，

dhcp 文件夹还包括其他一些辅助性的文件，这些文件对 DHCP 服务器的正常运行起着关键作用，建议不要随意删除或修改。另外，还要注意对相关数据进行安全备份，以免系统在出现故障时不能进行还原、恢复。

1. DHCP 数据库的备份

出于安全考虑，建议用户将“%Systemroot%\system32\dhcp\backup”文件夹内的所有内容进行备份，以免系统出现故障时不能进行还原、恢复。需要注意的是，在对数据备份之前，必须先停止 DHCP 服务器，以保证数据的完整性。DHCP 服务器的停止可以在“DHCP”窗口中进行操作，也可以在命令提示符下使用“net stop dhcpserver”命令完成（启动 DHCP 服务器的命令是“net stop dhcpserver”）。在“DHCP”窗口中，右击 DHCP 服务器，在弹出的快捷菜单中选择“备份”命令，在打开的“浏览文件夹”对话框中选择存储着备份文件的 backup 文件夹，如图 8-27 所示。

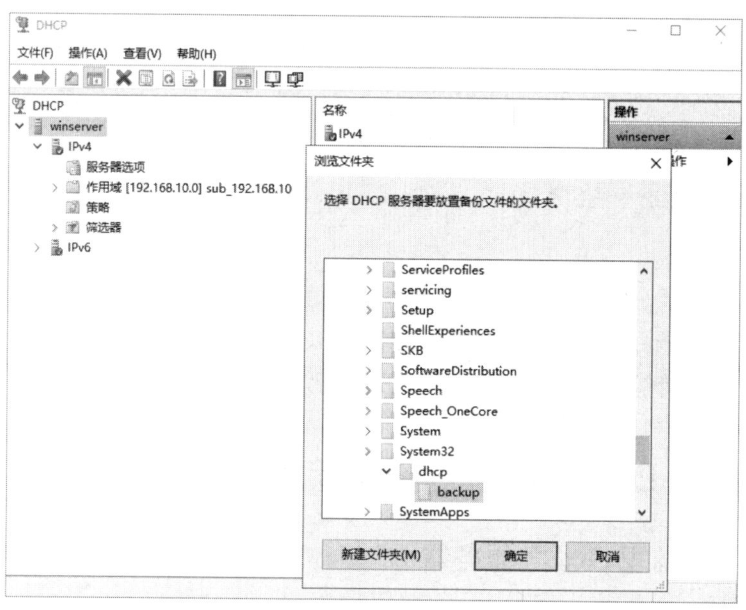

图 8-27 选择存储着备份文件的 backup 文件夹

> **提示：** 在“%Systemroot%\system32\dhcp”文件夹下有一个名为 backup 的子文件夹，该文件夹存储着 DHCP 数据库及相关文件的备份数据。DHCP 服务器每隔 60 分钟就会将 backup 文件夹内的数据更新一次，完成一次备份操作。

2. DHCP 数据库的还原

当 DHCP 服务器启动时，它会自动检查 DHCP 数据库是否损坏，如果发现损坏，则自动用“%Systemroot%\ system32\dhcp\backup”文件夹内的数据进行还原。但当 backup 文件夹内的数据被损坏时，系统将无法自动完成还原工作，此时只有采用手动方式将上面所备份的数据还原到 dhcp 文件夹中，重新启动 DHCP 服务器。DHCP 数据库的还原操作为：在“DHCP”窗口中，右击 DHCP 服务器，在弹出的快捷菜单中选择“还原”命令。

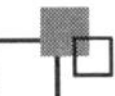

3. 数据库的重整

当 DHCP 服务器使用一段时间后，会出现数据库的内部信息凌乱分布，这就会降低 DHCP 服务器应用数据库的访问效率，因此有必要定期重整数据库。

Windows Server 2022 的 DHCP 服务器在运行时，能够自动定期执行重整数据库的工作，这就是在线重整（Online Compact）。另外，还可以利用 jetpack.exe 程序手动整理数据库，这种重整的效率比自动重整的效率要高。在进行手动重整操作之前，必须让 DHCP 服务器停止运行，这被称为脱机重整（Offline Compact）。

下面举例说明使用 jetpack.exe 程序对 DHCP 数据库进行脱机重整的方法，其中“%Systemroot%”为安装 Windows Server 2022 的系统文件夹，dhcp.mdb 为 DHCP 数据库文件，temp.mdb 为临时文件。

```
cd%Systemroot%\system32\dhcp
net stop dhcpserver
jetpack dhcp.mdb temp.mdb
net start dhcpserver
```

实训 8

1. 实训目的

熟练掌握 Windows Server 2022 DHCP 服务器的配置及其管理。

2. 实训环境

正常的局域网；安装 Windows Server 2022、Windows 11 的计算机。

3. 实训内容

（1）安装 DHCP 服务器，IP 地址作用域范围为 192.168.10.100～192.168.10.200，默认网关为 192.168.10.1。

（2）为 Web 服务器、DHCP 中继代理计算机、FTP 服务器分别保留 3 个 IP 地址。

（3）设置作用域选项“006 DNS 服务器”为 202.102.128.86、“044 WINS/NBNS 服务器”为 192.168.10.50。

（4）设置 Windows 11 客户端，使其自动获取 IP 地址信息。

（5）备份和还原 DHCP 数据库。

（6）脱机重整 DHCP 数据库。

习题 8

1. 填空题

（1）DHCP 服务为网络管理员提供了一种________、设置 IP 相关信息的方法。

（2）DHCP 服务采用________，安装 DHCP 服务组件的计算机作为________为客户端提供服务，客户端的工作站通过向 DHCP 服务发出请求获取动态 IP 地址。

（3）DHCP 客户端使用两种不同的工作过程：________，与 DHCP 服务器通信并获取 TCP/IP 配置。

（4）DHCP 租约是 DHCP 服务器为________分配 IP 地址时为其设置的一个租期。

（5）用户可以使用________命令向 DHCP 服务器发送一个 DHCP Request 消息，既可以用于更新配置选项和更新租用时间，也可以用于释放已分配给 DHCP 客户端的 IP 地址。

（6）使用________命令可以立即释放主机的当前 DHCP 配置。

2. 简答题

（1）Windows Server 2022 的 DHCP 服务有哪些优点？

（2）如何配置 DHCP 作用域选项？

（3）DHCP 中继代理有什么作用？如何设置 DHCP 中继代理？

（4）在 Windows Server 2022 中，如何备份与还原 DHCP 数据库？

第 9 章

Internet 信息服务（IIS）管理

教学重点

- 安装并测试 IIS。
- 创建 Web 站点。
- Web 服务器的管理。
- 安装与配置 FTP 服务器。

Windows Server 2022 在 Internet 信息服务（Internet Information Services，IIS）中提供了一组优秀的工具，以构造一个全方位支持 HTTP、FTP 的服务器。这类服务器具有可靠性、可伸缩性、安全性及可管理性强的特点。IIS 充分利用了最新的 Web 标准（如 ASP.NET、可扩展标记语言 XML 和简单对象访问协议 SOAP）来开发、实施和管理 Web 应用程序。Windows Server 2022 中的 IIS 10.0 是一个统一的 Web 平台，为系统管理员和开发人员提供了一个一致的 Web 解决方案，采取了完全模块化的安装和管理，增强了安全性和自定义服务器以减少受攻击的可能；简化了诊断和故障排除功能，以帮助解决问题；改进了配置且支持多个服务器管理，尤其对于托管商和企业网站较多的用户来说，委派管理可以带来极大的方便。

9.1 Internet 信息服务（IIS）概述

IIS 是一组以 TCP/IP 协议为基础的服务，运行在相同的系统上，但在所实现的功能上是彼此不同的。IIS 作为 Windows Server 2022 应用服务的重要组成部分，很多重要的 Windows 服务器都离不开它。它可以用于实现 Web 网站服务器、FTP 服务器。因此，IIS 是一种非常重要的服务组件。

Windows Server 2022 提供的 IIS 10.0 是一个集成了 IIS、ASP.NET、Windows Communication Foundation 的统一 Web 平台，并且提供了以下主要服务功能。

（1）Web 网站服务。通过使用 IIS 的 Web 网站服务来发布自己的网页，这是 IIS 常用的功能。Web 网站服务是 IIS 重要的功能组件之一，也是 Intranet 和 Internet 中非常流行的技术之一，它的英文全称是 World Wide Web，简称 WWW 或 Web。Web 网站服务的实现采用了客户端/服务器模型，作为服务器的计算机可以安装 Web 服务器软件 IIS，并且保存了供用户访问的网页信息，随时等待用户的访问。作为客户端，安装了 Web 客户端程序，即 Web 浏览器（如 Netscape Navigate、Microsoft Internet Explorer 等），客户端通过 Web 浏览器将 HTTP 请求连接到 Web 服务器上，Web 服务器提供客户端所需要的信息。Web 网站服务的具体工作过程如下。

① Web 浏览器向特定的 Web 服务器发送 Web 页面请求。

② 当 Web 服务器接收到该请求后，便查找请求的 Web 页面，并将请求 Web 页面发给 Web 浏览器。

③ 当 Web 浏览器接收到请求的 Web 页面后，将 Web 页面在浏览器中显示出来。

（2）FTP 站点服务。FTP（File Transfer Protocol，文件传输协议）是用来在客户端和服务器之间实现文件传输的标准协议。IIS 支持 FTP 服务器，提供对文件传输服务的应用。FTP 站点服务使用 TCP 协议确保文件传输的完成和数据传输的准确，还支持在站点级别上隔离用户以帮助系统管理员保护 Internet 站点的安全并使之商业化。

9.2 项目 1：安装并测试 IIS

为了防止恶意攻击、保护系统的安全，在默认情况下，Windows Server 2022 没有安装 IIS。在需要配置 Web 服务器时使用“服务器管理器”窗口安装 IIS。

1．安装 IIS

安装 IIS，可以通过“服务器管理器”窗口添加“Web 服务器（IIS）”服务器角色来实现，操作步骤如下。

步骤 1：打开“服务器管理器”窗口，在“角色摘要”选项区中选择“添加角色”选项，打开“添加角色和功能向导”对话框，如图 9-1 所示。

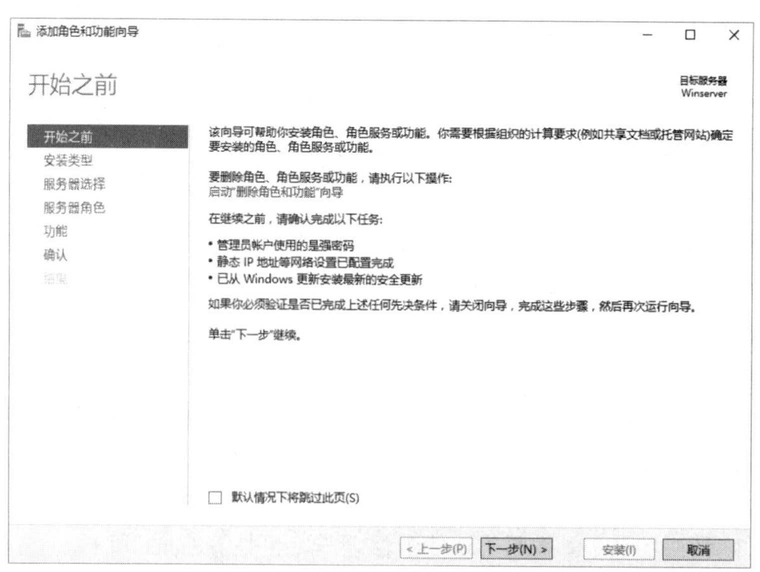

图 9-1 “添加角色和功能向导”对话框

步骤 2：依照开始安装之前的提示信息，进行“安装类型”与“服务器选择”的设置，设置完后单击“下一步”按钮，打开如图 9-2 所示的“选择服务器角色”对话框，勾选“Web 服务器（IIS）”复选框，单击“下一步”按钮。

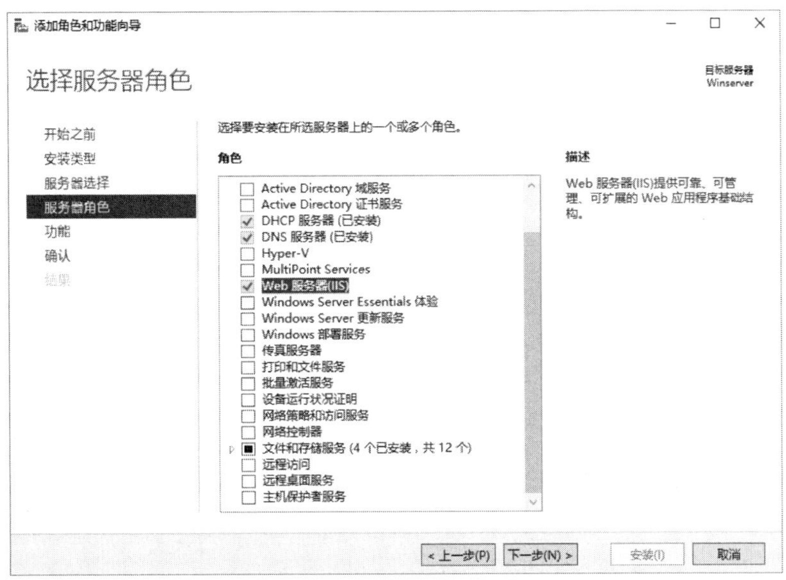

图 9-2　“选择服务器角色”对话框

步骤 3：选择添加 IIS 管理控制台后，打开如图 9-3 所示的“Web 服务器角色（IIS）”对话框，单击“下一步”按钮。

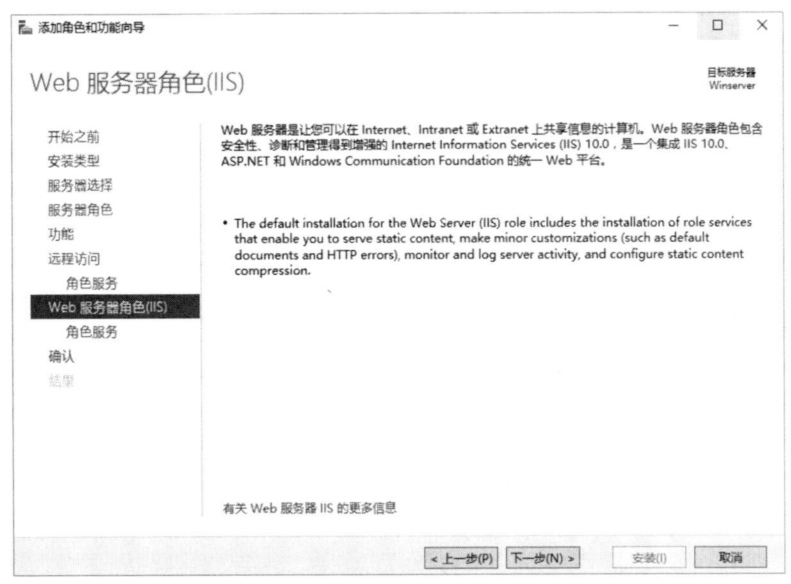

图 9-3　“Web 服务器角色（IIS）”对话框

步骤 4：打开“选择角色服务”对话框，如图 9-4 所示，这里选择 Web 网站的常用功能选项和 FTP 服务器选项（安装程序将提示安装 FTP 服务器所依赖的功能信息，确认安装）。用户日后可以根据需要，使用“服务器管理器”窗口添加角色服务，如添加其他功能选项。单击“下一步”按钮。

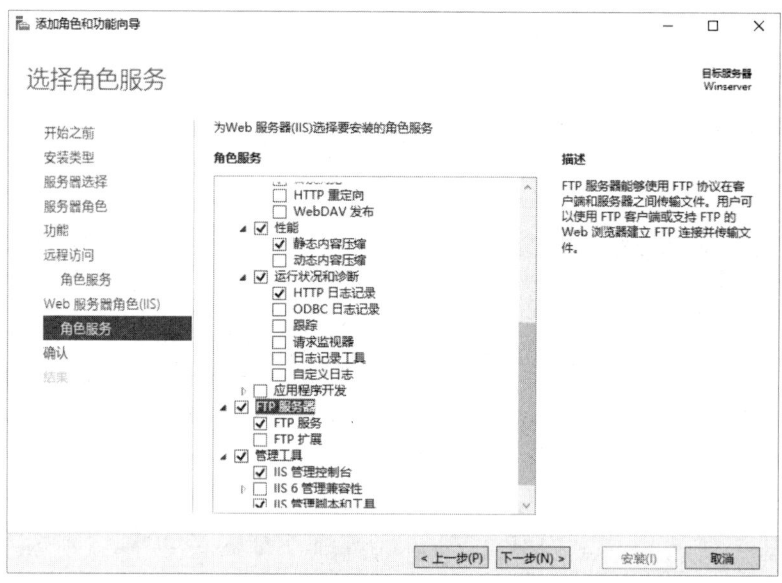

图 9-4 “选择角色服务”对话框

步骤 5：在打开的“确认安装选择”对话框中，复核安装过程中的选项参数是否正确，如果无误，则单击“安装”按钮，开始安装所选择的服务功能。

2. 测试 IIS 是否安装成功

IIS 安装完成后，可以通过“Internet Information Services（IIS）管理器”窗口来管理网站，启动方法：选择“开始|服务器管理器|管理”命令，打开“Internet Information Services（IIS）管理器”窗口，如图 9-5 所示。该窗口分为 3 列（左侧为导航栏，中间又分为功能视图和内容视图，右侧为“操作”列表框），并且已经创建了一个“Default Web Site”网站。

图 9-5 “Internet Information Services（IIS）管理器”窗口

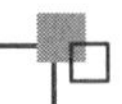

接下来，我们可以测试网站是否安装正常。例如，使用已安装 Windows 11 的计算机利用“Microsoft Edge”浏览器连接、测试网站，如图 9-6 所示。

- 可以在地址栏中直接输入“http://Web 服务器 IP 地址”或“Web 服务器 IP 地址”，如 192.168.10.1。
- 可以利用 DNS 网址（前提是在 DNS 服务器中创建了主机对应的资源记录）进行测试，如 http://www.edu.cn。
- 可以利用计算机名称进行测试，如 http://server，这种方法适合局域网中的计算机。

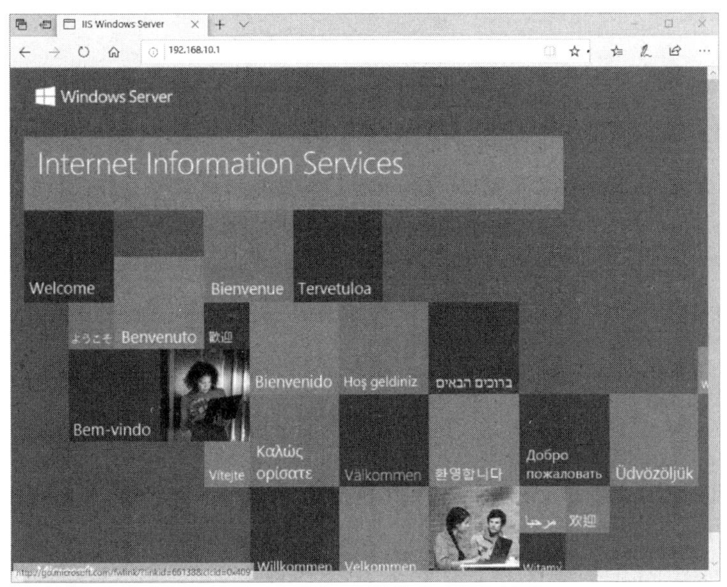

图 9-6　“Default Web Site”网站页面

如果没有出现“Default Web Site”网站页面，则检查“默认网站”是否“正在运行”。如果是处于停止状态，则右击“默认网站”，在弹出的快捷菜单中选择“启动”命令来激活网站。如果还是无法激活网站，则可以通过“服务器管理器|管理工具|事件查看器|系统”来查看、分析无法激活网站的原因。如果困难较大，则只能删除 IIS 重新安装。

9.3　项目 2：创建 Web 站点

9.3.1　任务 1：使用“默认站点”发布网站

要使用默认 Web 站点，用户首先需要创建自己的主页，创建完主页后，可以将主页命名为 Index.htm、Default.htm 或 Default.asp；然后复制到默认的 Web 站点主目录中，默认的 Web 站点主目录保存在“%SystemDriver%\inetpub\wwwroot”中。

在安装完 IIS 后，系统会自动创建一个默认的 Web 站点，即 Default Web Site，该站点使用默认设置，其内容为 iisstart.htm、welcome.png。通常，网站创建后还需要修改 Default Web Site 的相关参数，以对 Web 服务器进行必要的配置和管理。在“Internet Information Services（IIS）管理器”窗口中选中“Default Web Site”节点，在右侧的“操作”列表框内，即可对“Default Web Site”网站设置各种运行参数。

1. 设置 IP 地址和端口号

在“Default Web Site”网站的“操作”列表框中，通过编辑“绑定”操作来设置网站所绑定的 IP 地址和端口号，如图 9-7 所示。

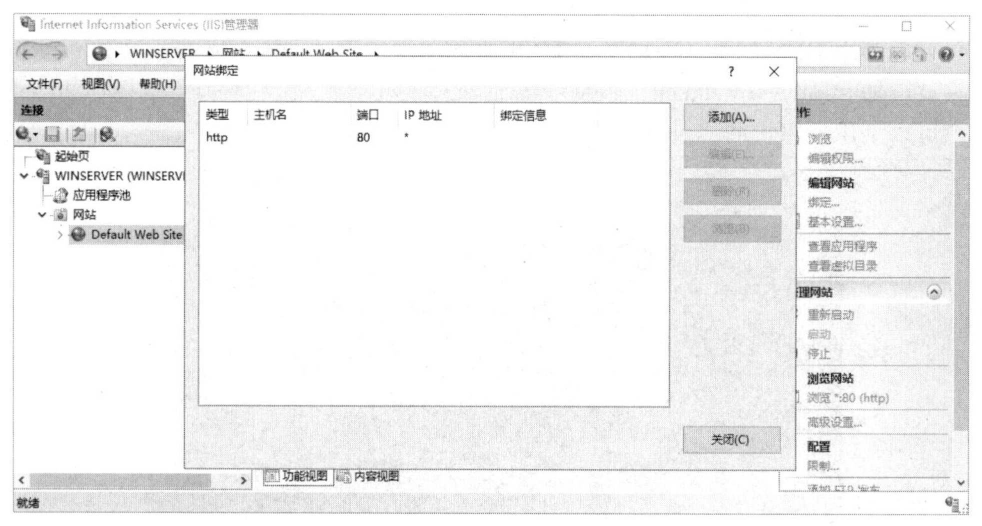

图 9-7 网站绑定

在默认情况下，IP 地址设置为“全部未分配”，表示该 Web 站点绑定计算机拥有的所有 IP 地址，可以使用该主机的任何一个 IP 地址来访问，包括回环地址 127.0.0.1。当需要在一台计算机中创建多个虚拟网站时，就必须取消默认网站对所有 IP 地址的绑定，而为它指定一个 IP 地址。

Web 服务器的默认端口号为 80，如图 9-7 所示。如果使用该默认端口号提供的 Web 服务器，则在使用 Web 浏览器访问网站时，只需要输入域名而无须输入端口号。如果将 Web 服务器的端口号修改为 8080，则在访问该网站时就必须指定端口号。显然，这样给用户的访问带来了困难和麻烦，但对某些企业内部网站来说，却可以提高网站的安全性。

2. 设置主目录

主目录是指保存 Web 网站文件的位置，当用户访问该网站时，Web 服务器将从该文件夹中调用相应的文件给 Web 客户端。默认的 Web 主目录为“%SystemDriver%\inetpub\wwwroot”，如果 Windows Server 2022 安装在 C 盘，则 Web 主目录为“C:\inetpub\wwwroot”。在一般情况下，为了减少黑客的攻击及保证系统的稳定性和可靠性，建议将 Web 网站的相关文件存储在硬盘的其他卷中。

设置主目录的操作步骤为：打开“Internet Information Services（IIS）管理器”窗口，在该窗口指定网站“操作”列表框中选择“编辑网站|基本设置”选项，在打开的“编辑网站”对话框中进行基本设置，如图 9-8 所示。

> **提示：** 网站存储路径也可以通过“另一台计算机上的共享”或“重定向到 URL”方式将主目录指定为其他计算机。但是，因为访问其他计算机资源时需要指定访问权限，从而增加 Web 访问的复杂性，所以不建议使用。

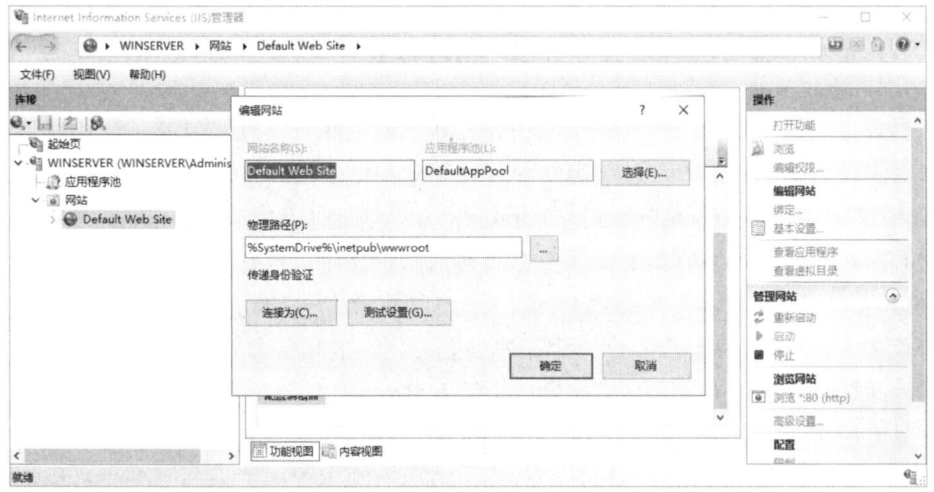

图 9-8　设置“编辑网站”对话框

3．设置默认文档

每个网站都有其主页面，当在 Web 浏览器中输入该 Web 网站的地址时，显示主页，默认文档即为 Web 网站的主页文件。如果系统未设置默认文档，则访问网站时必须指定主页文件名的 URL，否则无法访问网站主页。

默认文档可以是一个，也可以是多个。当有多个默认文档时，Web 服务器将按先后顺序依次调用默认文档。如果想要将某文件作为网站首选的默认文档，则通过单击“上移”按钮或“下移”按钮来调整，可以通过单击“添加”按钮来添加默认文档，也可以通过单击“删除”按钮来删除多余的默认文档。

设置指定网站的默认文档的步骤为：在“Internet Information Services（IIS）管理器”窗口中指定网站的中间“功能视图”列表框中选择“IIS”选项区中的“默认文档”，在显示的“默认文档”视图中，通过“上移”等操作使其排列在前，如图 9-9 所示。

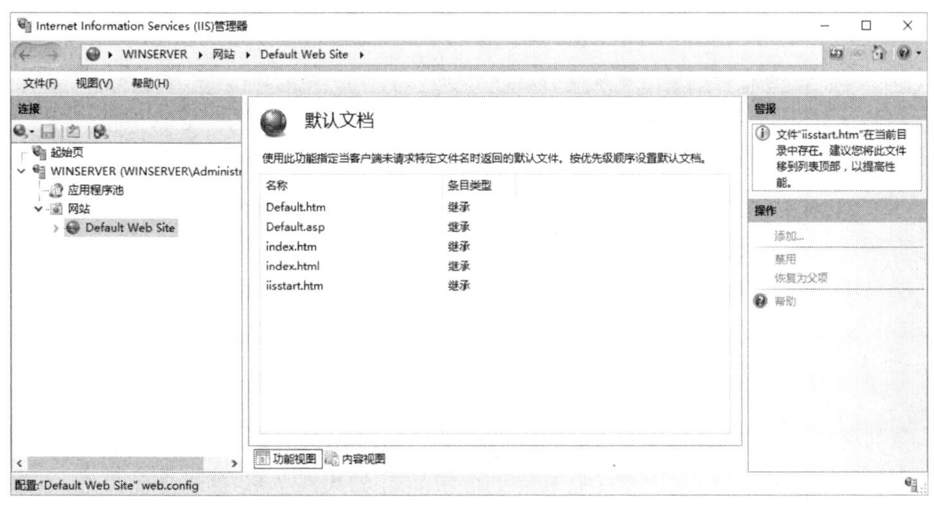

图 9-9　设置默认文档

对于一般的静态网站，通过上面的步骤设置即可。

9.3.2 任务 2：通过向导自定义创建 Web 站点

用户既可以调整默认站点的设置，将要发布的网页相关文件，复制到默认网站站点文件夹中以实现创建站点；还可以使用向导程序创建一个新的网站，其操作步骤如下。

步骤 1：打开“Internet Information Services（IIS）管理器”窗口，在左侧列表中选择“网站”并右击，在弹出的快捷菜单中选择“添加网站”命令，打开“添加网站”对话框，如图 9-10 所示。

步骤 2：在“添加网站”对话框中，输入新建网站的相关参数。

- 网站名称：在“网站名称”文本框中输入名称。
- 应用程序池：如果不想选择 DefaultAppPool，则单击“选择”下拉按钮后可以选择相关应用程序池。应用程序池是指将一个或多个应用程序链接到一个或多个工作进程集合的配置。因为应用程序池中的应用程序与其他应用程序被工作进程边界分隔，所以某个应用程序池中的应用程序不会受到其他应用程序池的影响。

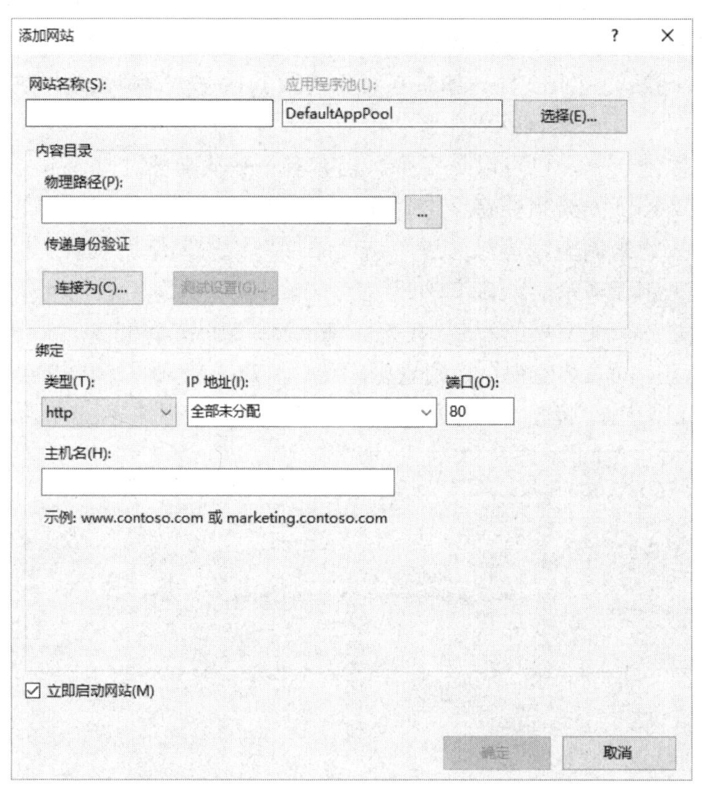

图 9-10 “添加网站”对话框

- 物理路径：在“物理路径”文本框中输入与网站相关的系列文件（文件夹）的路径，或者单击 ... 按钮在文件系统中找到该位置。如果输入的物理路径是远程共享的路径，则单击“连接为”按钮，指定访问该路径的权限。如果不使用特定的身份验证，则在“连接为”对话框中选择“应用程序用户（通过身份验证）”选项。

- 绑定：“类型”下拉列表为网站选择协议；“IP 地址”下拉列表为网站指定静态的 IP 地址或本机的所有网络连接接口地址；在“端口”文本框中可以输入网站的访问端口。
- 主机名：为网站输入主机的名称。

创建完网站后，在“Internet Information Services（IIS）管理器”窗口中可以看到新建的站点状态是停止的，而默认站点则处于运行状态。右击刚才创建的网站，在打开的对话框的“默认文档”选项卡中指定网站主页文件，并将其移动至顶端，单击“确定”按钮。在“Internet Information Services（IIS）管理器”窗口中，停止默认站点，并启动新建网站，这样就成功创建了网站。用户可以在浏览器中输入“http://192. 168.10.1”来访问该网站。

9.3.3　任务 3：创建虚拟目录

每个 Internet 站点都有相应指定的一个主目录。主目录是一个默认位置，当 Internet 用户的请求没有指定特定文件时，IIS 将把用户的请求指向默认位置。一般来说，Internet 站点的内容都应该维持在一个单独的目录结构中，以免引起访问请求混乱。在特殊情况下，网络管理员可能因为某种需要而使用实际站点目录以外的其他目录，或者使用其他计算机中的目录，来让 Internet 用户作为站点访问。这时，就可以使用虚拟目录（将指定的目录设为虚拟目录）来实现。

1. 创建虚拟目录

步骤 1：打开“Internet Information Services（IIS）管理器”窗口，右击想要创建虚拟目录的网站，在弹出的快捷菜单中选择“添加虚拟目录”命令，如图 9-11 所示。

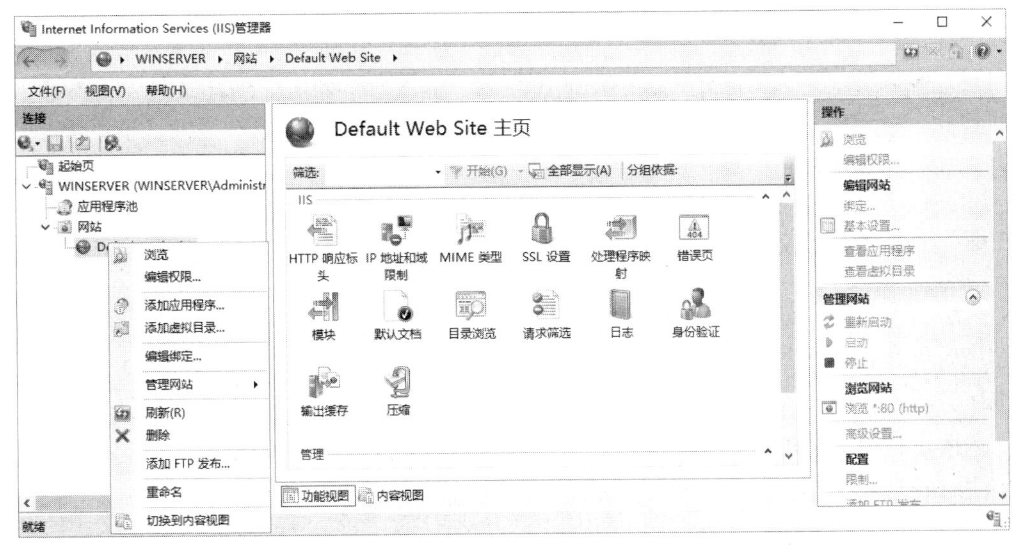

图 9-11　选择“添加虚拟目录”命令

步骤 2：打开“添加虚拟目录”对话框，如图 9-12 所示。在“别名”文本框中输入虚拟目录的名称（如 alias1），此别名是在客户端浏览网站时所使用的名称，因此要设置成具有一定意义、便于记忆的英文名称。在客户端浏览网站时一般采用的方式为 http://地址/虚拟目录名。例如，采用 http://192.168.10.1/alias1 浏览本虚拟目录。“物理路径”与“传递身份验证”等信息与通过向导创建 Web 站点中的设置信息要求一致。

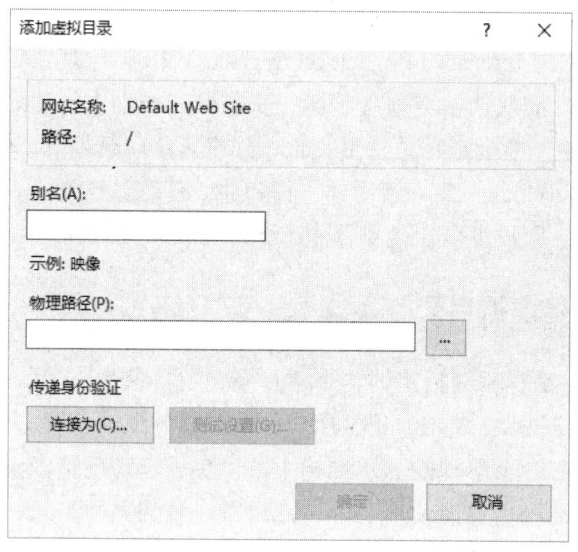

图 9-12 “添加虚拟目录”对话框

2. 配置和管理虚拟目录

创建完虚拟目录后，每个虚拟目录都可以配置不同的权限。因此，虚拟目录适合不同用户分配不同访问权限的情况。

虚拟目录的配置和管理与 Web 网站的类似，只是虚拟目录的选项较少。右击虚拟目录，在弹出的快捷菜单中选择“管理虚拟目录”命令，在打开的对话框中可以实现对虚拟目录的配置。虚拟目录默认继承它所属网站的所有属性。因此，如果虚拟目录保持与 Web 网站的一致性，则可以不对虚拟目录做任何设置。但是，如果想要单独对虚拟目录设置相应的权限，则单独对虚拟目录进行设置。

9.3.4 任务 4：创建多个网站

在一台宿主机上创建多个网站，即虚拟网站（Web 服务器），可以理解为使用一台服务器充当若干台虚拟服务器，并且每台虚拟服务器都可拥有自己的域名、IP 地址和端口号。虚拟服务器在性能上与独立服务器一样，并且可以在同一台虚拟服务器上创建多个虚拟网站。因此虚拟网站能够节约硬件资源、节省空间和降低能源成本，并且易于系统管理员对站点进行管理和配置。

1. 虚拟网站的类型

在创建虚拟网站之前，需要确定创建虚拟网站的类型。为了确保用户的请求能传递到正确的网站，必须为服务器上每个网站都配置唯一的标志，区分网站的标志有主机头名称、IP 地址和端口号。

（1）使用多个 IP 地址创建多个站点。每个虚拟网站都拥有一个独立的 IP 地址，即每个虚拟网站都可以通过不同的 IP 地址访问，从而使 IP 地址成为网站的唯一标志。当使用不同的 IP 地址标志时，所有的虚拟网站都可以采用默认的 80 端口，并且在 DNS 中可以对不同的网站分别解析域名，从而便于用户访问。由于每个网站都要有一个 IP 地址，因此，如果创建太多的虚拟网站，则会占用大量的 IP 地址。

（2）使用不同端口号创建多个站点。同一台计算机、同一个 IP 地址采用的端口号不同，也可以标识不同的虚拟网站。如果用户使用非标准的端口号来标识网站，则用户无法通过标准名或 URL 来访问站点。另外，用户必须指定指派给网站的非标准端口号，访问的格式为 http://服务器名:端口号。

（3）使用主机头名称创建多个站点。当 IP 地址紧缺时，每个虚拟网站只能靠主机头名称来区分。每个网站都有一个描述性名称，并支持一个主机头名称。当在一台宿主服务器上创建多个网站时，通常可以使用配置主机头的方法来实现，这是因为此方法能够不必使用每个站点唯一的 IP 地址来创建多个网站。

当客户端请求到达服务器时，在“Internet Information Services（IIS）管理器”窗口中可以通过包括“http://”的主机名来确定客户端请求的站点。如果该站点用于 Internet 上，则主机名必须是公共的 FQDN DNS 主机名，同时必须在一个已授权的 Internet 名称机构进行注册。

2．创建多个网站的步骤

使用多个 IP 地址创建多个站点和使用不同端口创建多个站点的步骤比较简单，只要在“Internet Information Services（IIS）管理器”窗口中右击左侧列表框中的“网站”，在弹出的快捷菜单中选择“添加网站”命令，按向导一步步完成即可，这里不再赘述。下面介绍使用主机头名称创建多个网站的步骤。

步骤 1：规划需要创建的网站名称。例如，在主机 Winserver（IP 地址为 192.168.10.1）上创建 3 个网站：www.edua.com、www.edub.com、www.educ.com。

步骤 2：首先在 DNS 服务器上分别创建 3 个区域 edua.com、edub.com 和 educ.com，然后分别在每个区域上创建名称为 www 的主机记录。

步骤 3：在“Internet Information Services（IIS）管理器”窗口中右击左侧列表框中的“网站”，在弹出的快捷菜单中选择“添加网站”命令，在打开的“添加网站”对话框的“IP 地址”下拉列表和“端口”文本框中分别输入网站所在计算机的网络 IP 地址和端口号，在“主机名”文本框中输入“www.edua. com”，输入该网站主目录所在的文件夹，如“E:\edua”，单击“确定”按钮。

步骤 4：重复上述步骤 1～步骤 3，创建 www.edub.com、www.educ.com 网站。虚拟网站创建完成后，即可用 www.servera.com 和 www.serverb.com 主机名访问。

虚拟网站可以创建在默认网站或其他网站中，也可以直接创建在 IIS 服务器中。不同树状目录中所创建的虚拟网站大致相同，不同的是当新的网站被创建时将继承父站点的所有属性，除 IP 地址、端口号和主机头名称外。当父站点属性被修改时，会影响到其属性的修改。

9.4 项目 3：Web 服务器的管理

9.4.1 任务 1：Web 站点的安全验证管理

创建 Web 站点后，就可以通过浏览器访问网站。通常系统管理员要对 Web 站点进行权限的配置和管理。在“Internet Information Services（IIS）管理器”窗口中，系统管理员不仅可以配置 Web 权限，还可以配置 IP 地址访问权限、账户访问权限和 NTFS 访问权限等。所有这些权限均应得到满足，否则客户端无法访问 Web 服务器。访问控制的流程如下。

步骤 1：用户向 Web 服务器提出访问请求。

步骤 2：Web 服务器向客户端提出验证请求，并决定通过什么验证方式来验证客户端的访问权限。例如，集成 Windows 验证方式会要求客户端输入用户名和密码。如果输入的用户名、密码错误，则登录失败，否则会看其他条件是否满足。

步骤 3：Web 服务器验证客户端是否在允许的 IP 地址范围之内。如果该 IP 地址被拒绝，则请求失败，客户端收到“403 禁止访问”的错误信息。

步骤 4：Web 服务器检查客户端是否有请求资源的 Web 访问权限。如果没有访问权限，则请求失败。

步骤 5：如果网站文件在 NTFS 卷中，则 Web 服务器还会检查是否有访问该资源的 NTFS 权限。如果用户没有访问该资源的 NTFS 权限，则请求失败。

步骤 6：只有以上步骤 2～步骤 5 均被满足，客户端才被允许访问网站。

通过设置 IIS 来验证或识别客户端的用户身份，以决定是否允许该用户和 Web 服务器建立网络连接。但是如果使用匿名访问，或者 NTFS 权限设置不请求 Windows 账户的用户提供用户名和密码，则不进行验证。

IIS 10.0 的主要验证方法有匿名身份验证、基本身份验证、集成 Windows 身份验证、Forms 身份验证等。

1. 匿名身份验证

匿名身份验证可以让用户随意访问 Web 服务器，而不需要提示用户输入用户名和密码。当用户连接 Web 服务器时，Web 服务器会指定一个匿名账户“IUSRS”与客户建立 HTTP 连接。IUSRS 账户会加入计算机的 Guests 组中。一般来说，当用户访问互联网上的 Web 服务器时，使用此匿名账户进行连接。

IIS 默认启动了匿名账户，在使用其他验证方法之前，先尝试使用匿名账户访问 Web 服务器。关于启用匿名账户的步骤如下。

步骤 1：在“Internet Information Services（IIS）管理器”窗口中，右击需要配置的网站，选择中间栏中的“功能视图|身份验证”选项，打开“身份验证”选项区，如图 9-13 所示。

步骤 2：在“身份验证”选项区中，选择“匿名身份验证”选项，对其可进行“禁用”或“启用”操作。

如果启用匿名身份验证的同时启用了其他验证方法，则 IIS 会先使用匿名身份验证。有时，虽然同时启用了匿名身份验证和集成 Windows 身份验证，但是浏览器还会提示用户输入用户名和密码，这是因为该匿名账户没有本地登录权限。

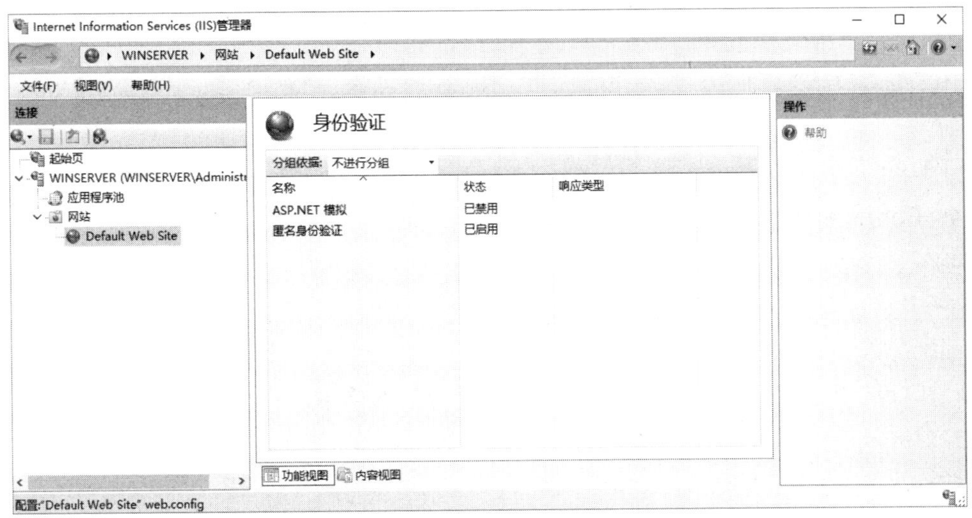

图 9-13　打开“身份验证”选项区

2．基本身份验证

基本身份验证要求用户提供有效的用户名和密码后才能访问内容。基本身份验证不需要特殊浏览器，所有主流浏览器都可以。由于基本身份验证还可以跨防火墙和代理服务器，因此在仅允许访问服务器上的部分内容时，基本身份验证是一个不错的选择。但是，基本身份验证的缺点是必须在网络上传输不加密 Base64 编码的密码。只有知道客户端与服务器之间是安全连接时，才能使用基本身份验证。客户端与服务器之间的安全连接可以通过专用线路或使用安全套接字层（SSL）加密和传输层安全性（TLS）来建立连接。如果想要将基本身份验证与 Web 分布式创作和版本管理（WebDAV）一起使用，则应配置 SSL 加密。

如果采用基本身份验证，则当客户端访问时，用户要求指定 Windows Server 2022 账户的用户名和密码。如果输入三次都是错误的，则 IIS 服务器将会返回“HTTP 401.1 未授权访问页面”的错误信息。在默认情况下，IIS 10.0 是禁用基本身份验证的。如果想要禁用基本身份验证，则在命令提示符下输入以下命令。

```
appcmd set config /section:basicAuthentication /enabled:false
```

如果将 enable 属性设置为 true，则会启用基本身份验证。例如，启用基本身份验证，在命令提示符下输入以下命令。

```
appcmd set config /section:basicAuthentication /enabled:true
```

3．集成 Windows 身份验证

集成 Windows 身份验证是一种安全的验证方法，因为其用户名和密码不用跨越网络传送。当启用集成 Windows 身份验证时，浏览器会通过一种加密机制来验证 Windows 账户密码。

与基本身份验证不同，集成 Windows 身份验证开始时并不会提示用户输入用户名和密码，因为当前 Windows 用户信息可用于集成 Windows 身份验证。如果开始的验证交换无法识别用户，则浏览器提示用户输入 Windows 账户的用户名和密码，并使用集成 Windows 身份验证进行处理。客户端继续提示用户，直到用户输入有效的用户名和密码或关闭提示对

话框为止。

在默认情况下，摘要是集成 Windows 身份验证时禁用的，可以使用“appcmd”命令启用。

```
appcmd set config /section:windowsAuthentication /enabled:true
```

4. Forms 身份验证

Forms 身份验证允许用户使用 ASP.NET 成员资格数据库中的标志进行登录。Forms 身份验证方法指向 HTML 登录页的重定向来确认用户的标志。系统管理员可以在站点或应用程序级别配置 Forms 身份验证。Forms 身份验证的便利性主要体现在以下几个方面。

- 允许使用自定义数据存储区（如 SQL Server）或 Active Directory 进行身份验证。
- 很容易与 Web 用户界面集成。
- 客户端可以使用任何浏览器。

ASP.NET 基于 Forms 的身份验证非常适用于公共 Web 服务器上接收大量请求的站点或应用程序。使用 Forms 身份验证方法能够在应用程序级别管理客户端注册，而不必依赖操作系统提供的身份验证机制。Forms 身份验证的启用和禁用操作，可以通过指定网站“身份验证”视图完成。

另外，IIS 10.0 提供了证书身份验证，这种验证方法主要针对以下情况用 Web 服务器的 SSL（Secure Sockets Layer，安全套接字层）安全功能：Web 站点提供的服务器证书，让用户在传输个人敏感数据（如信用卡号码）前先验证该 Web 站点，而用户在 Web 站点传输数据时则使用客户端证书供 Web 站点验证。SSL 验证会在登录的过程中，检查 Web 服务器和浏览器所送出的加密数字密钥的内容。服务器证书通常包含关于使用及发行该证书公司和组织的信息，客户端证书通常包含用户及发行该证书组织的信息。可以将客户端证书和 Web 服务器上的 Windows 用户账户关联起来使用。在建立并启用对应证书之后，每次用户使用客户端证书登录时，Web 服务器会自动将该用户与适当的 Windows 用户账户关联起来。这样就可以自动验证使用客户端证书登录的用户，而不需要使用“基本身份验证”或“集成 Windows 身份验证”。我们可以将一个客户端证书对应到一个 Windows 用户账户，或者将多个客户端证书对应到一个 Windows 用户账户。例如，在服务器中有多个部门或企业，而它们都有自己的 Web 站点，我们可以使用多对一的方式将部门或企业的所有客户端证书都对应到其本身的 Web 站点，而每个站点将只提供自身所属的客户端访问。

9.4.2 任务 2：监视和诊断 Web 服务器上的活动

1. 查看工作进程

如果系统管理员发现某个工作进程当前占用了 Web 服务器上的大量资源，或者请求的处理时间过长，则可以查看特定工作进程中当前正在处理的请求列表。这样有助于在网站或应用程序的特定区域中确定问题出现的位置。例如，发现某个针对特定文件的请求占用了大量内存；随后，将此类有关站点或应用程序的信息提供给开发人员，以便他们可以优化代码。又如，发现某个工作进程处理请求的时间太长，这时就可以查看工作进程中当前处理的请求，并利用该信息来调查特定请求的处理时间过长的原因。

查看工作进程的操作步骤如下。

步骤 1：在“Internet Information Services（IIS）管理器”窗口中，双击左侧列表框中的网站服务器。

步骤 2：在中间列表框中，双击“IIS”选项区中的“工作进程”，出现“工作进程”列表框，其中显示该 Web 服务器上应用程序池中运行的工作进程列表，有关工作进程的信息如下。

- 应用程序池名称：同一应用程序池可能会在网格中多次列出，以便说明应用程序池中运行了不同的工作进程。
- 进程 ID：与应用程序池关联的工作进程标识符（ID）。
- 状态：进程的状态，如正在启动、正在运行或正在停止。
- CPU 百分比：工作进程自上次更新以来所占用的 CPU 时间百分比，这与 Windows 任务管理器中的“CPU 使用”一致。
- 专用字节（KB）：工作进程当前提交的、不能与其他进程共享的内存空间的大小，这与 Windows 任务管理器中的“虚拟内存空间的大小”一致。
- 虚拟字节（KB）：工作进程当前占用的虚拟地址空间的大小（Windows 任务管理器中没有与之相对应的选项）。

步骤 3：如果双击“工作进程”窗口中的某个进程，则可以查看工作进程中当前正在执行的请求。

2. 日志

除了 Windows 提供的日志记录功能，IIS 10.0 还可以提供其他日志记录，如选择日志文件格式并指定要记录的请求。操作步骤如下。

步骤 1：在“Internet Information Services（IIS）管理器”窗口中，双击左侧列表框中的网站服务器。

步骤 2：在中间列表框中，双击“IIS”选项区中的“日志”，打开如图 9-14 所示的“日志”列表框。

图 9-14　“日志”列表框

步骤 3：在“日志文件”选项区中，单击“格式”下拉列表右侧的“选择字段”按钮，打开如图 9-15 所示的“W3C 日志记录字段”对话框，选择需要记录的字段。只有在选择 W3C 日志文件格式时，“日志”列表框中的“选择字段”按钮才可用。选择后，单击“W3C 日志记录字段”对话框中的“确定”按钮。

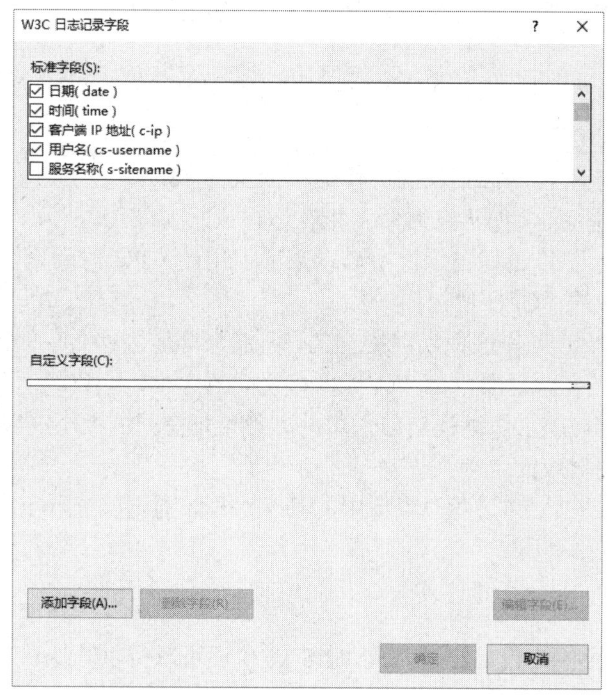

图 9-15 “W3C 日志记录字段”对话框

步骤 4：在“目录”文本框中，可以输入存储一个或多个日志文件的物理路径。默认值为“%SystemDriver%\inetpub\logs\LogFiles”。

步骤 5：在“日志文件滚动更新”选项区中，可以设置要更新的计划、日志文件大小，以及是否创建日志等信息。

9.4.3 任务 3：ASP.NET 网站应用程序的设置

在 Windows Server 2022 中安装 IIS，可以创建 ASP.NET、PHP 等应用程序的运行环境，这里将重点讲述如何创建 ASP.NET 的运行环境。目前，ASP.NET 应用程序有两个支持运行版本 ASP.NET 3.5（.NET Framework 2.0）和 ASP.NET 4.5（.NET Framework 4.0）。因此，Windows Server 2022 需要先安装角色服务，ASP.NET 4.5 应用程序服务随着系统安装也一起安装在服务器中，ASP.NET 3.5 需要从系统安装盘或 Microsoft 官方网站下载进行安装。在安装服务器角色时，需要勾选“Web 服务器”下的“ASP.NET 3.5”复选框和“ASP.NET 4.5”复选框。安装完成后，可以查看一些应用程序池，如图 9-16 所示。

其中，“Default Web Site”网站的应用程序池为“DefaultAppPool”，此网站默认被设置用来运行 ASP.NET 4.0 应用程序。当需要查看或更改“Default Web Site”网站的应用程序池时，选择“Default Web Site 主页”右侧列表框中的“高级设置|应用程序池”选项，打开“高级设置”对话框，如图 9-17 所示。

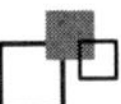

图 9-16　应用程序池

图 9-17　“高级设置”对话框

一般 ASP.NET 应用程序的首页文件名是 default.aspx，放在“Default Web Site”网站的主目录“C:\inetpub\wwwroot”下，该网站被设置为执行 ASP.NET 4.0，那么该首页文件程序将会以 ASP.NET 4.0 模式运行。也可以让“Default Web Site”网站同时兼容 ASP.NET 3.5 应用程序，右击 test 文件夹，在弹出的快捷菜单中选择“转换为应用程序”命令，如图 9-18 所示，将相应的程序文件或程序目录（文件夹）转换为 ASP.NET 3.5 应用程序池。

打开如图 9-19 所示的“添加应用程序”对话框。

将“应用程序池”文本框中的“DefaultAppPool”修改为“.NET v2.0”，单击“确定”按钮，即可完成配置。此时“Default Web Site”网站不但可以允许基于 ASP.NET 4.0 技术开发的新应用程序，又可以允许以前基于 ASP.NET 老版本开发的应用程序。

图 9-18　选择“转换为应用程序”命令

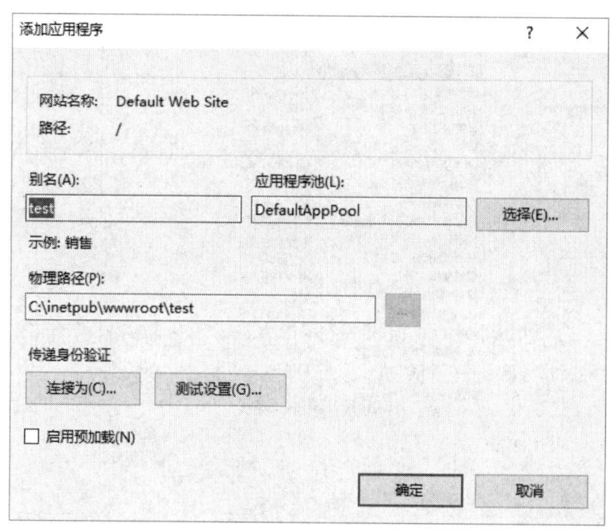

图 9-19　“添加应用程序”对话框

9.5　项目 4：安装与配置 FTP 服务器

9.5.1　任务 1：理解 FTP

Windows Server 2022 是通过 FTP 服务器来提供 FTP 站点功能的。FTP（File Transfer Protocol）是一种文件传输协议，专门用于文件传输服务，利用 FTP 可以传输文本文件和二进制文件。FTP 是 Internet 上出现最早、使用也最为广泛的一种服务，是基于客户端/服务器模式的服务。用户通过该服务可以在 FTP 服务器和 FTP 客户端之间建立连接，实现 FTP 客户端和 FTP 服务器之间的文件传输，文件传输包括从 FTP 服务器下载和上传文件。

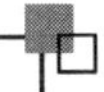

FTP 服务分为服务器和客户端，构建 FTP 服务器的常见软件有 IIS 自带的 FTP 服务组件、Serv-U 第三方软件等。FTP 客户端可以下载存储在 FTP 站点的文件，也可以将文件上传到 FTP 站点。

> **说明：** Windows Server 2022 内置的 FTP 服务模块作为 IIS 的重要组成部分，虽然 IIS 中的 FTP 服务器安装配置比较简单，但对用户权限和使用磁盘容量的限制，需要借助 NTFS 文件夹权限和磁盘配额才能实现。因此，它不太适合复杂的网络应用。

9.5.2 任务 2：创建 FTP 站点与虚拟目录

1. 创建 FTP 站点

与创建 Web 站点类似，使用“添加 FTP 站点”对话框可以创建一个新的 FTP 站点。创建新的 FTP 站点的操作是在“Internet Information Services（IIS）管理器”窗口中完成的。下面介绍创建 FTP 站点的操作步骤。

步骤 1：在“Internet Information Services（IIS）管理器”窗口中，右击左侧列表框中的“WINSERVER（WINSERVER\Administrators）”，在弹出的快捷菜单中选择“添加 FTP 站点”命令，打开“添加 FTP 站点”对话框，单击“浏览”按钮，打开如图 9-20 所示的“浏览文件夹”对话框。

图 9-20 “浏览文件夹”对话框

步骤 2：选择好文件夹后，单击“确定”按钮，返回“添加 FTP 站点”对话框，单击“下一步”按钮，在打开的对话框中填写 FTP 站点名称（如 My FTP Site）和物理路径（如 Windows Server 2022 的默认 FTP 主目录“C:\inteput\ftproot”），单击“下一步”按钮。

步骤 3：打开如图 9-21 所示的“绑定和 SSL 设置”对话框，“IP 地址”可以用于指定当前安装服务器的静态 IP 地址，在“端口”文本框中输入“21”，由于 FTP 站点未拥有 SSL 证书，因此将“SSL 证书”修改为“未选定”。

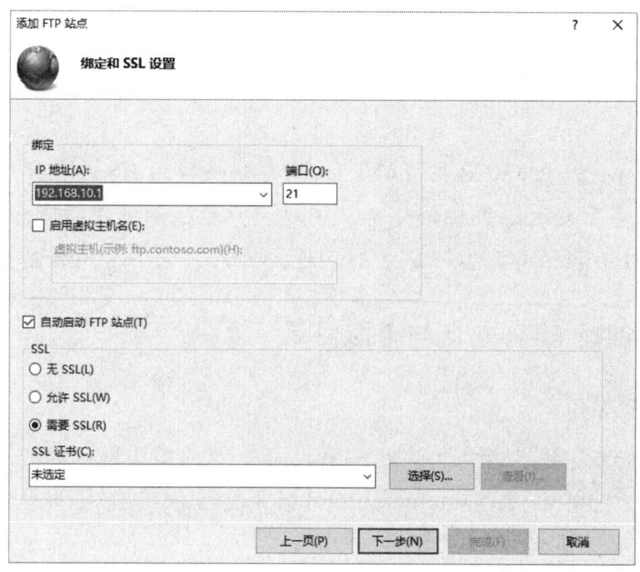

图 9-21 “绑定和 SSL 设置”对话框

步骤 4：单击“下一步”按钮，打开如图 9-22 所示的“身份验证和授权信息”对话框，这里需要同时选择“匿名”和“基本”身份验证方式、授权“所有用户”、拥有“读取”权限，单击“完成”按钮。

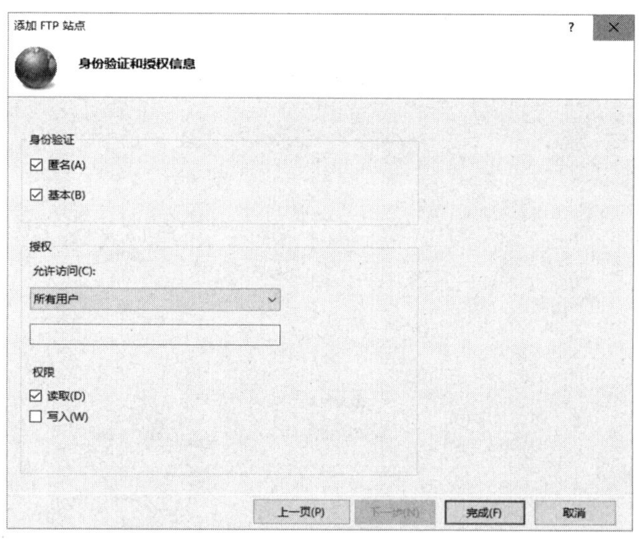

图 9-22 “身份验证和授权信息”对话框

新建 FTP 站点如图 9-23 所示。

2. 新建集成到网站的 FTP 站点

通常，用户可以为已有的 Web 网站增加 FTP 功能，从而创建一个集成到网站的 FTP 站点，这个 FTP 站点的主目录就是网站的主目录，此时系统管理员只需要通过同一个站点来管理 Web 网站和 FTP 站点。例如，如果想要创建一个被集成到“Default Web Site”网站的 FTP 站点，其方法为：先选中“Default Web Site”，再选择“操作”列表框中的“添加 FTP

发布”选项，接下来与创建“My FTP Site”站点的步骤相同，不过并不需要指定 FTP 站点的主目录。

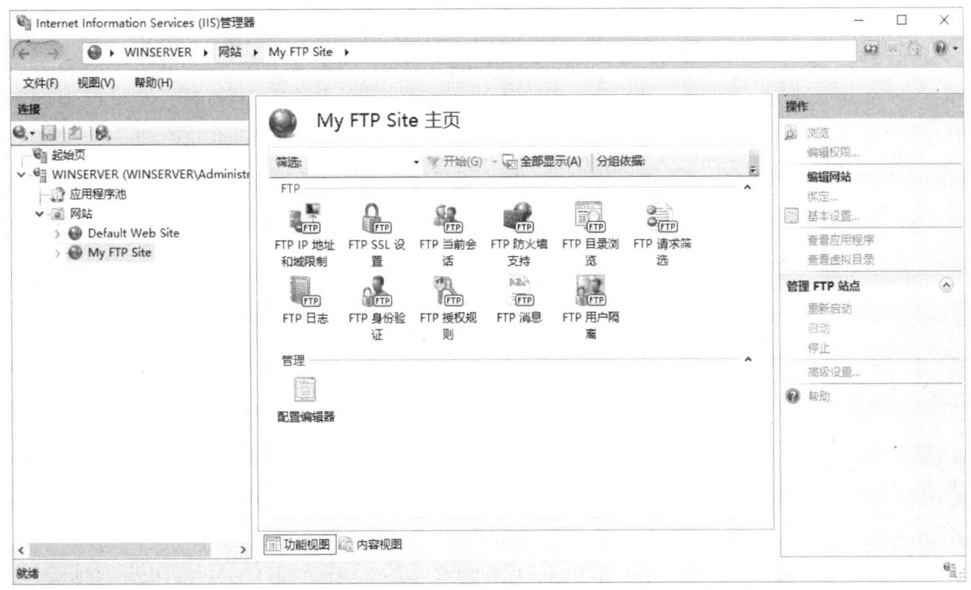

图 9-23　新建 FTP 站点

9.5.3　任务 3：FTP 客户端的访问

在创建 FTP 站点并提供的 FTP 服务后，就可以为用户提供上传或下载服务。用户可以使用 FTP 命令、Web 浏览器和 FTP 客户端软件 3 种方式来访问 FTP 站点。

1. 使用 FTP 命令访问 FTP 站点

基于 Windows 的客户端计算机，可以在命令提示符下使用 Windows 自带的 FTP 命令连接到 FTP 服务器上。连接方法是：在命令提示符下输入“ftp 服务器的 IP 地址或域名”命令，按提示输入用户名和密码就可以进入 FTP 服务器的主目录。如果是匿名用户，则输入用户名 anonymous，如图 9-24 所示。如果想要上传单个文件，则使用“PUT 文件名”命令；如果想要下载单个文件，则使用“GET 文件名”命令。FTP 命令的具体使用方法请查看 Windows 相关帮助信息。

管理员: Windows PowerShell

```
PS C:\Users\Administrator>
PS C:\Users\Administrator>
PS C:\Users\Administrator>
PS C:\Users\Administrator> ftp 192.168.10.1
连接到 192.168.10.1。
220 Microsoft FTP Service
200 OPTS UTF8 command successful - UTF8 encoding now ON.
用户(192.168.10.1:(none)): anonymous
331 Anonymous access allowed, send identity (e-mail name) as password.
密码:
230 User logged in.
ftp>
```

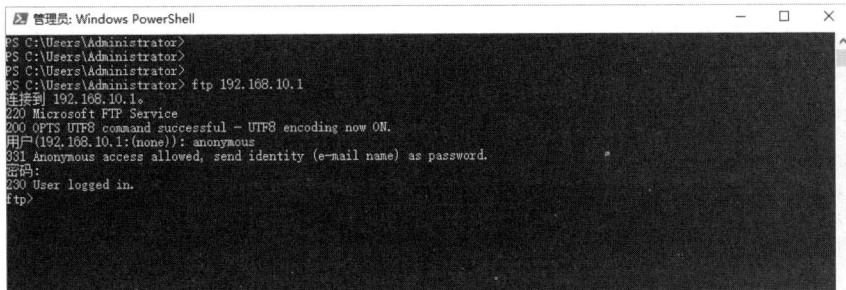

图 9-24　使用 FTP 命令访问 FTP 站点

2．使用 Web 浏览器访问 FTP 站点

当使用 Web 浏览器访问 FTP 站点时，可以在 Web 浏览器的地址栏中输入欲连接的 FTP 站点的 IP 地址或域名。例如，FTP://192.168.10.1，如图 9-25 所示。如果 FTP 站点采用 Windows 身份验证方法，则要求用户登录 FTP 时输入用户名和密码，这时需要将地址栏中的信息格式修改为“FTP://用户名:密码@IP 地址或主机名”。

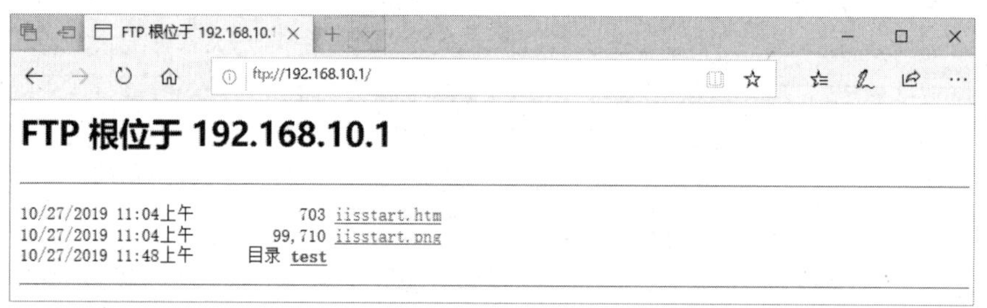

图 9-25　使用 Web 浏览器访问 FTP 站点

当 FTP 站点被授予“读取”权限时，只能浏览和下载该站点中的文件夹和文件。浏览的方式非常简单，只需双击就可以打开相应的文件夹和文件。

对于重命名、删除、新建文件夹和上传下载文件等操作，只能在 FTP 站点被授予“读取”和“写入”权限时才能进行。

在 Web 浏览器的地址栏中应输入“FTP://IP 地址/目录名”或“FTP://域名/目录名”，即可浏览虚拟目录中的所有文件。

3．使用 FTP 客户端软件访问 FTP 站点

如同 Web 服务器的访问需要借助 Web 客户端浏览器软件才能访问一样，FTP 服务器的访问也有专门的图形界面的 FTP 客户端软件。目前，使用最多的是 Global Cape 公司开发的 CuteFTP 软件。下面以 CuteFTP 为例简单介绍对 FTP 站点的访问。

步骤 1：运行 FTP 客户端软件 CuteFTP，在打开的“CuteFTP”窗口中选择“文件|新建|FTP 站点”命令。

步骤 2：打开“站点属性”对话框，在其中输入相关信息，如标签、主机地址、用户名和密码等，并选择“登录方式”。

步骤 3：单击“连接”按钮，实现与 FTP 站点的连接。连接成功后，显示该 FTP 站点的欢迎画面和信息。这时，“CuteFTP”窗口左侧为本地硬盘中的文件夹，右侧为该 FTP 站点中根目录下的文件和文件夹列表。此外，如果在“站点属性”对话框中，单击“确定”按钮，则新建的站点以标签的形式保存在“站点管理器”中，当下次使用时只需要在“站点管理器”中双击该站点标签即可。

步骤 4：在“CuteFTP”窗口中对文件或文件夹进行拖放操作，从而实现文件或文件夹的上传和下载。当然，在执行操作之前，应当调整本地硬盘的当前文件夹。另外，文件夹的新建、删除、重命名等操作方法都与 Windows 资源管理器中的操作方法相同。但是，在执行上传、重命名、删除等操作时，FTP 站点必须允许用户执行“写入”操作，并且以授权用户身份登录。

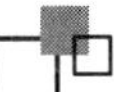

步骤 5：虚拟目录的访问。在“CuteFTP”窗口的右侧列表框中显示 FTP 服务器的根目录。如果想要连接到虚拟目录，则在空白处右击，在弹出的快捷菜单中选择“转到|更改到”命令。在打开的对话框的文本框中输入“\虚拟目录”，如“\soft”，单击“确定”按钮，此时将切换到虚拟目录。

9.5.4 任务 4：配置 FTP 服务器

FTP 服务站点在创建之际或在运行过程中，由于系统应用的需求，可以通过配置 FTP 服务器站点相关参数进行调整，从而达到系统性能最大化。下面介绍文件存储位置、FTP 站点的绑定设置、设置 FTP 站点信息和设置限制连接等。

1. 文件存储位置

当用户利用“FTP”命令连接 FTP 站点时，将被导向 FTP 站点的主目录，即用户所看到的是主目录内的文件内容。当将主目录的物理路径更改为本地服务器计算机的其他文件夹时（也可以设置为网络中的其他计算机的共享文件夹），如图 9-26 所示，在“物理路径”文本框中输入新的存储路径。如果是网络中的共享文件夹，则需要单击“连接为”按钮，输入目标计算机的用户名和密码，并单击“测试设置”按钮来查看是否可以正常连接到此共享文件夹。

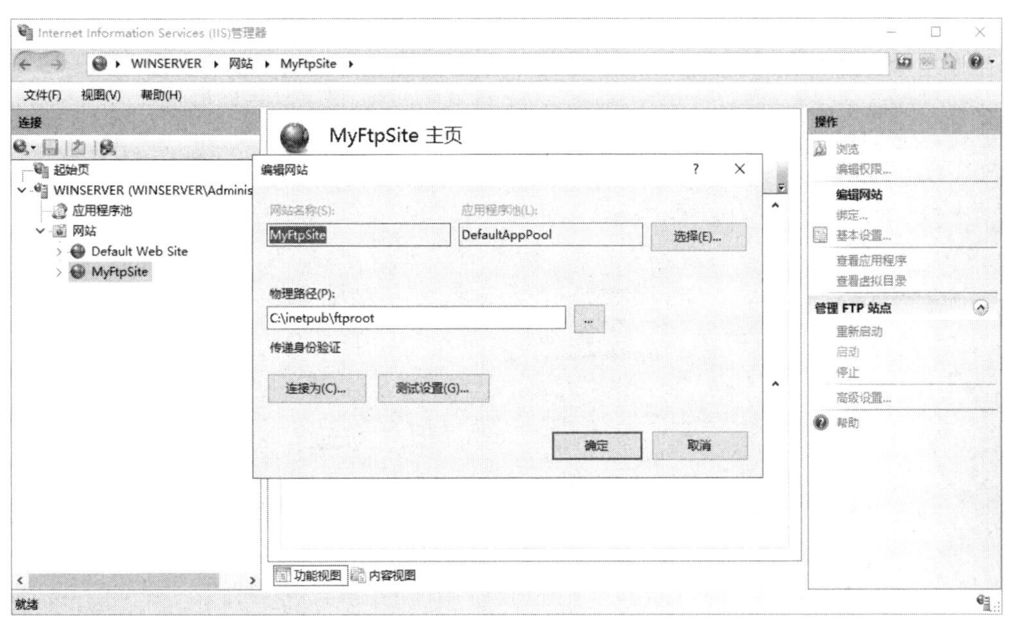

图 9-26 设置物理路径

2. FTP 站点的绑定设置

在一台计算机服务器中创建多个 FTP 站点，往往是通过“虚拟主机名”、“IP 地址”或“TCP 端口号”这 3 个信息进行识别的，配置多个 FTP 站点的操作是：在“Internet Information Services（IIS）管理器”窗口右侧的“操作”列表框中选择“绑定|编辑”命令，打开如图 9-27 所示的“编辑网站绑定”对话框，在该对话框中进行设置即可。

图 9-27 “编辑网站绑定”对话框

3. 设置 FTP 站点信息

设置 FTP 站点信息，即当用户连接到此 FTP 站点时就会看到的消息内容。选择“功能视图”中的“FTP 消息”选项，打开“FTP 消息”选项区，如图 9-28 所示。

图 9-28 “FTP 消息”选项区

- 横幅：当连接 FTP 站点时，会看到此处设置的文本内容。
- 欢迎使用：当用户登录到 FTP 站点后，会看到此处的欢迎词。
- 退出：当用户注销 FTP 站点时，会看到此处的文字提示。

- 最大连接数：如果系统管理员在此设置 FTP 站点连接数量限制，当用户连接数量达到此极限值时，再有用户连接该站点，就会看到此处所设置的信息。

4. 设置限制连接

在“Internet Information Services（IIS）管理器”窗口的 FTP 站点“功能视图”中，打开如图 9-29 所示的“FTP 当前会话”选项区，查看当前连接到 FTP 站点的用户。如果想要将某个 FTP 连接强行中断，则选中该连接后，进行“断开会话”操作即可。

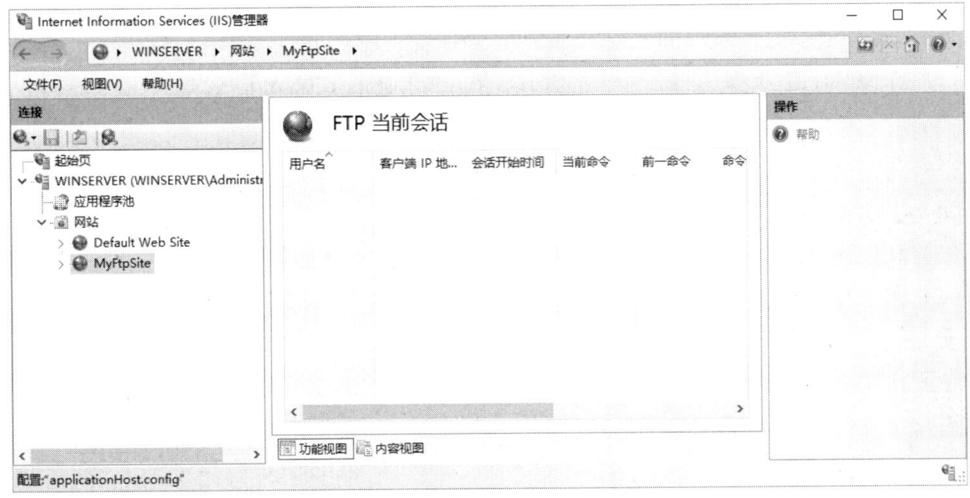

图 9-29 “FTP 当前会话”选项区

系统管理员可以实现 FTP 站点的有选择性访问，也就是允许或拒绝网络中某台计算机的访问（即特定 IP 的访问），具体操作方法是：打开 FTP 站点的“FTP IP 地址和域限制”选项区，如图 9-30 所示，进行“添加允许条目”与“添加拒绝条目”等操作，即可通过 IP 地址来限制连接。

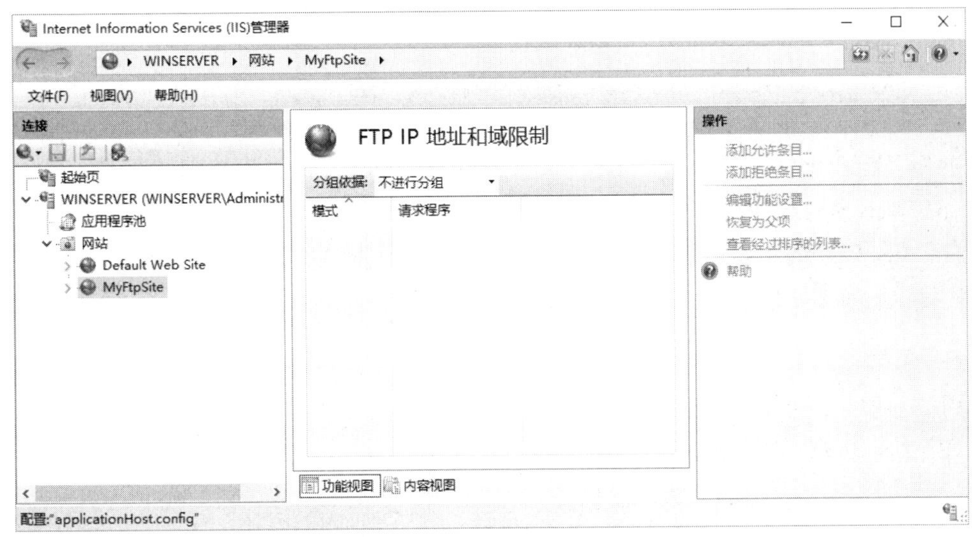

图 9-30 “FTP IP 地址和域限制”选项区

实训 9

1. 实训目的

熟练掌握 Windows Server 2022 IIS 10.0 中 Web、FTP 服务器的创建与管理。

2. 实训环境

正常的局域网；安装 Windows Server 2022、Windows 11 的计算机。

3. 实训内容

（1）在 Windows Server 2022 中安装 IIS 10.0，并添加所有的服务角色。

（2）在 IIS 10.0 中，熟悉其操作界面与命令。

（3）利用 IIS 10.0 的“Default Web Site”网站发布一个使用 ASP.NET 工具生成的网站。

（4）在 IIS 10.0 中，创建一个新的应用网站。

（5）利用主机头技术，实现在同一 IP 地址计算机上的多个网站应用。

（6）在“Internet Information Services（IIS）管理器”窗口中，创建 FTP 服务器，实现用户文件的上传与下载操作。

（7）在 Windows 11 的计算机上，安装 CuteFTP 客户端工具软件，应用所创建的 FTP 服务器进行文件的上传与下载操作。

习题 9

1. 填空题

（1）Windows Server 2022 在 Internet 信息服务（Internet Information Services，IIS）中提供了一组优秀的工具，以构造一个全方位支持________、________的服务器。

（2）Windows Server 2022 提供的________是一个集成了 IIS、ASP.NET、Windows Communication Foundation 的统一 Web 平台。

（3）FTP（File Transfer Protocol，文件传输协议）是________。

（4）FTP 站点服务支持在站点级别上________以帮助系统管理员保护 Internet 站点的安全并使之商业化。

（5）Web 服务的实现，采用了________模型。

（6）IIS 10.0 的主要验证方法有________、基本身份验证、集成 Windows 身份验证、Forms 身份验证等。

2. 简答题

（1）与以往版本相比，IIS 10.0 有哪些改进？

（2）IIS 10.0 提供了哪些服务？

（3）简述 Web 服务器的实现过程。

（4）Windows Server 2022 中的 FTP 服务器主要实现了什么功能？

第 10 章

路由和远程访问服务（RRAS）管理

教学重点

- Windows Server 2022 路由器及其配置。
- 虚拟专用网（VPN）的管理。

当用户在外出差或在家时，是否像在企业办公室一样能够及时、方便地使用企业内部数据信息？现在企业经营或管理往往跨越了地理位置，如何使用远程组建企业内部网呢？从技术实现角度，不同的网络之间可以先通过路由器（Router）连接，再由路由器负责转发两个网络之间的数据包，让分别位于不同网络内的计算机，通过路由器来通信。其实这些功能都可以通过 Windows Server 2022 中的路由和远程访问服务来实现，路由和远程访问服务是一个实现全功能路由器和远端用户访问 Windows Server 服务器的服务组件。

10.1 项目 1：Windows Server 2022 路由器及其配置

10.1.1 任务 1：理解路由协议

路由和远程访问服务（Routing and Remote Access Service，RRAS）是 Windows Server 2022 提供的核心服务之一，其路由功能提供了用于路由和网络互连工作的开放支持平台，为局域网（LAN）和广域网（WAN）环境中的 IP 通信提供路由选择，通过 RRAS 可以在网络之间将某一位置的通信从源主机转发到目标主机。

路由器对路径的选择是通过路由协议计算的，通过路由表记录所在的选择。路由整个过程包括寻径和转发。寻径是寻找到达目的地的最佳路径，由路由算法实现，这就是路由选择协议。转发是沿着最佳路径传送信息分组，其由路由转发协议来实现。路由选择协议和路由转发协议是相互配合而又相互独立的两个概念。路由转发协议利用路由选择协议维护路由表，同时路由选择协议要利用路由转发协议所提供的功能来发布路由记录数据分组，一般我们提到的协议是指路由选择协议。

Windows Server 2022 中的路由器采用的路由协议是 RIP 和 OSPF。下面简单介绍这两个协议。

1. 路由信息协议（Routing Information Protocol，RIP）

RIP 协议的设计主要应用于中小型网络。RIP 路由器能够定期向网络中以广播或多播的方式发送包含路由表信息的数据包。如果网络的拓扑结构发生变化，则立即将更新的信息数据进行转发，网络中的每个路由器接收到更新数据后，立刻修改自己的路由表并传播更新信息。RIP 协议之所以应用在中小型网络中，主要受限于使用的最大跃点数是 15 个（1 个跃点数代表 1 个设备），超过其值的，RIP 协议将不可到达。

2. 开放最短路径优先协议（Open Shortest Path First，OSPF）

OSPF 协议的设计主要用于大型或特大型网络。它不像 RIP 的路由器那样交换路由表项，主要是维护不同网络之间的连接状态数据库，在网络拓扑结构更改（发生变化）时，随之更新这个数据库和路由表。邻近的 OSPF 路由器能形成一个同步连接状态数据库的逻辑关系。

10.1.2 任务 2：路由表内容的组成

路由表包含一系列路由的项，其中包含了有关网际网络的 ID 位置信息。路由表就像我们平时使用的地图一样，标识着各种路线，并保存着子网的标志信息、网络中路由器的个数和路由器的名字等内容。路由表可以由系统管理员固定设置好（静态路由），或者由系统动态修改、路由器自动调整、主机控制（动态路由）。

路由表中的每一项被看作一项路由，有多种类型的路由，如默认路由、网络路由、环回网络路由、直接连接网络路由、子网广播路由和多播路由。其中重要的是网络路由，它提供的是不同网络之间的 ID 路由信息。路由表中的每项都由以下信息字段组成。

- Network Destination：这个目的地可以是一个网络或一个 IP 地址。
- Netmask：子网掩码。
- Gateway：如果目的地计算机的 IP 地址与 Netmask 执行逻辑与运算后，其结果等于 Network Destination 的值，则会将信息转发给 Gateway 处的 IP 地址。如果 Gateway 处的 IP 地址等于计算机主机地址，则表示信息将不再转送到其他路由器，将直接传送到目的地计算机。
- Interface：表示信息是从计算机的 IP 地址的接口输出的。
- Metric：数据包信息从源端到目的端需要经过多少跳，通常表示通过此路由来传送信息的成本，以及此路由的稳定性等。

10.1.3 任务 3：Windows Server 2022 路由器的设置

下面以图 10-1 为例说明如何将 Windows Server 2022 服务器设置成路由器，从而实现两个子网的连通。

拓扑结构说明：Windows Server 2022 路由器是一台安装了 Windows Server 2022 的双网卡计算机，网卡的 IP 地址分别为 192.168.0.254 和 192.168.1.254，子网掩码均为 255.255.255.0，其中所连接的两个子网 A 和 B 各有多台 PC，子网 A 的一台 PC 设置 IP 地址为 192.168.0.1，网关为 192.168.0.254，命名为 PC0；子网 B 的一台 PC 设置 IP 地址为 192.168.1.1，网关为

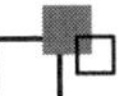

192.168.1.254，命名为 PC1。

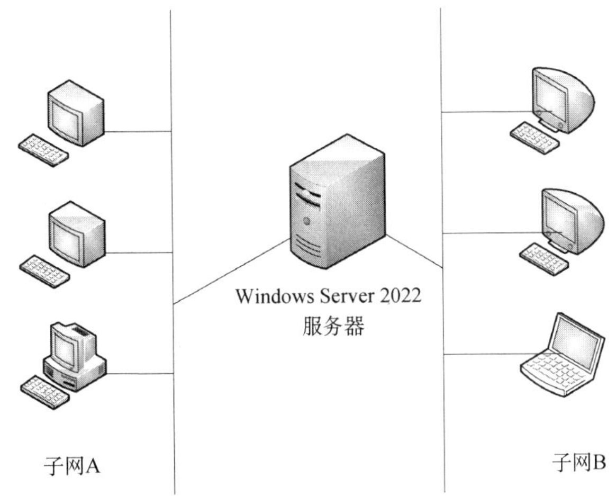

图 10-1　Windows Server 2022 作为路由器的网络拓扑

1. 安装路由和远程访问服务

在 Windows Server 2022 中使用路由功能，需要安装路由和远程访问服务，其安装步骤如下。

步骤 1：打开“服务器管理器”窗口。

步骤 2：选择“管理|添加角色和功能”命令。

步骤 3：打开“添加角色和功能向导”对话框，进行相应操作，打开“选择服务器角色”对话框，勾选“远程访问”复选框，如图 10-2 所示。

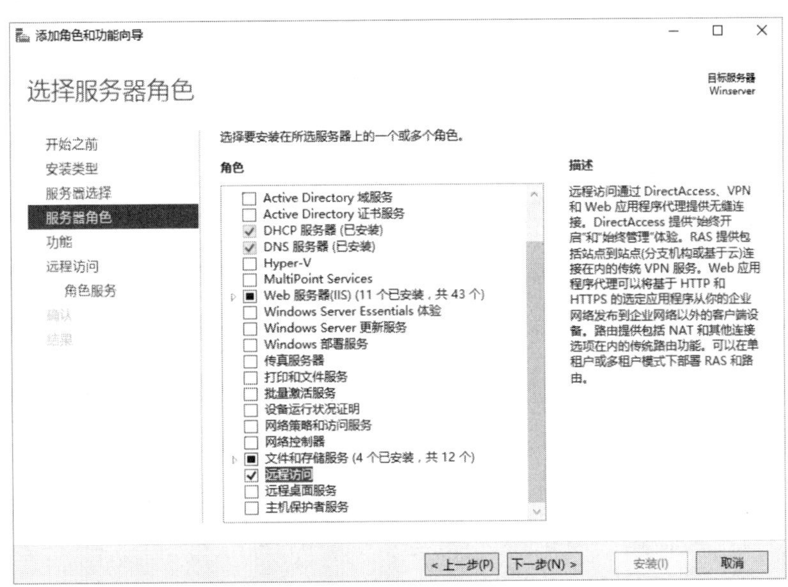

图 10-2　勾选“远程访问”复选框

步骤 4：单击“下一步”按钮，打开“远程访问”对话框，介绍其中包括的功能。单击“下一步”按钮，打开“选择角色服务”对话框，勾选“路由”复选框，如图 10-3 所示。

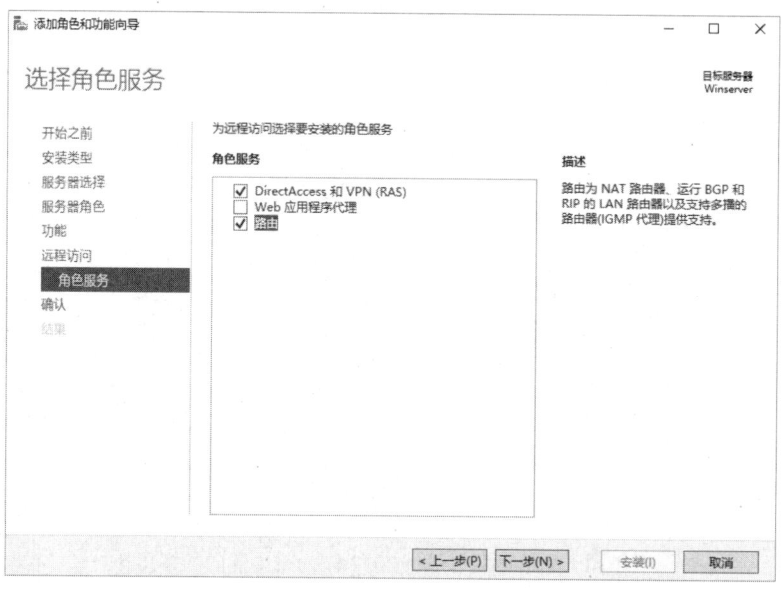

图 10-3　勾选“路由”复选框

步骤 5：单击“下一步”按钮，在打开的对话框中单击“安装”按钮，即可开始路由和远程服务的安装。

2. 启用 Windows Server 2022 路由器

安装完路由和远程服务之后，此服务处于禁用状态。如果想要启用并配置路由和远程访问服务，必须以 Administrators 组成员的身份进行。

步骤 1：在“服务器管理器”窗口中，选择“工具|路由和远程访问”命令，打开如图 10-4 所示的“路由和远程访问”窗口。

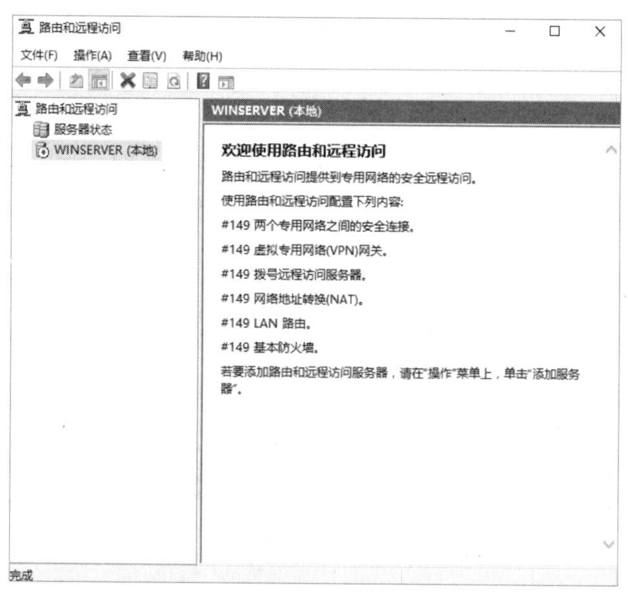

图 10-4　“路由和远程访问”窗口

步骤 2：选中服务器，选择“操作|配置并启用路由和远程访问”命令，打开“路由和远程访问服务器安装向导”对话框。

步骤 3：单击“下一步”按钮，打开“配置”对话框，这里选中“自定义配置”单选按钮，如图 10-5 所示。

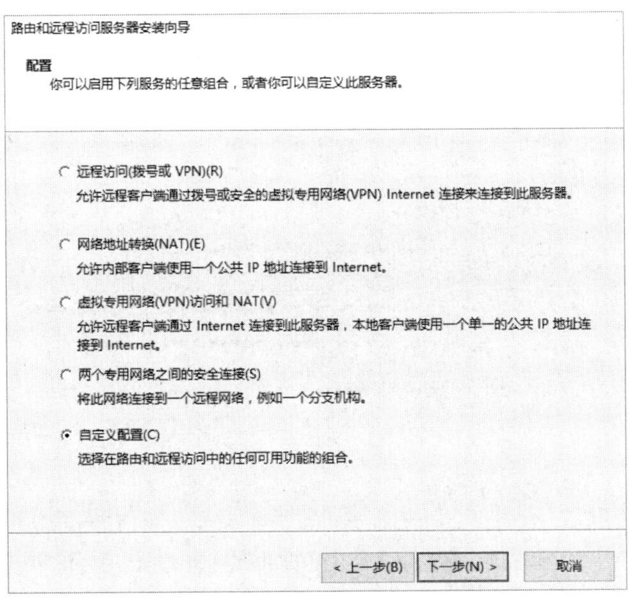

图 10-5　选中“自定义配置”单选按钮

步骤 4：单击“下一步”按钮，打开“自定义配置”对话框，选择服务器启用的服务，这里勾选“LAN 路由”复选框，如图 10-6 所示。

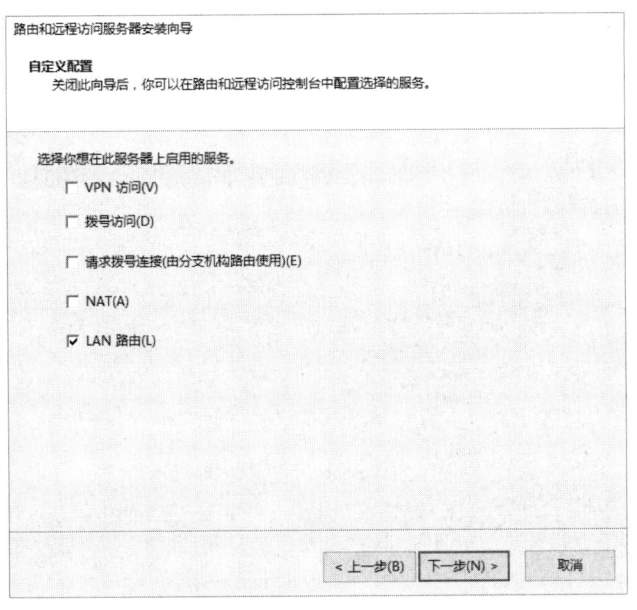

图 10-6　勾选“LAN 路由”复选框

步骤 5：单击“下一步”按钮，打开确认信息对话框，当出现“启动服务”界面时单击

“启动服务”按钮，单击“完成”按钮，完成路由和远程访问服务的启用和配置。

根据实际情况选择合适的服务，勾选“LAN 路由”复选框后就可以把 Windows Server 2022 计算机设置成为一台路由器，配置完之后的“路由和远程访问”窗口如图 10-7 所示。

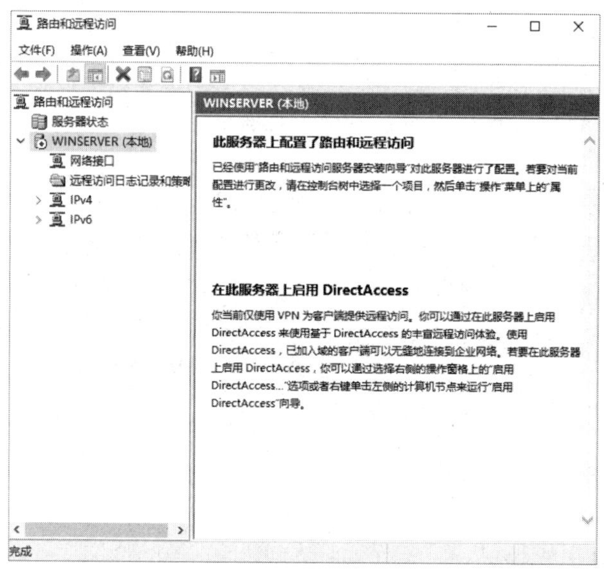

图 10-7　配置完之后的“路由和远程访问”窗口

3．基本路由配置与测试

（1）添加静态路由。除了可以添加默认的常规路由，还可以添加静态路由，如让路由器通过所添加的路由来传送数据包。添加静态路由的方法有以下两种。

方法一：如图 10-8 所示，在“静态路由”节点上右击，在弹出的快捷菜单中选择“新建静态路由”命令，在打开的对话框中输入新路由即可。

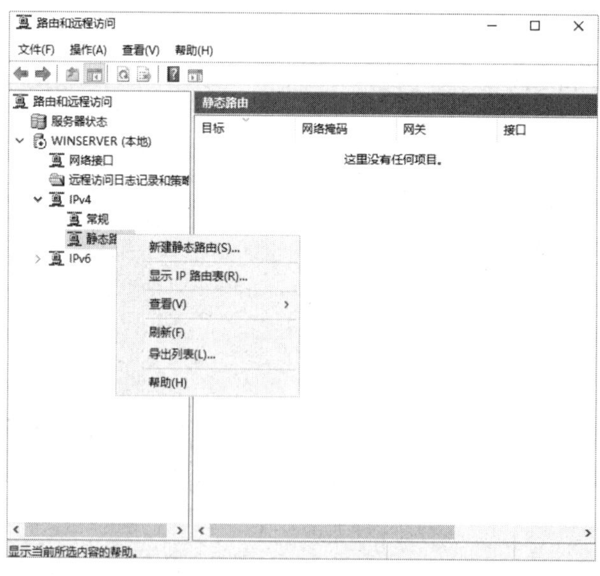

图 10-8　选择“新建静态路由”命令

方法二：使用“route add”命令添加路由。假设所要添加的路由，是要传送到 192.168.1.0 网络的一条路由信息，并通过 IP 地址为 192.168.0.254 的网络接口送出，传递给 192.168.1.254 的路由器网关，路由跃点数为 3。

在命令提示符下输入以下命令。

```
route add 192.168.1.0 mask 255.255.255.0 192.168.1.254 metric 3 if 0X20004
```

其中，“0X20004”表示 IP 地址为 192.168.0.254 的网络接口代码，可以通过“route print”命令查看。

> **说明：** 使用“route add”命令添加的路由，当计算机重新启动后就会消失，如果想要一直保留这条路由信息，则应该加上“-p”参数。

（2）创建 Windows Server 2022 路由器之后，要进行测试，以确定路由器是否已经正常工作。用户可以使用以下命令进行测试。

- 首先在 Windows Server 2022 路由器上停用路由和远程访问服务，然后在 PC0 上输入“ping 192.168.1.1”命令，此时 ping 失败。
- 首先在 Windows Server 2022 路由器上启用路由和远程访问服务，然后在 PC0 上输入“ping 192.168.1.1”命令，此时 ping 成功。

4．配置与测试动态路由 RIP

在前面介绍的路由器配置管理中，路由器会自动在路由表内建立与路由器直接相连的网络路由信息。例如，将图 10-9 中的服务器 1 作为路由器，那么其中的路由表就自动建立 192.168.0.0 网段与 192.168.1.0 网段的路由，而服务器 2 也会自动建立 192.168.1.0 网段与 192.168.2.0 网段的路由。然而非直接相连的网络路由就需要手动建立路由，如果 192.168.0.0 网段与 192.168.2.0 网段没有直接连接，则必须在服务器 1 手动建立两者之间的路由，同理，路由器 2 也要手动建立两者之间的路由。这些势必会给系统管理员带来烦琐的工作，也比较容易出现管理问题。动态路由协议就可以更好地解决这样的问题。

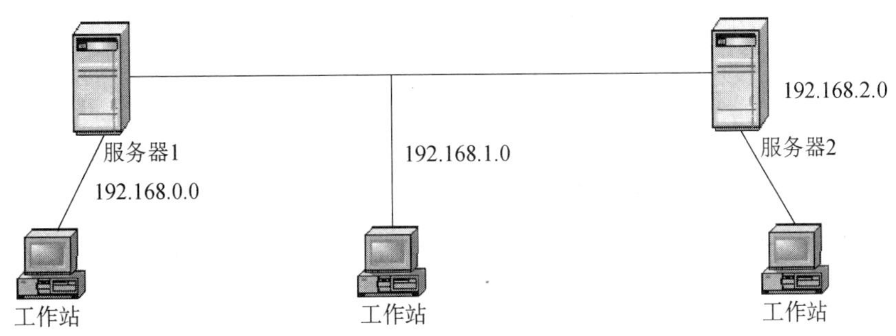

图 10-9 多个子网的网络拓扑

动态路由协议可以实现各个网段之间的互访，这里以 RIP 协议为例进行配置管理。支持 RIP 协议的路由器会将其路由表内的路由信息通知给其他相邻的路由器，在收到路由信息后，它们会依据这些路由信息来自动修正路由表。因此，所有支持 RIP 协议的路由器在相互通知后，就可以自动建立正确的路由表，不需要系统管理员手动建立。

管理操作 RIP 协议的过程也比较容易，可以打开“路由和远程访问”窗口。右击“IPv4”

的“常规”节点，在弹出的快捷菜单中选择“新增路由协议”命令，打开“新路由协议”对话框，如图 10-10 所示。

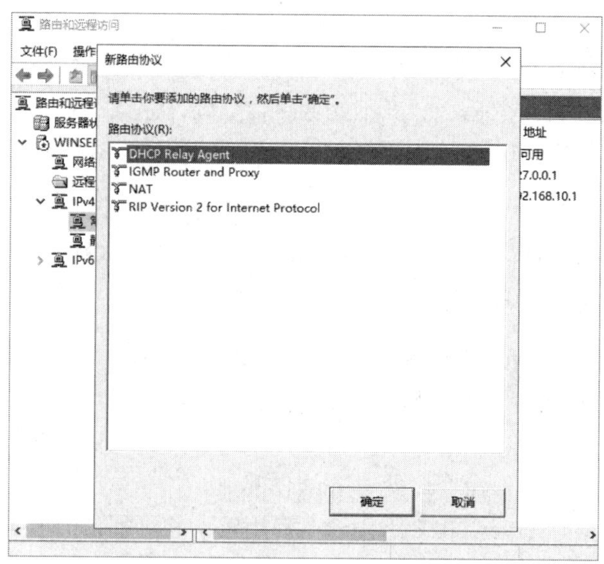

图 10-10　“新路由协议”对话框

> **注意：** 在同一网络规划中的各个路由添加的路由协议最好是一致的，否则可能存在路由重新发布问题。这里选择添加 RIP 协议，因为该协议设置比较简单，适合小型网络。确定之后，会在 IP 路由下出现一个新的 RIP 项。

要配置 RIP 协议，可以双击“RIP”节点，打开“RIP 配置”对话框。在空白区域右击，在弹出的快捷菜单中选择“新增接口”命令。在打开的“RIP Version 2 for Internet Protocol 的新接口”对话框中添加参与 RIP 路由的网络接口，如图 10-11 所示。

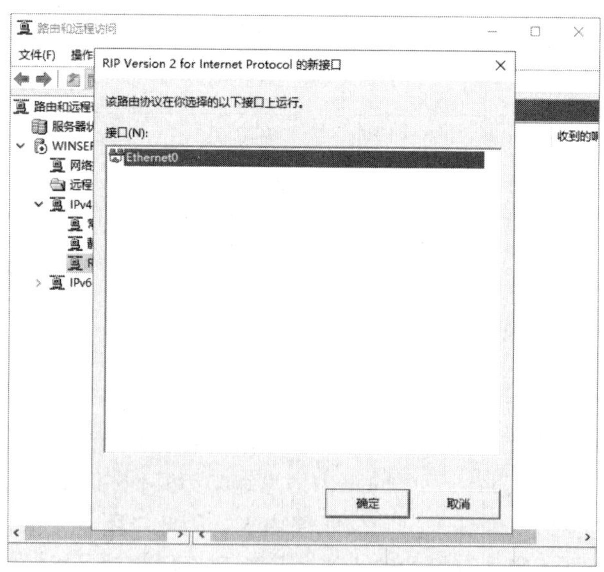

图 10-11　添加参与 RIP 路由的网络接口

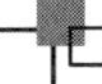

具体配置时可以选中某个接口并右击，在弹出的快捷菜单中选择“属性”命令，在打开的对话框中进行详细的配置。

至此，本路由器上的 RIP 协议就配置完了。其他路由器的配置可参照此方法，经过一段时间之后，同样进行 ping 测试，可以发现各个网段的计算机可以随时通信，说明 RIP 协议已经正常工作。

10.1.4　任务 4：熟练使用网络测试命令

Windows Server 2022 本身的图形用户界面非常友好，所有的操作都实现了可视化，使用起来很直观。但是某些时候，只使用图形操作会非常麻烦，并且可能得不到想要的信息。例如，在 Windows 的 TCP/IP 配置中，使用自动获取 IP 地址时，就无法通过“本地连接属性”对话框获取目前正在使用的 IP 地址信息，但是通过命令形式可以轻易地获取所有的信息。下面介绍 Windows Server 2022 的各种常用网络命令。

1. ping 命令

ping 命令用于验证网络的连通性，也就是检验本机的 TCP/IP 协议栈是否正常工作，或者用于检验两台主机之间是否可以连通。在查找和解决网络问题时，经常使用 ping 命令目标主机名发送 ICMP 回应请求。根据返回的信息，就可以推断 TCP/IP 的参数设置是否正确及 ping 命令运行是否正常。如果 ping 命令运行正常，就可以排除数据链路层或网卡的输入/输出线路和路由器等存在故障，从而缩小了故障范围。通常最好先用 ping 命令验证本地计算机和网络主机之间的路由是否存在，再使用 ping 命令连接目标网络主机的 IP 地址。ping 命令的语法格式如下。

```
    ping[-t][-a][-n count][-l size][-f][-i TTL][-v TOS][-r count][-s count]
[-w timeout]destination-IP
```

其中，可选项参数的含义说明如下。

- -t：使用 ping 命令一直执行，直到按 Ctrl+C 组合键才中断执行。
- -a：解析 IP 地址对应的主机名。
- -n count：指定要发送的 ICMP 数据包的个数。
- -l size：指定发送缓冲区的大小。
- -f：指定发送的 ICMP 数据包不再使用分片。
- -i TTL：指定 ICMP 数据包的生存时间。
- -v TOS：指定服务类型。
- -r count：记录路由的跳数。
- -s count：路由跳数带时间戳显示，count 的取值范围为 1～4。
- -w timeout：指定以毫秒为单位，等待每个 ICMP 数据包的响应时间。

当使用 ping 命令测试网络的连通性时，按照以下步骤能较好地确定网络的故障范围。

- ping 127.0.0.1：用于验证是否在本地计算机上安装 TCP/IP 协议，以及配置是否正确。
- ping {本机的 IP 地址}：用于验证是否正确地连接到网络。

- ping {默认网关的 IP 地址}：用于验证默认网关是否运行及能否与本地网络上的本地主机正常连接。
- ping {远程主机的 IP 地址}：用于验证能否通过路由器通信。
- ping {某主机的 DNS 域名}：用于验证本机的 DNS 配置是否正常。

2．ipconfig 命令

ipconfig 命令主要用于查看本机的网络配置，在 Windows 97/98 版本中使用 winipcfg 命令，而 Windows 2000 以后的版本才使用 ipconfig 命令。ipconfig 命令命令的语法格式如下。

```
ipconfig[参数]
```

其中主要参数的含义说明如下。

- /all：检查本机的全部配置信息，显示计算机的所有 TCP/IP 协议相关配置信息。
- /release：释放 DHCP 配置参数，包括已经分配的 IP 地址、子网掩码和默认网关。
- /renew：更新 DHCP 配置参数。执行完此命令之后，将获取新的 IP 地址。

3．tracert 命令

tracert 命令内置于 Windows 的 TCP/IP 应用程序中。通过向目标发送不同 IP 地址生存时间值（TTL）的“Internet 控制消息协议（ICMP）”回应数据包，使用 tracert 命令诊断程序可确定目标所采取的路由。它要求路径上的每个路由器在转发数据包之前，至少将数据包上的 TTL 的值递减 1。当数据包上的 TTL 的值为 0 时，路由器应该将“ICMP 已超时”的消息发回源系统。tracert 命令的语法格式如下。

```
tracert[-d][-h maximum-hops][-j host-list][-w timeout]target_name
```

其中，可选参数的含义说明如下。

- -d：指定不将地址解析为计算机名。
- -h maximum-hops：指定搜索目标的最大跃点数。
- -j host-list：指定 computer-list 的稀疏源路由。
- -w timeout：每次应答等待 timeout 指定的微秒数。
- target_name：目标计算机的名称。

4．net 命令

net 命令是 Windows 提供的一个功能强大的网络命令，其参数和子命令非常多。net 命令的语法格式如下：

```
    net[accounts|computer|continue|file|group|help|helpmsg|localgroup|name|
pause|print|send|session|share|start|statistics|stop|time|use|user|view]
```

由于 net 命令本身非常复杂，用户可以使用帮助信息找到自己想要的命令参数。它的一些基本的命令如下。

- net/?：查看所有 net 命令的列表。
- net help command：在命令行获取 net 命令的语法帮助。例如，关于 net accounts 命令的帮助信息，输入“net help accounts”即可。

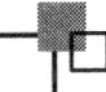

5. netstat 命令

netstat 命令用于显示活动的连接、计算机监听的端口、以太网的统计信息等。netstat 命令的语法格式如下。

```
netstat[-a][-e][-n][-o][-p Protocol][-r][-s][Interval]
```

其中，部分参数的含义说明如下。

- -a：显示所有活动的 TCP 连接及计算机监听的 TCP 和 UDP 端口。
- -e：显示以太网统计信息，如发送和接收的字节数、数据包数。该参数可以与-s 结合使用。
- -n：显示活动的 TCP 连接，显示结果以数字形式表现地址和端口。

10.2　项目 2：远程访问服务的实现

远程访问服务（Remote Access Service，RAS）是 Windows 中的一个内置功能，它是伴随着 Windows NT 的产生而出现的。RAS 的客户端界面又被称为“拨号网络”。如果说 RAS 是基本的远程访问功能，则 RRAS 扩展了 RAS 的功能，进一步提升了网络服务应用。

10.2.1　任务 1：理解远程访问服务的基本功能

当 RRAS 将一个拨号客户端连接到远程网络时，该客户端就成为所连接的网络上的一个节点。如果这个客户端还属于一个局域网，则拨号连接将在调制解调器（Modem）所代表的广域网和网络适配器所代表的局域网接口之间创建一个多协议的路由器。

1. 远程访问和路由功能集成

RRAS 的正式应用是通过 PPP 协议（点对点协议）将路由服务和远程访问服务组合起来的，这样可以将服务器变为多协议路由器（此时运行 RRAS 的计算机可以同时路由多种协议，并且这些路由协议均可以在同一管理程序中进行配置）和请求拨号路由器（此时运行 RRAS 的计算机可以为广域网链路安排路由，通过 VPN 建立连接）。

> **提示：**实现路由和远程访问服务的具体过程是拨叫 Internet 服务提供商（Internet Service Provider，ISP），同时以给定的用户名和密码登录，动态获取一个合法的 IP 地址。

2. 网络地址转换

网络地址转换（Network Address Translation，NAT）是将内部 IP 地址映射为全局合法 IP 地址的管理技术。RRAS 集成了 NAT 技术来实现快速的 Internet 连接。

3. 标准的管理界面

所有的网络连接，包括本地连接和拨号连接都使用通用标准的管理接口界面——“网络和拨号连接”窗口，该窗口为每一个连接设置一个图标，并由其属性来管理和配置对应的连接，而且修改参数后不用重新启动系统即可生效。

4. 扩展的身份验证机制

RRAS 使得系统具有“远程用户拨入身份验证服务”与“用户授权和用户的记账服务”，并支持“可扩展身份验证协议”（该协议包括安全证书及智能卡功能，可以提高系统的安全性）。

10.2.2 任务 2：远程访问服务的连接分类

运行“路由和远程访问”的 Windows Server 2022 服务器一般可以提供两种不同类型的远程访问连接。

1. 通过拨号网络连接

通过 ISP（如公共电话网 PSTN、综合业务数字网 ISDN）提供的接入服务，远程客户端可以使用非永久的拨号连接到远程访问服务器的物理端口上，这时使用的网络就是拨号网络。例如，远程客户端使用公用电话网拨号远程访问服务器某个端口对应的电话号码以建立连接。

2. 通过虚拟专用网连接

通过拨号线路或 ISP 提供的公共网络（如 Internet）可以将移动办公计算机连接到企业网络，移动办公计算机首先要拥有本地 Internet 提供商的网络连接，并拥有合法的用户身份，这样就可以使用点到点隧道协议或第二层隧道协议，在 Internet 中与企业网络建立安全、加密通道。与拨号网络连接相比，虚拟专用网连接是通信双方之间逻辑的专业连接，其私密性和安全性是通过对传送数据的加密来实现的。

10.3 项目 3：虚拟专用网（VPN）的管理

10.3.1 任务 1：理解虚拟专用网（VPN）的工作原理

Windows Server 2022 的虚拟专用网（Virtual Private Network，VPN）可以让远程用户与局域网通过 Internet（或其他的公众网络）建立一个安全的通信管道。不过需要在局域网内创建一台 VPN 服务器，以便与远程的 VPN 客户端建立连接。

当远程的 VPN 客户端通过 Internet 连接到 VPN 服务器时，它们之间传送的信息会被加密，即使信息在 Internet 传送的过程中被拦截，也会因为信息已经被加密而无法识别，可以确保信息的安全性。

一般来说，使用 VPN 的两种环境：一是总公司的网络已经连接 Internet，而公司用户在远程可以使用当地 ISP 提供的拨号连接 Internet 来与总公司的 VPN 服务器建立 PPTP 或 L2TP 通道，安全地传送信息；二是两个局域网的 VPN 服务器都连接到 Internet，并且通过 Internet 建立 PPTP 或 L2TP 通道，让两个局域网之间安全地传送信息。

Windows Server 2022 支持两种 VPN 通信协议：一是点对点通道协议（Point to Point Tunneling Protocol，PPTP），使用 VPN 服务器的网络直接连接到 Internet 上必须执行 TCP/IP

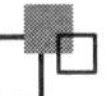

协议，只有通过 IP 网络才可以建立 PPTP 协议的 VPN。PPTP 协议使用 MPPE（Microsoft Point to Point Encryption）加密算法对数据进行加密。二是两层通道协议（Layer Two Tunneling Protocol，L2TP），该协议除了具有与 PPTP 协议类似的功能，还具有身份验证、加密与数据压缩的功能。

10.3.2　任务 2：虚拟专用网（VPN）服务的操作实现

1．VPN 服务器的配置

了解 VPN 的工作基本原理后，下面介绍如何在 Windows Server 2022 服务器上创建 VPN 服务器，以实现 Windows VPN 网络的应用。由于 Windows Server 2022 对 VPN 的配置提供了向导程序，因此配置 VPN 服务器非常简单，可以按照以下步骤来完成。

步骤 1：安装“路由和远程访问”服务角色后，在“服务器管理器”窗口中选择“工具|路由和远程访问”命令，打开“路由和远程访问”窗口，在左侧列表框中选中本地服务器名并右击，在弹出的快捷菜单中选择“配置并启用路由和远程访问”命令，如图 10-12 所示。

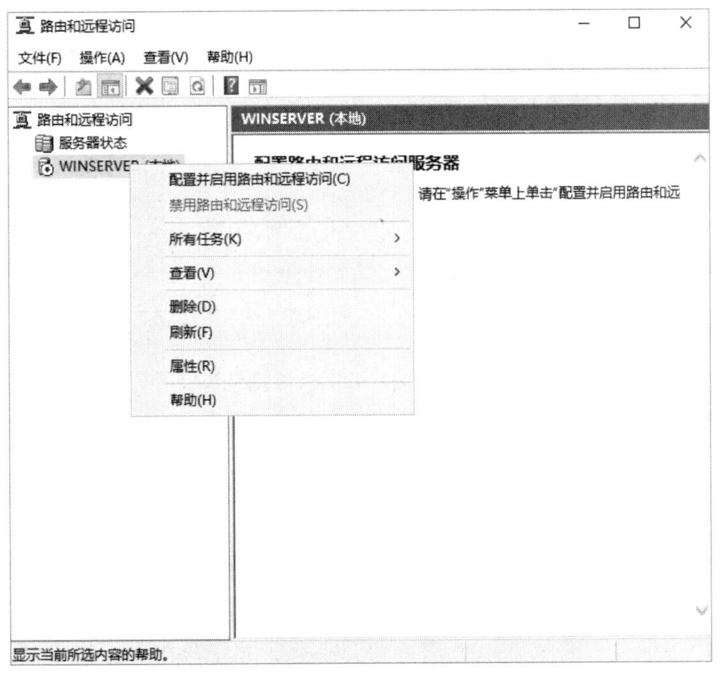

图 10-12　选择“配置并启用路由和远程访问”命令

步骤 2：在打开的“路由和远程访问服务器安装向导”对话框中单击“下一步”按钮，打开“配置”对话框。这里要使 VPN 服务器只供远程用户通过 Internet 连接 VPN 服务器，而内部局域网则通过一个公共 IP 地址使用 Internet，因此选中“虚拟专用网络（VPN）访问和 NAT（V）”单选按钮，如图 10-13 所示，单击“下一步”按钮。

> **提示：** 需要在 VPN 服务器上安装两块网络适配器支持虚拟专用网。

步骤 3：向导要求指定相关的 IP 地址。此处指定的 IP 地址范围是指 VPN 客户端通过虚拟专用网连接到 VPN 服务器所使用的 IP 地址范围，这个 IP 地址范围应该与 VPN 服务器的内部网卡的 IP 地址是同一个网段，以保证 VPN 的连通。

由于想要让客户端能够登录，因此必须给客户端指定相应的用户名和密码。在 Windows Server 2022 中，必须使用 Windows 的域用户账户和密码作为 VPN 的登录凭证。建立域用户的操作步骤为：在“服务器管理器”窗口中选择“工具|Active Directory 用户和计算机”命令，在打开的“Active Directory 用户和计算机”窗口中选择“Users”中的“新建|用户”命令，按照前面章节关于新建域用户的方法添加 VPN 用户。

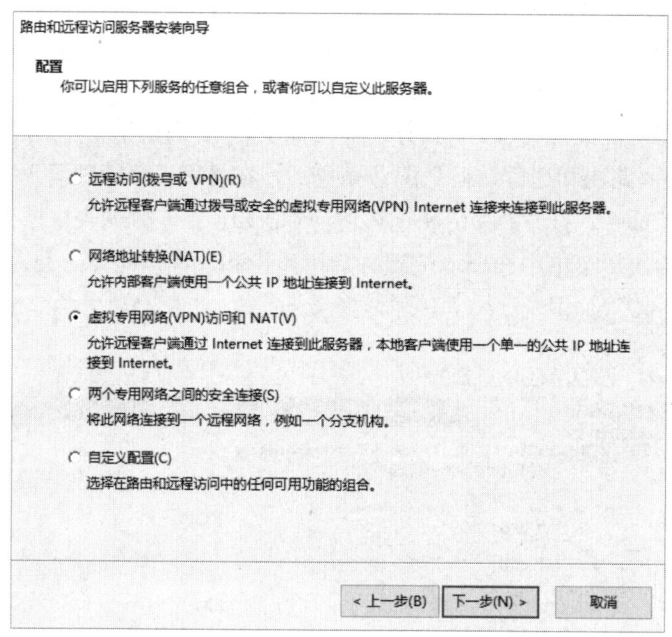

图 10-13　选中“虚拟专用网络（VPN）访问和 NAT（V）”单选按钮

注意：一定要在新增 VPN 用户的“拨入”选项卡中，选中“允许拨入”单选按钮。

2. VPN 客户端的配置

配置完 VPN 服务器，那么如何配置 VPN 客户端，才能使用 VPN 更好地访问企业内部的共享资源呢？实际上，VPN 客户端的配置非常简单，只需在 VPN 客户端系统的“网络连接”建立一个到 VPN 服务器的虚拟专用连接，通过该连接使用 ISP 提供的身份验证和线路通信即可。下面以 Windows 11 为例介绍 VPN 客户端的配置。

步骤 1：打开“网络和共享中心”窗口，选择“设置新的连接或网络”选项，打开向导对话框，单击“下一步”按钮，在打开的“网络连接类型”对话框中选择“连接到工作区”选项，选中“通过 Internet 连接到 VPN”，单击“下一步”按钮；在打开的对话框中选中“我将稍后设置 Internet 连接”，单击“下一步”按钮。

步骤 2：在打开的“目标地址”对话框中，输入 VPN 服务器的 IP 地址或主机名，这里可以是固定 IP 地址，也可以是由 DNS 或其他方式解析出来的主机名。在打开的“连接到工作区”对话框中勾选“记住我的凭据”复选框，如图 10-14 所示。

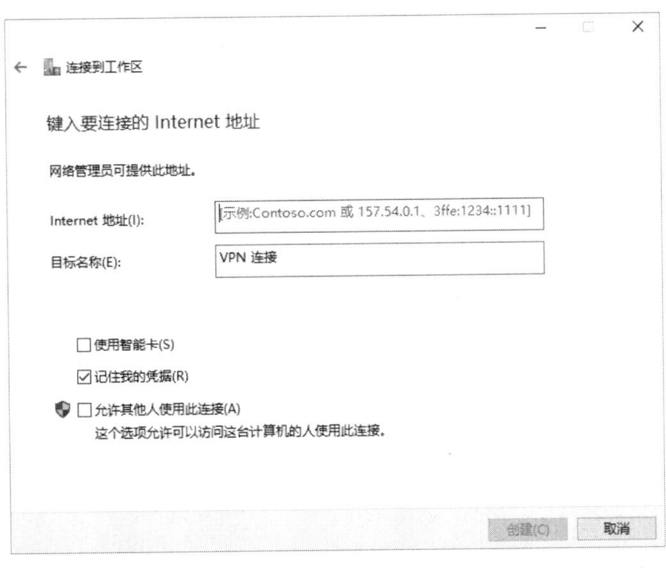

图 10-14 勾选“记住我的凭据”复选框

步骤 3：按照默认的设置继续单击“创建”按钮，完成 VPN 客户端的配置。这样，在客户端上就创建了到 VPN 服务器的虚拟专用连接。如果想要使用 VPN 服务器的访问连接，则双击该连接，输入服务器已创建的账户和密码即可。

连接成功后在计算机的桌面右下角状态栏中会有连接的图标显示，此时就可以直接使用 VPN 服务器内部网络中的各种资源。

在路由和远程访问服务向导的指引下，配置 VPN 服务器非常简单。但是实际上由于 VPN 本身非常复杂，可以使用多种不同的 VPN 协议，所以在实际的应用中，还需要有更多详细的 VPN 选项进行配置。用户将根据自己网络的实际情况来选择对策。

> **提示：** 访问 VPN 服务器上的共享资源有两种方法：一是通过“网络”直接访问共享资源；二是通过在浏览器的地址栏中输入“\\服务器名”或“\\服务器地址”访问共享资源。

实训 10

1. 实训目的

熟练掌握 Windows Server 2022 静态路由与动态路由的实现，以及 VPN 服务器的创建与管理。

2. 实训环境

局域网和 Internet 连接的网络环境；安装了 Windows Server 2022 的 3 台计算机；安装了 Windows 10/11 的多台计算机。

3. 实训内容

（1）在 Windows Server 2022 中，安装路由和远程访问服务。

（2）手动配置 192.168.0.0、192.168.1.0、192.168.2.0，子网掩码都是 255.255.255.0 的 3 个子网，并且分别在 3 台服务器上配置静态路由，利用网络测试命令测试 3 个子网之间的互连性是否完好。

（3）删除静态路由信息。分别在 Windows Server 2022 服务器上配置 RIP 协议的动态路由，添加协议并分别测试此时在 RIP 协议的动态路由支持下网络的互连正确性。通过对比总结静态路由和动态路由的实现配置。

（4）配置并启用路由和远程访问，安装“虚拟专用网（VPN）服务器”；选择协议；指定 IP 地址；建立使用 VPN 服务的用户。

（5）在 Windows 10/11 客户端计算机上选择“开始|控制面板|网络和共享中心|网络连接|创建一个新连接”命令，建立 VPN 的虚拟专用连接，指定 VPN 服务器的 IP 地址。

（6）利用 IE 浏览器测试服务器上的共享资源。

习题 10

1．填空题

（1）路由器对路径的选择是通过使用________计算的，通过路由表记录所在的选择。

（2）路由整个过程包括________和________。

（3）寻径是寻找到达目的地的最佳路径，由路由算法实现，这就是________协议。

（4）转发是沿着最佳路径传送信息分组，其实现的过程采用的是________协议。

（5）路由表包含一系列路由的项，其中包含了________信息。

（6）________命令主要用于显示活动的连接、计算机监听的端口、以太网的统计信息等。

（7）Windows Server 2022 的虚拟专用网可以让远程用户与局域网通过________建立一个安全的通信管道。

2．简答题

（1）什么是路由？路由有哪几种工作方式？

（2）Windows Server 2022 中的 VPN 服务器实现了什么功能？

（3）虚拟专用网可以使用哪些协议？

（4）访问 VPN 服务器上的共享资源有哪些方法？

第 11 章

系统安全管理技术

教学重点

- 组策略的安全设置操作。
- 设置安全的审核策略。
- 创建软件限制策略。
- 利用本地组策略进行系统安全配置。

在生活、工作中，我们常会看到某人网上银行账户被窃的新闻，也会遇到网上聊天用户账号被盗的事情。现代信息技术的发展，促使人们在经济、政治、文化等社会领域中实现了充分的信息交流，使得社会的变革与进步超越了我们的想象。计算机网络的开放性、互连性、连接形式的多样化，以及技术的局限性和人为因素等对系统安全产生了潜在的威胁，如互联网中的黑客行为、恶意病毒软件的攻击。因此我们在建立网络信息应用系统时，网络信息的安全性、保密性、完整性和可靠性将作为工作的重中之重。

Windows Server 2022 通过活动目录提供了一系列的安全策略，可以集中管理和配置组织内的安全设置，方便系统管理员轻松维护整个系统的安全。

11.1 项目 1：组策略的安全设置操作

组策略是应用于活动目录中对象的一种管理思想，可以设置用户的操作环境，是系统管理员为了加强域的管理而设置的一种方法，其应用会影响用户账号、组、计算机和组织单元的设置。这里所讲的组策略主要针对域环境中的应用，不同于本地组策略的概念。

11.1.1 任务 1：理解组策略

组策略是应用于活动目录中一个或多个对象的一系列配置，利用组策略可以控制用户在某个域中的集成管理。它可以包含活动目录中一个对象及其行为的设置，并通过该设置为用户提供一个通用的桌面环境。该桌面环境可以包含一个自定义的“开始”菜单，自动安装应用程序，以及对文件、文件夹和系统设置进行限制性访问等。

1．组策略的类型

Windows Server 2022 中的组策略包含应用程序配置组策略、文件配置组策略、脚本组策略、安全组策略和管理模板组策略 5 种类型。

应用程序配置组策略是对用户能够访问的应用程序进行分配和发布，通过分配应用程序和发布应用程序两种方法对应用程序安装自动化。分配应用程序是指能够自动在客户机上安装或更新应用程序；发布应用程序是指通过活动目录对应用程序进行发布，使用户通过“添加/删除程序”对应用程序进行安装和卸载。

文件配置组策略允许用户将特殊文件夹从默认的用户配置文件位置重新定向到网络上相应的位置。

脚本组策略是允许在特定时间内执行脚本和批处理文件的设置。

安全组策略用于设置用户对文件和文件夹的使用及控制的权限。

管理模板组策略是包含以注册表为基础的组策略，用于设置用户可获得访问系统的组件和应用程序、控制面板选项的访问权限等。

2．组策略对象

组策略对象（Group Policy Object，GPO）是一个用于存储组策略配置信息的集合。一旦创建了组策略配置，就会存储到组策略对象并应用于站点、域或组织单元中。另外，还可以把多个组策略对象应用于某个站点、域或组织单元中。

3．组策略容器

组策略容器（Group Policy Container，GPC）是一个用于存储组策略对象属性的功能组件，包含计算机系统中的子容器组件信息、与用户组策略相关的信息，以及组策略模板版本信息和组策略对象的系统状态信息。

4．组策略模板

组策略模板（Group Policy Template，GPT）是一个在每个域控制器上创建的、用于存储组策略对象的文件夹子集。创建的文件夹子集存储在“系统卷”文件夹或 SYSVOL 文件夹中，它包含了软件配置、软件策略、安全设置、脚本和文件夹管理。

11.1.2　任务 2：组策略的管理操作

1．创建组策略对象

组策略对象的容器可以是活动目录的任何逻辑结构单位，包括站点、域和组织单位。在设置组策略之前必须先创建一个或多个组策略对象，再通过组策略编辑器设置创建的组策略对象。创建组策略对象的操作步骤如下。

步骤 1：打开“服务器管理器”窗口，选择“工具|组策略管理”命令，打开如图 11-1 所示的“组策略管理”窗口。

步骤 2：在要创建组策略对象的林和域中，选择“组策略对象”节点并右击，在弹出的快捷菜单中选择“新建”命令，打开“新建 GPO”对话框，如图 11-2 所示。

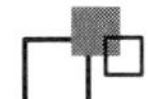

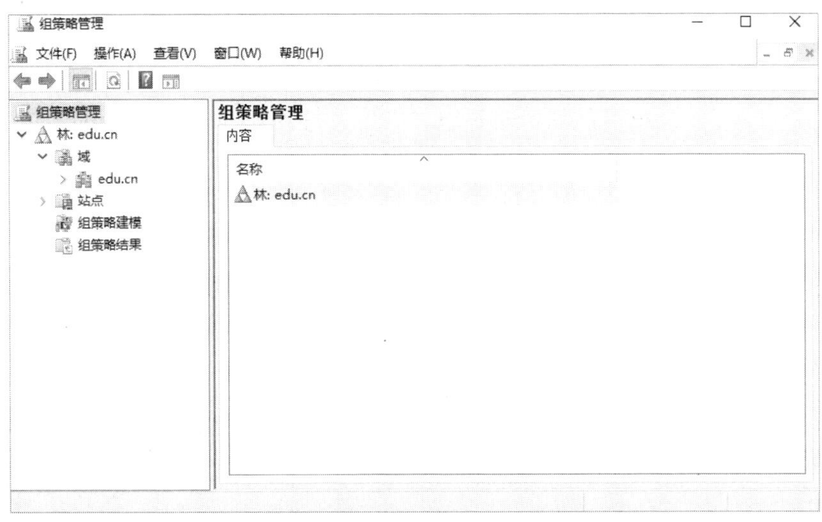

图 11-1　“组策略管理”窗口

图 11-2　“新建 GPO”对话框

步骤 3：在此对话框中，输入新建组策略对象的名称，单击“确定”按钮。

2. 编辑组策略对象

完成新建组策略对象之后，对指定要管理的组策略对象进行编辑。编辑组策略对象的操作步骤如下。

步骤 1：打开“组策略管理”窗口，展开“组策略对象”节点，其中有 Default Domain Controllers Policy（默认域控制器策略）、Default Domain Policy（默认域策略），这两个组策略对象对于域的正常运行非常关键，作为最佳操作管理，用户不要编辑它们，但以下情况除外。

- 要求在默认域组策略对象中配置账户策略。

- 如果在域控制器上安装的应用程序需要修改用户权限或审核策略设置，则必须在默认域控制器策略的组策略对象中修改策略设置。

步骤 2：选中指定要编辑的组策略对象并右击，打开如图 11-3 所示的“组策略管理编辑器”窗口，即可进行编辑和应用操作。

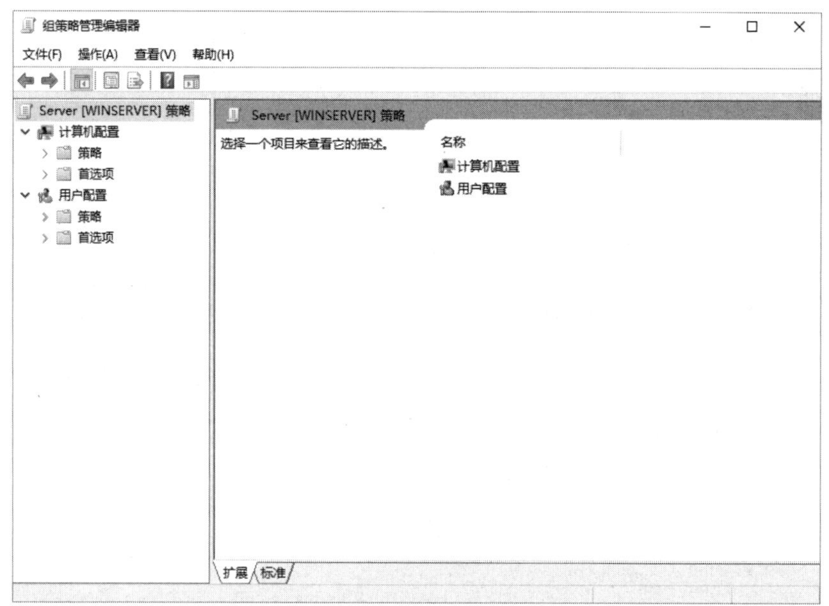

图 11-3 “组策略管理编辑器”窗口

> **注意：**只有域管理员及组策略创建者所在组的成员，才有权限编辑该组策略对象。

3．向组策略对象添加注释

每个组策略对象都可以包含注释。使用“注释”可以说明组策略对象及实现组策略对环境的重要性。为组策略对象添加注释后，允许用户使用关键字筛选器来快速查找具有匹配关键字的组策略对象。向组策略对象添加注释的操作步骤如下。

步骤 1：打开“组策略管理编辑器”窗口，展开“组策略对象”节点。

步骤 2：右击要添加注释的组策略对象，在弹出的快捷菜单中选择“编辑”命令。

步骤 3：右击组策略对象的名称，在弹出的快捷菜单中选择“属性”命令，打开“Server [WINSERVER]策略属性”对话框，如图 11-4 所示。

步骤 4：在“注释”文本框中输入该组策略对象的说明描述信息。

4．搜索组策略对象

在域环境的系统管理中，随着组策略应用的增加，组策略对象也会快速增多，搜索组策略对象功能将帮助系统管理员快速定位要管理的对象。搜索组策略对象的操作步骤如下。

步骤 1：打开“组策略管理编辑器”窗口，展开要搜索组策略对象的域所在的林节点，先双击域，再右击该域，在弹出的快捷菜单中选择“搜索”命令，打开如图 11-5 所示的“搜索组策略对象”对话框。

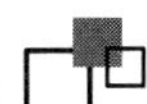

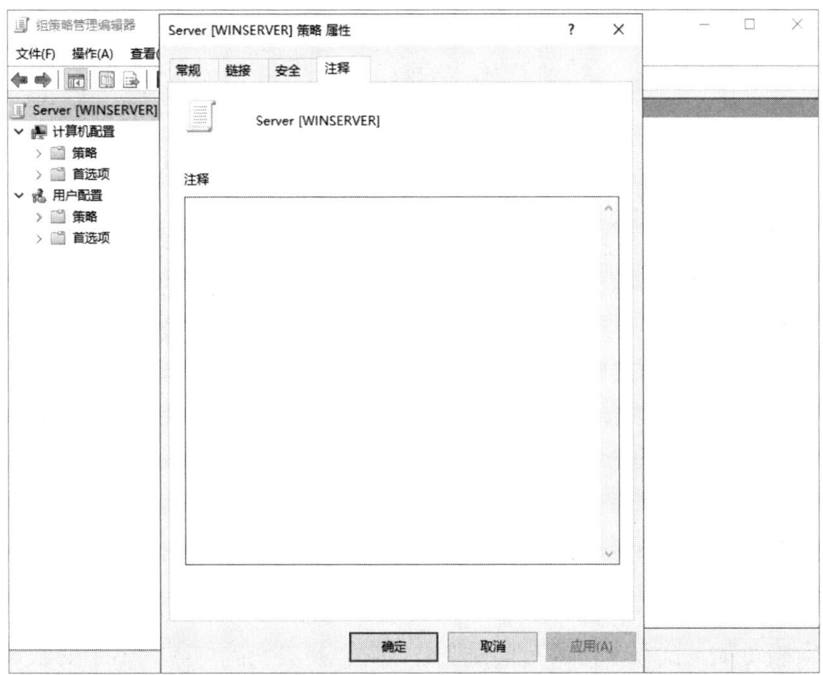

图 11-4　“Server[WINSERVER]策略属性”对话框

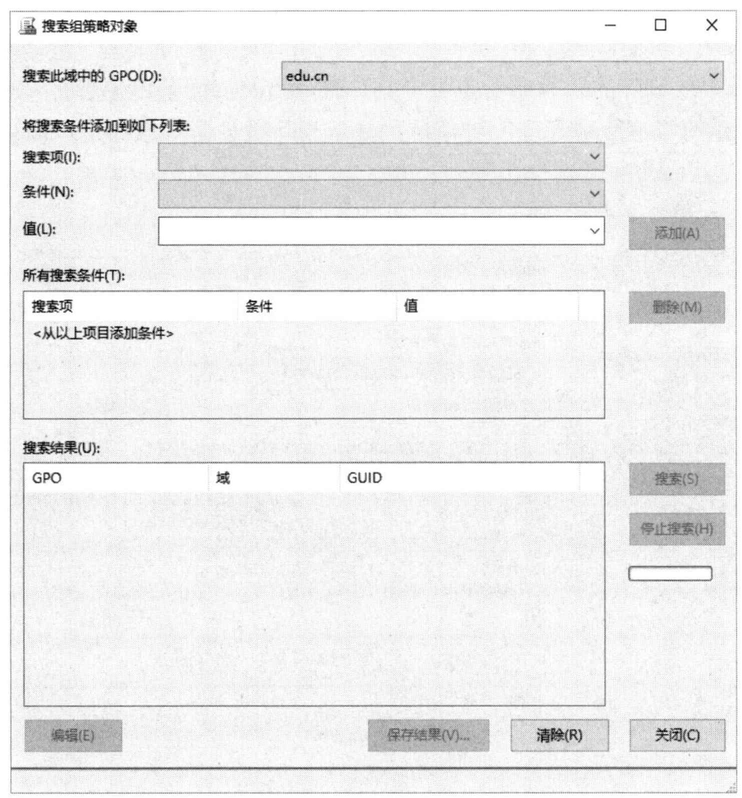

图 11-5　“搜索组策略对象”对话框

步骤 2：在“搜索此域中的 GPO”下拉列表中，选择一个域或选择“在此林中显示的所有域”选项。

步骤 3：在“搜索项”下拉列表中，选择搜索组策略所基于的对象类型。如果选择“安全组”选项，则打开“选择用户、计算机或组”对话框，指定相应的对象类型、对象位置、对象名称，单击“确定”按钮。如果选择“GPO 链接”选项，则可以查找未链接的组策略对象及跨域链接的组策略对象。

步骤 4：在“条件”下拉列表中，选择要在搜索中使用的条件。

步骤 5：在“值”下拉列表中，选择或指定用于筛选搜索的值，单击“添加”按钮。

步骤 6：重复步骤 4 和步骤 5，直到完成所有搜索条件的定义，单击“搜索”按钮。

步骤 7：返回搜索结果后，执行下列操作之一。

- 如果想要保存搜索结果，则单击“保存结果”按钮，在打开的“保存 GPO 搜索结果”对话框中为保存的结果指定文件名，单击“保存”按钮。
- 如果想要导航到搜索到的组策略对象，则在搜索结果列表中双击该组策略对象。
- 如果想要清除搜索结果，则单击“清除”按钮。

5．删除组策略对象

当组策略对象设置不合理或不再需要时，可以将其删除，因为多余的组策略对象对系统有一定的影响，会导致用户登录速度变慢。删除组策略对象的操作步骤如下。

步骤 1：在“组策略管理”窗口的目录树中，在要删除的组策略对象的林和域中，双击“组策略对象”。

步骤 2：选中要删除的组策略对象并右击，在弹出的快捷菜单中选择“删除”命令，打开如图 11-6 所示的“组策略管理”对话框，显示删除组策略对象的提示信息。

图 11-6 “组策略管理”对话框

步骤 3：当确认删除时，单击“是”按钮即可。

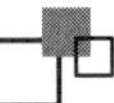

> **注意：** 如果想要删除组策略对象，则必须对组策略对象有编辑设置、删除和修改安全性的权限。在删除组策略对象时，组策略管理将尝试删除链接到组策略对象域中该组策略对象的所有链接。如果无权删除链接，则虽然删除了组策略对象，但却保留了链接，不能删除其他域或站点中的链接。如果连接到已删除组策略对象的链接，则在组策略管理中显示为“找不到”。如果想要删除“找不到”链接，则必须在包含该链接的站点、域或组织单位上有相应的权限。需要注意的是，无法删除默认域控制器策略的组策略对象或默认域策略的组策略对象。

6. 设置组策略对象的选项

组策略配置是相当灵活的，内容也很丰富。创建组策略对象之后，还有很多选项可以设置。用户可以通过组策略对象的属性对话框进行设置，其操作步骤为：右击某一组策略对象，在弹出的快捷菜单中选择“属性”命令，在打开的组策略对象的属性对话框中可以查看和设置这个组策略对象的属性，包括“常规”、“链接”、“安全”与“注释”4 个选项卡。下面介绍前 3 个选项卡。

- 在“常规”选项卡中，可以查看这个组策略对象的摘要信息，包括创建、修改、修订、域、唯一的名称等，如图 11-7 所示。为了提高系统性能，可以在其中勾选“禁用计算机配置设置”复选框和“禁用用户配置设置”复选框，表示禁用此组策略对象的不用部分。

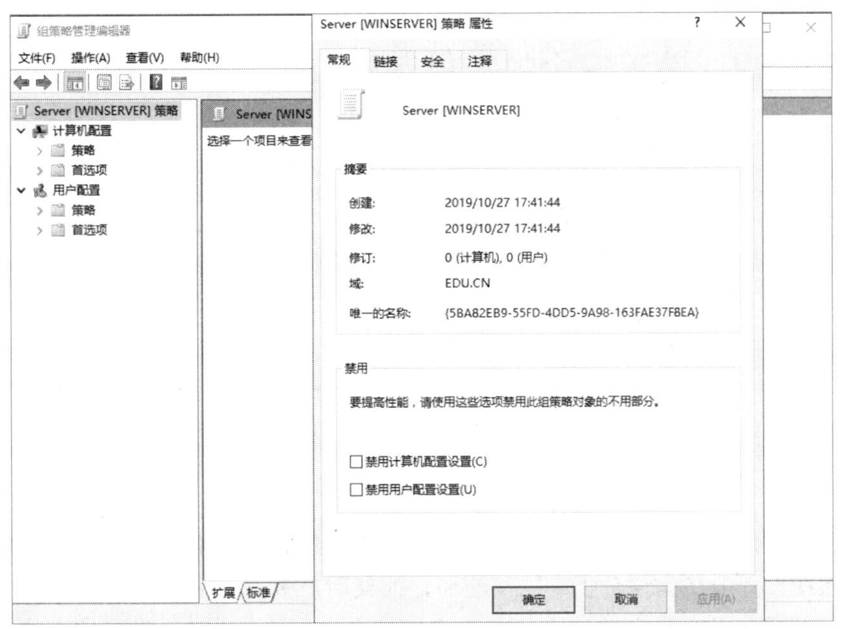

图 11-7　“常规”选项卡

- 在“链接”选项卡中，可以搜索使用这个组策略对象的站点、域或组织单位，如图 11-8 所示。
- 在“安全”选项卡中，可以设置组或用户对于组策略对象的使用权限。这些权限包括完全控制、读取、写入、创建所有子对象、删除所有子对象、应用组策略等，如图 11-9 所示。

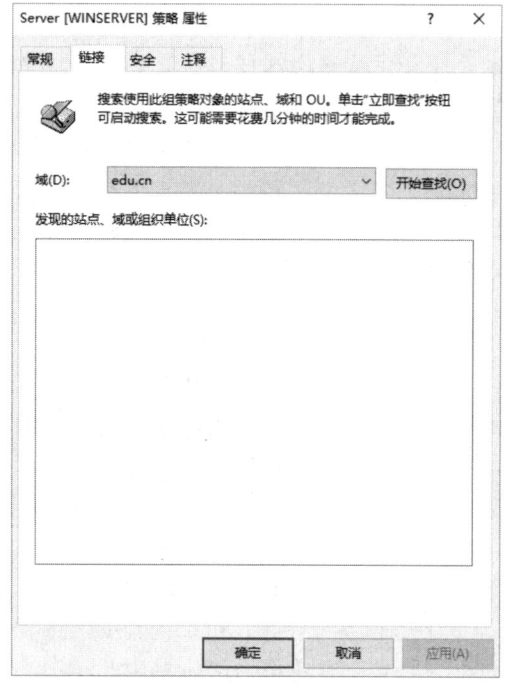

图 11-8 “链接”选项卡

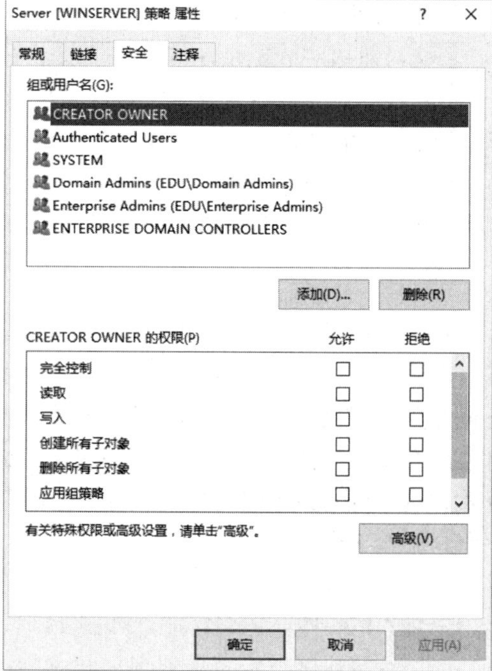

图 11-9 “安全”选项卡

11.2 项目 2：设置安全的审核策略

11.2.1 任务 1：理解审核策略

下面介绍如何设置应用于审核的各种设置，并提供几个常见任务所创建的审核事件范例。每当用户执行了指定的某些操作，审核日志就会记录一个审核项，可以审核操作中的成功尝试和失败尝试。

安全审核对于任何企业系统来说都是极其重要的，因为企业只能使用审核日志来说明是否发生了违反安全的事件。如果通过其他某种方式检测到入侵事件，正确的审核设置所生成的审核日志将包含此次入侵事件的重要信息。

1. 简介

通常失败日志比成功日志更有意义，因为失败日志通常说明有错误发生。例如，用户成功登录系统，一般认为这是正常的；然而，如果用户多次尝试都未能成功登录系统，则说明有人正试图使用他人的 ID 侵入系统。事件日志就会记录系统上发生的事件。安全日志会记录审核事件。组策略的“事件日志”容器用于定义与应用程序、安全性和系统事件日志相关的属性，如日志的最大值、每个日志的访问权限及保留设置和方法。

2. 审核设置

所有审核设置的漏洞、对策和潜在影响都一样，因此这些内容仅在此处进行详细介绍，并在后续段落中简要说明每个设置。审核设置的选项包括成功、失败和无审核。

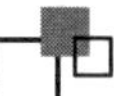

- 漏洞：如果未配置任何审核设置，则很难甚至不可能确定出现安全事件期间发生的情况。如果因为配置了审核而导致有太多的授权活动发生事件，则安全事件日志将被无用的数据填满。为大量对象配置审核也会对整个系统的性能产生影响。
- 对策：组织内的所有计算机都应启用适当的审核策略。这样合法用户可以对其操作负责，而未经授权的行为可以被检测和跟踪。
- 潜在影响：如果在组织内的计算机上没有配置审核策略，或者将审核策略设置得太少，则缺少足够的甚至根本没有可能的证据，可在发生安全事件后进行网络分析；另外，如果启用过多的审核策略，则在安全日志中将填满毫无意义的审核项。

11.2.2　任务 2：审核设置项

1. 审核账户登录事件

"审核账户登录事件"用于设置是否对用户在另一台计算机上登录或注销的每个实例进行审核，该计算机记录了审核事件，并用来验证账户。如果定义了此策略设置，则可以指定成功审核、失败审核或根本不审核此事件类型。成功审核会在账户登录成功时生成一个审核项，该审核项的信息对于记账及事件发生后的网络分析十分有用，可用来确定哪个用户成功登录了哪台计算机。失败审核会在账户登录失败时生成一个审核项，该审核项对于入侵检测十分有用；但此设置可能会导致拒绝服务状态，因为攻击者可以生成数百万登录失败，并将安全事件日志填满。

如果在域控制器上启用了账户登录事件的成功审核，则对于没有通过域控制器验证的用户，都会为其记录一个审核项，即使该用户实际上只是登录了加入该域的一个工作站。

2. 审核账户管理

"审核账户管理"用于设置是否对计算机中的每个账户管理事件进行审核。账户管理事件的示例包括以下内容。

- 创建、修改或删除用户账户或组。
- 重命名、禁用或启用用户账户。
- 设置或修改密码。

如果定义了此策略设置，则可以指定成功审核、失败审核或根本不审核此事件类型。成功审核在任何账户管理事件成功时生成一个审核项，并在企业的所有计算机中启用这些成功审核。在响应安全事件时，可以组织对创建、更改或删除账户的人员进行跟踪，这一点非常重要。失败审核会在任何账户管理事件失败时生成一个审核项。

3. 审核目录服务访问

"审核目录服务访问"用于设置是否对访问活动目录对象的事件进行审核，该对象指定了自身的系统访问控制列表（SACL）。SACL 是用户和组的列表，针对这些用户或组的操作将在基于 Windows 的网络中进行审核。

如果定义了此策略设置，则可以指定成功审核、失败审核或根本不审核此事件类型。成功审核会在用户成功访问指定了 SACL 的活动目录对象时生成一个审核项。失败审核会在用户试图访问指定了 SACL 的活动目录对象失败时生成一个审核项。由于启用"审核目录服务访问”并在目录对象上配置了 SACL，可以在域控制器的安全日志中生成大量审核项，因此仅在确实要使用所创建的信息时才应启用这些设置。

4．审核登录事件

“审核登录事件”用于设置用户在记录审核事件的计算机上登录、注销或建立网络连接的每个实例进行审核。如果正在域控制器上记录成功的账户登录审核事件，则工作站登录不会生成登录审核。只有域控制器自身的交互式登录和网络登录才能生成登录事件。总而言之，账户登录事件是在账户所在的位置生成的，而登录事件是在登录尝试发生的位置生成的。

如果定义了此策略设置，则可以指定成功审核、失败审核或根本不审核此事件类型。成功审核会在登录成功时生成一个审核项。

5．审核对象访问

“审核对象访问”用于利用系统访问控制列表（SACL）功能，实现控制用户对操作系统中诸如文件、文件夹、注册表项及打印机等对象的访问权限管理。

如果定义了此策略设置，则可以指定成功审核、失败审核或根本不审核此事件类型。成功审核在用户成功访问相应的 SACL 对象时生成审核项。失败审核在用户尝试访问指定 SACL 对象失败时生成审核项。

11.2.3　任务 3：登录服务器失败系统自动报警的操作

相信不少系统管理员都有过这样的经历：有时局域网服务器出现了一些莫名其妙的故障，当查看对应的系统事件日志内容时，发现事件日志中非常直观地指明了故障现象的具体原因。能否让服务器系统自动报警，及时提醒系统管理员当前系统发生了重大事件呢？

在 Windows Server 2022 中，我们可以轻松做到这一点。因为该系统已经将任务计划功能和事件查看器整合在一起，在事件查看器窗口中轻松针对一些重要事件添加了报警任务，一旦发生重要事件，Windows Server 2022 会自动报警。

1．自动报警思路

由于 Windows Server 2022 的自动报警功能只基于某个特定的系统事件才能启用运行，不过 Windows Server 2022 在默认状态下不会自动记录登录服务器失败的事件，为此我们应该先修改系统的审核策略，确保对登录服务器失败行为进行审核。接着退出服务器系统，并随意使用一个用户账户尝试登录 Windows Server 2022，一旦登录失败，对应系统的事件查看器中就会自动生成一个登录服务器失败的事件记录。之后，我们针对这个登录服务器失败的事件记录，附加一个发出报警的任务计划。当用户登录服务器再次失败时，对应该事件记录的任务计划就会被自动触发运行，此时系统管理员就能根据报警提示信息，及时采取措施来解决登录服务器失败的情况。

2．任务审核登录失败操作

由于 Windows Server 2022 的日志功能在默认状态下不会自动记录服务器登录失败操作，因此必须先对这种操作进行安全审核，服务器系统才会对系统登录失败操作进行日志记录。在对服务器登录失败操作进行审核时，可以按照以下具体步骤操作。

步骤 1：以系统管理员身份登录系统，在命令提示符下输入“secpol.msc”命令，打开如图 11-10 所示的“本地安全策略”窗口。

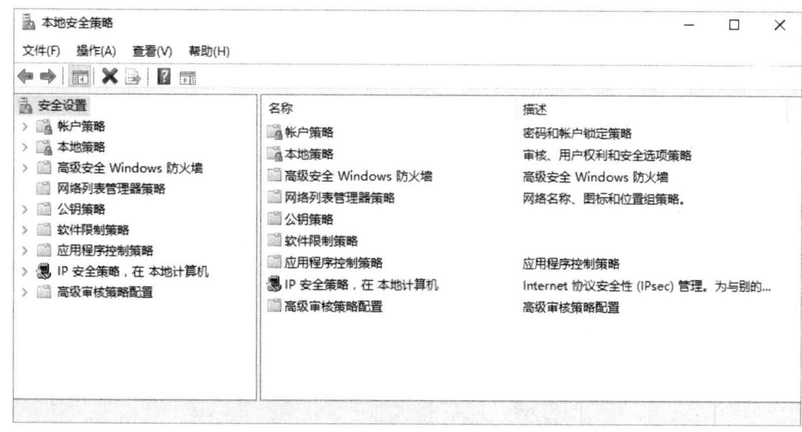

图 11-10　“本地安全策略”窗口

步骤 2：在目录树中，依次展开“本地策略|审核策略”节点，选择“审核登录事件”选项，打开如图 11-11 所示的“审核登录事件属性”对话框，勾选“失败”复选框。

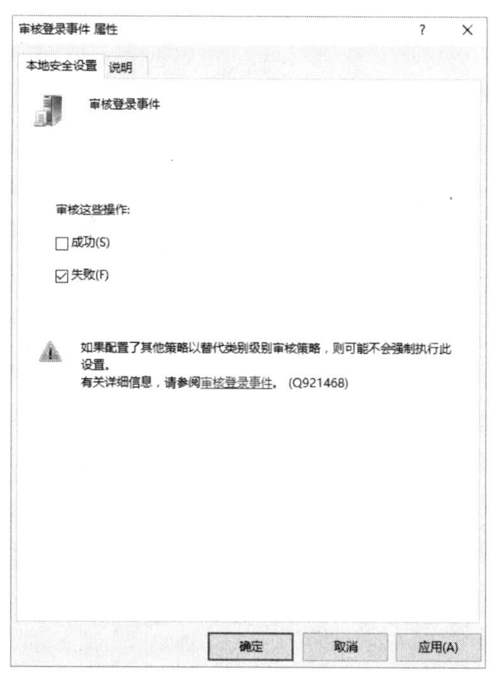

图 11-11　“审核登录事件属性”对话框

这样，Windows Server 2022 的日志功能以后就能对服务器登录失败操作进行自动记录了。

3. 创建登录失败事件

由于 Windows Server 2022 的自动报警功能是基于某一个特定事件的，为此需要自行创建一个服务器登录失败事件。在创建服务器登录失败事件时，只要先注销当前的服务器系统，之后随意使用一个不合法的用户账户尝试登录服务器系统，当系统提示登录失败时，Windows Server 2022 的日志就能将该事件记录并保存下来。此时，可以按照以下步骤来查看服务器登录失败事件。

步骤 1：以系统管理员身份登录系统，选择“开始|Windows 工具|事件查看器”命令，打开“事件查看器”窗口，如图 11-12 所示。

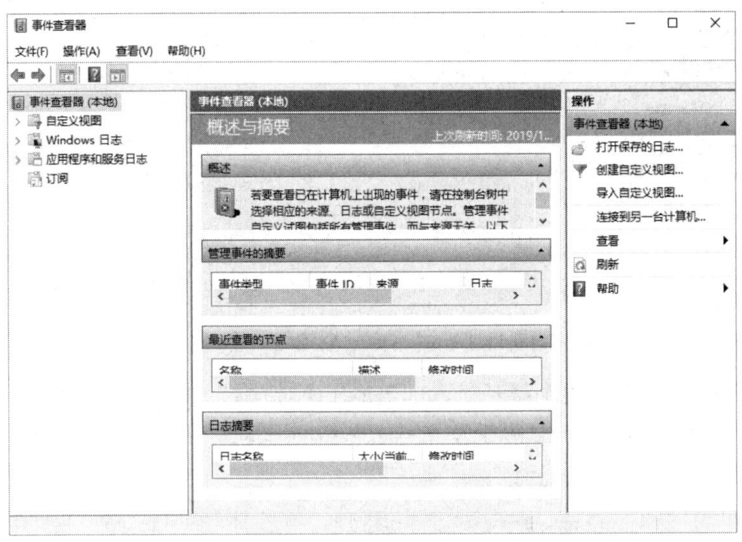

图 11-12 “事件查看器”窗口

步骤 2：在目录树中，展开“Windows 日志”节点，打开“安全”节点，查看登录状况的日志记录。此时可以看到一个“事件 ID”为 4625 的审核记录，双击该事件记录，在打开的如图 11-13 所示的“事件属性”对话框中可以看到登录服务器的相关信息，说明服务器登录失败事件已经创建成功了。

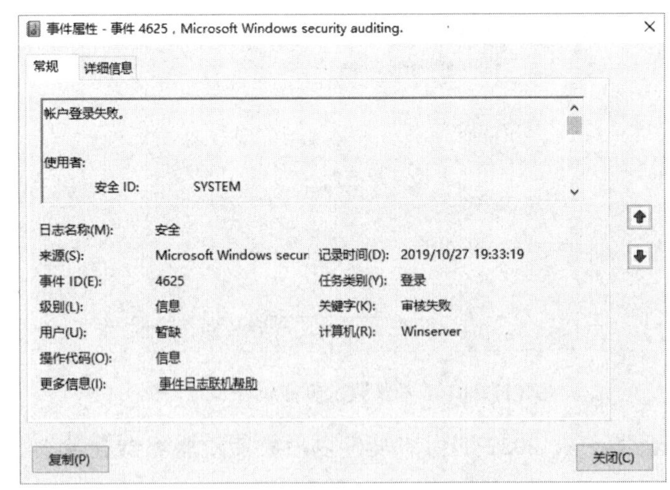

图 11-13 “事件属性”对话框

4．附加自动报警任务

与传统操作系统不一样的是，Windows Server 2022 可以针对某个特定事件记录附加运行任务计划。利用该功能可以将自动报警的任务计划附加到服务器登录失败事件中，一旦用户再次遇到登录服务器失败操作，系统管理员立即根据 Windows Server 2022 的自动报警提示来快速解决问题。在附加自动报警任务计划时，可以按照以下步骤来进行操作。

步骤 1：按照前面操作步骤找到“事件 ID”为 4625 的审核记录，右击该记录选项，在弹出的快捷菜单中选择“将任务附加到此事件”命令，打开如图 11-14 所示的“创建基本任务向导”对话框。

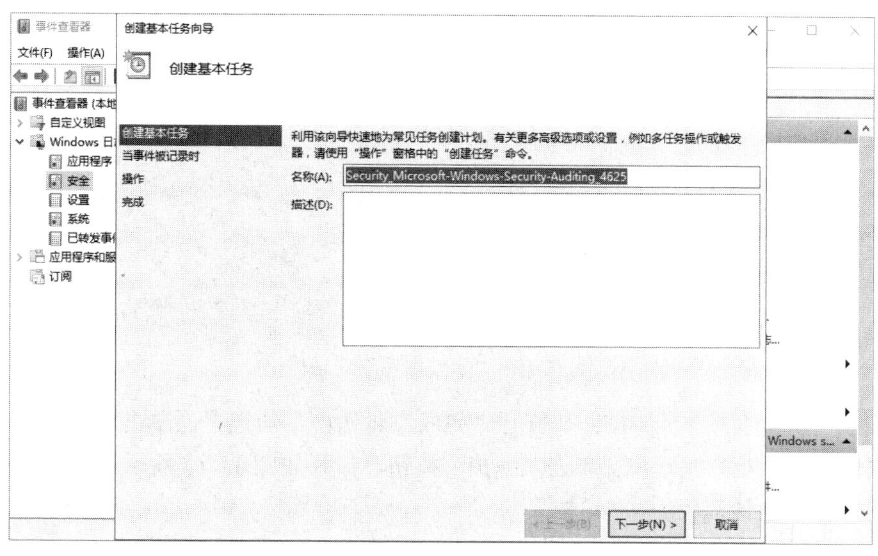

图 11-14　“创建基本任务向导”对话框

步骤 2：根据向导提示设置目标任务的名称，在这里将该任务“名称”取为“服务器登录报警”，单击“下一步”按钮。

步骤 3：在打开的“登录特定事件时”对话框中，单击“下一步”按钮。

步骤 4：打开如图 11-15 所示的“操作”对话框，Windows Server 2022 已经弃用了“发送电子邮件”和“显示消息”功能，这里选中“启动程序”单选按钮。

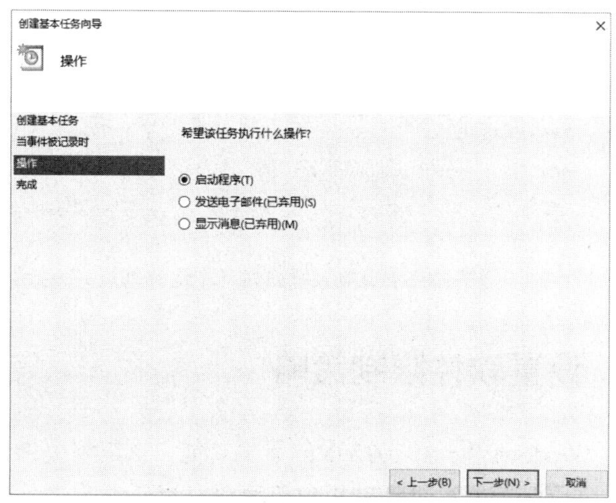

图 11-15　“操作”对话框

步骤 5：单击“下一步”按钮，打开如图 11-16 所示的“启动程序”对话框，可以设置需要运行的程序位置及相关参数。

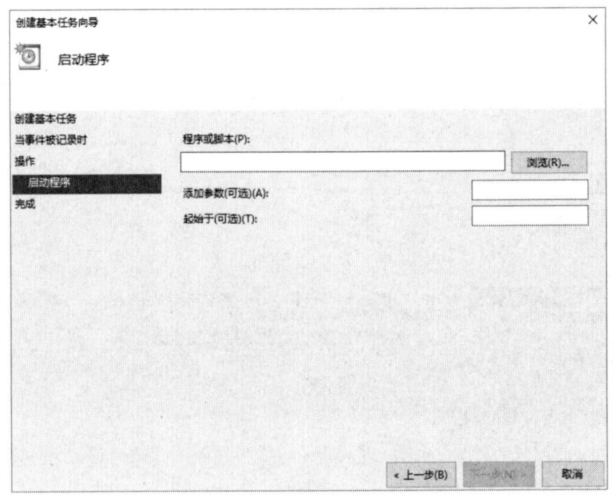

图 11-16 “启动程序”对话框

步骤 6：单击“下一步”按钮，打开“完成”对话框，勾选“当单击（完成）时，打开此任务属性的对话框”复选框，单击“完成”按钮，打开如图 11-17 所示的“服务器登录失败报警属性（本地计算机）”对话框。

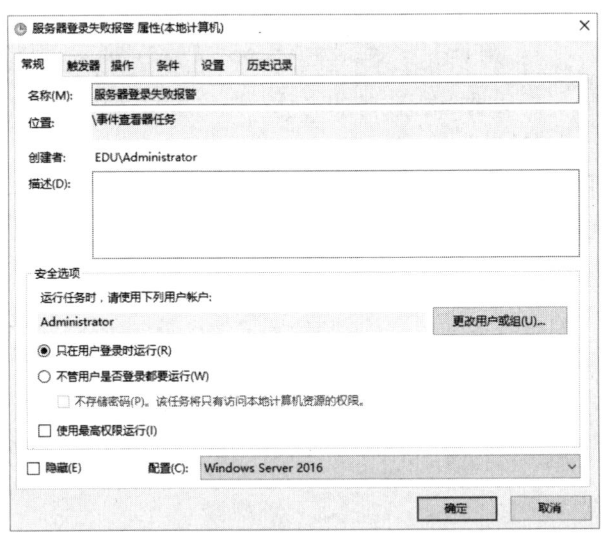

图 11-17 “服务器登录失败报警属性（本地计算机）”对话框

11.3 项目 3：设置软件限制策略

软件限制策略是 Windows Server 2022 中的重要功能，该策略提供了一种指定允许执行哪些程序的机制。软件限制策略可以帮助用户免遭恶意代码的攻击。也就是说，软件限制策略针对木马病毒和其他类型的恶意代码提供了一层防护。

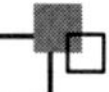

11.3.1　任务 1：创建软件限制策略

创建软件限制策略的操作步骤如下。

步骤 1：打开“服务器管理器”窗口，选择“工具|本地安全策略”命令，打开“本地安全策略”窗口，如图 11-18 所示，展开“软件限制策略”节点。

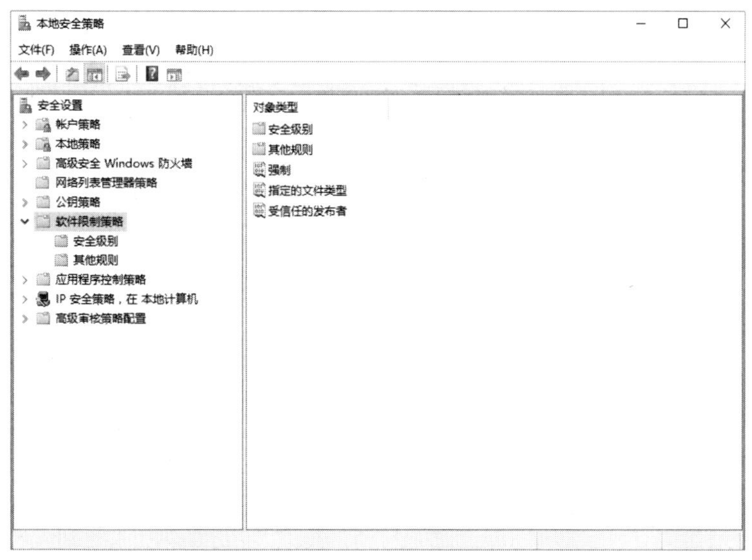

图 11-18　“本地安全策略”窗口

步骤 2：选择“安全级别”选项，可以更改默认的安全级别。此时，可以看到默认安全级别是不受限的。

步骤 3：选择“其他规则”选项并右击，弹出如图 11-19 所示的软件限制策略的其他规则快捷菜单。

图 11-19　软件限制策略的其他规则快捷菜单

软件限制策略包括证书规则、哈希规则、网络区域规则和路径规则。

- 证书规则：软件限制策略可以通过签名证书来标识文件。证书规则不能应用到带有.exe 或.dll 扩展名的文件中，但可以应用到脚本和 Windows 安装程序包。用户可以先创建标识软件的证书，再根据安全级别的设置决定是否允许软件运行。
- 哈希规则：又被称为散列规则，散列是唯一标识程序或文件的一系列定长字节。散列是按散列算法计算出来的。软件限制策略可以用 SHA-1 散列算法和 MD5 散列算法根据文件的散列对其进行标识。重命名的文件或移动到其他文件夹的文件将产生同样的散列。例如，可以创建散列（哈希）规则并将安全级别设置为“不允许的”，以防止用户运行某些文件。
- 网络区域规则：只适用于 Windows 安装程序。网络区域规则可以用于标识来自 IE 浏览器指定区域的软件。这些区域可以是 Internet、本地计算机、本地 Intranet、受限站点和可信站点。
- 路径规则：通过程序的文件路径对其进行标识。由于此规则按路径指定，因此程序发生移动后路径规则将会失效。路径规则中可以使用“%Programfiles%或%Systemroot%”之类的环境变量，也支持通配符“*”或“?”。

11.3.2　任务 2：配置软件限制策略的操作

这里将举例说明禁止运行软件的操作方法，如禁止运行计算器软件、禁止运行“C:\test”目录下的程序等。

步骤 1：在“开始|Windows 所有附件|计算器”命令上右击，在弹出的快捷菜单中选择“属性”命令，打开如图 11-20 所示的“计算器属性”对话框。

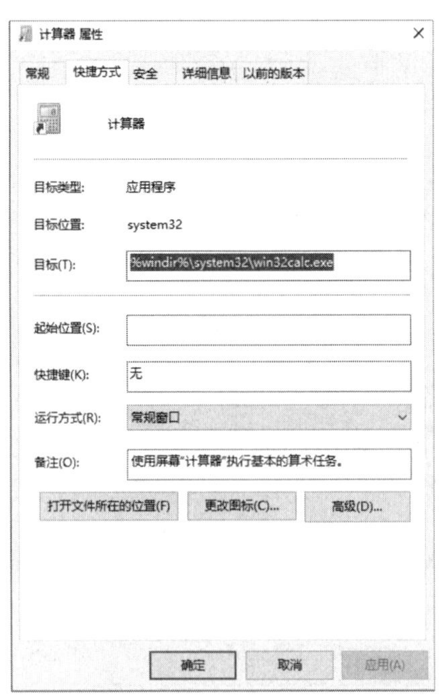

图 11-20　“计算器属性”对话框

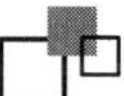

步骤 2：在“目标”文本框中右击，在弹出的快捷菜单中选择“复制”命令，即复制存放计算器软件的路径。

步骤 3：打开“本地安全策略”窗口，展开“软件限制策略”节点，在“其他规则”选项上右击，在弹出的快捷菜单中选择“新建哈希规则”命令。

步骤 4：打开如图 11-21 所示的“新建哈希规则”对话框，单击“浏览”按钮，在打开的对话框中，按 Ctrl+V 组合键将刚才复制的路径“%windir%\system32\win32 calc.exe”粘贴到其中，单击“确定”按钮。

步骤 5：返回“新建哈希规则”对话框，设置“安全级别”为“不允许”，单击“确定”按钮，即可完成对计算器软件的禁止运行操作。

如果程序有多个版本，每个版本的代码都不一样，计算出来的哈希值也不一样。使用哈希规则控制程序运行，需要针对同一个程序的每个版本配置软件限制策略。

步骤 6：在“其他规则”选项上右击，在弹出的快捷菜单中选择“新建路径规则”命令，打开如图 11-22 所示的“新建路径规则”对话框，在文本框中输入路径“c:\test”，设置“安全级别”为“不允许”，单击“确定”按钮。

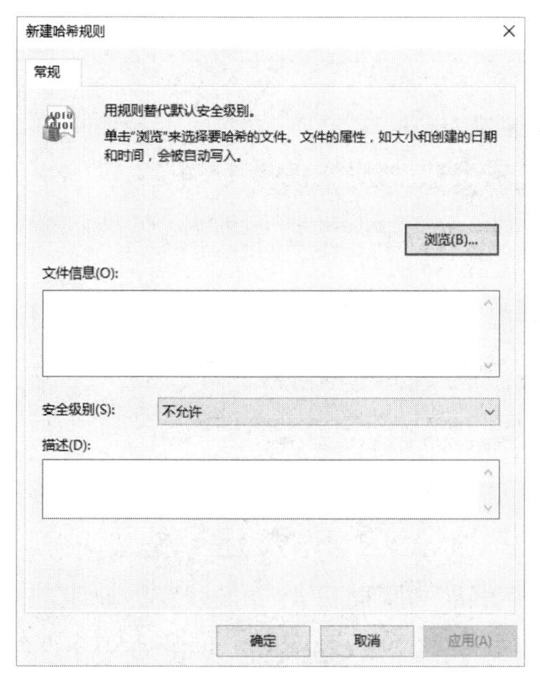

图 11-21　“新建哈希规则”对话框

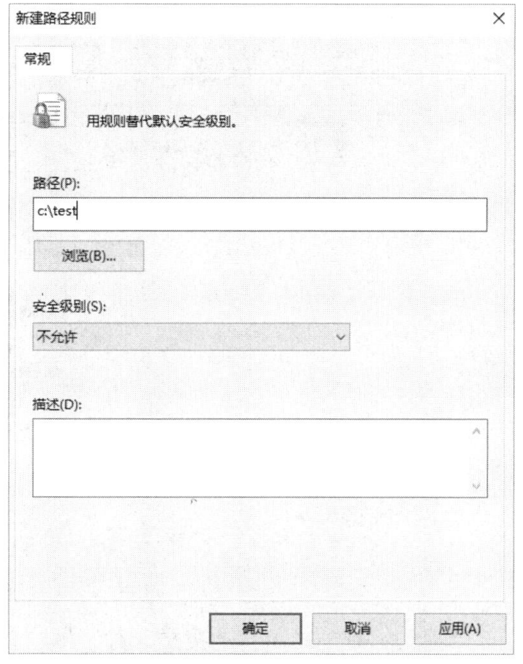

图 11-22　“新建路径规则”对话框

步骤 7：重启计算机后，软件限制策略配置才能生效。

11.4　项目 4：利用本地组策略进行系统安全配置

组策略可以用于控制计算机和用户的行为，本地组策略在 Windows 10/11、Windows Server 2012/2016/2022 等操作系统中都可以设置。本地组策略编辑器是一个 MMC 管理单元，提供了一个单一用户界面，能够管理本地组策略对象的所有设置。下面通过本地组策略编辑器介绍与安全相关的本地组策略设置。

11.4.1　任务 1：关闭自动播放

现在越来越多的病毒程序利用系统的自动播放功能进行传播，如果关闭了系统的自动播放功能，也就相当于阻断了病毒程序的一条传播途径。

步骤 1：在命令提示符下输入“gpedit.msc”命令，打开“本地组策略编辑器”窗口。

步骤 2：依次展开“本地计算机策略|计算机配置|管理模板|Windows 组件|自动播放策略”节点，双击“关闭自动播放”选项，打开如图 11-23 所示的“关闭自动播放”对话框。

图 11-23　“关闭自动播放”对话框

步骤 3：在“关闭自动播放”对话框中，选中“已启用”单选按钮，单击“下一个设置”按钮；在不设置“始终执行此操作”中，选中“已启用”单选按钮，单击“下一个设置”按钮；在“自动运行的默认行为”中，选中“已启用”单选按钮，在“默认自动运行行为”下拉列表中，选择“不执行任何自动运行命名”选项，单击“确定”按钮。

11.4.2　任务 2：禁止用户使用注册表编辑工具

禁止用户使用注册表编辑工具，能够防止用户更改系统注册表，操作步骤如下。

步骤 1：在命令提示符下输入“gpedit.msc”命令，打开“本地组策略编辑器”窗口。

步骤 2：依次展开“本地计算机策略|用户配置|管理模板|系统”节点，在右侧详细信息

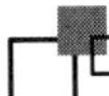

列表框中，选择“阻止访问注册表编辑工具”选项并双击，打开如图 11-24 所示的“阻止访问注册表编辑工具”对话框。

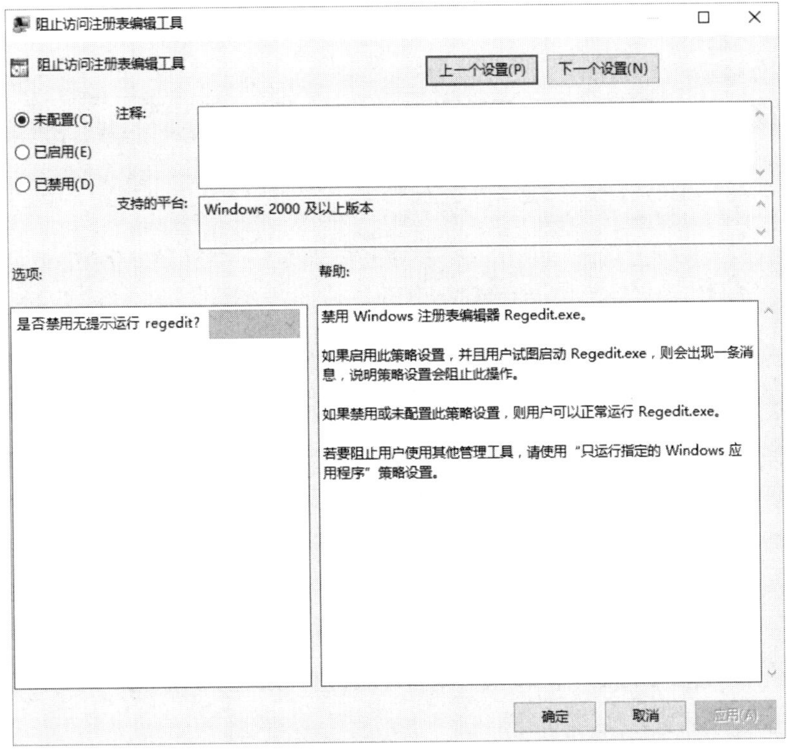

图 11-24　“阻止访问注册表编辑工具”对话框

步骤 3：选中“已启用”单选按钮，单击“确定”按钮，即可完成注册表编辑工具被禁用的设置。

11.4.3　任务 3：禁止用户运行特定程序

用户通过设置“禁止用户运行特定程序”，可以防止对系统重要程序的随意执行所造成的破坏。如果启用该设置，则用户无法运行已添加到“不允许的应用程序列表”中的程序。

此设置仅阻止用户运行由 Windows 资源管理器进程启动的程序，不会阻止用户运行由系统进程或其他进程启动的程序（如任务管理器）。另外，如果允许用户使用命令提示符（cmd.exe），则此设置不会阻止用户在命令窗口中启动不允许其使用 Windows 资源管理器启动的程序。

步骤 1：在“本地策略编辑器”窗口中，依次展开“本地计算机策略|用户配置|管理模板|系统”节点，选择“不运行指定的 Windows 应用程序”选项并双击，打开如图 11-25 所示的“不运行指定的 Windows 应用程序”对话框。

步骤 2：选中“已启用”单选按钮，依次单击“显示|添加”按钮，打开如图 11-26 所示的“显示内容”对话框，可以添加欲禁止的程序名称（如禁止绘画工具程序 mspaint. exe），单击“确定”按钮即可。

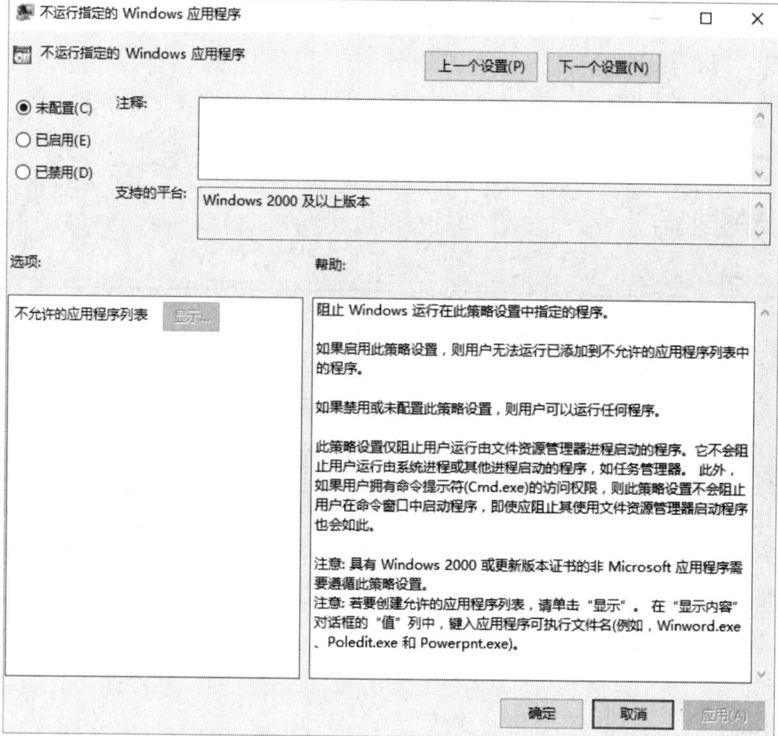

图 11-25 “不运行指定的 Windows 应用程序”对话框

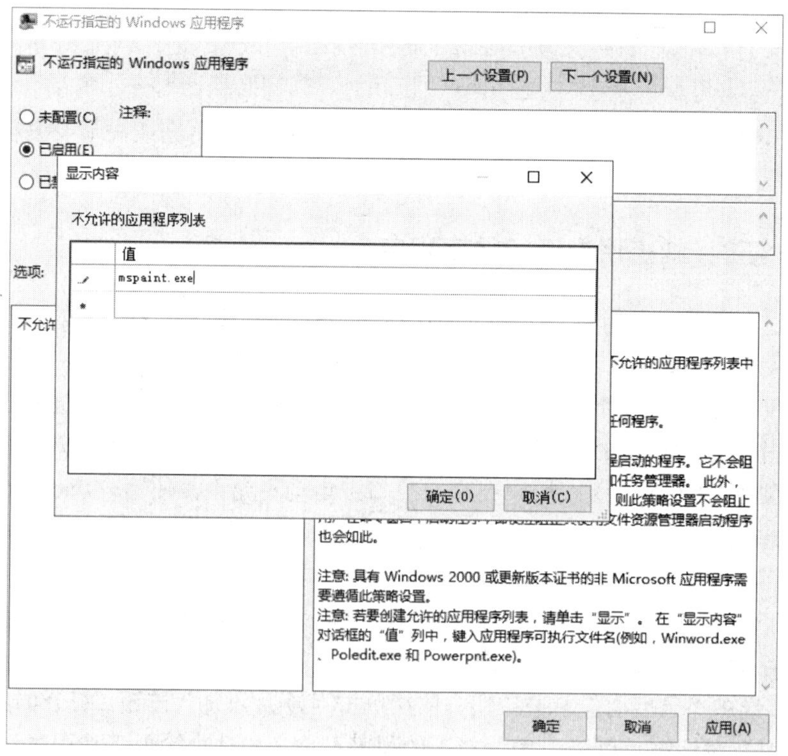

图 11-26 “显示内容”对话框

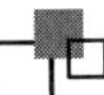

11.4.4　任务 4：禁止恶意程序入侵

在 Windows Server 2022 中，使用 IE 浏览器查看网页内容时，经常会有一些恶意程序（如病毒程序）不请自来，偷偷下载并保存到本地计算机硬盘中，这样不但会浪费硬盘资源，而且会给本地计算机系统的安全带来不少麻烦，甚至是破坏。

为了使 Windows Server 2022 更加安全，需要借助专业的软件工具才能禁止应用程序随意下载。很显然，这样操作管理效率低且工作量巨大。其实在 Windows Server 2022 中，只需简单地设置组策略参数，就能禁止恶意程序自动下载并保存到本地计算机硬盘中，操作步骤如下。

步骤 1：以系统管理员身份登录系统，在命令提示符下输入“gpedit.msc”命令，打开“本地组策略编辑器”窗口。

步骤 2：在“本地组策略编辑器”窗口的左侧，依次展开“计算机配置|管理模板|Windows 组件|Internet Explorer|安全功能|限制文件下载”节点，选择“限制文件下载|Internet Explorer 进程”选项并双击，打开如图 11-27 所示的“Internet Explorer 进程”对话框。

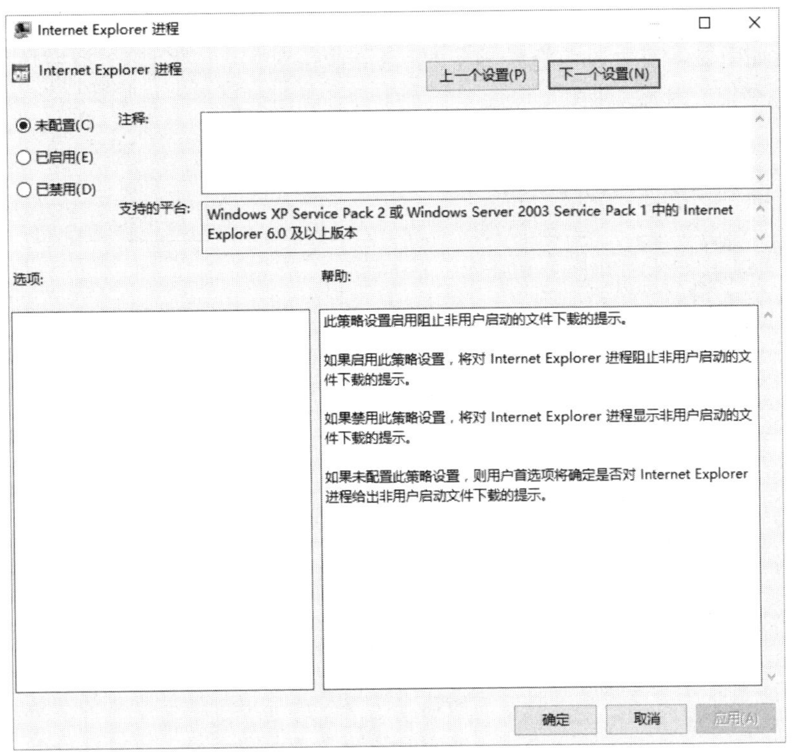

图 11-27　“Internet Explorer 进程”对话框

步骤 3：选中“已启用”单选按钮，单击“确定”按钮。

这样，就能成功启用限制 Internet Explorer 进程下载文件的策略设置。Windows Server 2022 就会自动打开阻止 Internet Explorer 进程的非用户初始化的文件下载提示。

11.4.5 任务 5：跟踪用户登录情况

在一般情况下，用户对自己的计算机使用情况比较熟悉，如记得上一次登录系统的大概时间等信息。如果用户还想让 Windows Server 2022 记录登录信息，则在每次登录系统时，将前后两次的时间进行比较，如果发现时间不一致，则这说明有人曾经试图非法登录自己的系统。

“跟踪用户登录情况”策略用于设置是否向用户显示有关以前的登录和登录失败次数的信息。对于 Windows Server 2022 功能级别中的域用户账户，如果启用了此设置，则在用户登录后出现一条消息，显示该用户上次成功登录的日期和时间、该用户上次登录而未成功的日期和时间等信息。用户必须确认该消息，才能登录 Windows 桌面。设置“跟踪用户登录情况”策略的操作步骤如下。

步骤 1：以系统管理员身份登录系统，在命令提示符下输入“gpedit.msc”命令，打开“本地组策略编辑器”窗口。

步骤 2：依次展开“计算机配置|管理模板|Windows 组件|Windows 登录选项”节点，在右侧详细信息窗口中，双击“在用户登录期间显示有关以前登录的信息”选项，在打开的“在用户登录期间显示有关以前登录的信息”对话框中选中“已启用”单选按钮，单击“确定”按钮，如图 11-28 所示。

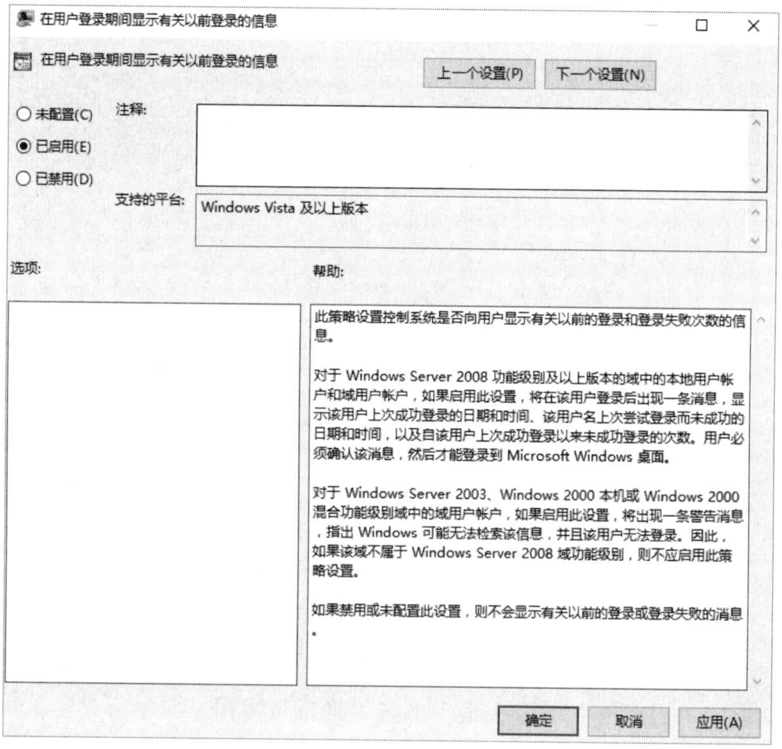

在用户登录期间显示有关以前登录的信息

在用户登录期间显示有关以前登录的信息

上一个设置(P)　下一个设置(N)

未配置(C)
已启用(E)
已禁用(D)

注释:

支持的平台: Windows Vista 及以上版本

选项:

帮助:

此策略设置控制系统是否向用户显示有关以前的登录和登录失败次数的信息。

对于 Windows Server 2008 功能级别及以上版本的域中的本地用户帐户和域用户帐户，如果启用此设置，将在该用户登录后出现一条消息，显示该用户上次成功登录的日期和时间、该用户名上次尝试登录而未成功的日期和时间，以及自该用户上次成功登录以来未成功登录的次数。用户必须确认该消息，然后才能登录到 Microsoft Windows 桌面。

对于 Windows Server 2003、Windows 2000 本机或 Windows 2000 混合功能级别域中的域用户帐户，如果启用此设置，将出现一条警告消息，指出 Windows 可能无法检索该信息，并且该用户无法登录。因此，如果该域不属于 Windows Server 2008 域功能级别，则不应启用此策略设置。

如果禁用或未配置此设置，则不会显示有关以前的登录或登录失败的消息。

确定　取消　应用(A)

图 11-28　单击“确定”按钮

为了测试以上操作是否成功，可以注销用户，以系统管理员身份登录系统，首先输入一次错误的密码，然后输入正确的密码，将会出现登录失败的信息。

11.5　项目 5：Windows Server 2022 的系统访问安全控制机制实现

Windows Server 2022 为系统本身、文件、目录和打印机等各种网络共享资源及其他对象提供了控制资源存取工具，可以对系统用户账户、组账户等属性资源进行灵活控制。这些控制方式就是 Windows Server 2022 的系统访问安全控制机制。这些控制一般是由系统管理员决定实施的，可以避免非授权的访问，从而为用户提供一个安全的网络环境。

1. 文件和目录的安全性

计算机中最为重要的资源之一就是文件和目录，因此几乎所有操作系统的访问控制机制的安全特性都取决于文件和目录的安全性，文件和目录的安全性也是 Windows Server 2022 安全机制的核心内容。文件和目录的安全性可以应用于单个文件、多个文件、目录及整个目录结构。因此，Windows Server 2022 的资源访问控制系统，可以确定用户对文件和目录的访问使用权利，控制用户的访问层次和范围。

2. 通过共享许可权限保护网络信息资源

（1）共享和共享许可。当一个目录（文件夹）被共享时，用户可以通过网络连接到该共享目录（文件夹）上，进而访问该文件夹中的所有文件。因此共享是一种开放资源的操作，而所开放的目录资源被称为共享目录。

（2）对用户和组分配共享许可的一般准则如下。

- 对被访问的资源确定允许访问的组。
- 给组分配其应具备的允许访问权限类型。
- 在允许网络用户执行所需任务的前提下，给共享资源指定较为严格的权限。
- 删除共享文件夹上给 Everyone 组分配的“完全控制”默认权限。

> **提示：**为了简化管理，应该尽量使用组账户进行权限设置的管理，即先把用户添加到组中，再给需要访问资源的组而不是单个用户分配访问权限。

3. 通过 NTFS 许可保护网络环境中的资源

（1）NTFS 许可。Windows Server 2022 域控制器所在的卷通常是 NTFS，而不是 FAT。在 NTFS 卷中，用户可以通过共享许可方式来实现网络资源的安全保护。此外，在 NTFS 卷上，除了能够实现文件和目录设置许可，还能够对文件实施安全措施。

（2）分配 NTFS 许可权限的准则如下。

- 移去给 Everyone 组的完全控制许可权限。
- 给管理员组（Administrators 组）分配完全控制许可权限。
- 对数据文件夹的创建者分配完全控制许可权限。
- 用户根据自己的具体使用情况分配 NTFS 许可权限。

实训 11

1．实训目的

熟练掌握 Windows Server 2022 系统安全管理的主要应用技术。

2．实训环境

正常的局域网；安装 Windows Server 2022 的计算机。

3．实训内容

（1）在安装 Windows Server 2022 的域控制器上，创建组策略对象，编辑该对象，并添加注释信息。

（2）任务审核登录失败操作，创建登录失败事件，附加自动报警任务。

（3）创建软件限制策略，实现禁止使用记事本程序及 C:\usertest 目录中程序的执行。

（4）使用本地组策略，分别实现关闭自动播放、禁止用户使用注册表编辑工具、禁止用户运行指定程序、防止恶意程序攻击和跟踪用户登录情况。

习题 11

1．填空题

（1）组策略是应用于活动目录中________，利用组策略可以控制用户在某个域中的集成管理。

（2）组策略对象是________的集合。

（3）________用于设置是否对用户在另一台计算机上登录或注销的每个实例进行审核。

（4）________用于设置是否对计算机中的每个账户管理事件进行审核。

（5）软件限制策略提供了一种________机制。

（6）软件限制策略包括证书规则、________、网络区域规则和路径规则。

（7）在命令提示符下输入________命令，可以打开“本地组策略编辑器”窗口。

2．简答题

（1）简述 Windows Server 2022 中的组策略技术。

（2）什么是安全的审核策略？审核设置项主要包括哪些？

（3）在 Windows Server 2022 的软件限制策略中，主要包括哪些规则？

（4）什么是 Windows Server 2022 的系统访问安全控制机制？

第 12 章

系统监视与性能优化

教学重点

- 性能监视器与可靠性监视程序的应用。
- 事件查看器的应用。

安装完 Windows Server 2022 后，系统就具有许多先进的自我性能调整功能。但是随着具体应用环境的变化，以及系统中用户数量、服务对象和应用的增多，系统的处理功能会有所下降，这就需要系统管理员或网络管理员通过一些工具来对服务器进行监控、维护，进行系统性能的调整、优化，以保证系统或网络环境的可靠、高效运行。

12.1 项目 1：性能监视器与可靠性监视程序的应用

Windows Server 2022 中的“性能监视器”工具可以用于实时检查运行程序对计算机性能的影响，并通过收集日志数据以供其他应用程序分析使用。同时，该工具提供了更加友好的用户系统诊断报告，在以前相同类型的系统性能诊断报告基础上，改进了报告生成时间，并且可以使用任何“数据收集器”收集的数据创建报告，这使系统管理员可以多次评估对系统报告建议的影响程度所做的更改。

12.1.1 任务 1：初识性能监视器的功能

1. 性能监视器的主要特征

Windows Server 2022 中的“性能监视器”工具是一个 MMC 管理单元，提供了用于分析系统性能的工具。该工具仅利用一个单独的控制台，即可实时监视应用程序和硬件性能、自定义在日志中收集的数据、定义警报和自动操作的阈值、生成报告及以各种方式查看过去的性能数据。

“性能监视器”工具组合了性能日志和警报（PLA）、服务器性能审查程序（SPA）和系统监视器。它提供了自定义数据收集器集和事件跟踪会话的图表界面。该工具具有以下主要特征。

（1）数据收集器集。性能监视器中主要的新功能是数据收集器集，它将数据收集器组合为可重复使用的元素，以便与其他性能监视方案一起使用。一旦将一组数据收集器存储为数据收集器集，更改一次属性就可以将某个操作应用于整个集合。该工具中包含默认的数据收集器集模板，以帮助系统管理员收集指定的服务器角色或监视方案的性能数据。

（2）资源视图。选择“开始|Windows 管理工具|性能监视器”命令，打开“性能监视器”窗口，如图 12-1 所示。“性能监视器”窗口是一种新的资源视图屏幕，提供 CPU、磁盘、网络和内存使用情况的实时图表概览。展开其中的每个受监控元素，系统管理员可以识别进程正在使用的资源情况。在以前的 Windows 版本中，只可以从“任务管理器”中获得有限的实时数据。

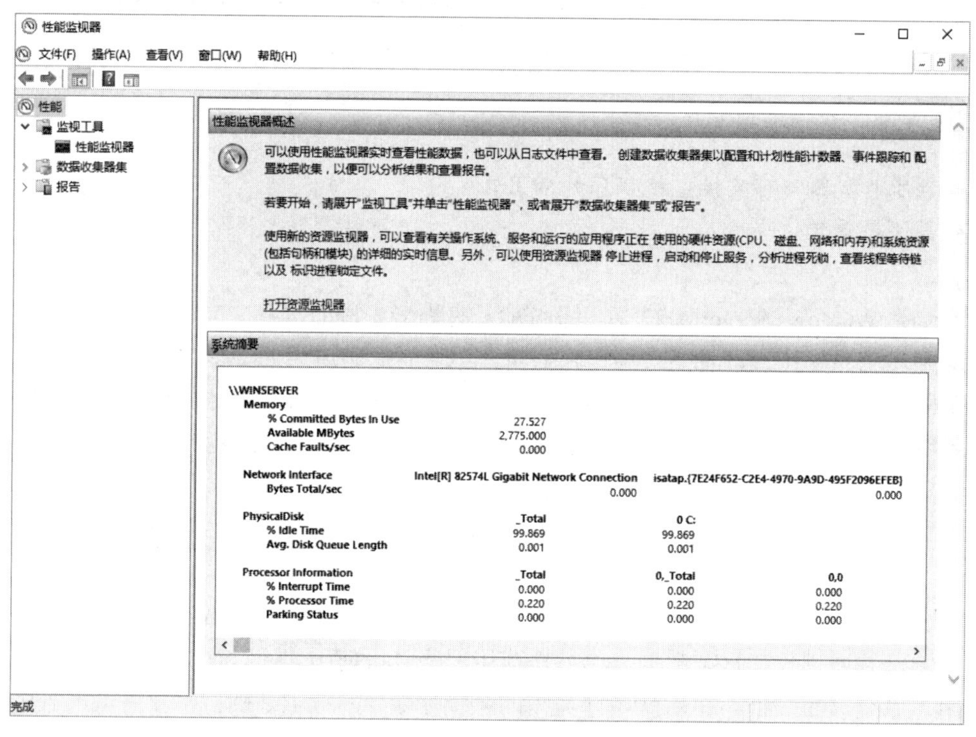

图 12-1 “性能监视器”窗口

（3）性能监视器。性能监视器提供了系统稳定性指数，该指数反映了意外问题是否降低了系统的可靠性。稳定性指数的时间图可以快速标识问题开始的发生日期，系统稳定性报告提供了详细的信息，以帮助解决系统可靠性降低的原因。通过逐个查看对故障系统（如应用程序故障、硬件故障等）的更改（包括安装或删除应用程序、添加或修改驱动程序等），可以形成一个解决问题的策略。

（4）用于创建日志的向导和模板。在“性能监视器”工具中，用户可以通过向导将计数器添加到日志文件中，并计划开始时间、停止时间及持续时间。此外，还可以将配置保存为模板，以收集后续计算机上的相同日志，而数据收集器无须重复选择及计划操作流程。以前 Windows 服务器操作系统版本中的性能日志和警报功能现已被整合到“性能监视器”工具中，以便与多种数据收集器一起使用。

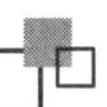

（5）所有数据收集的统一属性配置。无论创建的数据收集器是只使用一次，还是持续记录正在进行的活动，用于创建、计划和修改的界面都完全相同。如果数据收集器对以后的性能监控有帮助，则不需要重新创建，可以作为模板对其重新配置或复制。

2. 启动性能监视器

性能监视器的启动方法如下。

- 选择“开始|Windows 管理工具|性能监视器”命令，打开“性能监视器”窗口。
- 单击“开始”菜单，在“Windows PowerShell”命令行中输入“perfmon”命令，按 Enter 键，打开“性能监视器”窗口。

在“性能监视器”窗口中，单击“打开资源监视器”链接，打开“资源监视器”窗口，如图 12-2 所示。该窗口显示系统当前的资源视图。当以 Administrators 组成员身份运行“资源监视器”工具时，可以实时监视 CPU、磁盘、网络和内存资源的使用情况与性能，还可以通过展开“概述”选项卡中的每种资源，查看当前的详细信息。

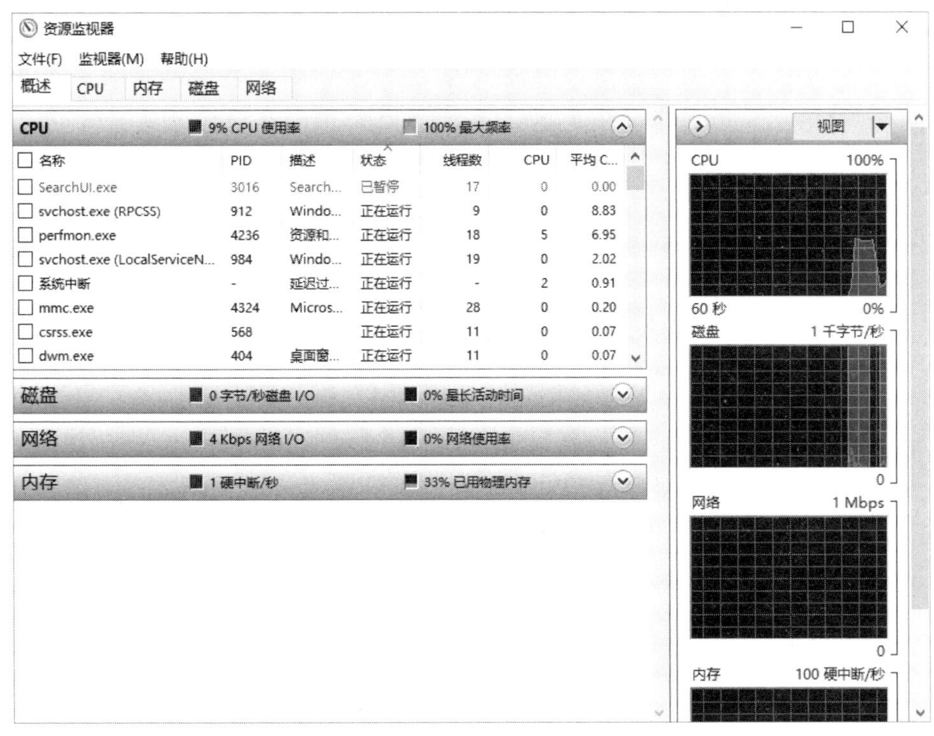

图 12-2　“资源监视器”窗口

12.1.2　任务 2：使用“监视工具”

1. 查看系统资源的使用情况

在“资源监视器”窗口中，资源概览区中的显示信息实质是“资源监视器”工具的界面，“资源监视器”工具作为“性能监视器”的一种监视工具，可以进行系统性能监视。用户在命令提示符下输入“perfmon /res”命令可以运行“资源监视器”工具。

> **提示：** 当启动“性能监视器”工具时，如果资源监视器未显示实时数据，则可以单击工具栏上的绿色“开始”按钮。如果访问被拒绝，则表明当前用户没有权限运行“性能监视器”工具，必须以 Administrators 组成员身份登录、运行该工具。

“资源监视器”窗口显示了本地计算机上的 CPU、磁盘、网络和内存的实时使用情况。该窗口下面的 4 个可展开区域包含每个资源进程的详细信息。单击每个资源标签或资源标签右侧的下拉按钮 ，可以查看该资源的详细信息。

（1）CPU。在“CPU”选项区中，“CPU”标签以绿色显示当前正在使用的 CPU 容量的百分比。CPU 详细信息包括以下内容。

- 名称：使用 CPU 资源的应用程序。
- PID：应用程序的进程 ID。
- 描述：应用程序的名称。
- 状态：应用程序正在运行的状态。
- 线程数：应用程序中当前活动的线程数。
- CPU：应用程序中当前活动的 CPU 周期。
- 平均 CPU：60 秒内由应用程序产生的平均 CPU 负载，以 CPU 总容量的百分比表示。

（2）磁盘。“磁盘”标签以绿色显示当前的总 I/O，以蓝色显示最高活动时间百分比。磁盘详细信息包括以下内容。

- 名称：使用磁盘资源的应用程序。
- PID：应用程序的进程 ID。
- 文件：由应用程序读取或写入的文件。
- 读取：应用程序从文件读取数据的当前速度（以字节/分钟为单位）。
- 写入：应用程序向文件写入数据的当前速度（以字节/分钟为单位）。
- I/O 优先级：应用程序的 I/O 任务的优先级。
- 响应时间：磁盘活动的响应时间（以 ms 为单位）。

（3）网络。“网络”标签以绿色显示当前总网络流量（以 kbps 为单位），以蓝色显示使用中的网络容量百分比。网络详细信息包括以下内容。

- 名称：使用网络资源的应用程序。
- PID：应用程序的进程 ID。
- 地址：本地计算机与之交换信息的网络地址（以计算机名、IP 地址或完全限定的域名表示）。
- 发送：应用程序当前从本地计算机发送到该地址的数据量（以字节/分钟为单位）。
- 接收：应用程序当前从该地址接收的数据量（以字节/分钟为单位）。
- 总字数：由应用程序当前发送和接收的总带宽（以字节/分钟为单位）。

（4）内存。“内存”标签以绿色显示当前每秒的硬错误，以蓝色显示当前使用中的物理内存百分比。内存详细信息包括以下内容。

- 名称：使用内存资源的应用程序。
- PID：应用程序的进程 ID。

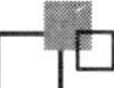

- 硬错误/分：当前由应用程序产生的每分钟的硬错误数。硬错误又被称为页面错误，不是普通意义上的错误，是指当进程的应用地址页面已不在物理内存中且已被换出。如果应用程序必须从磁盘而不是从物理内存中连续读取数据，则较多数量的硬错误将说明应用程序的响应时间较慢。
- 工作集（KB）：应用程序当前驻留在内存中的千字节数。
- 可共享（KB）：可供其他应用程序使用的工作集的千字节数。
- 专用（KB）：用于应用程序工作组的千字节数。

2．查看性能监视器的使用情况

性能监视器是以实时或历史数据的方式显示内置的 Windows 性能计数器，是一种操作简单且功能强大的可视化工具。它可以用于实时从日志文件中查看性能数据，还可以用于检查图表、直方图或报告中的性能数据。

配置“性能监视器”显示的操作步骤如下（Administrators 组成员身份）。

步骤 1：在“性能监视器”窗口中，单击“监视工具”下的“性能监视器”节点，“性能监视器”窗口显示效果如图 12-3 所示。

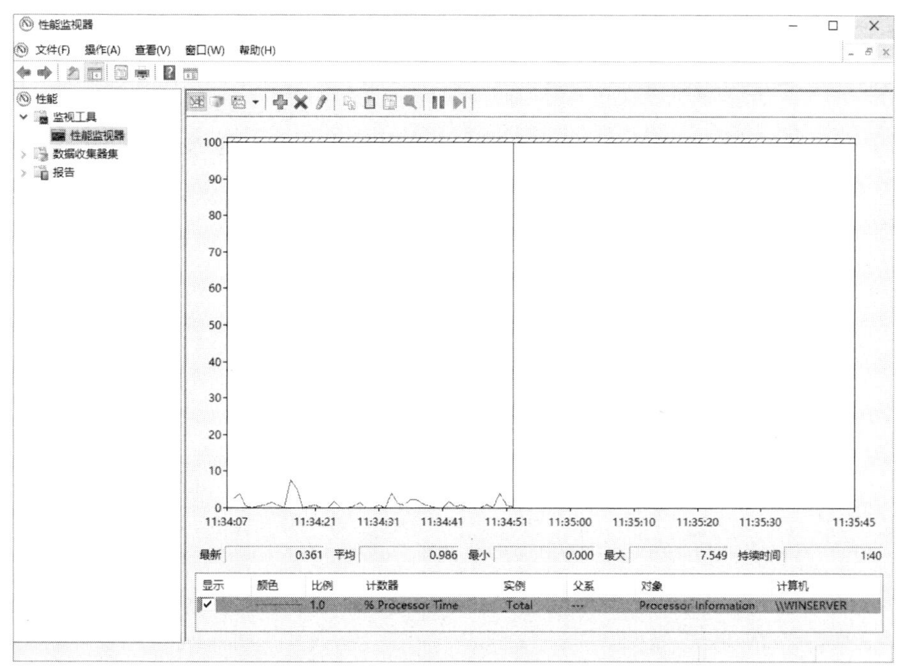

图 12-3　“性能监视器”窗口显示效果

步骤 2：在显示区域中右击，在弹出的快捷菜单中选择“属性”命令，打开“性能监视器属性”对话框，如图 12-4 所示。

其中，前 4 个选项卡的说明如下。

- “常规”选项卡：用于配置显示元素、报告和直方图数据、自动采样的采样间隔和持续时间。
- “来源”选项卡：用于选择所监视数据的来源是当前活动数据，还是日志文件或日志数据库，如图 12-5 所示。

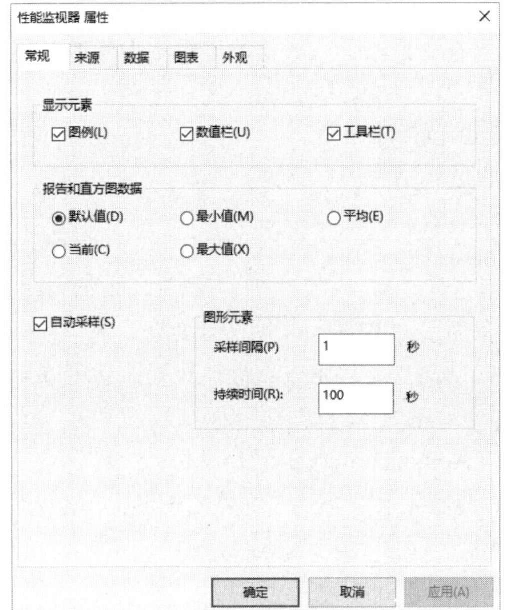

图 12-4 “性能监视器属性”对话框

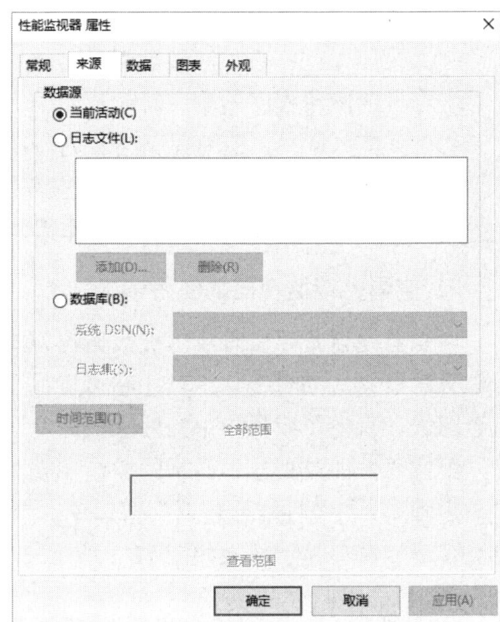

图 12-5 “来源”选项卡

- “数据”选项卡：如果当前显示区域中没有任何计数器，则选择“数据”选项卡，单击“添加”按钮，在打开的“添加计数器”对话框中选择所需监视的系统性能计数器，如图 12-6 所示。

图 12-6 “添加计数器”对话框

- “图表”选项卡：用于更改图表配置，如图 12-7 所示。

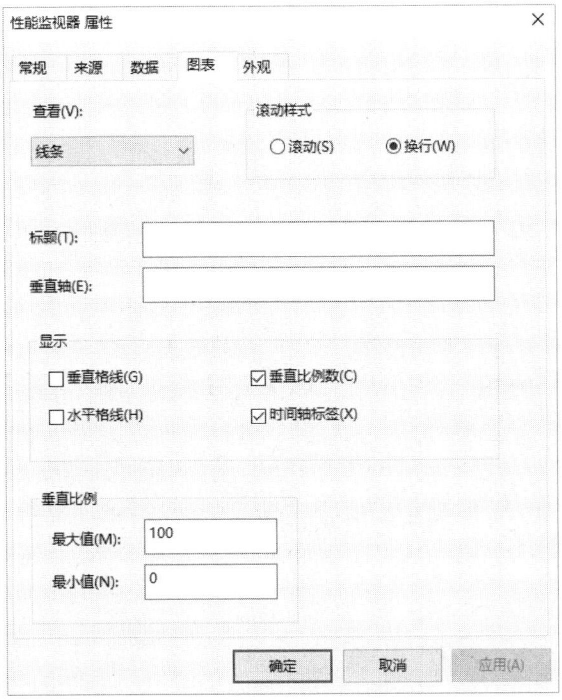

图 12-7　“图表”选项卡

步骤 3：完成以上配置后，单击“确定”按钮返回已配置的“性能监视器”窗口。

步骤 4：在“性能监视器”显示区域中右击，在弹出的快捷菜单中选择“将设置另存为”命令，保存设置的配置信息。另外，选择“图像另存为”命令可以把当时显示的信息保存为.gif 图像文件，以备查看分析。

3. 查看可靠性监视程序的使用情况

可靠性监视程序提供了系统稳定性的大体情况及趋势分析，具有可能会影响系统总体稳定性的个别事件的详细信息，如软件安装、系统更新和硬件故障。可靠性监视程序在系统安装时开始收集数据。

启动可靠性监视程序：在命令提示符下输入“perfmon /rel”命令，打开“可靠性监视程序”窗口，如图 12-8 所示。

可靠性监视程序使用的数据是由 RAC（可靠性分析组件）提供的。安装完 Windows Server 2022 之后，可靠性监视程序将全天显示稳定性指数分级和特定的事件信息。在默认情况下，RAC 在系统安装后开始运行。如果想要 RAC 被禁用，则必须从“任务计划程序”窗口中手动启动该任务。启动 RAC 的方法为：在命令提示符下输入“taskschd.msc”命令，打开“任务计划程序”窗口，如图 12-9 所示。先单击“任务计划程序库（本地）|Microsoft|Windows|RAC”节点，再选择“查看|显示隐藏的任务”命令，在任务中显示 RAC 任务；在 RAC 任务上右击，在弹出的快捷菜单中选择“运行”命令，即可启动 RAC 任务。

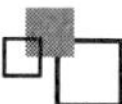

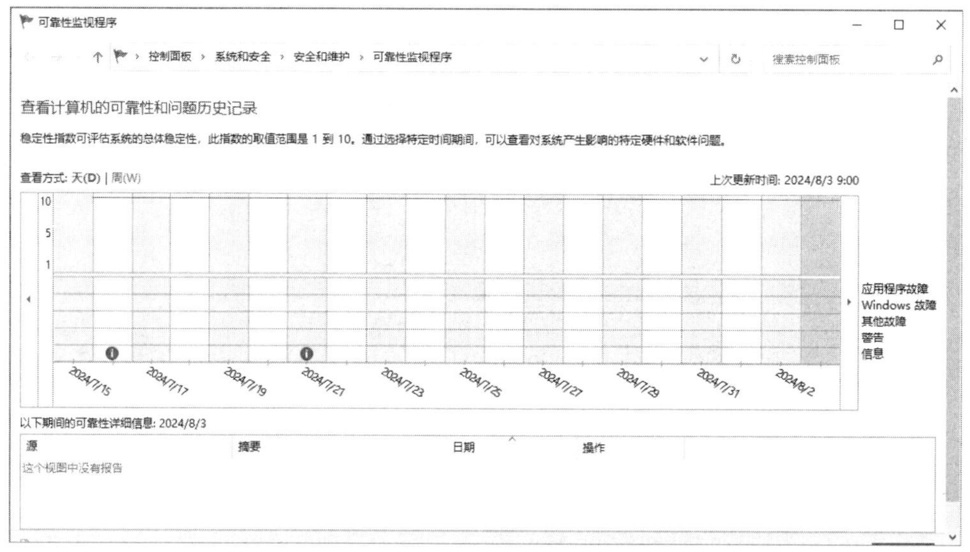

图 12-8 “可靠性监视程序”窗口

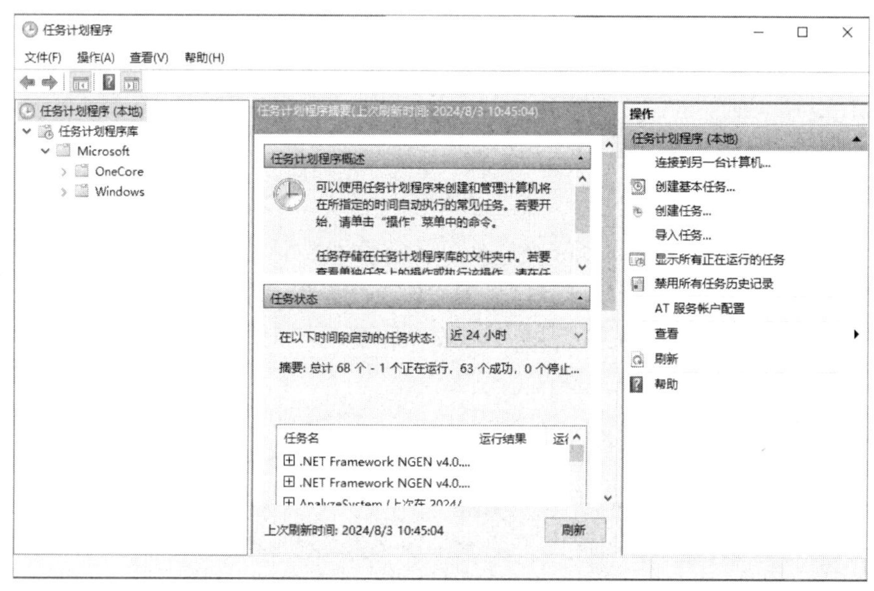

图 12-9 “任务计划程序”窗口

“可靠性监视程序”工具根据系统生存的时间进行数据的收集，其“系统稳定性图表”中的每个日期都有一个显示系统稳定性指数分级的图形点。系统稳定性指数是一个从 1（最不稳定）到 10（最稳定）的滚动历史时段内显示出由特定故障衍生而来的度量权值。系统稳定性图表的上部显示稳定性指数的图表，下部的 5 行信息显示跟踪可靠性事件，该类事件将有助于系统的稳定性测量或提供软件安装和删除的相关信息。

在默认情况下，“可靠性监视程序”工具用于显示最近日期的数据。如果想要查看特定日期的数据，则可以单击“系统稳定性图表”中的“日期”列。如果想要查看所有可用的历史数据，则可以单击“日期”下拉菜单，选择“全选”。使用“可靠性监视程序”工具最多可以保留一年系统稳定性和可靠性事件的历史记录。

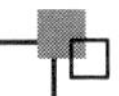

可靠性监视程序的“系统稳定性报告”可以用于帮助系统管理员通过识别可靠性事件来确定造成系统稳定性降低的原因。“系统稳定性报告”提供了以下可查看的事件。

- 软件安装（卸载）。跟踪软件的安装和删除（包括系统组件、Windows Update、驱动程序和应用程序）。软件安装（卸载）报告的数据内容有：“软件”，指定软件程序的名称；“版本”，指定软件程序的版本信息；“活动”，表明操作是安装还是卸载；“活动状态”，表明操作是成功或失败的；“日期”，指出操作发生的日期。
- 应用程序故障。跟踪应用程序故障，包括非响应的应用程序的终止或已停止工作的应用程序。应用程序故障报告的数据内容有：“应用程序”，指定已停止工作或非响应的应用程序的名称；“版本”，指定应用程序的版本号；“故障类型”，表明应用程序应停止工作还是停止响应；“日期”，指出应用程序故障发生的日期。
- 硬件故障。跟踪磁盘和内存可能发生的故障。硬件故障报告的数据内容有：“组件类型”，表明出现故障的组件；“设备”，表明发生故障的设备名称；“故障类型”，表明出现故障的类型；“日期”，指出硬件故障发生的日期。
- Windows 故障。跟踪 Windows 启动和运行的故障。Windows 故障报告的数据内容有：“故障类型”，表明事件是启动故障还是系统崩溃错误；“版本”，表明系统及 Service Pack 的版本号；“故障详细信息”，提供故障类型的详细信息；“日期”，指出 Windows 发生故障的日期。
- 其他故障。跟踪影响稳定性且未归入上述类型的故障，包括系统的意外关闭。其他故障报告的数据内容有：“故障类型”，这里指系统中断性关闭；“版本”，表明系统及 Service Pack 的版本号；“故障详细信息”，表明计算机未正常关闭；“日期”，指出该故障发生的日期。

在“系统稳定性报告”中，往往会反映出系统发生故障的综合现象。如果硬件部分出现“内存故障”，则该报告中会频繁显示应用程序报错的故障，可以先更换故障内存；如果应用程序发生故障终止，则这些故障可能是访问内存时产生的；如果应用程序故障依然存在，则下一步就要修复该应用程序。

12.1.3　任务 3：收集系统监视数据

收集系统监视数据主要是通过数据收集器集完成的。数据收集器集是在性能监视器和可靠性监视程序中实现性能监视和功能报告的。它将多个数据收集点组织成可用于查看或记录性能的单个组件，包括性能计数器、事件跟踪数据和系统配置信息。

想要创建数据收集器集，可以从模板、性能监视器视图中现有的数据收集器集来实现，或者通过选择单个数据收集器并设置其属性中的每个单独选项来实现。

1．从模板创建数据收集器集

想要创建数据收集器集，可以使用“性能监视器”中的向导来实现。但 Windows Server 2022 提供了一些模板（包括基本性能、系统诊断和系统性能），能够更加方便地创建数据收集器集，其操作步骤如下。

步骤 1：在“性能监视器”窗口中，选择“数据收集器集|用户定义”节点并右击，在弹

出的快捷菜单中选择“新建|数据收集器集”命令，打开如图 12-10 所示的“创建新的数据收集器集。”对话框，选中“从模板创建（推荐）”单选按钮，单击“下一步”按钮。

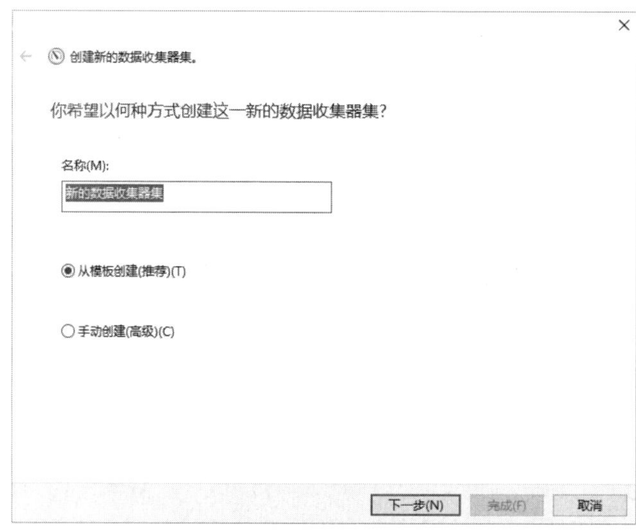

图 12-10 “创建新的数据收集器集。”对话框

步骤 2：选择使用的模板。系统提供了 System Diagnostics、System Performance 和基本等模板，这里选择“System Diagnostics”模板，如图 12-11 所示。“System Diagnostics”模板详细记录了本地硬件资源的状态、系统响应时间和本地计算机上的进程、系统信息和配置数据、最大化性能和简化系统操作的方法；“System Performance”模板用于识别性能问题发生的可能原因；“基本”模板用于创建基本的数据收集器集。单击“下一步”按钮。

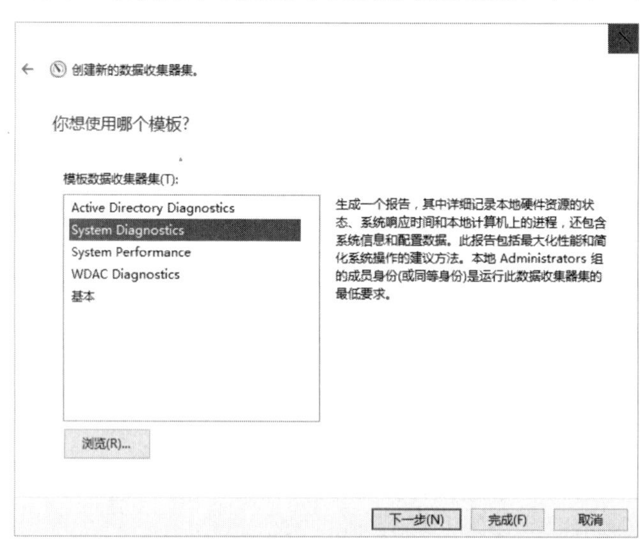

图 12-11 选择“System Diagnostics”模板

步骤 3：指定数据所存储的目录位置及用户身份等信息，即可完成从模板创建数据收集器集的过程。

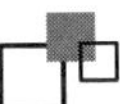

2．手动创建数据收集器集

系统管理员可以以自定义的方式创建数据收集器集，从而手动组合构造自己所需要的数据收集器工具，包括性能计数器、配置数据或来自跟踪提供程序的数据等，其操作步骤如下。

步骤 1：启动步骤与从模板创建数据收集器集一样，只是在图 12-10 中，选中“手动创建（高级）”单选按钮。

步骤 2：在如图 12-12 所示的“你希望包括何种类型的数据?”对话框中，其中“创建数据日志”包括“性能计数器”，提供有关系统性能的度量数据；“事件跟踪数据”，提供有关活动和系统事件的信息；“系统配置信息”，使系统管理员可以记录注册表项的状态及对其进行的更改。

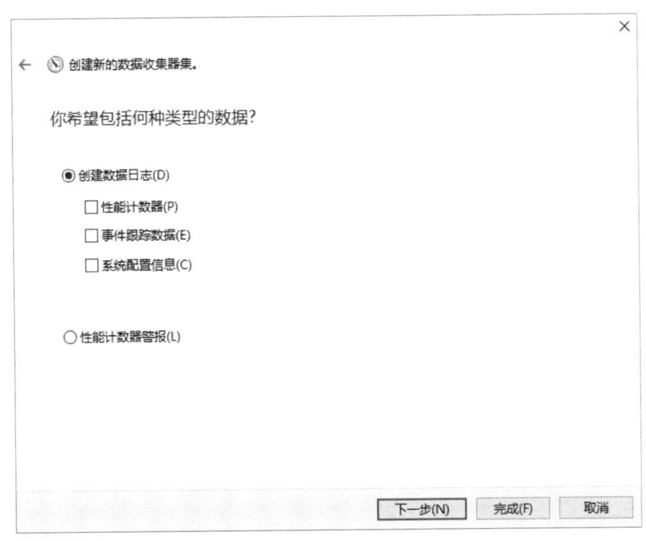

图 12-12　“你希望包括何种类型的数据?”对话框

步骤 3：根据选择的数据收集器类型，系统会显示向数据收集器集添加数据收集器的不同对话框。

- 单击“添加”按钮以打开“添加计数器”对话框。完成添加性能计数器后，单击“下一步”按钮，或者单击“完成”按钮，退出并保存当前配置。
- 事件跟踪提供程序可以与系统一起进行安装，或者作为非微软应用程序的一部分进行安装。先单击“添加”按钮再从可用的“事件跟踪提供程序”列表中进行选择，按住 Ctrl 键可以选择多个事件跟踪提供程序。完成添加事件跟踪提供程序后，单击“下一步”按钮，或者单击“完成”按钮，退出并保存当前配置。
- 通过输入要跟踪的注册表项记录系统配置信息，此时必须知道要包含在数据收集器集中的确切项。完成添加注册表项后，单击“下一步”按钮，或者单击“完成”按钮，退出并保存当前配置。

步骤 4：接下来的操作步骤与使用向导创建数据收集器集的操作步骤一样，需要指定存储目录及用户身份等信息，即可完成手动创建数据收集器集的过程。

3. 管理“性能监视器”中的数据

在数据收集器集中，除了可以创建可选的报告文件，还可以创建其原始日志数据文件，通过“数据管理”功能，为每个数据收集器集配置日志数据、报告和压缩数据的存储方式。配置数据收集器集的数据管理功能的操作步骤如下。

步骤 1：在“性能监视器”窗口中，展开“数据收集器集”节点，并单击“用户定义”节点。

步骤 2：右击要配置的数据收集器集的名称，在“操作”菜单中选择“数据管理器”命令。

步骤 3：打开“新的数据收集器集属性”对话框，如图 12-13 所示，在“数据管理器”选项卡上，可以接受默认值或根据数据保留策略进行更改，部分选项的说明如下。

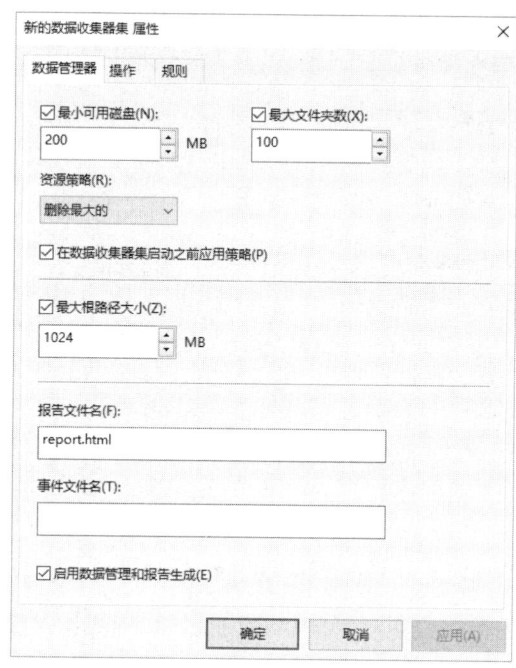

图 12-13 “新的数据收集器集属性”对话框

- 最小可用磁盘或最大文件夹数：表示当达到限制时将根据选择的“资源策略”（“删除最大的”或“删除最旧的”）删除以前的数据。
- 在数据收集器集启动之前应用策略：表示在数据收集器集创建其下一个日志文件前，将根据系统管理员的选择删除以前的数据。
- 最大根路径大小：表示当达到根日志文件夹大小限制时，将根据系统管理员的选择删除以前的数据。

步骤 4：选择“操作”选项卡，可以接受默认值或进行更改，其中包括的选项如下。

- 存留期（年龄）：数据文件以天或周为单位的存留期。如果该值为 0，则不使用此标准。
- 大小：存储日志数据的文件夹大小（单位为 MB）。如果该值为 0，则未使用此标准。
- Cab：一种存档文件格式。用户可以从原始日志数据创建 Cab 文件，并在以后需要时进行提取。根据存留期或大小的标准选择创建或删除操作。

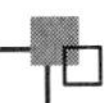

- 数据：数据收集器集收集的原始日志数据。创建 Cab 文件之后可以删除日志数据，以便在保留原始数据备份的同时节省磁盘空间。
- 报告：Windows 性能监视器与可靠性监视程序可从原始日志数据生成报告文件。即使在已删除原始数据或 Cab 文件之后，也可以保留报告文件。

步骤 5：完成更改后，单击“确定”按钮。

4．报告监视情况

报告系统监视情况，可以通过查看“报告”功能实现，操作步骤为：在“性能监视器”窗口中，选择“报告”下的“用户定义”节点或“系统”节点（根据需要查看的数据收集器集是用户定义创建的，还是系统提供的）。选择“用户定义”的数据收集器集的报告列表中要查看的监视报告，如图 12-14 所示，如系统性能（System Performance）报告的情况。

图 12-14　查看监视报告

在命令提示符下运行“perfmon/report <Data_Collector_Set_Name>”命令，可以为数据收集器集创建新报告。如果只运行“perfmon/report”命令，则生成系统诊断报告（系统收集数据 60 秒），如图 12-15 所示。

> **提示：**如果数据收集器集未运行，则没有任何可用的报告可以显示；如果数据收集器集当前正在运行，则显示有关数据收集器集配置为运行多长时间的信息。

如果系统管理员频繁检查日志，则可以使用数据收集器集的“限制”属性，自动分段较大的日志文件（因为较大的日志文件将使生成报告的时间变长）；也可以使用“relog”命令对长日志文件进行分段，或者合并多个短日志文件。有关“relog”命令的详细使用信息，可以在命令提示符下输入“relog/?”命令查看。

图 12-15　系统诊断报告

12.2　项目 2：事件查看器的应用

Windows Server 2022 提供了“事件查看器”工具，借助事件日志文件，可以浏览和管理系统中多种事件的发生过程、监视系统的运行状况及在出现问题时帮助解决问题。

12.2.1　任务 1：事件查看实现

1．Windows Server 2022 事件查看的新特性

较以前版本，Windows Server 2022 的事件查看功能具有全新、友好的操作界面和自定义视图，具有计划响应时间、订阅事件等新特性。在 Windows Server 2022 中，使用事件查看器可完成以下系统管理任务。

（1）查看来自多个事件的日志。当使用事件查看器解决系统问题时，需要查找与问题相关的事件，无论出现在哪个事件日志中都可以跨越多个日志筛选特定的事件。这样更容易显示所有可能与正在调查问题相关的事件。如果想要指定跨越多个日志的筛选器，则需要创建自定义视图。

（2）可重新使用事件筛选器来自定义视图。在使用事件日志时，主要的难题是将一组事件聚焦为系统管理员当前所关注的事件。如果系统管理员没有采取一定的方法保存创建日志的视图，之前所做的努力就会付诸流水。事件查看器支持自定义视图的概念，以用户的工作方式仅对分析的事件进行查询和排序后，就可以将该工作另存为命名视图，而此视图可供重新使用（甚至可以导出视图，并在其他计算机上使用或共享）。

（3）计划运行响应事件任务。使用事件查看器，可以自动对事件做出响应。事件查看器与任务计划程序集成在一起，指定大多数事件后就可以开始计划将要运行的任务。

（4）事件订阅。通过制定事件订阅功能，可以使用远程计算机收集事件并将其保存在

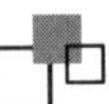

本地。

（5）基于 XML 的基础结构。事件日志记录的基础结构已在 Windows Server 2022 中得到了改善，其中每个事件的信息都符合 XML 架构，且可以访问代表给定事件的 XML 信息，还可以针对事件日志构造基于 XML 的查询。

2．事件日志

事件查看器的主要功能是查看已定义的视图，而日志是视图最重要的一个组成部分。Windows Server 2022 包括以下两类事件日志：Windows 日志、应用程序和服务日志。

（1）Windows 日志。Windows 日志包括应用程序日志、安全日志、系统日志、安装程序日志和 ForwardedEvents 日志，详细内容如下。

- 应用程序日志：应用程序日志包括应用程序或程序记录的事件。例如，数据库程序可以在应用程序日志中记录文件错误，以及程序开发人员设计决定记录的一些应用程序事件等。
- 安全日志：安全日志包括有效和无效的系统登录尝试事件，以及与系统资源使用相关的事件（如创建、打开和删除文件等）。系统管理员可以指定在安全日志中记录的事件。如果已启用登录审核，则对系统的登录尝试将记录在安全日志中。
- 系统日志：系统日志包括系统组件记录的事件。例如，在启动过程中加载驱动程序或系统组件失败事件将记录在系统日志中。系统组件所记录的事件类型由 Windows 预先确定。
- 安装程序日志：安装程序日志包括与应用程序安装有关的事件。
- ForwardedEvents 日志：ForwardedEvents 日志用于存储从远程计算机收集的事件。如果想要收集远程计算机上的事件，则必须创建事件订阅。

（2）应用程序和服务日志。应用程序和服务日志是一种新类型的事件日志。这些日志用于存储来自单个应用程序或组件的事件，而非影响整个系统的事件。

应用程序和服务日志包括 4 个子类型：管理日志、操作日志、分析日志和调试日志。管理日志中的事件尤其受系统管理员的关注；操作日志中的事件对系统管理员也很有用；分析日志存储跟踪问题的事件，并且通常记录大量事件；调试日志由开发人员在调试所开发的应用程序时使用。在默认情况下，分析日志和调试日志都为隐藏和禁用状态。这 4 个日志分别主要关联以下事件。

- 管理事件：以最终用户、系统管理员和技术支持人员为目标，管理事件的指示问题及系统管理员可以解决的方案。例如，当应用程序无法连接打印机时所发生的事件，这个事件要么有详细的文档记录，要么有与其关联的消息直接指导用户纠正问题所做的事情。
- 操作事件：分析和诊断由系统操作所发生的事件，这些事件可用于基于该发生事件的触发工具或任务。例如，从系统中添加或删除打印机时所发生的事件。
- 分析事件：描述程序操作，指示用户干预无法处理的问题。
- 调试事件：开发人员用于解决程序中的问题。

12.2.2　任务 2：启动事件查看器

查看系统事件，首先要启动事件查看器，然后进行相应的配置。启动事件查看器的方法如下。

方法一：选择“开始|Windows 管理工具|事件查看器”命令，打开如图 12-16 所示的“事件查看器”窗口，即启动事件查看器。

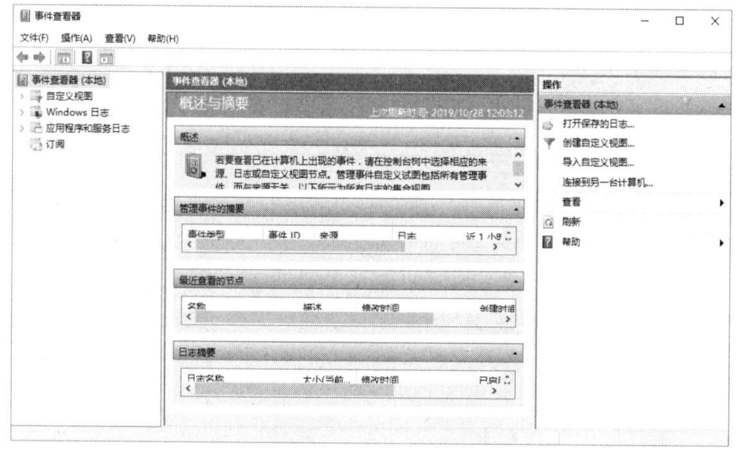

图 12-16 “事件查看器”窗口

方法二：单击“开始”菜单，在命令提示符下输入“eventvwr”命令，按 Enter键，可以启动事件查看器。

方法三：双击位于“%Systemroot%\system32”文件夹中的“eventvwr.msc”文件，可以启动事件查看器。

如果使用“eventvwr”命令行进行操作，则所需要的帮助信息可通过“eventvwr /?”命令查询，打开如图 12-17 所示的“事件查看器”帮助对话框。

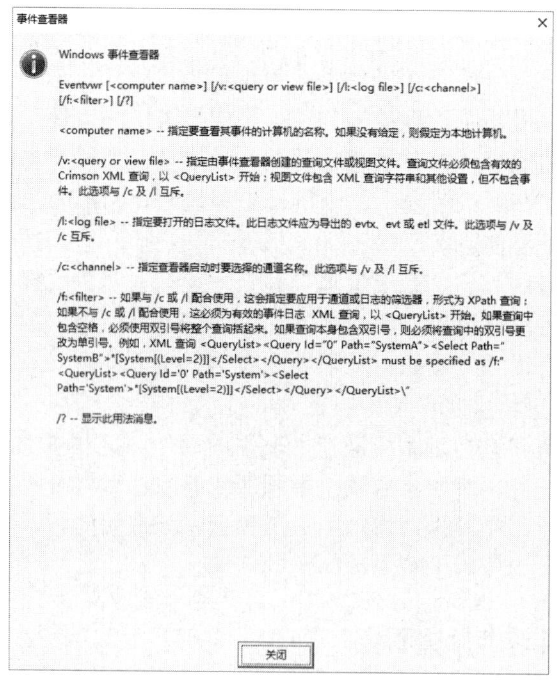

图 12-17 “事件查看器”帮助对话框

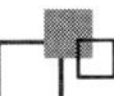

12.2.3　任务 3：定制事件

启动事件查看器后就可以创建自定义视图。

1．创建自定义视图

自定义视图类似于已命名并保存的筛选器。通过选择自定义视图，可以应用基础筛选器并显示结果，导出或导入自定义视图，从而在用户和计算机之间共享这些自定义视图，还可以创建包括多个事件日志中满足指定标准事件的筛选器。创建自定义视图的操作步骤如下。

步骤 1：启动“事件查看器”工具。

步骤 2：在“事件查看器”窗口中，选择“操作|创建自定义视图”命令，打开如图 12-18 所示的“创建自定义视图”对话框。

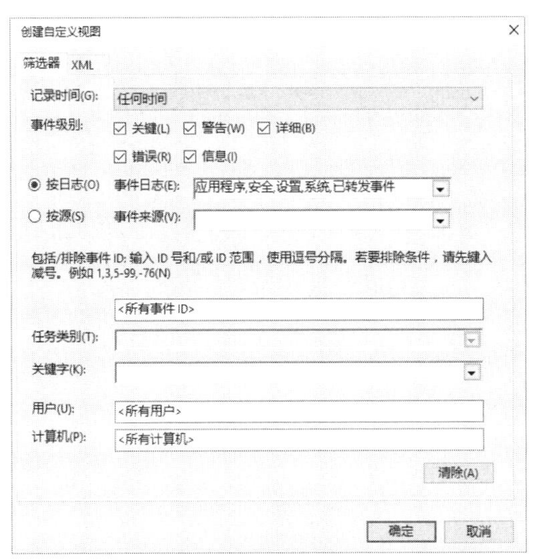

图 12-18　“创建自定义视图”对话框

如果想要根据所发生的事件进行筛选，则从“记录时间”下拉列表中选择相应的时间段。其中，如果没有可接受的时间选项，则选择“自定义范围”选项，指定事件开始的最早日期和时间，以及事件结束的最晚日期和时间。

在“事件级别”选项中，根据事件级别选择所需的选项。自定义视图中的事件级别由低到高分别为信息、警告、错误、关键、详细。下面介绍部分事件级别。

- 信息：指明应用程序或组件发生的更改，如操作成功完成、已创建资源或已启动服务。
- 警告：指明出现的问题可能会影响服务器或导致更严重的问题。
- 错误：指明出现的问题可能会影响触发事件的应用程序或组件外部的功能。
- 关键：指明出现的故障会导致触发事件的应用程序或组件可能无法自动恢复。

在自定义视图过程中，用户可以指定将出现在自定义视图中的事件日志，也可以指定这些事件的来源。如果选中“按日志”单选按钮，则在“事件日志”下拉列表中选择相应的选项。如果选中“按源”单选按钮，则在“事件来源”下拉列表中选择相应的选项。事件来源是记录事件的软件，可以是程序名（如“SQL Server”），也可以是系统的组件或驱动程序等。

“关键字”选项用于筛选或搜索事件的一组类别或标记。

“用户”选项和“计算机”选项分别用于输入自定义视图中要显示的用户账户名称和计算机名称。

步骤 3：在“创建自定义视图”对话框中，选择“XML”选项卡，如图 12-19 所示，以 XPath 格式提供事件筛选器，勾选“手动编辑查询”复选框，将打开提示信息；如果采用手动编辑查询，则无法使用“筛选器”选项卡中的选项修改查询功能。

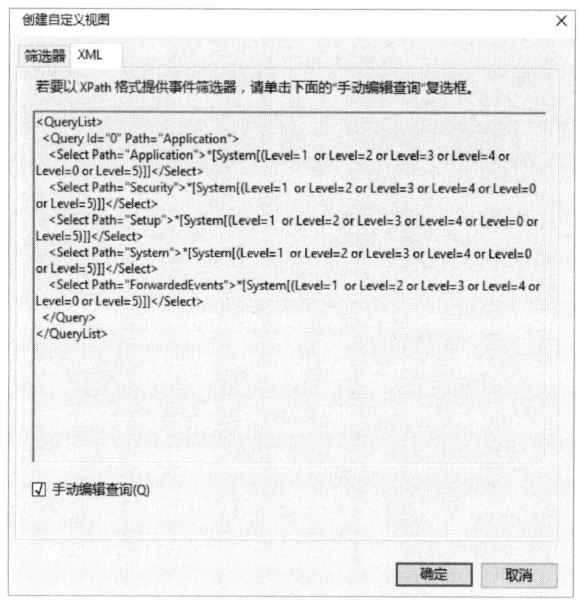

图 12-19　选择“XML”选项卡

步骤 4：设置完成后，单击“确定”按钮，保存所创建的自定义视图，如图 12-20 所示。

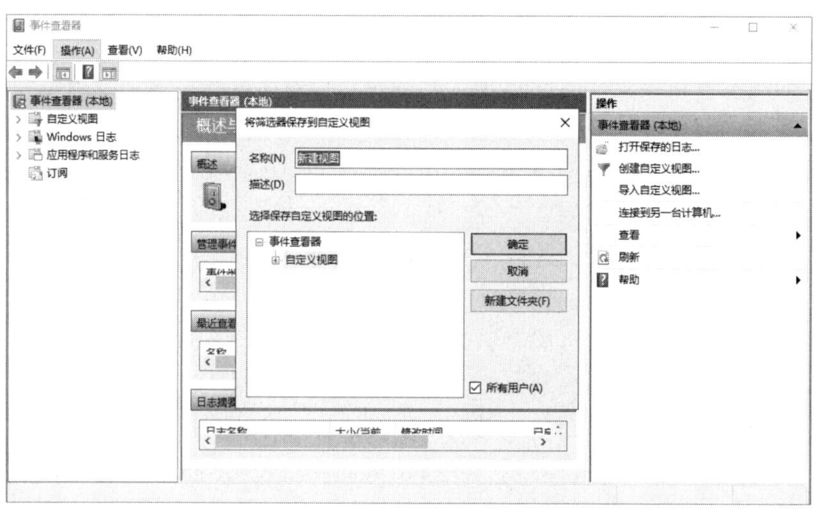

图 12-20　保存所创建的自定义视图

2. 事件的显示方式

查看事件日志可筛选正在显示的事件，事件的筛选设计是临时使用的，可以使用完之后删除。但是，如果要创建重复使用的筛选器，则可以将其保存为自定义视图。筛选显示事件的操作步骤如下。

步骤 1：启动“事件查看器”工具。

步骤 2：在“事件查看器”窗口中，选择要查看的事件日志选项。

步骤 3：在窗口的最右侧的“操作”列表框中，选择“筛选当前日志”选项，打开“筛选当前日志”对话框，此对话框中的选项含义与“创建自定义视图”对话框中的选项含义相同，这里不再赘述。设置完成后，单击“确定”按钮，即可应用临时筛选器。

步骤 4：“筛选信息”窗口显示在“事件查看器”窗口的中间部分，通过“查看”菜单中的以下命令可以灵活阅读筛选信息。

- “添加/删除列”命令：用于添加要显示的事件属性，或删除已有而无用的事件属性列。
- “显示分析日志和调试日志”命令：用于设置分析日志和调试日志在窗口中可见。
- “清除筛选器”命令：用于删除当前应用的临时筛选器。

12.2.4　任务 4：管理事件日志

1. 清除事件日志

使用“事件查看器”工具清除事件日志的操作步骤如下。

步骤 1：启动“事件查看器”工具。

步骤 2：在“事件查看器”窗口中，选择要清除的事件日志选项。

步骤 3：选择“操作|清除日志”命令，打开“事件查看器”对话框，在该对话框中，可以清除日志，如图 12-21 所示框。

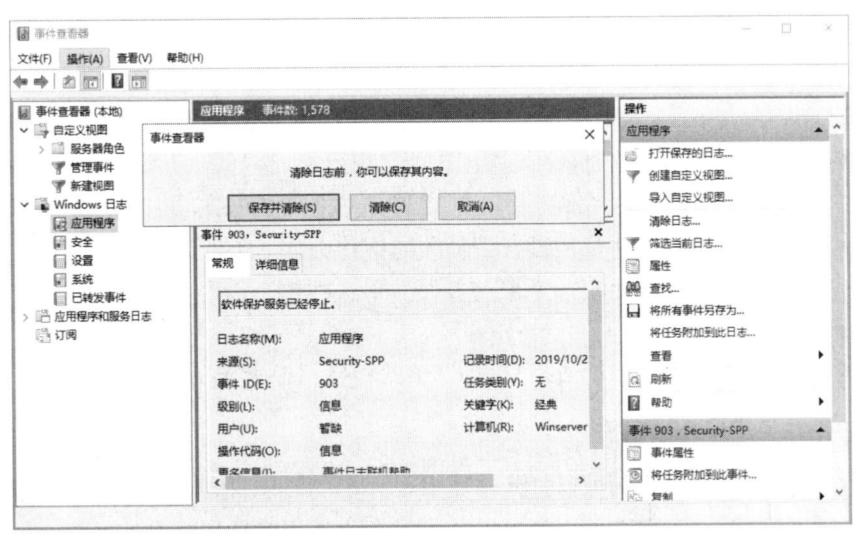

图 12-21　“事件查看器”对话框

步骤 4：单击“保存并清除”按钮，在打开的“另存为”对话框上的“文件名”文本框中输入所保存文件的名称，单击“确定”按钮，即可保存事件日志的副本。如果不想要保存日志信息，则单击“清除”按钮。

2. 设置事件日志文件的大小

事件日志存储在文件中，文件的大小依据实际应用环境是可以更改的，其操作步骤如下。

步骤 1：启动“事件查看器”工具。

步骤 2：在“事件查看器”窗口中，选择要管理的事件日志选项。

步骤 3：选择“操作|属性”命令，打开如图 12-22 所示的“日志属性-应用程序（类型：管理的）”对话框。

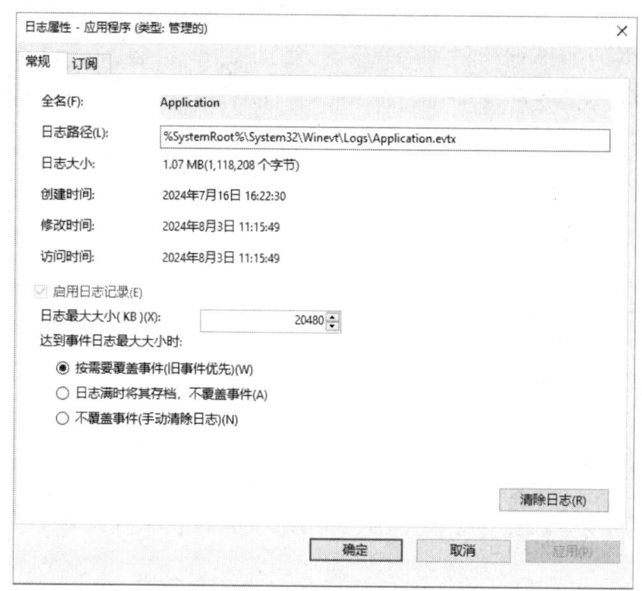

图 12-22 “日志属性-应用程序（类型：管理的）”对话框

在“日志最大大小（KB）”文本框中，使用上下调整按钮设置所需的值，单击“确定”按钮。当达到事件日志最大值时，可以根据需要进行如下选择。

- 选中“按需要覆盖事件（旧事件优先）”单选按钮，当日志文件已满时继续存储新事件，每个新传入的事件替换日志中最久的事件。
- 选中“日志满时将其存档，不覆盖事件”单选按钮，需要自动将日志存档，不改写任何事件。
- 选中“不覆盖事件（手动清除日志）”单选按钮，需要手动清除日志。

3. 打开或关闭保存的日志

使用“事件查看器”工具可以打开并查看已存档的日志文件，可以随时在窗口的目录树中打开多个保存的日志并访问，还可以关闭已在事件查看器中打开的日志，而不会删除日志中的信息。打开保存的事件日志的操作步骤如下。

步骤 1：启动“事件查看器”工具。

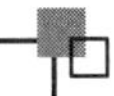

步骤 2：打开“事件查看器”窗口，选择“操作|打开保存的日志”命令，在“打开保存的日志”对话框中选择需要打开的日志文件，如图 12-23 所示，单击“打开”按钮。

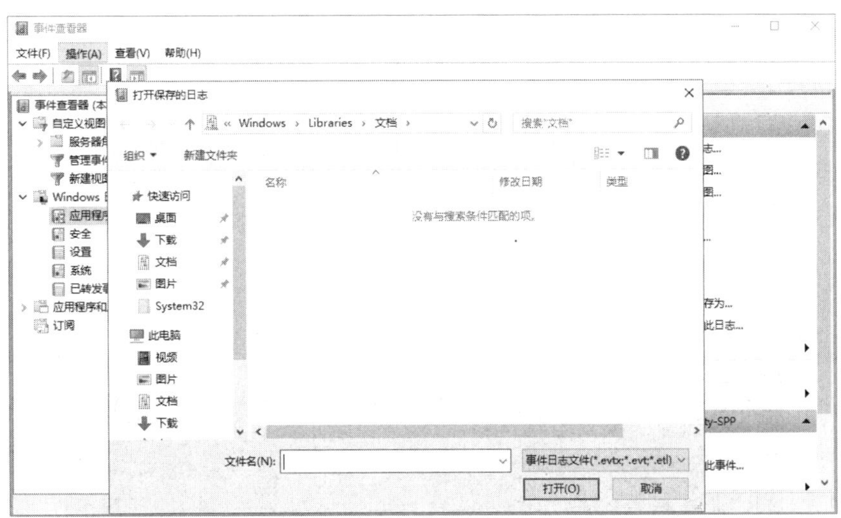

图 12-23　“打开保存的日志”对话框

在打开的对话框的“名称”文本框中输入日志的新名称，也可以使用日志文件的现有文件名。在“说明”文本框中输入日志的描述。“新建文件夹”按钮用于创建日志文件所在的文件夹。如果是系统管理员，则取消勾选“所有用户”复选框，否则所有的用户都可以使用已打开的日志。

步骤 3：单击“确定”按钮，完成操作返回。

通过从“事件查看器”窗口的目录树中删除日志，可以关闭该日志。当删除日志时，只是从管理控制台中删除该日志，而不是从系统中删除该日志文件。从管理控制台中删除已打开的日志文件的方法为：选中要删除的日志，选择“操作|删除”命令；也可以在控制台中右击指定日志，在弹出的快捷菜单中选择“删除”命令。

12.3　项目 3：Windows 内存诊断的应用

Windows Server 2022 能够自动检测内存的应用状况，对及时发现的问题进行诊断，并显示询问是否要运行“Windows 内存诊断”工具的通知。

12.3.1　任务 1：运行“Windows 内存诊断”工具

运行内存诊断工具的方法是：在 Windows Server 2022 中，选择“开始|Windows 管理工具|Windows 内存诊断”命令，打开如图 12-24 所示的“Windows 内存诊断”窗口。

选择“立即重新启动并检查问题（推荐）”选项，将重新启动操作系统并运行该工具。当选择此选项时，保存现有的工作，并关闭所有正在运行的程序。当重新启动操作系统时，“Windows 内存诊断”工具将自动运行，可见测试状态的进度栏，如图 12-25 所示。测试完之后，操作系统将再次自动重新启动。

如果选择"下次启动计算机时检查问题"选项，则出现内存诊断提示信息"已成功计划了内存测试。当下次启动计算机时，Windows 将检查问题并显示测试结果"。

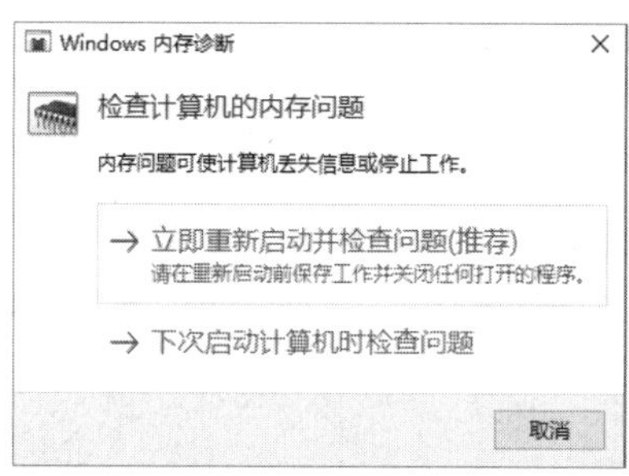

图 12-24 "Windows 内存诊断"窗口

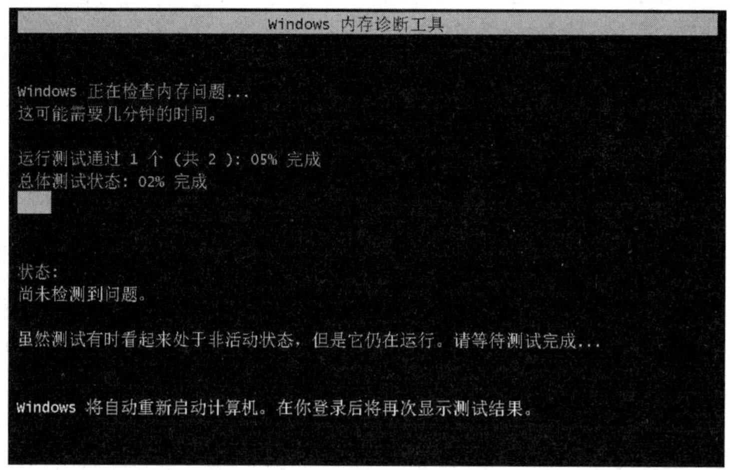

图 12-25 内存诊断

内存测试结束后会产生以下结果。

- 如果"Windows 内存诊断"工具没有发现任何问题，则显示没有发现任何错误的消息。
- 如果"Windows 内存诊断"工具测试到错误，则与计算机制造商或内存制造商联系以获取详细信息，帮助解决问题。

12.3.2 任务 2："Windows 内存诊断"工具的高级选项

系统管理员不仅可以直接运行"Windows 内存诊断"工具检测计算机内存是否正常工作，还可以通过高级选项的设置，复制内存诊断过程，以便更好地检测内存。

当启动内存诊断工具时，按 F1 键可以调整以下高级选项设置。

- 测试混合：选择要运行的测试类型。当运行"Windows 内存诊断"工具时，会列出这些类型。
- 缓存：为每个测试选择所需的缓存设置。
- 通过次数：设置要重复测试的次数。

按 F10 键即可启动内存测试进程。

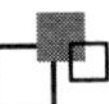

实训 12

1. 实训目的

掌握使用“性能监视器”、“事件查看器”与“Windows 内存诊断”等工具进行系统性能的监视。

2. 实训环境

正常的局域网，安装 VMware Workstation 支持的 Windows Server 2022 虚拟机系统。

3. 实训内容

（1）启动“性能监视器”工具，查看当前系统资源的使用情况。

（2）启动“性能监视器”工具，配置性能监视器中的计数器，并查看其监视结果。

（3）启动“性能监视器”工具，查看使用可靠性监视程序的系统稳定性图表与报告。

（4）通过性能监视器、模板和手动 3 种方式创建 3 种不同的数据收集器集，并通过“报告”查看以上 3 种不同数据收集器集的结果。

（5）启动“事件查看器”工具，定制用户自定义视图的筛选器，并将筛选结果保存为日志文件，设置日志文件的大小。

（6）启动“Windows 内存诊断”工具，查看 Windows Server 2022 诊断内存的过程及其结果，并使用高级选项设置后再次进行诊断。

习题 12

1. 填空题

（1）Windows Server 2022 中的“性能监视器”工具可以用于实时检查________，并通过收集日志数据以供其他应用程序分析使用。

（2）数据收集器集是将________，以便与其他性能监视方案一起使用。

（3）用户在命令提示符下输入________命令可以运行“资源监视器”工具。

（4）“资源监视器”窗口资源概述区域中，4 个滚动“可靠性和性能监视器”图表显示了本地计算机上的________的实时使用情况。

（5）性能监视器是以________的方式显示内置的 Windows 性能计数器，是一种操作简单且功能强大的可视化工具，用于实时从日志文件中查看性能数据。

（6）可靠性监视程序提供________，具有可能会影响系统总体稳定性的个别事件的详细信息，如软件安装、系统更新和硬件故障。

（7）数据收集器集是在性能监视器与可靠性监视程序中实现性能监视和功能报告的，包括________。

（8）在数据收集器集中，除了可以创建可选的报告文件，还可以创建________。

（9）在命令提示符下运行________命令，可以为数据收集器集创建新报告。

（10）使用________命令可以对长日志文件进行分段，或者合并多个短日志文件。

（11）Windows Server 2022 能够自动检测内存的应用状况，对及时发现的问题进行诊断，并显示询问是否要运行________的通知。

2. 简答题

（1）“性能监视器”较以往 Windows 操作系统性能监视工具有什么新特性？

（2）简述性能监视器中所包括的系统监视工具和功能。

（3）简述可靠性监视程序的“系统稳定性报告”提供的具体事件数据内容。

（4）Windows 事件日志包括哪两大类？具体内容是什么？

第 13 章 系统备份与恢复

教学重点

- 创建备份任务。
- 恢复备份数据。

Windows Server 2022 增强了系统备份与故障恢复实用程序的功能，备份应用程序是为保护系统而设计的，用于防止由于硬件、存储媒体失效或其他损坏事件的故障而丢失数据。如果系统中的数据丢失，则应用备份实用程序方便从存档中恢复数据，同时能使系统从各种故障中恢复正常运行。

系统文件是整个操作系统的基石，如果系统文件遭到破坏，则导致整个操作系统无法运行。因此，对系统文件进行备份是系统管理员必须掌握的基本技能之一。系统文件损坏的原因有很多，如操作失误、磁盘故障、突然停电、感染病毒程序及其他原因。用户通过对系统文件进行备份，可以在系统文件受到损坏而导致系统不能自检或死机时，利用备份文件迅速还原系统。另外，还可以创建紧急修复磁盘，在紧急修复磁盘中保存系统文件和系统设置信息。当系统文件受到损坏或意外删除时，使用紧急修复磁盘快速修复操作系统。

利用操作系统的备份实用程序可以帮助用户在遇到硬件或存储媒体发生故障时，保护数据以免意外丢失。例如，使用备份实用程序可以创建硬盘上的数据备份，并把这些数据保存到其他存储设备上，当硬盘上的原始数据由于硬盘故障而被意外删除、覆盖或无法访问时，可以轻而易举地从备份文件中还原。

13.1 项目 1：创建备份任务

Windows Server 2022 中的备份功能是通过“Windows Server 备份”工具来实现的，该工具提供了一组向导和工具，可以对安装了该功能的服务器执行基本的备份和恢复任务。此功能已经重新设计，并引入新技术开发。Windows Server 2003 及以前版本的操作系统中的备份实用程序（即 ntbackup.exe）已被放弃。

> **提示：** 使用 Windows Server Backup 功能是无法恢复旧版本由 ntbackup 创建的备份数据的。如果要想在 Windows Server 2022 中恢复使用 ntbackup 创建的备份数据，则必须安装 ntbackup 程序。

在 Window Server 2022 中，在开始制订备份计划之前，重点做好以下准备工作。

- 希望运行备份的时间及备份的次数。
- 备份数据需要存放的位置。
- 需要备份的卷及是否需要使用这些备份恢复系统。

13.1.1 任务 1：安装和启动“Windows Server 备份”工具

1．安装“Windows Server 备份”工具

应用 Windows Server 2022 的备份和恢复功能，首先需要安装“Window Server 备份”工具，安装步骤如下。

（1）打开“服务器管理器”窗口，选择“管理|添加角色和功能”命令，打开如图 13-1 所示的“添加角色和功能向导”对话框。

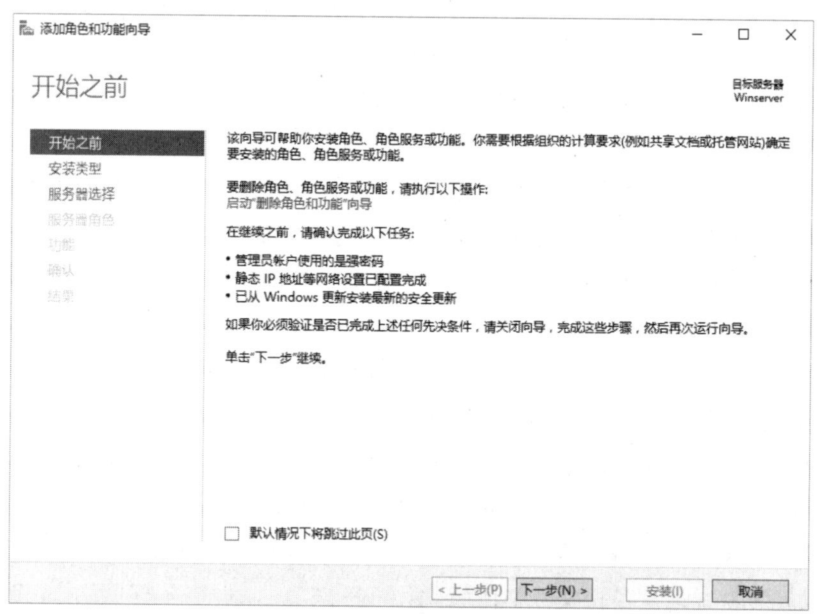

图 13-1 “添加角色和功能向导”对话框

（2）单击“下一步”按钮，打开如图 13-2 所示的“选择功能”对话框，在“功能”列表框中，展开“Windows Server 备份”，勾选“Windows Server 备份”和“命令行工具”对应的复选框。

（3）单击“下一步”按钮，出现确认安装对话框，如果想要更改以前所选内容，则可以单击“上一步”按钮进行修改。确认无误后，单击“安装”按钮，开始安装。安装之后，打开“安装结果”对话框。如果安装成功，则显示“安装成功”信息；如果在安装过程中出现错误，则在“安装结果”中会进行提示。

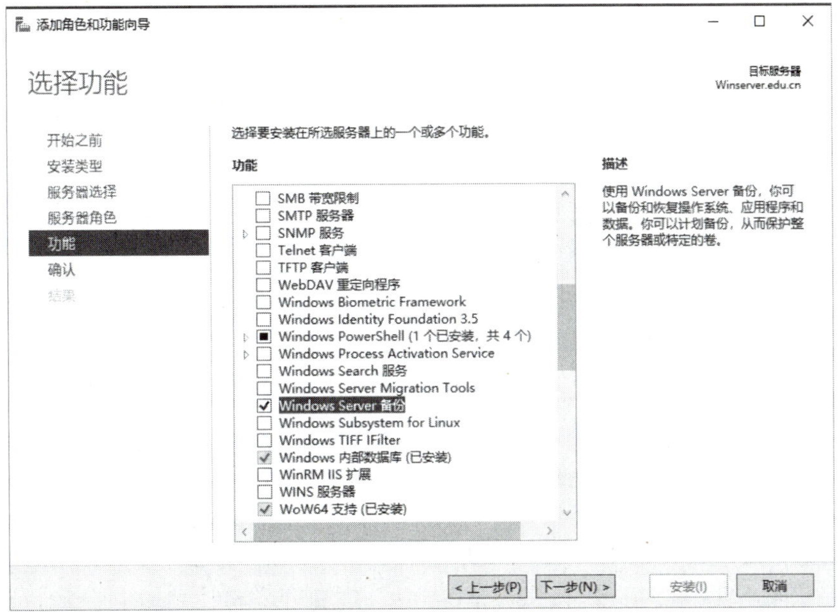

图 13-2　“选择功能”对话框

2. 启动“Windows Server 备份”工具

成功安装“Windows Server 备份”工具后，就可以正常使用了。启动“Windows Server 备份”工具可以采取以下 3 种方法。

方法一：选择“开始|Windows 管理工具|Windows Server 备份”命令，打开如图 13-3 所示的“Windows Server 备份（本地）”窗口。

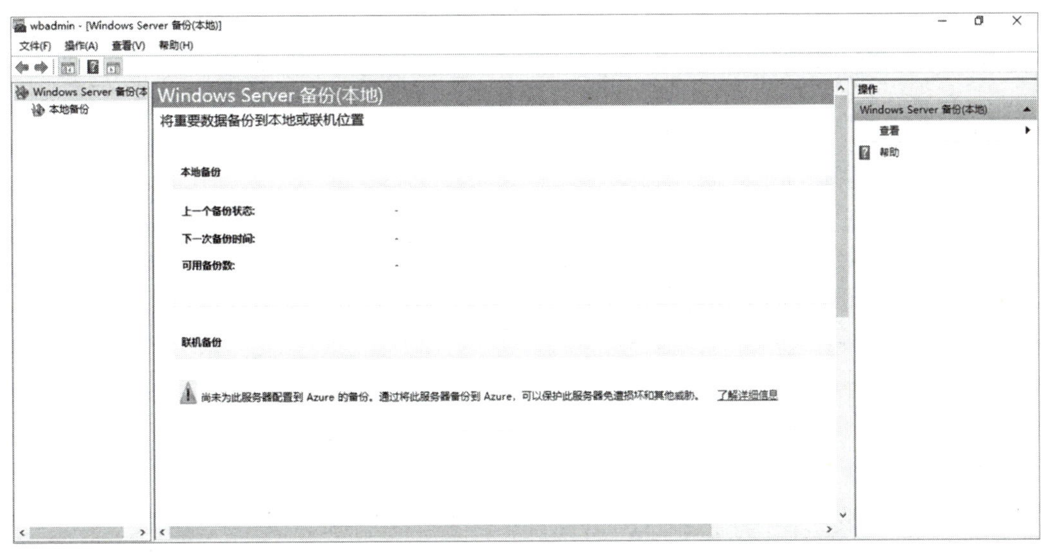

图 13-3　“Windows Server 备份（本地）”窗口

方法二：在“服务器管理器”窗口中，单击左侧列表框中的“存储”节点下的“Windows Server 备份”即可。

方法三：在命令提示符下输入“wbadmin /?”命令，会列出“Windows Server 备份”工具所有的操作命令。通常命令行方法由熟练的系统管理员进行操作时使用。

13.1.2 任务 2：配置自动备份计划

在运行 Windows Server 2022 的计算机上，使用 Windows Server 备份中的备份计划向导来备份计划，每天自动运行一次或多次。在配置自动备份计划之前，需要考虑以下注意事项。

- 标识出专用于存储备份数据的硬盘，确保磁盘已连接并处于联机状态。根据备份实践经验，使用外挂硬盘；磁盘的大小应该至少是要备份数据存储容量的 2.5 倍；该磁盘应该为空或包含不需要保留的数据，因为使用“Windows Server 备份”工具将对磁盘进行格式化。
- 决定是备份整个服务器还是仅备份某些卷。
- 决定每日运行一次备份还是运行多次备份。
- 备份开始运行后，使用管理单元默认页的“消息”、“状态”与“计划的备份”部分监控状态。使用“Windows Server 备份”工具创建备份计划的主要操作步骤如下。

步骤 1：启动“Windows Server 备份”工具[这里主要应用“Windows Server 备份（本地）”窗口操作]。

步骤 2：选择窗口中的“操作|备份计划”命令（执行本地备份），打开如图 13-4 所示的“备份计划向导”对话框。

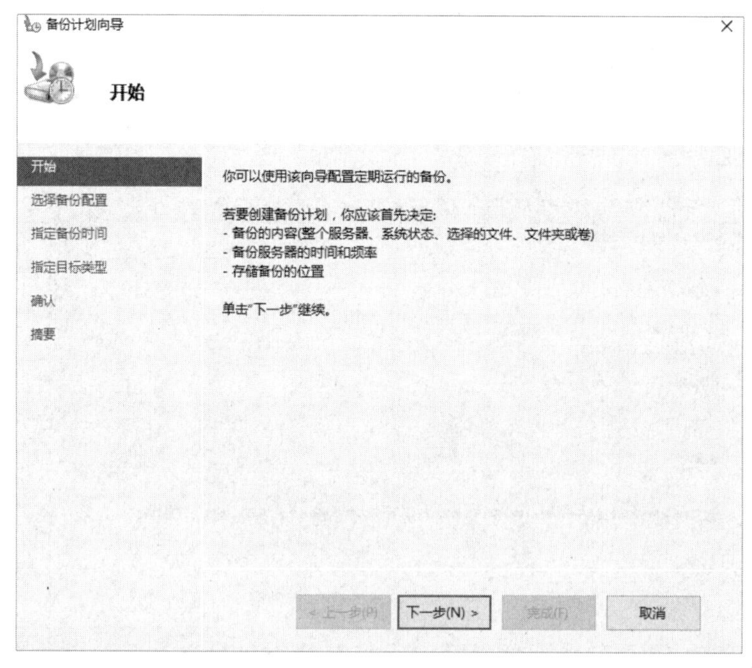

图 13-4 “备份计划向导”对话框

步骤 3：单击“下一步”按钮，打开“选择备份配置”对话框，如图 13-5 所示，系统默认的是“整个服务器（推荐）”，如果选中“自定义”单选按钮，则从备份中排除部分卷数据。

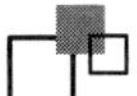

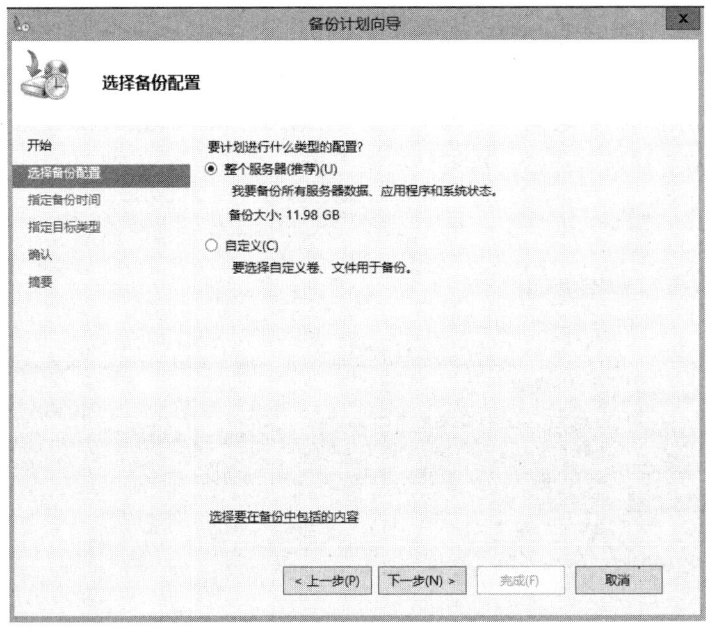

图 13-5　“选择备份配置”对话框

步骤 4：单击“下一步”按钮，打开“指定备份时间”对话框，如图 13-6 所示。如果选中“每日一次”单选按钮，则输入开始运行每日备份的时间；如果需要每日多次备份数据，则选中“每日多次”单选按钮，在“可用时间”列表框中选中要开始备份的时间，单击“添加”按钮，即可将时间移动到“计划时间”列表框中。

图 13-6　“指定备份时间”对话框

步骤 5：单击“下一步”按钮，需要指定备份目标类型，可以根据备份者的系统管理需求进行选择。单击“下一步”按钮，打开“选择目标磁盘”对话框，如图 13-7 所示（这里显示的是虚拟硬盘信息），选择可用磁盘列表中的磁盘。如果这些磁盘是外挂磁盘（外部磁盘），则可以将备份移离服务器，以进行灾难保护。

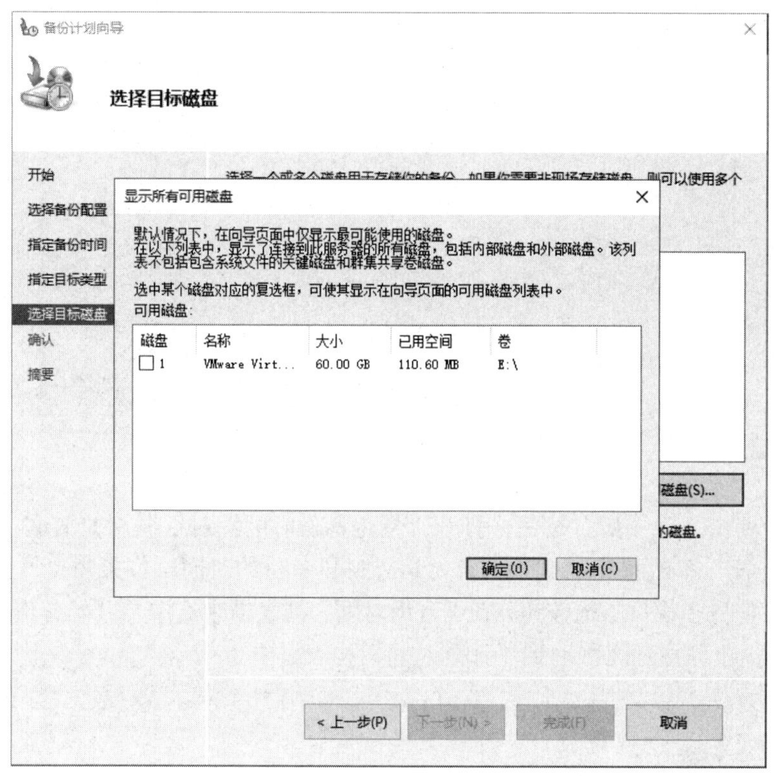

图 13-7 “选择目标磁盘”对话框

单击“下一步”按钮，打开如图 13-8 所示的“Windows Server 备份”提示信息对话框，即所选磁盘将被重新格式化。单击“确定”按钮，将对选定磁盘进行格式化，该磁盘在 Windows 资源管理器中将不再可见，这样可以防止将数据意外存储在该磁盘中，影响以后数据的恢复和还原。

步骤 6：备份计划向导进入“标记目标磁盘”步骤，对当前系统备份进行标识，其命名组成内容包括计算机名、备份的日期和时间、系统磁盘物理标识名等信息。系统管理员可以将该信息记录完整并粘贴在磁盘表面，当恢复系统时，Windows Server 备份会要求备份所在的、具有所显示标签的磁盘。

步骤 7：单击“下一步”按钮，打开“确认”对话框，如图 13-9 所示，查看详细的选定信息，单击“完成”按钮。

步骤 8：备份计划向导开始格式化选定的磁盘，格式化成功后，打开如图 13-10 所示的“摘要”对话框，创建的备份计划完成，但是要确保用作备份目标的磁盘已联机且状态完好。单击“关闭”按钮。

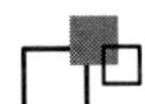

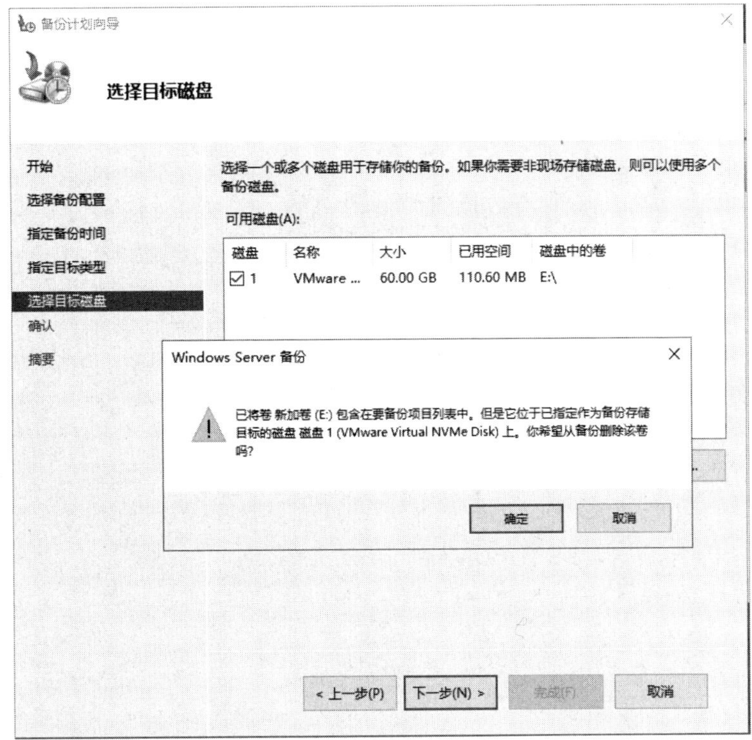

图 13-8　“Windows Server 备份”提示信息对话框

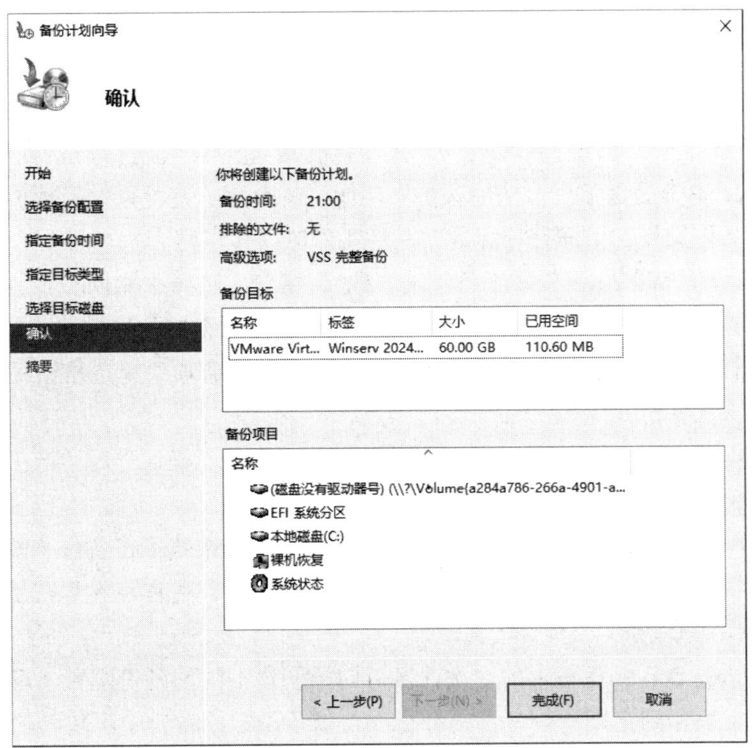

图 13-9　“确认”对话框

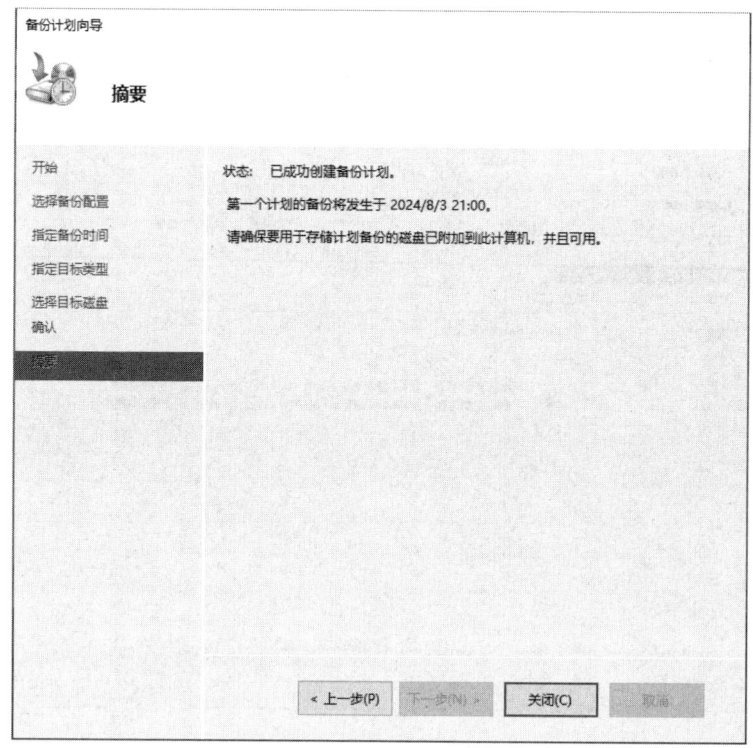

图 13-10 “摘要”对话框

13.1.3 任务 3：配置一次性备份

系统管理员在日常系统的备份工作中，要根据具体应用进行不定期的数据备份。Windows Server 备份提供了“一次性备份”功能，就是为了方便系统管理员在不同日期的不同时间进行备份操作。下面介绍配置一次性备份的操作步骤。

步骤 1：打开“Windows Server 备份（本地）”窗口，选择“操作|一次性备份”命令，打开如图 13-11 所示的“一次性备份向导”对话框，选择已有的备份计划，或者尚未创建的备份计划，进行备份选项的设置。这里选中“计划的备份选项”单选按钮（利用已有的备份计划执行一次性备份）。

步骤 2：单击“下一步”按钮，打开如图 13-12 所示的“确认”对话框，确认要执行的备份项目、备份目标和高级选项（备份类型）。

步骤 3：单击“备份”按钮，开始显示备份进度，提示系统正在备份（备份时间的长短由系统的大小决定），也可以关闭备份进度对话框，备份工作进程将继续在后台运行。完成后打开“一次性备份完成”对话框。

使用 Windows Server 备份中的一次性备份向导创建不同的备份配置，可以随时灵活地进行系统备份，以作为定期计划备份的补充（可以备份定期备份中不包含的卷；在进行安装系统更新程序或安装新功能之前，可以备份包含重要内容的卷）。

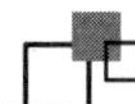

图 13-11　“一次性备份向导”对话框

图 13-12　“确认”对话框

13.1.4 任务 4：修改自动备份计划

在使用 Windows Server 备份创建备份计划后，必须定期查看是否符合系统运行过程中的管理需要。特别是在添加或删除应用程序、功能、角色、卷及磁盘操作后，应该查看原有备份计划的配置信息，考虑对此进行修改，以满足最新的系统应用环境备份。使用 Windows Server 备份进行备份计划修改的操作步骤如下。

步骤 1：打开“Windows Server 备份（本地）”窗口，选择“操作|备份计划”命令，打开如图 13-13 所示的“修改计划的备份设置”对话框，选中“修改备份”单选按钮。

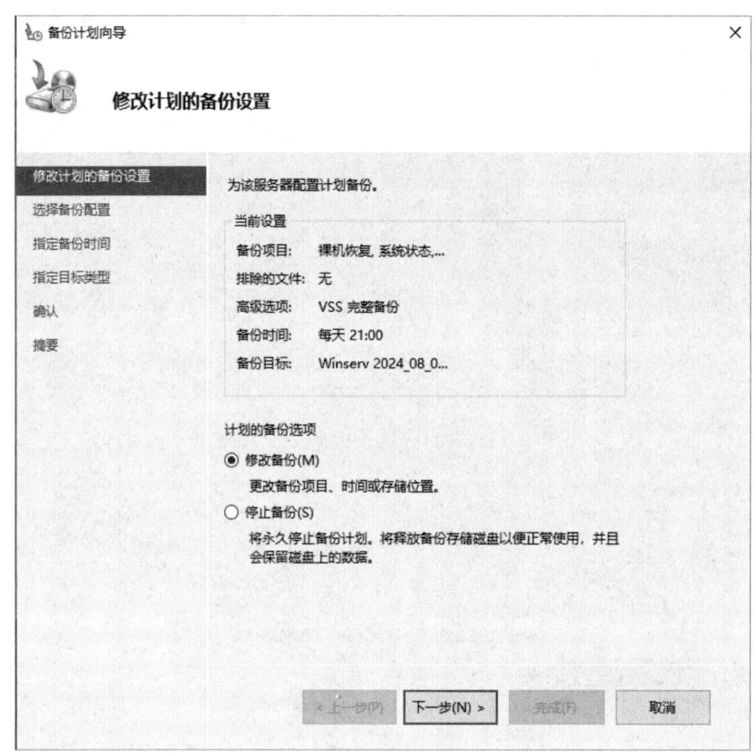

图 13-13 “修改计划的备份设置”对话框

步骤 2：单击“下一步”按钮，打开如图 13-14 所示的“选择备份配置”对话框，选中“整个服务器（推荐）”单选按钮，对整个服务器系统进行备份。

步骤 3：单击“下一步”按钮，打开“指定备份时间”对话框，在此对话框中进行备份时间的修改，此步操作与创建新备份计划时指定备份时间操作类似。

步骤 4：修改完备份时间后，单击“下一步”按钮，打开如图 13-15 所示的“保留或更改备份目标”对话框，可修改用于备份数据的目标磁盘，包括 3 个选项“保留当前备份目标”、“添加更多备份目标”与“删除当前备份目标”。这里选中“保留当前备份目标”单选按钮。

步骤 5：如果选中“添加更多备份目标”单选按钮，则可用的磁盘将显示在列表中，勾选用于存储备份数据的磁盘的复选框，会格式化选定的磁盘；如果删除磁盘，则从存储备份的磁盘集中删除选定的磁盘，但仍可以继续使用该磁盘上的数据进行恢复。

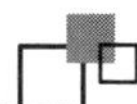

图 13-14　“选择备份配置”对话框

图 13-15　“保留或更改备份目标”对话框

步骤 6：单击“下一步”按钮，打开如图 13-16 所示的“确认”对话框，可以查看详细的备份计划信息，单击“完成”按钮，打开“摘要”对话框，显示已成功修改备份计划的信息，单击“关闭”按钮完成修改自动备份计划。

图 13-16 “确认”对话框

13.2 项目 2：恢复备份数据

通过对系统文件或其他重要文件进行备份，一旦系统发生故障或出现意外情况导致系统不能正常运行时，可以利用备份的数据迅速恢复、还原，从而确保系统的安全性和稳定性。特别是出现硬件故障、意外删除、其他数据丢失或损坏时，利用“Windows Server 备份”工具的恢复向导可以及时、安全地还原以前备份的数据。在“Windows Server 备份”工具中进行备份数据恢复的操作步骤如下。

步骤 1：打开“Windows Server 备份（本地）”窗口。

步骤 2：选择“操作|恢复”命令，打开如图 13-17 所示的“恢复向导”对话框。通过该向导，可以从此服务器或在其他位置存储的备份中恢复文件、应用程序和卷等。

步骤 3：单击“下一步”按钮，打开如图 13-18 所示的“选择备份日期”对话框，选择可用日期的备份数据。

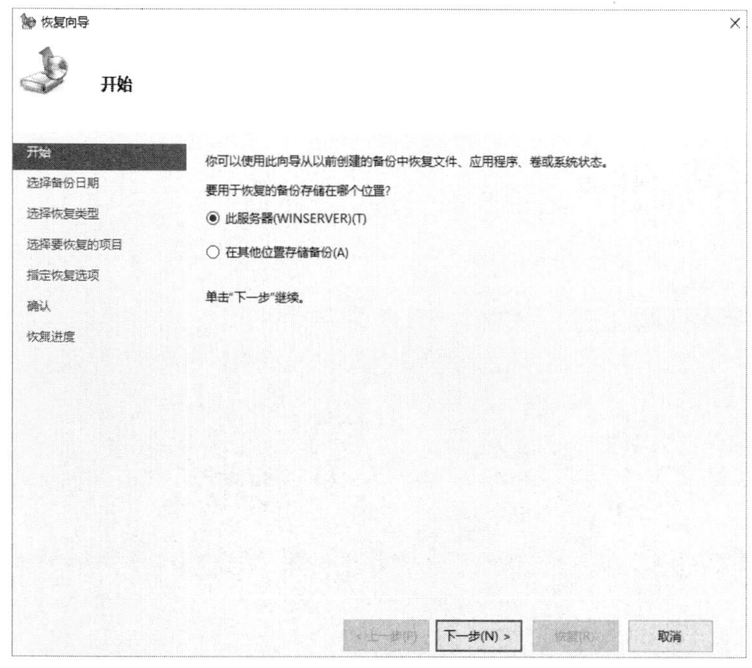

图 13-17　“恢复向导”对话框

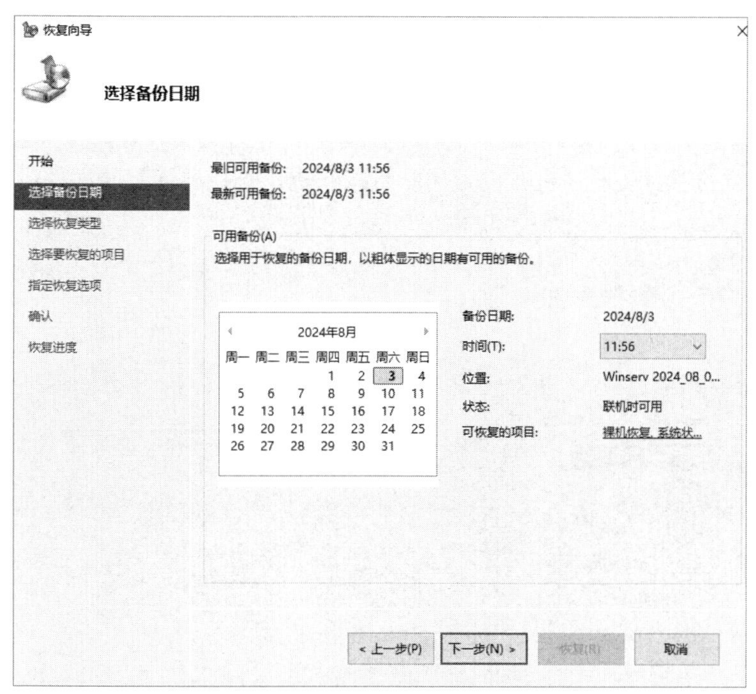

图 13-18　“选择备份日期”对话框

步骤 4：单击“下一步”按钮，打开如图 13-19 所示的“选择恢复类型”对话框。可选中“文件和文件夹”单选按钮或“卷”单选按钮。这里的“应用程序”单选按钮呈灰色，是因为要恢复的应用程序使用了卷影复制服务（VSS）技术，在创建可用于恢复的备份之前必须启用应用程序的 VSS 编写器，以便与 Windows Server 备份兼容。大多数应用程序需要专门启用 VSS 编写器，但在默认情况下，VSS 编写器为不启用。备份时，如果没有启用 VSS 编写器，则无法从此备份中恢复应用程序。

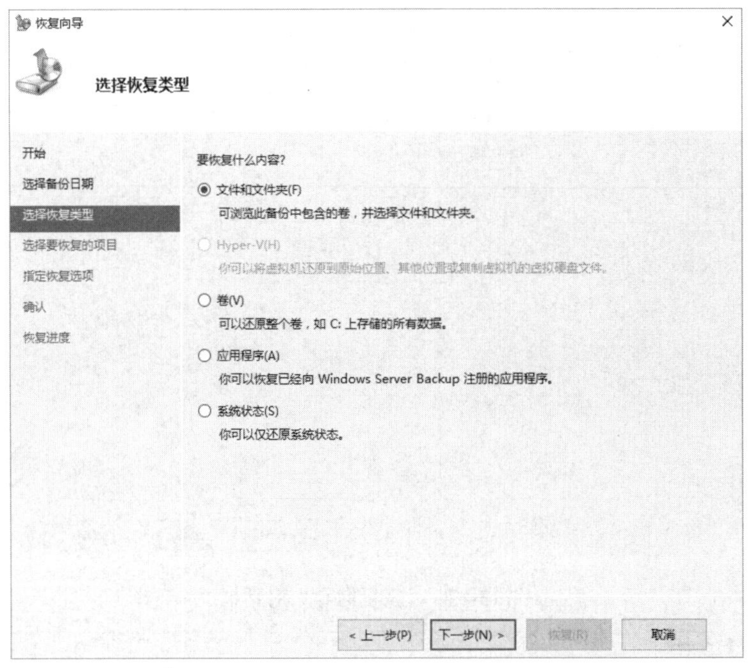

图 13-19 “选择恢复类型”对话框

步骤 5：选中“文件和文件夹”单选按钮，单击“下一步”按钮，打开如图 13-20 所示的“选择要恢复的项目”对话框，浏览树状目录结构，查找要恢复的文件或文件夹。

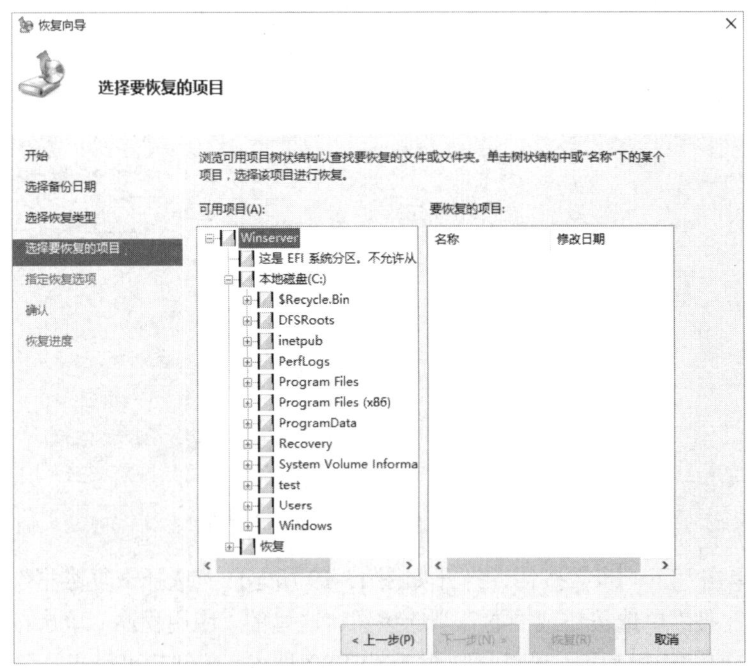

图 13-20 “选择要恢复的项目”对话框

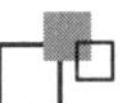

步骤 6：单击“下一步”按钮，在打开的“指定恢复选项”对话框的“恢复目标”选项区，选择恢复到“原始位置”或“另一个位置”；在“当该向导在恢复目标中查找文件和文件夹时”选项区中选择以下选项之一。

- 创建副本，以便具有两个版本的文件或文件夹。
- 使用已恢复的文件覆盖现有文件。
- 不恢复现有文件和文件夹。

步骤 7：单击“下一步”按钮，打开“确认”对话框，确认以上所选信息无误，单击“恢复”按钮，开始恢复指定的项目。

步骤 8：恢复完成后，在“恢复进度”对话框中单击“关闭”按钮，即可完成备份数据的恢复的全部操作过程。

> **提示：**为了系统的安全性和操作的可靠性，必须对备份和恢复操作设置必要的访问权限，这样可以防止未经授权的擅自闯入者的破坏，以免造成数据的损失和泄密。为此，Windows Server 2022 对系统备份和还原提供了设置用户访问权限的功能。想要备份文件和文件夹，必须具有确定的许可和用户权限。如果用户是系统管理员或备份操作员，则可以备份本地计算机上的任何文件和文件夹，以供本系统应用。如果用户是域控制器的管理员或备份操作员，则可以备份该域中的任何计算机，或者与用户建立了双向信任关系域中的任何计算机上的文件和文件夹（“系统状态”数据除外）。

13.3　项目 3：Windows Server 2022 系统恢复

与其他操作系统一样，Windows Server 2022 可能因为系统管理员或用户的失误操作、网络病毒程序的攻击而导致系统崩溃。一旦系统发生故障，就需要使用各种恢复方法和手段来解决问题。下面主要介绍如何使用有助于启动系统的一些选项，以及如何使用 Windows Server 2022 系统安装中的修复和恢复选项进行故障排除的内容。

13.3.1　任务 1：应对系统故障发生的安全措施

在系统出现故障之前，系统管理员需要事先采取安全措施，以防磁盘损坏或其他严重的系统故障出现。其中要做的主要工作包括：定期备份系统文件、硬件配置文件、设置系统异常停止时 Windows Server 2022 的对应策略等操作。

执行常规的系统备份，配置容错功能（如磁盘镜像、安装杀毒程序检查病毒），以及进行其他管理例程，如使用“事件查看器”工具来检查事件日志。如果磁盘或其他硬件无法正常工作，则这些工作将有助于保护数据并发出警告。

设置系统异常停止时 Windows Server 2022 的反应措施。例如，指定计算机自动重新启动，并且可以控制其日志方式。想要指定这些选项，可以在桌面的“计算机”图标上右击，在弹出的快捷菜单中选择“属性”命令，在打开的控制面板中选择“高级系统设置”选项，在打开的“系统属性”对话框中，选择“高级”选项卡，单击“启动和故障恢复”选项区中的“设置”按钮，打开“启动和故障恢复”对话框，如图 13-21 所示，即可对启动和恢复选项进行设置。

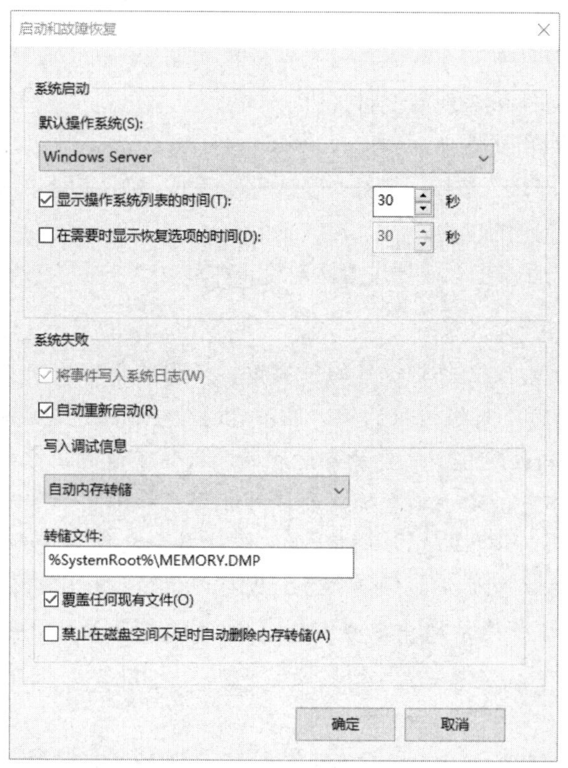

图 13-21 “启动和故障恢复”对话框

13.3.2 任务 2：系统不能启动的解决方案

Windows Server 2022 提供了许多系统出现故障而不能正常启动的解决方法，其中一个解决方法是使用“安全模式”和相关的启动选项，该方法仅使用必需的服务来启动系统。如果新安装的驱动程序是引起系统启动失败的原因，则使用“高级启动选项”中的“最后一次正确的配置”会非常有效。

1. 使用“高级启动选项”修复系统

当计算机不能启动时，可以使用“高级启动选项”的安全模式或其他启动选项以最少服务的方式来启动计算机。如果使用“安全模式”成功启动了计算机，系统管理员就可以更改配置来排除导致故障的因素（如删除或重新配置引起安装新驱动程序的问题）。

下面介绍 Windows Server 2022 中其他类型的“高级启动选项”。选择 Windows Server 2022 中的“设置|更新与安全|恢复”命令，在“高级启动选项”窗口中选择“重新启动”。

Windows Server 2022 在系统修复方面提供了方便而实用的功能：修复计算机。

高级启动界面如图 13-22 所示，通过该界面，用户可以尽可能完成系统故障的排除。

在“疑难解答”选项中选择“高级选项|启动设置”进行“重启”操作，打开如图 13-23 所示的“高级启动选项”窗口。

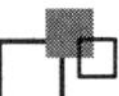

图 13-22　高级启动界面

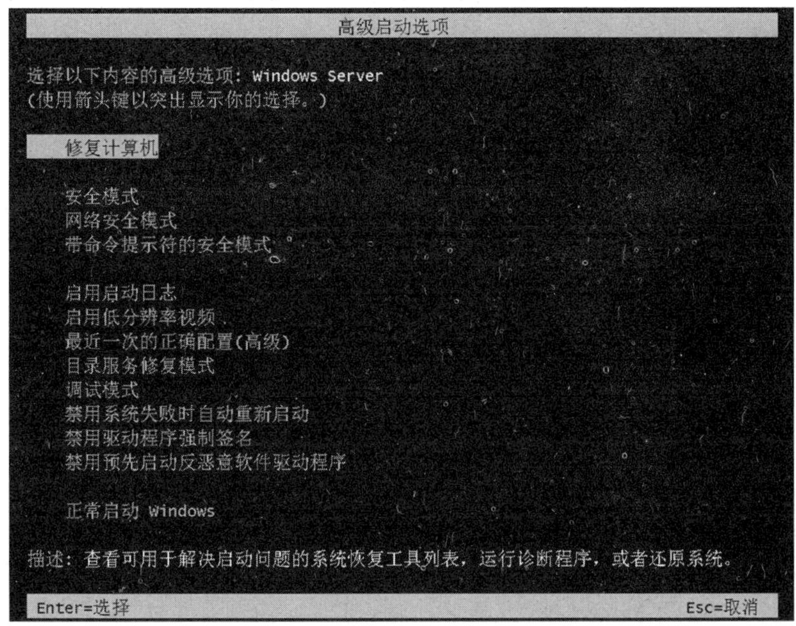

图 13-23　“高级启动选项”窗口

Windows Server 2022 提供了以下系统故障恢复功能。

- 安全模式。仅使用最基本的系统模块和驱动程序启动 Windows Server 2022，不加载网络支持。加载的驱动程序和模块用于鼠标、监视器、键盘、海量存储器、基本视频和默认系统服务。安全模式启用了启动日志。
- 网络安全模式。仅使用基本的系统模块和驱动程序启动 Windows Server 2022，并加载网络支持。网络安全模式启用了启动日志。
- 带命令提示符的安全模式。仅使用基本的系统模块和驱动程序启动 Windows Server

2022，不加载网络支持，只显示命令行模式。带命令提示符的安全模式启用了启动日志。

- 启用启动日志。生成正在加载的驱动程序和服务的启动日志文件。将该日志文件命名为 Ntbtlog.txt，并保存在系统根目录中。
- 启用低分辨率视频。使用基本的 VGA（视频）驱动程序启动 Windows Server 2022。如果导致 Windows Server 2022 不能正常启动的原因是安装了新的显卡驱动程序，则该模式对处理故障很有用。其他安全模式也只使用基本的视频驱动程序。
- 最近一次的正确配置（高级）。使用 Windows 在最近一次关机时保存的配置信息来启动 Windows Server 2022。这种模式仅在配置错误时使用，不能解决由于驱动程序或文件破坏或丢失而引起的问题。

> **注意：**当系统管理员选择“最近一次的正确配置（高级）”选项时，则在此最近一次的正确配置之后所做的修改和系统设置将丢失。

- 目录服务修复模式。当恢复域控制器的活动目录信息时，该选项可用于 Windows Server 2022 域控制器，而不能用于 Windows Server 2022 成员服务器或其他 Windows 计算机上。
- 调试模式。当启动 Windows Server 2022 时，通过串行线路将调试信息发送给另一台计算机。

2. 使用 Windows Server 2022 安装盘恢复操作系统的操作步骤

将 Windows Server 2022 安装盘插入 DVD 驱动器，打开计算机。使计算机第一启动物理设备为 DVD 驱动器，此时将显示安装 Windows Server 2022 的向导。

步骤 1：指定语言设置，单击“下一步”按钮。

步骤 2：单击“修复计算机”按钮。

步骤 3：首先，安装程序将搜索硬盘驱动器中安装的现有 Windows Server 2022；然后，在“系统恢复选项”中显示结果。如果想要将操作系统恢复到单独的硬件中，则此列表应该为空（此计算机中应该没有操作系统）。单击“下一步”按钮。

步骤 4：在“系统恢复选项”对话框中，单击“Windows Complete PC 还原”按钮。此时将打开 Windows Complete PC 还原向导。可选择执行下列操作之一，“使用最新的可用备份（推荐）”或“还原不同的备份”。单击“下一步”按钮。

步骤 5：如果选择“还原不同的备份”，则在“选择备份的位置”对话框中，执行下列操作之一。

- 单击包含要使用的备份的计算机，单击“下一步”按钮。在“选择要还原的备份”对话框中，单击要使用的备份，单击“下一步”按钮。
- 单击“高级”按钮，浏览网络中的备份，单击“下一步”按钮。

步骤 6：在“选择如何还原备份”对话框中，执行下列可选任务后，单击“下一步”按钮。

- 勾选“格式化并重新分区磁盘”复选框，表示删除现有分区并将目标磁盘重新格式化为与备份相同。这样将启用“排除磁盘”，勾选与不希望进行格式化和分区的任何磁盘关联的复选框，包含正在使用的备份的磁盘将被自动排除。

> **注意：**除非磁盘已被排除，否则其中的数据将会丢失，不管它是备份的一部分还是具有要还原的卷。在“排除磁盘”中，如果没有看到连接到计算机的所有磁盘，则需要安装用于存储设备的相关驱动程序。

- 勾选“只还原系统磁盘”复选框，表示只恢复操作系统。
- 单击“安装驱动程序”按钮，表示安装要恢复到的硬件设备驱动程序。
- 单击“高级”按钮，表示指定恢复之后是重新启动计算机还是检查磁盘错误。

步骤 7：确认还原的详细信息，单击“完成”按钮。

实训 13

1．实训目的

熟练掌握 Windows Server 2022 中进行数据备份与恢复的方法。

2．实训环境

安装了 Windows Server 2022 的计算机。

3．实训内容

（1）安装“Windows Server 备份”工具，并熟悉其应用操作。

（2）创建系统备份计划，并修改、调整该备份计划。

（3）创建一次性备份，并执行。

（4）使用“Windows Server 备份”工具进行备份数据的恢复操作。

（5）启动 Windows Server 2022 的“高级启动选项”，熟悉其内容。

习题 13

1．填空题

（1）Windows Server 2022 中的备份功能是通过________来实现的，该工具提供了一组向导和工具，可以对安装了该功能的服务器执行基本的备份和恢复任务。

（2）系统文件损坏的原因有很多，如________、磁盘故障、突然停电、感染病毒程序及其他原因。

（3）在运行 Windows Server 2022 的计算机上，使用 Windows Server 备份中的________来计划备份，每天自动运行一次或多次。

（4）Windows Server 备份提供了________功能，就是为了方便系统管理员在不同日期的不同时间进行备份操作。

（5）当出现硬件故障、意外删除、其他数据丢失或损坏时，利用“Windows Server 备份”工具的________可以及时、安全地还原以前备份的数据。

（6）Windows Server 2022 提供了许多系统出现故障而不能正常启动的解决方法，其中一个解决方法是________和其相关启动选项。

2．简答题

（1）在 Window Server 2022 中，开始制订备份计划之前，应该重点做好哪些准备工作？

（2）简述使用“Windows Server 备份”工具创建备份计划的主要操作步骤。

（3）简述 Windows Server 2022 系统出现无法启动的故障，以及进行系统恢复的解决方案。

IPv6 概述及其应用

教学重点

- 概述 IPv6 及其地址体系结构。
- IPv6 在 Windows Server 2022 中的应用。

IPv6（Internet Protocol Version 6，互联网协议第 6 版）是互联网工程任务组（IETF）设计的用于替代 IPv4 的下一代 IP 协议。IPv4 最大的问题在于网络地址资源有限，严重制约了互联网的应用和发展。使用 IPv6 不仅能解决网络地址资源数量的问题，还能解决多种接入设备连入互联网的障碍。

A.1 认识 IPv6

1. IPv6 地址结构

一个 IPv6 的 IP 地址由 8 个地址节组成，每节包含 16 个地址位（其中以 4 个十六进制数书写），节与节之间用冒号分隔，其书写格式为 X:X:X:X:X:X:X:X，其中，每个 X 代表 4 位的十六进制数。128 位长的 IPv6 地址包括两部分含义：长度均为可变的类型前缀和地址的其他部分。可变长度的类型前缀部分定义了地址的目的，如单播、多播地址、保留地址、未指派地址等；第二部分就是地址的其他部分，其长度也是可变的。

IPv6 地址数目极大，理论上可提供 3.4×10^{38} 个地址，如此巨大的地址资源可以为未来的网络体系提供数量丰富的节点。

2. IPv6 地址类型

IPv6 数据报的目的地址有 3 种基本类型：单播、多播和任播。

（1）单播：是传统的点对点通信方式。

（2）多播：是一点对多点的通信方式，IPv6 数据报可以发送到一组工作站的所有节点。IPv6 将广播看作多播的一个特例，在 IPv6 中没有定义广播类型的地址。

（3）任播：任播的目的站是一组计算机，但数据报在交付时只交付给其中的一个，通常是距离最近的一个。

在 IPv6 体系结构中，主机和路由器均称为节点。对于一个节点来说，可能会使用多条不同的通信链路与其他节点相连，就会出现一个节点又与多个通信链路组成的接口。为 IPv6 节点的每一个接口指派一个 IP 地址，一个节点可以有多个单播地址。

3. IPv6 地址表示方法

（1）十六进制记法。IPv4 地址采用十进制方式进行标记，而在 IPv6 体系中地址采用二进制方式表示位数长达 128 位，即使采用十进制方式进行标记也不方便，因此采用十六进制记法。十六进制记法是 IPv6 地址的基本表示方法，每个 IPv6 地址分为 8 节，每 16 位二进制数用十六进制数值表示，各值之间用冒号分隔。

例如，一个 IPv6 地址：67F1:AC51:BE6D:CF7F:0000:3260:000A:105B。

在十六进制记法中，数字前面的 0 可以省略，简化表示，因此，上面示例的 IPv6 地址可以缩写为 67F1:AC51:BE6D:CF7F:0:3260:A:105B。

（2）其他简单记法。

①“0”省略和“0”压缩。在 IPv6 地址的十六进制记法中，如果一节中出现多个 0 或多节连续出现 0，可以用冒号代替。例如，EA71:0:0:0:0:0:0:13AD，采用“0”压缩表示为 EA71::13AD。IPv6 规定，一个地址中“0”压缩只能使用一次。

②“十六进制”结合“十进制”表示法。这种方法主要应用于 IPv4 向 IPv6 的过渡阶段，允许 IPv4 地址嵌入 IPv6 地址中，即前 96 位二进制采用 IPv6 的十六进制表示，后 32 位二进制则使用 IPv4 的十进制表示。例如，::192.168.0.1。

③ 斜线表示法。IPv6 地址也可以使用斜线表示法来简单标记，如 68 位前缀 23AB37DF000000005 可标记为 23AB:37DF:0000:0000:5000:0000:0000:0000/68 或 23AB:37DF:0000:0000:5000:0:0:0/68 或 23AB:37DF:0:0:5000::/68。

A.2 IPv6 的应用现状及其特点

当前广泛使用的互联网是第一代互联网，作为其网络协议的重要组成部分，IPv4 设定的网络编码为 32 位，可提供的 IP 地址数目为 2^{32}（约 43 亿）个，但随着全球社会经济及其信息化技术的飞速发展，IPv4 的 IP 地址数目已经远远不够用了。IPv6 从根本上解决了 IP 地址资源的匮乏问题，其 IP 地址编码有 128 位，可以提供更多的 IP 地址。

1. IPv6 的应用现状

网络设备制造商、软件开发商和研究机构较早就在下一代互联网应用领域中进行了研究，在硬件设备、软件系统中研究和开发支持 IPv6 的产品，如 Microsoft 公司的 Windows 系列操作系统开始普遍支持 IPv6，而且用于传送数据的应用层将 IPv6 作为优先采用的网络协议。但是，目前基于 IPv6 支持的应用系统还是有限的，仅出现在支持 Web 访问的一些试验性应用，不过网络通信运营商已经在一些电信级的应用中开始支持 IPv6（如移动公司的移动用户客服端 App），因此需要产业界进一步努力开发丰富多彩的应用。

2. IPv6 的特点

（1）规模巨大的 IP 地址空间将成为众多网络应用的基础。在 IPv4 网络中，公有 IP 地址的不足导致了用户网络广泛采用了虚拟 IP 地址。为了保证用户局域网中发出的 IP 数据包在公网上顺畅传输，需要在用户网络与公网接口处增加具有专门功能的网络转化设备模块。这种转换的应用限制了许多应用业务的开展，特别是当通信双方位于不同的局域网时，还需要中间服务器的中转，这就降低了数据流传送的效率，也增加了系统的复杂度。而在 IPv6 中，数目众多的 IP 地址保证了任何通信终端都可以获得共有的 IP 地址，避免了 IPv4 网络中虚拟 IP 地址带来的网络地址转换问题，能够更好地支持丰富的网络应用业务的开展。

（2）内置 IPSec 协议栈提供了较高的安全性。由于 IPSec 已经成为 IPv6 的一个重要组成部分，而且 IPv6 网络中的终端可以普遍拥有 IP 地址，因此能很方便地利用 IPSec 保护业务应用层的数据通信。在 IPv4 网络中，由于网络地址转换设备修改 IP 报头的方法和 IPSec 基于的数据完整性保护是矛盾的，因此虚拟地址和网络地址转换影响了 IPSec 的部署，但是，如果不采用 IPSec，则又会带来安全性问题。

（3）移动 IPv6 提供了 IP 网络层面终端的移动性。与 IPv4 不同，IPv6 支持移动通信，移动性是 IPv6 的一个重要特点。基于这个特点，移动节点可以跨越不同的网段实现网络层面的移动性，即使移动节点漫游到一个新的网段上，其他终端仍可以利用原来的 IP 地址找到它并与之通信。移动 IPv6 在设计中避免了移动 IPv4 中的许多问题，采取了许多改进性措施，取消了移动 IPv4 中采用的外地代理，这些措施方便了移动 IPv6 的部署。

IPv6 的实施使得大量的、多样化的终端能更容易地接入互联网，并在安全方面和终端移动性方面相比，IPv6 有了很大的增强。IPv6 的最大优势是端到端的访问，而完全的端到端的连接又使得运营商很难对业务进行管理和运营，因此需要在实现媒体通信端到端的前提下实现连接的可管理、可控制。

A.3　IPv4 与 IPv6 共存

在当前互联网环境下，将各个组织的系统全部从 IPv4 升级到 IPv6 是不可能的，IPv4 与 IPv6 在互联网中长期共存是一种现实情况。因此从 IPv4 向 IPv6 进行平稳过渡，是全面应用 IPv6 的基本前提。从 IPv4 向 IPv6 过渡的方法有两种：使用双协议栈和隧道技术。

1. 使用双协议栈

使用双协议栈是指全面应用 IPv6 之前，通信节点设备（包括主机、终端、路由器等）安装两个协议栈：IPv4 和 IPv6。这样，既可以接收、处理和转发 IPv4 数据报，也可以接收、处理和转发 IPv6 数据报，实现 IPv4、IPv6 的兼容通信。

安装双协议栈的通信节点设备同时配置两种 IP 地址，即一个 IPv6 地址和一个 IPv4 地址。当与 IPv6 设备通信时使用 IPv6 地址，当与 IPv4 设备通信时使用 IPv4 地址。在 Web 服务中，通过域名解析来查询，如果 DNS 返回的是 IPv4 地址，双协议栈源机就使用 IPv4 地址发送数据报；如果 DNS 返回的是 IPv6 地址，双协议栈源机就使用 IPv6 地址发送数据报。这里需要说明的是，IPv6 数据报与 IPv4 数据报相互转换的只是数据报的首部，数据部分不受影响。

2. 隧道技术

隧道技术是指将整个 IPv6 数据包封装在 IPv4 数据包中，由此实现在当前 IPv4 网络中的 IPv6 节点与 IPv4 节点之间的 IP 通信。

隧道技术的实现过程分为封装、解封和隧道管理 3 个步骤。封装是由隧道起点设备创建一个 IPv4 数据报头，将 IPv6 数据报装入数据部分形成一个新的 IPv4 数据报。IPv6 数据报就在 IPv4 网络的隧道中传输。解封是当 IPv4 数据报到达 IPv6 与 IPv4 的边界（安装双协议栈的路由器）并离开 IPv4 网络隧道时，将 IPv4 数据报中的数据部分（IPv6 数据报）通过 IPv6 网络传输到宿节点。

A.4 IPv6 在 Windows Server 2022 的域名解析中的应用

在 Windows Server 2022 中正确安装并正常运行 DNS 服务器(安装步骤可参考第 7 章)，配置 DNS 服务器的静态 IPv4 地址和 IPv6 地址，操作步骤如下。

步骤 1：在 Windows Server 2022 的“本地网络连接属性”(图 A-1 中为“Ethernet 0 属性”）对话框中选中“Internet 协议版本 6（TCP/IPv6）”选项，如图 A-1 所示。

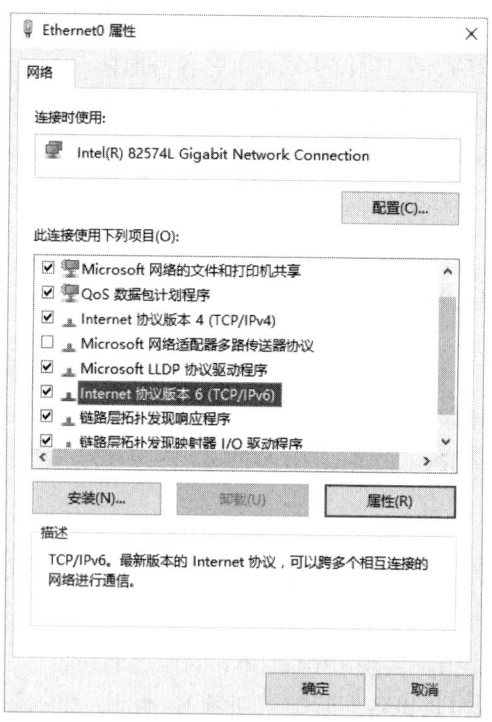

图 A-1 选中“Internet 协议版本 6（TCP/IPv6）”选项

步骤 2：单击“属性”按钮，在打开的“Internet 协议版本 6（TCP/IPv6）属性”对话框中配置 IPv6 地址。例如，将“IPv6 地址”设置为 12ab:56cd::1，“子网前缀长度”设置为

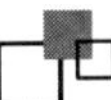

“64”，如图 A-2 所示。

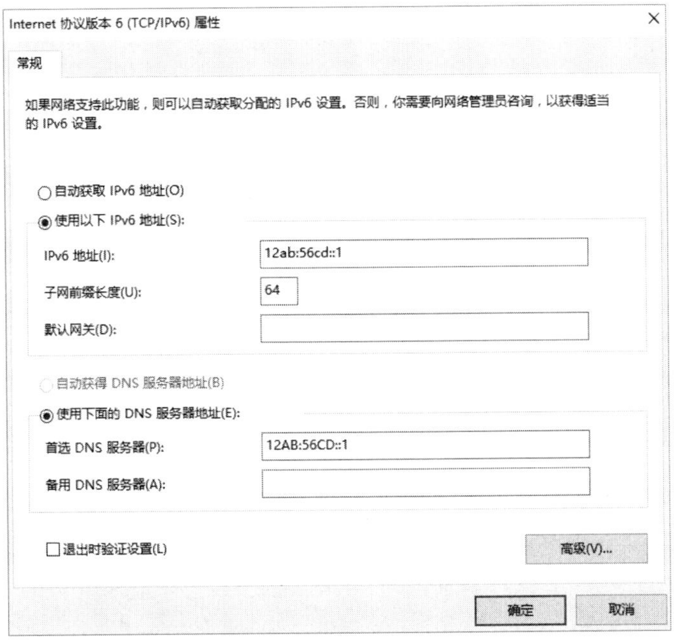

图 A-2　配置 IPv6 地址

步骤 3：安装 DNS 服务器：打开“服务器管理器”窗口，选择“添加角色和功能”选项，打开相应的对话框，从“服务器角色”中选择“DNS 服务器”选项。

步骤 4：运行“DNS 管理器”工具，打开“DNS 管理器”窗口，在“正向查找区域”中创建新区域（例如，这里创建的“edu.cn”），新建主机记录“ipv6.edu.cn”及其 IPv6 的主机地址，如图 A-3 所示。

图 A-3　创建主机记录

步骤 5：配置客户端 Windows 11 网络的本地连接属性，如图 A-4 所示。

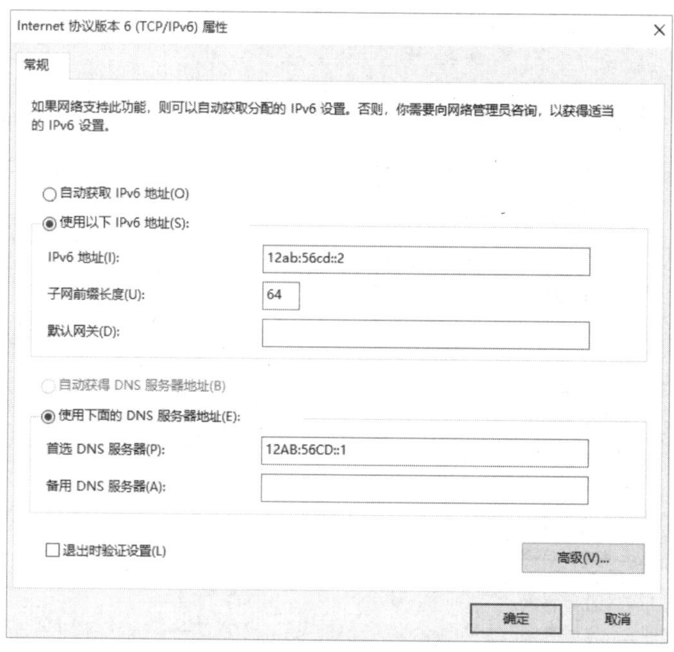

图 A-4　配置客户端 Windows 11 网络的本地连接属性

步骤 6：应用 IPv6 的 IP 地址测试域名解析，如图 A-5 所示。

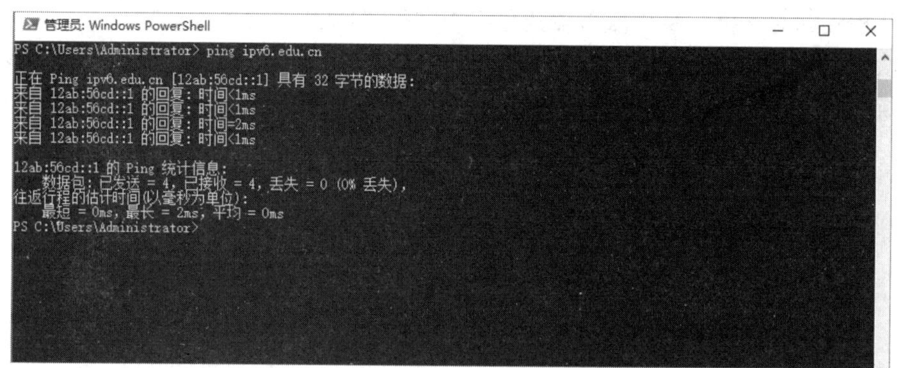

图 A-5　测试域名解析